휴먼 디자인

휴먼 디자인

진화가 빚어낸 인간의 뇌, 마음, 행동, 그리고 사회와 문화

초판 1쇄 발행 2023년 7월 15일

지은이 박순영 외

펴낸곳 서울대학교출판문화원
주소 08826 서울 관악구 관악로 1
도서주문 02-889-4424, 02-880-7995
홈페이지 www.snupress.com
페이스북 @snupress1947
인스타그램 @snupress
이메일 snubook@snu.ac.kr
출판등록 제15-3호

ISBN 978-89-521-3203-1 93300

이 연구는 1. 2020년 대한민국 교육부와 한국연구재단의 지원(과제고유번호: 1. NRF-2020S1A5B5A17090287), 2. 2020년 보건복지부의 재원으로 한국보건산업진흥원 보건의료기술연구개발사업의 지원(과제고유번호: HC20C0013), 3. 2021년 대한민국 교육부와 한국학중앙연구원(한국학진흥사업단)을 통해 K학술확산연구소 사업의 지원(과제고유번호: AKS-2021 KDA-1250010) 등을 받아 이루어진 것임.

휴먼 디자인

진화가 빚어낸
인간의 뇌, 마음, 행동,
그리고 사회와 문화

책임저자 박순영

구형찬·김준홍·박한선·유지현·
이수지·좌정원·황준 공저

서울대학교출판문화원

들어가는 말

> “우리의 현재 과업은 아주 불명확하지만, 그 중요성 때문에 좀 길게 다뤄야만 한다. 그리고 (행동에 관한) 우리의 무지를 명확하게 인식하는 것은 항상 유익할 것이다.”
>
> - 찰스 다윈, 『인간과 동물의 감정 표현』(1872)에서

1859년 『종의 기원(On the Origin of Species)』을 펴내 큰 주목을 받은 다윈은 1871년 『인간의 유래와 성선택(The Descent of Man and Selection in Relation to Sex)』, 1872년 『인간과 동물의 감정 표현(The Expression of the Emotions in Man and Animals)』을 출간했다.

『인간의 유래와 성선택』은 총 3부로 구성된다. 1부에서는 인간의 신체적 형질과 정신적 형질, 그리고 문명사회와 인종 등을 다루면서 사랑이나 지능, 종교, 이타성 등 정신적 형질, 특히 약한 구성원을 돕는 동정과 공감이 문명사회의 특징이라 했다. 또한, 인류는 별개의 인종으로 나뉘지 않으며, 같은 혈통에서 시작한 단일 종이라고 했다. 2부와 3부에서는 성선택에 대해 다루며, 여성의 성 간 선택(female choice)과 남성 간의 성 내 선택(male competition)에 대해 논의한다.

『인간과 동물의 감정 표현』은 원래 『인간의 유래와 성선택』에 포함하려던 내용을 따로 엮은 것으로, 총 14장에 걸쳐 동물과 인간의 다양한 감정(고통, 불안, 절망, 사랑, 따뜻함, 헌신, 반성, 토라짐, 분노, 혐오, 경멸, 두려

움, 수치 등)이 진화계통학적으로 연속된 형질이라고 주장한다.

생물학적 진화의 기본 원리를 담은 『종의 기원』과 달리, 뒤의 두 책에 관한 반응은 미적지근했다. 심지어 마지막 책은 '다윈의 잊힌 걸작(Darwin's Forgotten Masterpiece)'이라는 별명도 가지고 있다. 사실 『종의 기원』에 대해서는 대중적 반발이 상당했지만, 동시에 열렬한 지지자도 많았다. 그러나 인간 정신의 진화적 특징을 다룬 두 책의 경우, 못마땅해하는 독자가 다수였고, 지금도 크게 다르지 않다. 생물학의 여러 분야에서 진화 이론은 기본적인 패러다임으로 확고하게 자리매김한 지 오래지만, 인간의 행동이나 정신 그리고 번식, 양육, 사회, 종교, 문화 등 인간성의 본질에 관한 진화적 설명은 만년 소수 주장이다.

그러나 희망은 있다. 서울대학교에서 짧지 않은 기간 동안 진행해 온 〈진화와 인간 사회〉라는 수업은 제법 인기 강좌로, 학기마다 300~400명의 학생이 강의실을 가득 메운 덕에 세 반으로 나눠 진행한 지 오래다. 학부생은 인간과 사회에 관한 진화적 설명을 다룬 강의에 편견 없이 열광했고, 덕분에 힘을 내어 오랜 기간 수업을 이어갈 수 있었다. 그뿐 아니다. 적지 않은 대학원생이 진화인류학 연구실을 찾았다. 젊은 학자가 소중한 청춘의 한때를 연구실에서 보낸 결과 10여 명이 넘는 석박사를 배출했다. 미안한 말이지만, 국내에는 진화인류학으로 자리잡을 곳이 전무하다고 해도 과언이 아니다. 그러나 인간은 척박한 환경에서 새로운 적소를 만들어 내는 종이다. 제자들은 오히려 한계를 뛰어넘어 국내외 다양한 영역에서 새로운 학문적 적소를 개척하고 있다. 바로 본 저서의 공저자들이다.

대중에게 흔히 진화심리학(Evolutionary Psychology, EP)으로 알려져 있는 인간진화행동과학(Human Evolutionary Behavioral Science, HEBS)은 훨

씬 넓은 학문 영역을 포괄한다.

첫째, 주로 행동주의적 접근 방법을 추구하는 다윈 인류학(Darwinian Anthropology)은 인간사회생물학(Human Sociobiology), 다윈사회과학(Darwin Social Science), 인간행동생태학(Human Behavioral Ecology, HBE), 인간동물행동학(Human Ethology) 등을 포괄하는데, 가설연역법(Hypothetical Deductive method)에 입각하여 행동 표현형의 수(Behavioral Phenotypic Gambit)를 검증, 확인하는 연구 방법을 선호한다. 전통적으로 생태학적 현지 조사를 통해 적합도(fitness)나 적응성(adaptiveness)을 직접 측정하는 연구 방법을 사용하며, 최근에는 시뮬레이션 모델링도 많이 사용한다. 진화심리학과 달리 일반 목적 모듈(Domain-General Module)에 관해서는 관대한 입장이다. 인류학자 나폴리언 섀그넌(Napoleon Chagnon), 윌리엄 아이언즈(William Irons), 리처드 알렉산더(Richard Alexander), 에드워드 하겐(Edward Hagen) 및 동물행동학자 이레내우스 아이블-아이베스펠트(Irenäus Eibl-Eibesfeldt), 생물학자 에드워드 윌슨(Edward O. Wilson) 등이 대표적 초기 연구자다.

둘째, 진화심리학은 인지주의적 접근 방법을 주로 추구하는데, 전통적으로 진화적 적응 환경(Environment of Evolutionary Adaptedness, EEA)에서 진화한 영역 특이적 모듈(Domain-Specific Module)에 관심이 많으며 주로 설문조사나 실험 연구를 선호한다. 인간에 관한 연구에서 시작했지만, 요즘은 여러 동물행동학 연구에도 많이 적용하므로 전통적 영역을 따로 인간진화심리학(Human Evolutionary Psychology, HEP)으로 부르기도 한다. 인류학자 존 투비(John Tooby)와 심리학자 레다 코스미데스(Leda Cosmides), 심리학자 마틴 데일리(Martin Daly), 마고 윌슨(Margo Wilson) 등의 연구가 유명하다(앞의 두 명과 뒤의 두 명은 서로 부부다).

셋째, 유전자-문화 공진화 이론(Gene-Culture Coevolutionary Theory)

은 상호작용주의적 접근 방법을 통해 문화적 인공물이나 밈(Meme) 등의 전파를 조사한다. 단지 사회나 문화의 진화뿐 아니라 유전적 변이와 문화적 관습 간의 이중 전승 이론(Dual Inheritance Theory, DIT)에 대해서도 관심이 많다. 흔히 수학적 모델링 기법을 사용하여 연구한다. 다윈 인류학과 달리 최적성에 관해 더 유연한 태도를 보이며, 심지어 적합도를 해치는 문화적 관습도 진화할 수 있다고 믿는다. 찰스 럼스덴(Charles Lumsden)과 루이지 카발리-스포르자(Luigi Cavalli-Sforza), 마커스 펠트만(Marcus Feldman), 로버트 보이드(Robert Boyd), 피터 J. 리처슨(Peter J. Richerson) 등이 유명하다.

그런데 최근에는 이러한 전통적 학문 영역의 경계가 불분명해지고 있다. 실용적 연구를 좋아하는 젊은 학자들은 관심 있는 연구 주제를 잘 설명할 수 있다면, 각 학파의 이론적 전제나 전통적 연구 방법의 경계에 그다지 구애받지 않는다. 이 책도 마찬가지다. 책에 등장하는 각 주제에 관한 여러 기존 이론 및 연구 방법은 앞서 말한 세 영역을 종횡하며, 생태학과 동물학, 유전학, 의학, 신경과학, 사회학, 문화인류학, 인지과학, 종교학 등 여러 유관 영역도 넘나든다.

이 책의 목적은 간결하다. 여러 영역을 포괄하는 진화행동과학의 핵심 주제를 개괄하고, 최신 쟁점을 제시하며, 실천적 연구 방법 등을 공유하고, 국내에서 진행되었거나 진행 중인 연구를 소개하고자 한다.

책은 크게 세 부분으로 나누어 구성했는데, 첫 번째는 생물학적 진화와 관련이 높은 생존과 생애사, 번식에 관해 다룬다. 인간도 생물종의 하나다. 따라서 인간의 삶은 생존과 번식이라는 가장 원초적인 생물학적 굴레에서 벗어날 수 없다. 두 번째는 사회와 종교, 문화의 진화에 관해 이야기한다. 물론 비인간 동물도 어느 정도 수준의 사회와 문화를 가지고 있지만, 복잡성 측면에서 인간의 그것과 비교하기 어렵다. 세 번째는 인지신경과학과 행동 다양성에 대해 논한다. 전통적으로 진화행동과학은 주로 궁극 원인을 다루지만, 최근에는 인지신경과학과 만나 근연 기전과 궁극 기전을 연결하려는 야심 찬 시도가 이뤄지고 있다. 또한, 기존의 진화행동과학이 인간 행동의 보편성에 주안점을 두었다면, 최근에는 개체 다양성에 관한 연구가 시작되고 있다. 각 부와 각 장은 구체적으로 아래와 같은 내용을 포함한다.

1부에서는 인간성의 기초를 이루는 생존과 번식, 성장, 노화, 사망을 다룬다. 생물학적 진화는 개체의 상이한 생존과 번식 가능성에 의해 추동되며, 인간도 예외가 아니다. 따라서 인간의 행동 형질의 상당수는 이러한 생존과 번식 및 생애사적 선택압과 관련된다. 특히 인간은 독특한 진화사를 거치며 비인간 대형 유인원에 비해 더 느리게 자라는 자식을, 더 많이 낳고, 더 오래 살도록 적응했다. 따라서 생존과 번식, 성장, 노화, 사망 등의 진화적 과업에서 인간이 보이는 특징은 인간성의 핵심 기초를 이룬다.

1장에서는 생존(Survival)에 관해 논한다. 기생체에 대한 저항력은 성선택 관련 진화행동 연구의 전통적 관심사였지만, 직접 병원체에 대항하는 행동 형질에 관한 학문적 관심은 최근의 일이다. 유기체 전반에서 관찰되는 항병원성 행동이 어떻게 인간의 행동면역계로 진화했는지 살펴보고, 행동면역계와 관련된 핵심 쟁점(성차, 개인차, 선택의 층위)에 대해 개괄한다. 또한, 행동면역계 연구의 최근 경향으로 생리학적 기전 및 진화의학적 연구를 들어 설명하고, 실제 해당 연구를 진행할 때 필요한 연구 척도를 비교한다. 그리고 코로나19 상황에서 국내에서 이루어진 연구의 일부를 간략하게 소개한다. 팬데믹 시대에 눈길을 끄는 흥미로운 주제다.

2장에서는 생애사(Life History)에 대해 알아본다. 생애사 이론에 관한 간결한 소개와 더불어, 생애사 이론을 검증하는 구체적인 방법 세 가지를 제시하고 한계점도 다룬다. 특히 번식 시점과 자식 수 등 인간의 생애사 상쇄 관계에 대한 실질적 적용점을 자세하게 살펴본다. 또한, 산업국가 전반에서 심각한 사회문제가 되고 있는 저출산 현상에 관한 진화적 가설을 최적화, 적응 지연, 문화적 진화라는 세 관점에서 설명한다. 아울러 근연 기전과 남성 생애사, 횡문화적 종단 데이터의 필요성 등 생애사 연구를 위해 필요한 향후 과제도 소개한다.

3장에서는 번식(Reproduction)에 대해 이야기하면서 2장에서 다룬 저출산 문제를 좀 더 자세하고 깊이 있게 살펴본다. 출산과 관련한 행동적 적응에 관해 개괄하고, 출산 의사 결정에 미치는 생애사적 영향에 관해 논의한다. 이를 통해 여성의 출산 행동에 미치는 배우자, 친족, 그리고 사회의 영향에 관한 근연 기전과 궁극 기전을 넘나드는 다면적인 설명을 접할 수 있을 것이다. 지금 한국의 출산율은 인류사적으로 유례를 찾아볼 수 없을 정도로 낮다. 유전, 변이, 번식이라는 다윈 생물학의 세 축 중 하나가 흔들리고 있다. 사회적으로는 불행한 일이지만, 진화학자에게는 가슴 뛰는 현상이다. 출산 행동에 관한 진화적 연구를 통해 번식을 둘러싼 인간 본성을 규명하고, 사회적으로도 의미있는 근거 기반의 저출산 대책도 제시할 수 있기를 기대한다.

2부에서는 인간성의 기둥을 이루는 사회와 문화, 종교를 다룬다. 이는 비인간 동물과 인간을 구분해 주는 가장 중요한 특징이다. 물론 상당한 수준의 사회와 문화를 가진 비인간 동물도 많다(종교는 모르겠다). 하지만 복잡성과 고유성, 다면성 등에서 인간의 사회, 종교, 문화와 비교하기는 어렵다. 왜 우리는 복잡하고 불평등한 사회를 만들어 냈을까? 왜 우리는 존재하지 않는 것을 믿고, 가 본 적 없는 사후 세계를 기다리는 것일까? 왜 우리는 문화를 만들어 냈을까? 그리고 과연 우리는 사회와 종교, 문화를 진화적으로 설명할 수 있을까?

4장에서는 사회(Society)에 대해 말한다. 사회적 동물은 모두 개체 간 불평등을 보이지만, 인간 사회의 불평등은 아주 복잡하게 나타난다. 여기서는 원초적 상태로서의 평등과 불평등에 관한 신화를 해체하고, 불평등에 관한 진화 모델을 제안한다. 동물행동학의 자유 이산 모델과 자원 방어 모델에 근거한 불평등 모델을 소개하고, 인간 사회의 특징 중 하나인 세대 간 자원 상속에 따른 불평등 모델도 다룬다. 평등과 불평등은 사회과학의 오랜 연구 주제인데, 이에 관한 진화적 설명은 기존의 사회학적 주장에 식상한 독자에게 신선한 자극이 될 것이다.

5장에서는 종교(Religion)에 대해 다룬다. 종교는 특수한 신념과 관습의 복합체로 이해될 수도 있지만, 종교 현상의 상당 부분은 인지진화심리학과 인간행동생태학의 설명을 요청한다. 종교의 발생과 기능 그리고 전달 기전을 설명하기 위한 다양한 가설이 여러 층위에서 경합하고 있으며, 적응주의, 인지적 부산물, 유전자-문화 공진화 이론 등이 주요 설명 모델로서 논쟁을 이끌고 있다. 이와 관련한 연구 동향과 쟁점을 살펴보고 유망한 연구 방향도 논의한다.

6장은 문화(Culture)에 대해 거론한다. 문화 연구는 진화행동과학의 중요한 한 축이자 가장 도전적인 분야다. 인간의 행동은 문화를 만들어 내지만, 동시에 문화는 인간의 행동 양상에 광범위한 영향을 미친다. 인간의 문화적 성취는 비교적 최근(수만 년 전)에 일어났지만, 비견 가능한 다른 종을 찾아볼 수 없을 정도로 빠르게 진화했다. 문화적 진화와 유전적 진화는 따로 일어나는 동시에 서로 연결되는 독특한 특징이 있다. 인간 행동 및 마음에 대한 진화사회과학의 3개 영역(진화심리학, 인간행동생태학, 유전자-문화 공진화 이론) 중에서 유전자-문화 공진화 이론의 연구 성과와 최신 쟁점, 인류 진화사 이해에 기여한 부분, 향후 발전 방향 등을 소개한다.

3부에서는 앞으로 나아갈 방향을 이야기한다. 지난 수십 년간 진화행동과학의 여러 영역에서 괄목할 만한 성과가 있었지만, 앞으로의 방향이 더 중요하다. 지금까지 기초 개념과 이론을 다듬고, 연구 원칙과 추정적 가설 등을 제안해 왔다면, 이제는 과학적 근거에 기반한 연구 성과가 축적되어야 할 때다. 이는 진화인류학이 홀로 할 수 있는 일이 아니다. 뇌, 인지, 신경, 정신 등을 연구하는 신경과학이나 정신의학, 인지심리학 등 전통 학문 분야, 뇌 영상 처리, 정량 행동 분석, 행위자 기반 시뮬레이션, 행동유전학 등 최신 학문 분야와의 적극적인 다학제적 협업 연구가 필요하다.

7장은 인지(Cognition)에 관한 내용이다. 인지는 인지-정서-행동이라는 포괄적 정신 활동의 세 측면 중 하나다. 전통적으로 진화심리학은 인지적 접근을 강조했지만, 막상 근연 기전에 관한 설명에는 큰 노력을 기울이지 않았다. 그래서 인지신경과학과 진화심리학은 같은 현상을 다른 언어로 설명하는 일이 종종 있다. 지금까지 수십 년이 넘도록 각 영역에서 상당한 수준의 독자적 발전이 있었다. 이제 두 영역이 합쳐지고 있다. 인간 행동의 근연 기전과 궁극 기전이 효과적으로 통합될 가능성이 가장 높은 분야가 바로 진화인지신경과학이다. 여기서는 구체적으로 두뇌의 진화 및 얼굴 인지, 협력, 공간과 사회 인지, 마음 이론과 언어 등에 관한 근연적 연구 및 연구 쟁점을 소개하고, 네트워크 신경과학의 여러 가능성을 안내한다.

8장에서는 행동(Behavior)에 관해 다룬다. 전통적 진화행동과학은 보편적 행동 특성에 관해 많은 사실을 밝혀냈다. 그러나 개체 간 행동 패턴의 차이에 대해서는 상대적으로 관심이 적었다. 이미 수십 년 전부터 게임 이론을 통해 복수의 행동 전략이 진화적으로 안정될 수 있다는 사실이 수학적으로 입증되었지만, 인간 행동의 다양성에 관한 본격적 연구는 비교적 짧은 역사를 가지고 있다. 여기서는 행동 다양성의 진화 가능성에 관한 진화유전학적 가설을 제안하고, 인간행동생태학적 차원에서 균형 선택과 방향성 선택의 가능성, 발달적 가소성과 유전적 다양성의 공진화 등 최신 쟁점을 다룬다. 또한, 복수의 행동 전략을 다루는 연구 방법으로 행위자 기반 모델링 기법을 개괄하고, 이를 이용하여 서울대학교 진화인류학 연구실에서 진행한 역기능적 행동 패턴의 진화 연구를 간략하게 소개한다.

지금까지 국내에 인간 행동의 진화에 관한 도서가 수십 종 출간되었지만, 대부분 외국 학자의 옛날 저서를 번역한 것이다. 간혹 출간되는 국내 학자의 저서는 참 반갑지만, 주로 일반 대중을 대상으로 한 점이 아쉽다. 이 책의 숨은 목표는 관련 분야를 전공하는 대학원생 혹은 일선 연구자의 지적 관심을 자극하는 것이다.

저명한 연구자의 확고한 이론을 담은 책이 아니다. 인간 행동의 진화와 관련된 고전적 논쟁 거리를 다시 반복하려는 것도 아니다. 바로 지금 경합 중인 경쟁 가설과 구체적 연구 쟁점을 다룬다는 점이 이 책의 특징이다. 진화행동 연구의 최전선에서 활약하는 연구자의 머리에 무엇이 들어 있는지 궁금하다면, 이 책이 도움이 될 것이다. 올해 국제학술대회가 열린 대회장 로비에서 커피 잔을 든 젊은 학자가 서로 논쟁하던 이야기가 바로 이 책의 내용이다. 실제로 책의 내용은 각 장을 맡은 저자의 최신 논문에서 가져온 것이 많다. 아무래도 논문보다는 훨씬 쉽게 읽히고, 가설이나 주장의 전후 맥락을 확인하기도 용이할 것이다.

사실 진화행동과학과 관련한 국내 전문서가 아직 없다는 것은 오랫동안 진화인류학을 전공한 저자로서는 부끄러운 일이다. 수십 년 전, 국내에서 처음 진화인류학을 가르칠 때만 해도 관련 연구자가 전무하다시피 했다. 교수가 되어서는 생물인류학과 진화행동과학, 그리고 의료인류학까지 여러 영역을 혼자 담당하다 보니 세계 학계에서 진행되고 있는 연구를 따라잡기에 급급한 때가 많았다. 그러나 이제는 각 분야의 전문 연구자가 배출되어 진화행동과학의 최신 쟁점에 대한 책을 우리말로 함께 출간할 수 있게 되었다. 이 책은 앞으로 진화행동과학을 전공하려는 한국의 예비 연구자에게 좋은 길잡이가 될 것이다. 무엇보다도 서울대학교 인류학과 진화인류학 연구실 출신의 여러 연구자가 진화행동과학의 다양한 영역을 포괄하는 전문학술서를 펴낼 수 있다는 사실이 개인적으로 무척 기쁘다.

책을 읽으면서 수많은 가설의 향연에 질릴지도 모른다. 도대체 정설이 없고 온통 가설만 있는 것 같은데, 이것이 사실이다. 인간 정신에 관한 우리의 이해 수준은 아직 초보적이며, 연구하면 할수록 점점 모르는 것이 더 많아진다. 겸손을 배우고 싶다면, 이 분야를 전공하는 것도 좋겠다. 서두에 언급한 다윈의 말을 다시 꺼내며 이야기를 마친다.

> "우리의 현재 과업은 아주 불명확하지만, 그 중요성 때문에 좀 길게 다뤄야만 한다. 그리고 (행동에 관한) 우리의 무지를 명확하게 인식하는 것은 항상 유익할 것이다."

2023년, 관악 캠퍼스 연구실에서

박순영

차례

표 차례

그림 차례

글 상자 차례

1부

휴머니티의 토대

생존과 번식, 생애사

1장

생존

인간의 행동은 감염병에 어떻게 적응했는가

감염 회피와
행동면역계의 진화

박한선

박한선_서울대학교 인류학과 조교수

경희대학교 의과대학에서 학사, 동 대학교 대학원에서 석사(분자생물학)를 마쳤고, 호주국립대학교(ANU) 인문사회대(CASS)에서 석사 학위를, 서울대학교 인류학과에서 박사 학위를 받았다. 서울대학교병원 신경정신과 전임의, 서울대학교 비교문화연구소 연구원, 서울대학교 인류학과 강사, 부산대학교 의과대학 진화의학센터 겸임교수 등을 지냈다.

인간 행동 다양성과 개체 차의 진화, 인류계통진화사에서 역기능적 행동 기전의 발현과 지속, 행동면역체계의 감염생태학, 호미닌 병리 현상의 진화의학적 이해 등을 주로 연구하고 있다.

주요 저서로 『감염병 인류』(공저), 『마음으로부터 일곱 발자국』, 『내가 우울한 건 다 오스트랄로피테쿠스 때문이야』, 『인간의 자리』, 『자살 예방의 모든 것』, 『청소년을 위한 진화인류학 에세이』(근간) 등이 있고, 『진화와 인간행동』, 『여성의 진화』, 『센티언스』(근간) 등을 옮겼다.

1. 서론

생존은 모든 유기체가 당면한 가장 중요한 목표이자 본질적으로 생명 그 자체라고 할 수 있다. 생존에 실패하면 생물은 무생물이 된다.

찰스 다윈(Charles Darwin)은 생존 문제가 자연의 세 가지 적대적 힘(hostile forces of nature)에서 시작한다고 생각했다. 첫째, 같은 종에 속하는 다른 개체와의 투쟁(짝이나 먹이 경쟁 등), 둘째, 다른 종에 속하는 개체와의 투쟁(포식이나 기생 등), 셋째, 물리적 환경과의 투쟁(한파나 추락 등)이다(Darwin, 1859).

현대인은 극단적인 물리적 위협(혹서, 혹한, 가뭄 등)에서 어느 정도 자유로워졌고, 이종과의 투쟁(육식동물의 위협, 감염병 유행 등)에서도 상당한 우위를 확고하게 얻은 것처럼 보인다. 그래서 종종 생존경쟁이라고 하면, 다른 동종 개체와의 경쟁을 먼저 떠올린다. 어느 정도는 맞는 말이다. 토머스 홉스(Thomas Hobbes)는 "인간은 인간에게 늑대다"라고 했는데, 사실 매년 늑대에 물려 죽는 사람은 몇 명에 지나지 않는다(Hobbes & Missner, 2016; Linnell et al., 2021).

그러나 감염병, 즉 미생물이라는 이종과의 투쟁은 아직 치열하다. 매년 80만 명이 말라리아에 감염되어 사망한다. 게다가 최근 2년 사이에 600만 명 이상이 코로나19에 감염되어 사망했다(2022년 8월 기준)(Our

World in Data, 2022). 물리적 재난이나 대형 동물의 공격과 달리, 미생물에 의한 감염병 유행은 여전히 인간의 생존을 심각하게 위협하는 요인이다.

전통적으로 인간 행동에 관한 진화인류학 연구 영역에서 생존은 그리 비중 있는 연구 주제가 아니다. 데이비드 버스(David Buss)는 심리학 영역에서 진화 이론이 가지는 비중이 낮기 때문이라고 했는데(Buss, 2005), 진화심리학(Evolutionary Psychology, EP)뿐 아니라 인간행동생태학(Human Behavioral Ecology, HBE), 인간동물행동학(Human Ethology, HE), 인간사회생물학(Human Sociobiology), 유전자-문화 공진화 이론(Gene-Culture Coevolutionary Theory) 등 전반적인 인간진화행동과학(Human Evolutionary Behavioral Science, HEBS) 영역에서도 생존과 관련한 연구는 상대적으로 경시되어 왔다. 물론 예외도 있다. 폭력과 살인 등 동종 간 갈등에 의한 생존 관련 이슈에서는 상당히 의미 있는 성과를 거두었다(Daly & Wilson, 1988). 그러나 여전히 짝 선택, 번식, 양육, 협력, 문화 등에 관한 연구에 비하면 빈약한 편이다.

반면에 동물행동학(Ethology)이나 행동생태학(Behavioral Ecology, BE) 분야에서는 먹이 취득(food acquisition), 반포식자 행동(antipredator behavior), 항병원성 행동(antipathogenic behavior), 영역성(territoriality), 이주(migration) 등 생존과 직접적으로 관련된 진화 연구가 많이 진행되어 왔다(Davies et al., 2012; Dugatkin, 2020). 병원체 회피를 위한 진화적 행동 기전에 관한 연구 분야는 다윈인간행동학 영역에서는 불과 20년 전 만해도 존재하지도 않았다. 그러나 정서와 인지, 행동에 관한 이른바 '행동면역계(Behavioral Immune System, BIS)' 연구는 이제 병원체 회피를 위한 적응적 심리 기전의 진화라는 핵심 주제를 넘어서, 짝 선택 경향과 생애사 전략, 집단 내 혹은 집단 간 협력, 사회적 낙인과 편견, 심지어 사회적 제도와 문화적 패턴에 관한 연구에 이르기까지 빠르게 확장하고 있다.

행동면역계는 다윈이 말한 두 번째 적대적 힘, 즉 병원체라는 다른 종의 기생과 포식을 회피하려는 투쟁의 산물이다. 그런데 병원체 감염 가능성은 사회적 환경(번식 및 협력 등 인적 조건)과 물리적 환경(기후와 위생 등 물적 조건)에 큰 영향을 받는다. 따라서 항병원성 행동은 다윈이 말한 세 가지 적대적 힘을 가로지르며 다양한 양상으로 전개된다.

본 장에서는 생존과 관련한 진화행동 연구의 뜨거운 주제인 행동면역계에 관해 개괄하고자 한다. 행동면역계의 핵심 개념을 요약하고, 관련 영역의 연구 쟁점을 성차와 개인차, 선택의 층위 문제로 나누어 자세하게 다룰 것이다. 이어서 행동면역계 연구를 위해 지금까지 제안된 몇몇 연구 척도를 요약하고, 생리학적 근연 기전과 진화의학적 접근, 관련 국내 연구 사례 등을 소개한다. 끝으로 공공보건 영역에서의 연구 적용 방향에 관해 간략하게 언급하고자 한다.

2. 행동면역계 개괄

바이러스와 세균, 원생동물, 기생충을 비롯한 감염체는 다음과 같은 몇 가지 특징이 있다. 첫째, 크기가 작고 개체수가 많다. 둘째, 진화적으로 오랜 계통학적 역사를 지니고 있다(Ewald, 1993; Wolfe et al., 2007). 셋째, 종 다양성이 아주 높다. 동물과 식물은 모두 합쳐도 870만여 종에 불과한데, 미생물은 약 10조에 달하는 종이 있을 것으로 추정된다(Locey & Lennon, 2016; Strain, 2011). 넷째, 빠른 속도로 변이가 일어난다. 즉, 진화 속도가 빠르다. 다섯째, 일부 감염체는 숙주에게 비용을 강요하면서 자신의 이득을 최대화한다. 여섯째, 숙주의 비용은 종종 복구가 불가능하다(불임 혹은 사망).

많은 유기체에서 기생체 감염에 대응하는 선천적 혹은 후천적 면역 시스템이 진화했다. 그러나 이러한 면역 시스템은 기생체의 침입에 대한 반응적 기전이므로 병원체가 침입한 후에야 작동이 가능하다. 병원체 다종에 대한 생리적 면역체계를 미리부터 유지하려면 상당한 비용이 든다. 침입 후 방어에 성공한다고 하더라도 엄청난 에너지를 방어 반응(고열, 항체 및 사이토카인 생산)에 할당해야 한다. 방어 과정에서 건강을 해치거나 후유증이 남을 수도 있는데, 이는 번식과 양육에 불리하게 작용할 수 있다. 또한, 감염 후에만 새로운 적응이 가능하므로 다종다양한 기생체가 만드는 엄청난 규모의 신속한 진화적 변이에 대응하기 어렵다(박한선·구형찬, 2021).

유기체에서는 이러한 감염병 비용을 최소화하기 위해 다양한 행동 반응이 진화했는데, 이러한 행동 반응을 포괄하는 개념이 바로 행동면역계(Behavioral Immune System, BIS)다(Schaller, 2011; Schaller & Park, 2011). 이는 감염 예방을 위해 진화한 자극-반응 기전의 총합을 말한다.

동물의 항병원성 행동

그러면 먼저 비인간 동물의 항병원성 행동부터 살펴보자. 비인간 동물의 항병원성 행동은 주로 두 가지 방법으로 일어난다. 첫째, 병원체가 많은 지역을 회피하는 것이다. 둘째, 병원체를 보유한 동종 개체를 피하는 것이다(Dugatkin, 2020).

비인간 동물이 병원체가 많은 서식지를 회피하는지 여부를 확인하는 가장 간단한 방법은 산란 장소를 연구하는 것이다. 회색청개구리(*Hyla versicolol*)는 미국 달팽이의 한 종(American ribbed fluke snail, *Pseudosuccinea columella*)과 서식지를 공유하는데, 연구에 의하면 회색청개구리는 달팽이가 없는 웅덩이에 주로 모였다. 달팽이와 같은 곳에 서식하는 회색청개구리의 경우, 기생충에 감염되지 않은 달팽이가 있을 경우에는 35.5%가 산란을 했지만, 기생충에 감염된 달팽이가 있을 경우에는 겨우 0.4%만 산란을 시도했다(Kiesecker & Skelly, 2000).

병원체에 감염된 동종 개체를 피하는 행동은 더 많이 알려져 있다. 비싼 신호 이론(Costly Signaling Theory, CST)에 따르면, 성적 이형성의 일부는 기생체 내성에 대한 정직한 신호다(Hamilton & Zuk, 1982; Zahavi, 1975). 조류와 어류의 체색이 화려하게 진화하는 것은 성 간 선택에 의해 기생체 저항성을 가진 개체가 선호되기 때문에 나타나는 현상이다(Milinski & Bakker, 1990). 포유류도 예외가 아니다. 감염병에 걸린 쥐는 교미 회피의 대상이다. 원생동물 기생충의 한 종인 에이메리아 베르미포르미스(*Eimeria vermiformis*)에 감염된 수컷의 체취에 대해 암컷 쥐는 적극적인 회피 반응을 보였다. 감염병을 시사하는 체취에 따라 차별적 교미 경향을 보인 것이다(Kavaliers & Colwell, 1995).

짝 선택이 아니더라도 감염 개체 회피 현상은 나타날 수 있다. 황소개구리의 올챙이는 종종 캔디다속의 진균(*Candida humicola*)에 감염되는데, 비감염 올챙이는 다른 비감염 올챙이와 더 자주 어울리는 것으로 확인되었다(Kiesecker et al., 1999). 선충의 일종(*Caenorhabditis elegans*)은 토양에 존재하는 바실루스속의 세균(*Bacillus thuringiensis*)에 대해 차별적 선호를 보였다(Schulenburg & Müller, 2004).

그런데 병원체에 대한 행동 반응을 일반적 반포식자 적응(anti-predator adaptation)의 일종으로 간주할 수 있을까?(Barrett, 2005)

반포식자 행동은 크게 둘로 나눌 수 있다. 첫째, 포식자 탐지 회피

행동, 둘째, 대면 시 반포식자 행동이다. 포식자 탐지를 회피하기 위해 은폐나 위장 등의 방법을 취하며, 포식자를 만났을 때는 도주나 역습, 의사(feigning death) 등의 방법을 취할 수 있다(Dugatkin, 2020). 그런데 이러한 일반적 반포식자 행동은 병원체 방어에 효과적이지 않다(Tybur et al., 2013). 방어 행동이 진화하기 위해서는 먼저 식별이 가능해야 하는데, 미생물은 식별이 불가능하다. 또한, 은폐나 위장, 도주, 역습, 의사 등의 대응은 감염 가능성을 낮추는 데 별로 도움이 되지 않거나 오히려 위험성을 높일 수 있다. 직접 식별이 어려운 미생물 기생체에 대해서는 별도의 진화적 심리 기전이 더 적응적이므로 기생체에 대한 행동 반응은 일반적 반포식자 적응의 연장으로 설명하기 어렵다.

인간의 항병원성 행동

인간 사회에서 감염병은 진화사에서 직면한 근본적 문제 중 하나다(Ackerman et al., 2012). 다른 모든 사망 원인을 다 합쳐도 전염병으로 인한 사망자 수에 미치지 못한다(Inhorn & Brown, 1990). 이는 지금도 마찬가지다. 전염병으로 인한 연간 사망률은 20세기의 모든 전쟁으로 인한 연간 사망률을 합친 것보다 높다(Pirages, 2005).

앞서 말한 대로 행동면역계는 병원체 회피를 위해 진화한 심리 기전이다. 생물학적 면역계와 달리 행동면역계는 물리적 수준에서 선제적 병원체 회피를 효과적으로 달성해야 한다(Schaller, 2006; 2011; 2016; Schaller & Park, 2011).

인간의 행동면역계는 크게 세 부분으로 나누어 설명할 수 있는데, 첫째는 인지적 도메인으로서 식별과 구분을 말하고, 둘째는 정서적 도메인으로서 혐오와 공포를 말하며, 셋째는 행동적 도메인으로서 회피와 차별을 의미한다(Neuberg et al., 2011; Schaller & Duncan, 2007).

또한, 행동면역계 활성화는 급성과 만성으로 나누어 볼 수 있다. 급성 활성화는 병원체 위협이 발생할 때 나타나는 일시적 반응이며(Faulkner et al., 2004), 만성 활성화는 질병에 취약하거나 취약하다고 인지하는 개체에서 나타나는 지속적 반응이다(Navarrete et al., 2007).

인지적 요소

행동면역계의 정서 및 행동적 구성 요소를 활성화시키기 위해서는 일단 인지적 구성 요소가 활성화되어야 한다. 인지적 인식, 즉 감각 신호의 식별은 최초의 방어선이다(Ryan et al., 2012). 행동면역계를 활성화시키는 인지적 신호는 크게 다음과 같다.

첫째, 신체 유래물(body products)이다. 인간은 배설물이나 토사물, 체액, 혈액, 조각난 신체 등에 대해 좀 더 분명하게 주의한다. 이는 본능적 반응이다. 이때, 파란색으로 칠해진 신체 유래물은 노란색 계열의 신체 유래물보다 혐오 반응이 더 낮게 나타난다(Curtis et al., 2004). 둘째, 매개동물(animal vector)이다. 시궁쥐나 모기, 파리, 구더기 등은 다른 동물에 비해 좀 더 확실하게 주의를 끈다. 셋째, 신체 증상(physical symptoms)으로, 기침이나 고열, 쇠약함, 노화 등이 있다. 질병 이환의 증거는 대인 관계에서 가장 확실한 부정적 지각 신호다(Schaller, 2016).

행동면역계의 인지적 구성 요소에 관해서는 주로 시각적 신호와 후각적 신호에 관한 연구가 많이 진행되었다(Ackerman et al., 2018; Olsson et al., 2014). 미각이나 청각, 촉각 등에 관한 연구는 아직 드물다.

① 시각적 신호

인간은 다른 감각에 비해 시각이 발달되어 있으며, 여러 감염병 관련 신호(cue)는 대개 시각 신호를 동반한다. 혐오 자극에 관한 시각 신호는 행동면역계뿐 아니라 심지어 생물학적 면역계도 활성화시킨다(Faulkner et al., 2004; Schaller et al., 2010). 아마도 이러한 신호의 차별적 인식은 형태적 일탈(morphological deviance), 정상과의 외형 편차(figurative disparity from normal), 저장되어 있는 원형(prototype)과의 시각적 비유사성 등에 의해 발생하는 것으로 보인다. 그리고 이러한 자극은 병원체 위협의 신호로 작동할 수 있다(Ackerman et al., 2018; Kurzban & Leary, 2001).

그 결과, 행동면역계는 어림짐작법(heuristics)에 따라 감염 가능성과 무관한 신체적 이상에 의해서도 활성화될 수 있다(Park et al., 2003; Park et al., 2007). 사시나 비만, 저체중, 신체적 장애가 있는 대상에 대해서는 행동면역계가 신속하게 활성화된다(Miller & Maner, 2012). 현재 상대가 건강하다는 사실을 알고 있어도 얼굴의 흉터는 질병 위험에 대한 작업 기억을 활성화한다(Schaller & Duncan, 2007).

만성적으로 행동면역계 활성화 수준이 높은 개인은 종종 높은 수준의 성실성(conscientiousness)이나 강박성(obsessiveness)과 관련된 성격 특성을 보인다(8장 참조). 이러한 성격적 특징은 주변 개체가 가진 외모의 일탈에 관한 세심한 평가와 기억에 기여한다(Tolin et al., 2006; Tybur & de Vries, 2013). 일부 연구에 의하면, 혐오 반응에 동반되는 눈살 찌푸림 현상은 시각적 정보에 대한 식별 수준을 향상시킨다(Lee & Anderson, 2017; Lee et al., 2014).

행동면역계가 활성화된 개체는 형태적 일탈에 더 예민한 반응을 보이며, 비유사성을 보이는 자극을 더 쉽게 인지한다. 행동면역계가 활성화되지 않은 상태에서는 동일한 사진으로 지각하는 한 쌍의 사진을 행동면역계를 활성화시킬 경우에는 상이한 사진으로 지각하는 경향이 있었고, 이러한 경향은 혐오 민감성이 높은 개체에서 더 두드러졌다

(Nussinson et al., 2018).

② 후각적 신호

화학 신호 지각 시스템은 대인 접촉 및 질병 회피를 위한 원시적 시스템이다. 동물에서 후각 단서는 질병에 걸린 개체를 식별하고 회피하는 데 중요한 역할을 한다(Kavaliers et al., 2005; Kiesecker et al., 1999). 인간도 마찬가지다. 전통적으로 인간 행동에 체취가 미치는 영향은 간과되어 왔지만(Liuzza et al., 2017), 체취는 혐오감을 유발하는 흔한 원인 중 하나다(Curtis & Biran, 2001; Stevenson, 2010). 혐오스러운 체취는 행동면역계를 활성화하는 확실한 신호이며(Liuzza et al., 2018), 종종 악취는 감염 위험성에 관해 시각적 정보보다 더 신뢰할 만한 신호다(Case et al., 2006). 체취는 주로 땀이나 타액, 대변 등에서 발생하는데, 이들은 모두 주된 감염원이기 때문이다(Curtis et al., 2004).

감염된 개체는 흔히 체취가 크게 변한다(Shirasu & Touhara, 2011). 질병에 걸린 개체의 체취를 맡으면 호감도가 감소하는데, 이는 체취의 양적 강도와 무관하다(Olsson et al., 2014; Regenbogen et al., 2017). 부정적 냄새를 맡은 후에는 콘돔 사용 의사가 더 높아졌고(Tybur, Bryan, Magnan, et al., 2011), 타인의 신체적 매력을 더 낮게 평가했다(Dematte et al., 2007). 체취는 사회적 낙인을 유발하며(Low, 2006), 냄새와 맛은 도덕적 혐오와 진화적 관련성을 보인다(Rozin et al., 2009). 다시 말해 부정적 후각 신호는 행동면역계를 활성화하여 혐오 정서 및 회피 행동을 유발하는 확실한 요인이다(Oaten et al., 2009; Zald & Pardo, 1997).

특히 후각적 신호의 식별 능력은 사회성적태도(sociosexuality)의 개인차로 이어질 수 있다. 역겨운 느낌은 성적 흥분을 억제하는(Al-Shawaf et al., 2019; Andrews et al., 2015) 반면 성적 흥분은 혐오감을 억제하는 효과가 있다(Borg & De Jong, 2012; Stevenson, Case, et al., 2011). 이는 이득과 비용의 미묘한 균형에 의해 유발되는 역설적 현상이다. 후각적 신호는 감염 위험성을 시사할 수 있지만, 너무 예민하면 번식 기회가 감소하기 때문이다. 따라서 성적 개입 수준에 따라 후각적 신호에 관한 혐오감 역치가 달라질 수 있다. 일반적으로 가족이나 낭만적 파트너에 대해서는 후각적 혐오감이 감소한다(Case et al., 2006; Stevenson & Repacholi, 2005).

또한, 복수 성적 전략(multiple sexual strategy)에 따라 파트너에 대한 후각적 신호의 혐오감 수준이 다르게 활성화될 수도 있다. 흥미롭게도 이성의 매력을 평가할 때, 여성은 남성에 비해 체취를 신체적 매력보다 더 중요하게 여긴다(Havlicek et al., 2008; Sergeant et al., 2005; White & Cunningham, 2017). 이는 여성이 잠재적 감염에 대해 더 높은 비용을 치러야 하기 때문인지도 모른다. 최근 연구에 의하면 후각 신호에 예민한 피험자는 단기적 짝짓기 경향이 더 낮은 것으로 나타났다(Prokosch et al., 2021). 일반적으로 여성은 낯선 남성의 체취보다 파트너의 체취를 더 편안하게 여긴다(Hofer et al., 2018; Mahmut et al., 2019). 심지어 여성은 독신 남성의 체취를 짝이 있는 남성의 체취보다 더 강렬하게 지각했다(Mahmut et al., 2019). 체취를 통한 식별이 가능하면, 복수 성적 전략에 따른 차별적 행동도 가능하다. 단기적 성적 전략은 낮은 병원균 혐오 경향과 관련된다(Al-Shawaf, Lewis, Alley, et al., 2015; Al-Shawaf, Lewis, & Buss, 2015; O'Shea et al., 2019; Sevi, 2019; Sevi et al., 2018; Tybur et al., 2015). 최근 연구에 따르면, 체취 식별 수준이 높은 개체는 단기적 성적 전략을 덜 구사했다(Prokosch et al., 2021).

정서적 요소

행동면역계는 혐오 감정과 연결되어 있다(Aunger & Curtis, 2013; Neuberg et al., 2011). 종종 우리말에서 혐오는 맥락에 따라 역겨움(disgust) 외에 증오감(hate)을 의미하곤 하지만, 여기서는 역겨움을 뜻하는 좁은 의미에서만 다룰 것이다. 증오로서의 혐오는 종종 공격적이거나 적대적인 행동 반응까지 포함하는 넓은 개념으로 쓰이지만, 역겨움으로서의 혐오는 부정적 정서 반응과 회피 행동 반응에 국한하여 정의한다.

혐오 감정은 앞서 언급한 몇 가지 자극(신체 유래물, 매개동물, 신체 증상 등)에 대한 신호 특이성을 보인다. 다른 종류의 신체적 위협에 대해서는 혐오 반응이 유발되지 않으므로 일반적 위협-반응(threat-response) 동기 체계(motivational system)와 구별되는 별도의 체계로 판단된다(Bradley et al., 2001). 혐오는 동기 체계로서의 통합적 행동면역계에서 인지적 구성 요소(cognitive component)와 행동적 구성 요소(behavioral component)를 매개하는 감정적 구성 요소(emotional component)로 간주된다(Curtis et al., 2011; Oaten et al., 2009).

아마도 이러한 동기 체계는 음식 섭취 시 해로운 물질을 배제하는 원시적 감정에서 진화했을 것이다(Rozin et al., 2008). 그리고 혐오는 인간의 여섯 가지 기본 감정 중 하나로 발전했다(Ekman, 1992). 혐오 감정은 눈을 찌푸리고 혀를 내밀며 입을 오므리는 독특한 얼굴 표정으로 나타난다. 눈을 찌푸리는 표정은 각막을 경유한 비말 감염 위험성을 낮추고, 시력을 일시적으로 향상시켜 병원성 물체를 더 잘 식별할 수 있도록 도와준다(Lee et al., 2014; Susskind et al., 2008). 미각 신호는 혀를 내미는 행동으로 해로운 음식을 뱉도록 도와주고, 후각 신호는 입을 오므리는 행동으로 해로운 물질의 구강 내 유입을 차단한다(Rozin et al., 1994). 물론 더 중요한 행동은 신호 자극원을 회피하는 행동 반응인데, 이는 행동적 구성 요소를 설명할 때 자세하게 다룰 것이다.

행동적 요소

행동면역계의 행동적 요소는 회피와 차별이며(Schaller, 2016), 크게 세 가지 행동 반응으로 나누어 볼 수 있다. 첫째, 짝 선택 행동의 변화, 둘째, 사회적 교류 행동의 변화, 셋째, 전반적 사회문화적 태도의 변화다.

① 짝 선택과 매력

행동면역계 활성화는 이성의 외모에 대한 자극 역치를 높이는 것으로 보인다. 일반적으로 대칭성과 평균성은 매력의 지표로 알려져 있는데(Rhodes, 2006), 스스로 감염에 취약하다고 느끼는 개체는 해당 지표에 더 예민하게 반응한다. 다시 말해 비대칭적이고 비평균적인 얼굴을 더욱 추하게 느끼는데(Young et al., 2011), 특히 이성의 얼굴에 대해 이런 경향이 두드러지게 나타난다(Little et al., 2011). 이는 적응적인 면에서 합리적 반응이다. 파트너는 재회 가능성이 높으므로 감염 전파 위험성이 높고, 잠재적 자식에게 파트너의 감염 저항 형질의 절반을 물려주어야 하기 때문이다(Schaller, 2016).

이러한 시스템은 위양성 가능성이 높다(Haselton et al., 2015). 따라서 번식과 사회적 협력 등 다양한 기회를 제한한다(Kurzban & Leary, 2001). 이를 오류 관리 이론(Error Management Theory)으로 설명할 수 있다(Haselton & Buss, 2000). 우리는 무해한 자극이라고 해도 일탈적 외모를 지닌 개체를 혐오하거나 배척한다(Murray & Schaller, 2016). 잠재적 파트너로서의 선호도도 낮아진다(Jones et al., 2013; Lee et al., 2015; Little et al., 2011). 특히 감염병 유병률이 높은 생태적 환경에서 이러한 현상이 두드러진다(Gangestad & Buss, 1993; Thornhill & Gangestad, 1993). 행동면역계가

활성화되면 주변에 덜 친절해지고(Sawada et al., 2018), 외향성도 감소하며(Mortensen et al., 2010), 여성은 더 제한된 수의 파트너와 짝짓기 하는 경향을 보인다(Schaller & Murray, 2008). 다시 말해서 지역적 기생체 부하(local parasite load)가 높을수록 신체적 매력의 짝 선택 기여 수준이 높아진다(Gangestad et al., 2006).

일반적으로 감염 신호와 관련된 외모 변화는 심각한 불안을 유발한다(Ginsburg, 1996). 따라서 우리는 이러한 신호로 오인될 수 있는 신체적 결점을 최대한 숨기거나 개선하려는 강력한 의도를 보인다(Ackerman et al., 2018). 신체 감염 신호의 보정 혹은 회복 시도는 다음과 같은 이유로 적응적 행동이다. 첫째, 신체적 결함이 직접적 감염에 의한 것이라면 이를 개선하려는 위생 행동은 직접적 적합도를 향상시킬 수 있다. 둘째, 자신의 외모를 완전한 상태로 유지하려는 인지적 노력은 타인의 외모 결함을 식별하여 잠재적 감염 가능성을 최소화하려는 인지적 노력과 동일하다. 따라서 안전한 개체와의 사회적 관계를 확장, 유지할 뿐 아니라 대인 관계에서 자신이 배척당할 위험성도 낮출 수 있다(Murray & Schaller, 2016). 셋째, 짝짓기 성공을 촉진할 수 있다. 신체적 매력 지표의 상당 부분은 감염으로부터 자유롭다는 신호다(Gangestad & Buss, 1993; Tybur & Gangestad, 2011). 감염병 상황을 프레이밍한 실험에서, 피험자는 신체적 매력에 더 많은 관심을 보였고, 자원 할당 과제에서 외모 개선에 더 많은 자원을 투자하려는 경향을 보였다(Ackerman et al., 2018).

② 사회적 교류

행동면역계는 낙인 및 편견과 관련 있다(Kurzban & Leary, 2001; Oaten et al., 2011; Schaller & Neuberg, 2012). 감염된 인간뿐 아니라 감염 위험이

없는 인간에게도 비슷한 행동이 나타날 수 있다(Haselton & Buss, 2000). 이러한 경향은 감염 위험이 높은 상황에서 더 분명해지므로, 이때 장애인(Park et al., 2003)과 노인(Duncan & Schaller, 2009), 비만인(Park et al., 2007)에 대한 편견이 증가한다.

흥미롭게도 행동면역계는 외집단 교류를 감소시키는 것으로 나타났다. 일반적인 외집단 혐오의 원인으로는 경제적 자원을 둘러싼 경쟁이나 잠재적 폭력의 위험성 등이 있다(Esses et al., 2002; Schaller et al., 2003). 그런데 행동면역계도 이러한 외집단 혐오에 영향을 미칠 수 있다. 행동면역계는 외집단 구성원의 외모를 시각적 이형으로 평가하여 혐오 관련 행동 반응을 촉발할 수 있다(Ackerman et al., 2018; Kurzban & Leary, 2001).

외집단 혐오는 단지 외국인이 다른 외모를 가졌기 때문에 일어나는 오류가 아니다. 실제로 외집단은 새로운 외래 유입의 감염병을 퍼트릴 가능성이 있으며, 신종 감염병은 감염병에 대한 집단 면역이 형성되지 않은 내집단에 더 위험할 수 있다(Diamond, 2013; Dobyns, 1993). 또한, 외집단 구성원은 내집단의 다양한 규범을 준수하지 않을 가능성이 상대적으로 높다. 지역의 사회적·문화적 규범의 상당수는 감염 예방을 위한 장벽이므로 외집단 구성원의 유입은 실질적으로 감염 전파의 위험성을 높일 수 있다(Oaten et al., 2011; Schaller, 2016). 이러한 견해에 따르면 행동면역계는 외집단 구성원을 식별하는 지각 기전을 포함한다(Barrett & Kurzban, 2006; Sperber, 1994).

실제로 감염 위험성이 현저해지면 외집단 이주민에 대한 편견이 심해진다. 전염병 사진만 보고도 이민자를 위한 정부 예산을 줄여야 한다는 응답이 많아졌다(Faulkner et al., 2004). 또한, 임신 첫 3개월(감염에 취약한 시기)의 여성은 자민족 중심주의와 외국인 혐오에서 더 높은 점수를 보였다(Navarrete et al., 2007). 감염을 피하려는 동기에서 이민에 반대했고(Aarøe et al., 2016), 더 높은 자민족 중심주의를 보였다(Navarrete & Fessler, 2006; Navarrete et al., 2007). 2009년 신종 플루 유행 당시, 동아시아인은 서유럽인에 비해 외국인에 의한 감염을 더 우려했다. 이는 실제 동아시아 지역의 해외 여행률 감소로 나타났다(Hamamura & Park, 2010).

그러나 외집단 혐오와 행동면역계의 관련성에 대해서는 논란이 있다. 첫째, 인류는 진화사 전반에 걸쳐 외래 유입의 병원균에 반복적으로 노출될 만큼 다른 집단과 자주 교류하지 않았다. 따라서 외집단을 포함하는 행동면역계 지각 기전이 진화하기 어려웠을 수 있다(De Barra & Curtis, 2012). 둘째, 설령 외집단 구성원을 회피한다고 해도 감염으로 인한 비용을 줄이기 어렵다. 내집단에 외래 유입된 감염병이 한 번 유행하면, 곧 모든 내집단 구성원에게 동등한 비용이 발생한다. 따라서 외집단 구성원을 배척하는 개체는 다른 구성원과 동등한 비용을 치르면서도, 외혼을 통한 번식적 이득이나 교류를 통한 경제적 이득은 누리지 못하는 손해를 입는다(Fessler et al., 2015). 이러한 역설은 뒤에서 다시 다루겠다.

③ 사회문화적 태도

행동면역계는 사회문화적 태도 전반에 영향을 미친다. 문화적 관습과 의례, 전통, 규범은 병원체를 막는 역할을 한다(Fabrega Jr., 1997). 전염병에 취약한 생태적 조건에서는 다른 이에 대한 동조가 더 높아지며, 집단에 동조하는 개체에 대한 호감과 지지가 강해지는 경향이 나타났다(Murray & Schaller, 2012; Wu & Chang, 2012).

일반적으로 동조적 태도는 자기 보호의 사회적 동기와 관련 있다(5장 참조). 비동조적 태도는 타인이 자신을 두드러지게 지각하도록 만

든다. 비동조적 태도는 남성에 한해 성적 매력을 높일 수 있는 전략으로 보이지만, 이는 자기 보호의 비용을 감수해야만 획득할 수 있는 번식적 이득이다(Griskevicius et al., 2006). 따라서 감염병에 취약한 상황에서는 비동조적 태도에 비해 동조적 태도가 상대적으로 강화된다.

행동면역계가 활성화되면 보수성(conservatism)도 높아진다(Helzer & Pizarro, 2011; Terrizzi Jr. et al., 2013). 이는 도덕적 판단 상황에서 혐오 감정이 나타나는 이유를 설명해 줄 수 있다(Eskine et al., 2011; Horberg et al., 2009; Schnall et al., 2008; Wheatley & Haidt, 2005). 도덕적 혐오(moral disgust)는 경멸(contempt)의 정서와 유사한데, 입술 끝을 조이고 얼굴의 한쪽을 약간 올리는 표정을 동반한다(Ekman & Heider, 1988). 인간의 여섯 가지 기본 감정에 경멸을 더해야 한다는 주장도 있지만(Ekman & Friesen, 2010; Ekman & Heider, 1988), 아무튼 도덕 규율의 위반이 잠재적 감염 위험성을 유발한다면, 이에 대한 반응은 아마 항병원성 동기 체계가 담당할 것이다. 따라서 물리적 감염 취약성을 높이는 대상을 접촉할 때와 동일한 인지적 회로가 활성화되어 동일한 정서(혐오)와 행동(회피와 차별)이 순차적으로 나타나게 될 것이다.

감염병 취약성은 지역적 차이가 있으므로 행동면역계는 각 지역의 사회문화적 태도가 다르게 나타나는 이유를 설명해 줄 수 있다. 이에 관한 연구 결과는 풍부하다. 기생체 부하가 높은 국가는 빅 파이브 모델(Big Five Model)의 성격 형질 중 외향성(extroversion)과 경험에 대한 개방성(openness to experience)이 낮게 나타난다(Schaller & Murray, 2008). 또한, 집단주의 경향과 집단에 대한 충성, 정결에 관한 도덕 가치, 집단 동조성이 모두 높아진다(Fincher & Thornhill, 2008; Murray et al., 2013; Murray et al., 2011; Van Leeuwen et al., 2012).

심지어 지역이나 국가에 따른 인종 갈등이나 권위주의, 과학적 혁신 및 문화적 수준의 차이 등을 행동면역계로 설명할 수 있을는지도 모른다(Fincher & Thornhill, 2012; Letendre et al., 2010; Murray, 2014; Thornhill et al., 2009). 물론 기생체 부하라는 단일 요인에 근거하여, 행동면역계라는 체계 하나로 집단 간 다양한 사회문화적 차이를 모두 설명할 수는 없다. 조건적 보정 가설(facultative calibration hypothesis)은 병원체 유병률과 혐오 민감도가 선형의 정적 상관관계를 가진다고 가정하지 않는데, 집단 간 사회문화적 차이에 미치는 더 중요한 요인(경제적 여건, 인구 구조, 역사적 상황 등)이 있기 때문이다(Pollet et al., 2014; Schaller & Murray, 2011). 또한, 병원체 유병률은 주로 국가 단위로 분석되는데, 문화적 경계는 국가적 경계와 일치하지 않는다(Nettle, 2009). 그러나 인구나 경제 요인 등을 보정해도 국가적 기생체 부하는 외향성, 경험에 대한 개방성, 집단주의, 동조성 등의 차이를 어느 정도 설명할 수 있다(Fincher & Thornhill, 2008; Murray et al., 2011; Schaller & Murray, 2008).

3. 행동면역계에 관한 쟁점

앞서 행동면역계에 관해 지금까지 연구된 여러 과학적 사실을 요약하여 설명하였다. 행동면역계의 진화에 관한 몇 가지 핵심적 쟁점은 다음과 같다. 첫째, 혐오 민감성은 성차가 있는가? 있다면, 왜 나타나는가?(Al-Shawaf et al., 2018) 둘째, 혐오 민감성은 개인차가 있는가? 있다면, 왜 나타나는가?(Tybur et al., 2018) 셋째, 외집단 혐오의 행동면역 반응은 진화할 수 있는가?(선택의 층위 문제)(Fessler et al., 2015)

혐오 민감성의 성차

자가 보고 연구와 행동 데이터 연구를 막론하고 여성은 남성에 비해 혐오 민감성이 훨씬 높다(Al-Shawaf & Lewis, 2013; Curtis et al., 2004; Haidt et al., 1994; Oaten et al., 2009; Porzig-Drummond et al., 2009; Rozin et al., 1999; Schienle et al., 2005; Tybur et al., 2009). 심지어 성적 혐오감의 성차는 효과 크기(Cohen's D)[1]가 무려 0.6에서 1.54에 달하는 것으로 나타났다(Al-Shawaf, Lewis, & Buss, 2015; Tybur et al., 2009). 곤충 그림, 개방성 상처, 더러운 의복, 대변, 근친상간 등에 관해 여성은 남성에 비해 모두 낮은 혐오 역치를 보였다(Curtis et al., 2004; Haidt et al., 1994; Prokop et al., 2010).

혐오 감정은 행동면역계의 인지적 구성 요소와 행동적 구성 요소를 매개하는 정서다(Aunger & Curtis, 2013; Neuberg et al., 2011). 따라서 혐오 민감성의 성차는 행동의 성차를 유발한다(Loewenstein & Lerner, 2003). 이는 질병 회피 행동과 관련하여 여성과 남성에게 서로 다른 선택압이 작동했다는 증거이며, 이에 따라 여성은 남성에 비해 비위생적 활동을 꺼리고 위생 추구에 더 높은 관심을 보인다(Al-Shawaf, Lewis, Alley, et al., 2015; Fleischman et al., 2011).

그러나 이러한 진화적 설명은 몇 가지 면에서 도전을 받는다. 만약 여성이 남성에 비해 감염에 취약하다면 더 높은 혐오 민감도는 자연스러운 현상일 테지만 (상식과 달리) 여성은 남성에 비해 면역력이 상대적으로 높다(Christen, 2017). 여성은 남성에 비해 세포 면역과 체액 면

1 두 집단 간 차이의 효과 크기는 흔히 Cohen's D, 즉 두 집단의 평균 차이를 합동 표준편차로 나눈 값으로 구한다. 대개 효과 크기 0.2는 작음, 0.5는 중간, 0.8은 큼으로 판단한다.

역에서 모두 우월하고(Bouman et al., 2005), 감염성 질환 유병률은 대개 남녀비가 1 이상이며(Pennell et al., 2012; Schuurs & Verheul, 1990), 감염병에 이환되었다가 회복할 가능성도 여성이 더 높다(Schröder et al., 1998).

여성이 남성에 비해 성적 혐오 수준이 높은 이유에 대해서는 몇 가지 가설이 있다. 포유류의 경우 여성이 남성에 비해 부모 투자 비용이 높으므로 성관계에 더 신중할 수밖에 없다는 부모 투자 가설(the parental investment hypothesis)(Fessler & Navarrete, 2004; Fleischman, 2014; Lieberman et al., 2003), 남성의 대안적 번식 전략으로서의 강간이 여성에게 비대칭적으로 막대한 비용을 유발한다는 강간 회피 가설(the rape avoidance hypothesis)(McKibbin et al., 2011), 여성의 성적 매력은 남성에 비해 성적 정절(sexual infidelity)에 의해 더 많이 좌우되며 문란한 성적 행동은 동성 집단에서 배척될 위험성을 높이므로 성적 혐오가 높게 나타난다는 평판 손상 가설(the reputational damage hypothesis)(Campbell, 1995; Gallup et al., 2009), 다른 감염병과 달리 성병에서는 여성이 남성에 비해 더 취약하다는 성 전파성 감염 가설(the sexually transmitted infections hypothesis) 등이 대표적이다(Baggaley et al., 2010; Seth et al., 2011; Walboomers et al., 1999). 성적 혐오의 성차에 관한 자세한 설명은 이 책의 논의 범위를 벗어나므로 생략한다. 여기서는 더 넓은 의미에서 행동면역계 활성 민감도의 성차에 대해 다룰 것이다.

여성이 남성에 비해 행동면역계의 활성 민감도가 높은 이유에 관한 몇 가지 가설이 있다. 첫째, 감염 위험성을 직접 낮추는 것이 목적이라는 직접 전염 가설(the direct contagion hypothesis)과 음식 준비 가설(the preparation hypothesis), 둘째, 생물학적으로 여성에게 할당된 양육과 훈육의 선택압 때문이라는 어머니 중요 가설(the mother matter hypothesis)과 모델링 가설(modelling hypothesis), 셋째, 여성의 혐오감이 높은 것이 아니라 남성의 혐오 민감도가 낮게 진화했다는 남성 짝짓기 가설(the male mating hypothesis)과 사냥 및 전쟁 가설(the hunting and warfare hypothesis) 등이다.

직접 전염 가설

여성은 남성에 비해 자식과 더 친밀한 물리적·정서적 관계를 맺는다(2장 참조). 임신 중에는 체내에서 직접 자식을 양육하며, 수유 중에도 신체적으로 아주 밀접하게 접촉한다. 횡문화적 연구에 따르면, 이유 후에도 여성은 자식과의 신체적 접촉이 훨씬 잦다(Barash & Lipton, 1997; Curtis & Biran, 2001).

따라서 병원체를 회피하는 행동의 적응적 이득은 여성에서 훨씬 높으며, 이는 혐오 민감도의 성차를 유발했을 것이다. 혐오 민감도가 높은 여성은 그렇지 않은 여성에 비해 감염에 이환될 가능성이 낮으므로, 잇따른 자식 감염 가능성을 낮추어 번식 적합도를 향상할 수 있다(Stevenson et al., 2009).

만약 이 가설이 옳다면, 여성의 높은 혐오 민감도는 정반대의 비용을 요구할 것이다. 진화적 적응 환경(Environment of Evolutionary Adaptedness, EEA)에서 감염성 질환의 희생자는 주로 영유아다(Harper & Armelagos, 2010). 따라서 혐오감이 높은 어머니는 감염병 신호를 보이는 자식을 적극적으로 보호하여 감염 가능성을 낮출 것이다. 그런데 일부 연구에 의하면, 여성의 혐오 민감도는 대상에 따른 이중적 활성화를 보인다. 다시 말해 자식 유래의 혐오 유발 자극에 대해서는 오히려 낮은 혐오 수준을 보인다(Prokop & Fančovičová, 2016). 이는 여성의 높은 감염 회피 반응이 자녀의 포괄적합도 향상을 통해 진화했다는 추정을 지지한다. 자식에게만 예외를 허락하는 여성의 높은 혐오 민감도는 양육 성공을 통한 차별적 번식 적합도를 통해 진화했을 것이다.

또한, 이러한 현상은 성선택을 통해서 가속화될 수도 있다. 남성은 양육 능력이 양호한 여성과의 짝짓기를 통해 얻는 적응적 이득이 크므로 혐오 민감도가 높은 여성을 차별적으로 선호했을 수 있다. 이는 성 간 선택의 줄달음 효과로 인해 자연선택에서의 최적 수준 이상으로 여성의 혐오 민감도가 높아졌을 수 있다. 이를 검증한 연구는 아직 없다.

음식 준비 가설

음식은 감염의 가장 흔한 원인이다(Newell et al., 2010). 전통적 성적 분업 모델에서 여성은 남성에 비해 요리에 더 많은 시간과 자원을 할애한다(Draper, 1975; Gurven et al., 2009; Johnson, 1975). 1962년부터 1980년까지 『에스놀로지(Ethnology)』에 연재된 1,167개 사회의 노동 분업을 조사한 민족지 아틀라스(ethnographic atlas)에 의하면, 요리는 거의 여성이 전담하는 과업이다. 인류학자 조지 피터 머독(George Peter Murdock)은 각 문화에서 남성이 특정 과업을 수행하는 비율을 남성 지표(male index)라고 정했는데, 요리의 경우는 8.3%에 불과했다. 요리 유사 과업도 비슷한 경향을 보여 젖 짜기는 14.3%, 물 길어 오기는 8.6%, 식물성 식재료 가공은 5.7%, 음료 준비는 22.2%의 남성 지표를 가지는 것으로 나타났다(Murdock & Provost, 1973; Wood & Eagly, 2002).

여성이 준비하고 조리한 음식은 가족 전체와 공유된다. 따라서 혐오 민감도가 높은 여성은 위생적인 조리를 통해 포괄적인 적응적 이득을 누릴 수 있었을 것이다. 그러나 남성은 요리에 시간을 덜 할애하므로 여성에 비해 위생 추구 행동과 관련한 혐오 민감도를 높이는 선택압이 낮았을 수 있다.

부패에 취약한 식재료는 주로 육류나 어패류고, 혐오를 일으키는 대표적 자극은 동물의 사체다(Curtis et al., 2004). 앞서 말한 성적 분업에 관한 민족지적 통계에 의하면 다른 식재료와 달리 도살과 정육, 낚시는 거의 남성이 전담한다. 도살 및 정육은 남성 지표가 92.3%, 낚시는 86.7%다. 대규모 어로나 수렵은 각각 100%, 99.3%의 남성 지표를 보인다(Murdock & Provost, 1973). 이러한 성적 분업의 원인으로는 신체적 강인함의 성차와 장거리 원정 어로나 원정 수렵은 임신이나 양육과 함께 수행하기 어렵다는 생물학적 제안 요인이 주로 제시된다. 그러나 사체에 관한 혐오 민감도의 성차도 이러한 성적 분업에 기여할 가능성이 있다. 만약 그렇지 않다면, 여성은 사체에 대해 높은 혐오 민감도를 보이면서도, 음식 재료로서의 육류나 어패류에 대해서는 낮은 혐오 민감도를 나타내는 것이 될 것이다. 이를 구분하여 검증한 연구는 아직 없다.

어머니 중요 가설

부모는 자식의 생존에 모두 중요하지만(Geary, 2000; Hill & Hurtado, 2017), 그중에서도 어머니가 더 중요하다(Sear & Mace, 2008). 어머니는 양육에 더 많은 시간과 에너지를 사용하고(Barash & Lipton, 1997; Hewlett, 1993), 양육을 위한 여성의 심리 모듈은 남성에 비해 더 정교하게 진화했다(Babchuk et al., 1985; Hampson et al., 2006). 따라서 어머니의 부재는 아버지의 부재보다 더 큰 포괄적합도 하락을 유발한다. 즉, 어머니의 질병과 죽음은 양육자의 부재를 유발하므로, 여성은 감염에 관해 더 예민한 혐오 민감도를 보인다는 주장이다.

직접 전염 가설이 자식을 향한 감염 위험성에 관한 것이라면, 어머니 중요 가설은 어머니의 생존과 건강이 양육에 미치는 영향과 관련있다. 사실 이 둘을 구분하여 검증하는 것은 대단히 어렵다. 직접 전염 가설에 의하면 여성은 자식 유래의 혐오 자극원에 높은 역치를 보인다. 그런데 어머니 중요 가설에 의하면 이러한 행동은 자칫하면 상대적으로 건강한 자식으로부터 어머니를 박탈하는 결과를 초래할 수 있다(자식 한 명의 감염병에 이환되어 어머니가 사망하면, 나머지 자식은 어머니를 잃는다). 따라서 감염병에 이환된 것으로 보이는 자식과 건강한 자식의 생존 간 상쇄 관계(trade-off)[2]가 발생할 수도 있다. 또한, 어머니의 연령이 낮다면, 향후 잠재적으로 낳을 수 있는 자식마저 포기하는 결과를 낳을 수 있다. 따라서 기존의 자식 수 및 모성 연령에 따라 자식 유래의 혐오 자극원에 관한 여성의 혐오 반응이 다르게 나타날 수 있을 것이다. 지금까지 이에 관한 연구는 발표된 바 없다.

모델링 가설

훈육 가설(the teaching hypothesis) 혹은 육아 및 양육 가설(parenting and childrearing hypothesis)에 의하면, 훈육 및 양육 활동은 상당 부분 위생 및 질병 회피 행동과 관련 있다. 특히 전통 사회에서 감염병은 영유아기에 빈발하므로 이러한 훈육은 아주 적응적이다(El-Madhun et al., 1998). 그리고 가장 효과적인 훈육 방법은 모델링이다. 어머니는 아버지보다 자식과 더 많은 시간을 보내기 때문에, 위생 관련 행동의 모델링이 자식의 생존에 미치는 영향이 더 크다(Barash & Lipton, 1997; Hewlett, 1991).

뒤에서 다시 언급하겠지만 발달적 가소성이 혐오 민감도에 미치는 영향은 의문이다(Sherlock et al., 2016). 그렇다고 해도 훈육의 이득은 분명하다. 훈육은 직접적 행동 교정으로 당장의 감염 위험을 차단하고,

2 흔히 국문서에서 트레이드-오프 혹은 트레이드오프 등으로 번역된다. 이 책에서는 상쇄 관계로 통일했다.

즉각적 모델링으로 잠재적 감염 위험 대상에 관한 생태적 정보를 전달하는 효과가 있다(Tybur et al., 2018).

만약 이 가설이 옳다면, 여성의 혐오 민감도는 양육하는 자식의 존재 여부에 따라 달라질 것이다. 즉, 훈육 연령의 자녀가 있는 여성은 더 높은 혐오 민감도를 보일 것이다. 앞서 언급한 직접 전염 가설과 마찬가지로 성적 파트너 및 자식의 존재 여부에 따라 위생 추구 행동과 혐오 민감도가 달라지는지를 통해 가설을 검증할 수 있을 것이다. 잠재적으로 임신이 가능한 조건 혹은 양육을 제공하는 조건에서의 혐오 민감도의 적응적 가치는 그렇지 않은 경우보다 더 높기 때문이다. 아직 이에 관한 연구는 없다.

남성 짝짓기 가설

다윈-베이트만-트리버스-파커 패러다임(Darwin-Bateman-Trivers-Parker paradigm)에 의하면, 남성은 여성에 비해 복수의 단기적 성관계를 통해 얻는 번식적 이득이 크다. 남성은 여성에 비해 양육 투자 비용이 낮기 때문이다(Tang-Martinez, 2010). 따라서 남성은 상대적으로 낮은 병원체 혐오감을 통해 번식 횟수를 늘림으로써 얻는 이득이 여성에 비해 크다(Al-Shawaf, Lewis, & Buss, 2015).

또한, 여성은 대칭적이거나 남성적인 얼굴과 신체를 가진 이성을 단기적 파트너로 선호한다. 이러한 높은 남성성이 면역학적 자질의 정직한 신호이기 때문이다(Gangestad & Thornhill, 1997; Grammer & Thornhill, 1994; Shackelford & Larsen, 1997). 따라서 남성이 감염에 관한 높은 혐오 민감도를 보이는 것은 오히려 자신의 열등한 면역학적 자질을 드러내는 비용을 유발한다(Fessler & Navarrete, 2004). 따라서 남성은 낮은 혐오감이라는 핸디캡을 감수함으로써 자신의 신체가 가진 면역학적 자질을 정직하게 과시할 수 있다(Al-Shawaf et al., 2016; Al-Shawaf, Lewis, Alley, et al., 2015). 이 가설이 맞다면 남성의 경우 행동면역 반응과 신체면역 반응은 역상관 관계를 보일 테지만 아직 이에 관한 연구는 없다.

또한 남성은 낮은 혐오감을 가진 것으로 위장함으로써 신체의 면역학적 자질에 관한 기만적 신호를 보일 수도 있다. 면역학적 자질이 높은 남성은 어필의 대상이 되는 이성이 없는 환경에서도 군비 경쟁을 통해 낮은 수준의 병원체 혐오감을 과시하고 자신의 평판을 높임으로써 해당 신호의 비용을 높이는 것이 유리하다(Costly Signaling Theory, CST)(Folstad & Karter, 1992; Porzig-Drummond et al., 2009). 그러면 짝짓기 이전의 남성은 그렇지 않은 남성에 비해 더 낮은 수준의 혐오 민감도를 보일 것이다. 또한, 여성에게는 낮은 혐오 민감도를 가진 체하는 이성의 기만적인 신호를 탐지하기 위한 적응이 진화했을 것이다. 연구에 따르면, 실제로 여성은 남성에 비해 타인의 얼굴 표정에서 본능적인 혐오 반응을 더 정확하게 식별한다(Kret & De Gelder, 2012; Montagne et al., 2005; Rotter & Rotter, 1988).

만약 혐오 민감도의 성차가 성선택의 결과라면, 다음의 네 가지 조건을 만족해야 한다. 첫째, 낮은 혐오 민감도는 생존에 부정적 영향을 미친다. 둘째, 양질의 면역 능력을 가진 개체만 낮은 혐오 민감도를 감당할 수 있다. 셋째, 이러한 형질은 자식에게 유전된다. 넷째, 여성은 낮은 혐오 민감도를 가진 남성을 선호한다(카트라이트, 2019).

첫 번째 조건과 두 번째 조건은 명백하게 성립하며, 몇몇 증거에 따르면 세 번째 조건도 만족한다(Sherlock et al., 2016). 네 번째 조건에 대해서는 아직 불확실하다. 혐오 민감도가 높은 여성이 남성적 얼굴을 가진 이성을 선호한다는 증거는 있지만(DeBruine et al., 2010), 낮은 혐오 민감도를 가진 남성, 즉 비위생적 행동을 보이는 남성을 선호한다는 증거는 찾지 못했다. 신체적 남성성과 달리 비위생적 행동을 보이는 것은 여성의 적합도를 직접적으로 해칠 위험이 있으므로 성선택의 줄달음 과정(runaway process)이 일어나기 어려울 것으로 보인다(Fisher, 1930). 이를 검증하려면 더 정교한 연구 설계가 필요하다.

사냥 및 전쟁 가설

진화사 내내 남성은 여성에 비해 사냥과 전쟁에 많은 자원과 시간을 할애했다(DeVore & Tooby, 1987; Silverman et al., 2007). 만약 혐오 민감도가 높은 남성이라면 잠재적 감염 위험성이 높은 사냥이나 전투에 소극적이었을 것이고, 부상당한 동료를 구조하거나 시신을 운반하는 일도 꺼렸을 것이다. 따라서 혐오 수준이 낮은 남성이 상대적으로 더 높은 적합도를 보이게 되어 지금과 같은 혐오 민감도의 성차가 진화했을 수 있다.

그러나 혐오 민감도가 낮다고 해서 사냥과 전쟁의 수행 능력이 얼마나 향상되는지 불확실하며, 비수렵·비전투 상황에서도 지속적으로 낮은 수준을 유지할 필요가 없다는 점을 설명하기 어렵다. 또한, 일반적으로 사냥과 전쟁의 이득은 집단 전체에 귀속되는 데 반해 질병 혐오의 이득은 개인이나 친족에게 귀속된다는 문제가 있다. 이에 관해서는 선택의 층위 문제에서 다시 다루겠다.

혐오 민감도의 개인차

항병원성 행동 및 이를 매개하는 혐오감에 관한 연구는 주로 집단 간 차이나 상황에 따른 차이에 관한 것이다. 그런데 적응적으로 선호되는 변이(favored variants)는 인구 집단 전체로 빠르게 확산되는 경향이 있다

(Buss & Hawley, 2010; Shook et al., 2020). 앞서 말한 대로 감염병으로 인한 선택압은 강력하며 진화사 내내 지속되었으므로(Ackerman et al., 2012), 행동면역계가 개체의 감염을 선제적으로 회피하는 적응적 시스템이라면 모든 인간에게 일정한 수준으로 나타나야 한다(Tybur et al., 2018). 일반적으로 선택은 집단 내 형질을 균질화하는 힘(homogenizing force)이지만(Buss & Hawley, 2010), 혐오 민감도는 개인차가 심하다. 이와 관련된 가설은 대략 세 가지가 있다. 첫째, 일반적 성격 변이에 따른 개체 간 혐오감 차이, 둘째, 발달적 가소성의 결과로서의 혐오 민감도 차이, 셋째, 감염 회피와 다른 선택압의 균형 선택에 의한 혐오 민감도 차이 등이다. 세 번째 가설은 다시 크게 네 가지로 나눌 수 있다. 첫째, 생태적 환경의 차이에 따른 행동면역계의 조정, 둘째, 섭식 추구 행동과 감염 회피 행동의 균형, 셋째, 감염 위험성을 둘러싼 사회적 접촉과 사회적 회피 간 균형, 넷째, 번식적 이득과 감염 위험 간 균형 등이다.

일반적 성격 변이의 일환으로서 혐오감

혐오 민감성은 다른 성격 요인의 구성 요소로 나타날 가능성이 있다(Curtis et al., 2011). 만약 그렇다면 혐오 민감성의 개체 차이는 성격의 개체 차이라는 더 큰 수준의 진화적 이슈의 일부분이며, 감염 회피를 넘어서는 더 넓은 감정 영역을 반영하는 것으로 재해석되어야 한다. 혐오감을 포함하는 성격 요인으로는 주로 신경성(Neuroticism) 혹은 정서안정성(Emotional Stability)이 있다(Nettle, 2006).

신경성 요인은 위협이나 위험에 주의(vigilance to threats and dangers)를 기울이게 함으로써 적응적 이득을 제공하지만(Haselton et al., 2015; Nesse, 2005), 스트레스에 의한 질병(stress-related illness)이나 관계의 불안정성(relational instability) 등에 의한 손해를 유발한다(Kelly & Conley, 1987;

Neeleman et al., 2002).

신경성은 횡문화적으로 공히 남성보다 여성에게서 더 높게 나타난다(Costa Jr. et al., 2001). 남녀에게 주어진 생태적 환경이 동일하더라도, 여성은 신체적 위해나 사회적 고립을 당할 경우 남성보다 번식 성공률에 더 큰 지장을 받기 때문이다.

신경성 요인의 네 가지 구성 요소(components)는 공변 연구를 통해 도출되었는데, 첫째, 신체적 위협에 대한 주의, 둘째, 사회적 위협에 대한 주의, 셋째, 질병에 대한 인지된 취약성, 넷째, 분노와 공격성 등이다. 또한, 신경성 요인은 불안, 적대감, 우울, 자의식, 충동성, 스트레스 민감성 등 여섯 가지 측면이 있다(Denissen & Penke, 2008; DeYoung et al., 2007; Nettle, 2007). 이러한 성격 형질은 원시적인 포식자 민감성(predator sensitivity)에서 유래한 것으로 보인다. 앞서 말한 대로 반포식자 행동은 도주와 회피 외에도 다양한 행동(역습, 의사, 은폐, 접근 등)을 유발한다(Lima & Dill, 1990).

특히 질병은 포식자로부터의 탈출 능력을 떨어뜨린다. 포식자는 종종 가장 약한 먹잇감을 노리므로 질병에 걸린 반포식자에게는 적응적 손해가 가중된다. 이는 자신의 신체적 상태나 감염 취약성에 관한 고조된 주의 반응을 유발할 수 있다. 또한, 사회적 집단을 이루는 포유류는 집단을 형성하여 포식자로부터 위험을 막고자 하는데, 이러한 사회적 집단에서 배제되는 경우에는 반포식자 행동의 비용이 크게 증가할 수 있다(Silk, 2007). 따라서 이들은 사회적 위협(배제, 추방, 비난 등)에 관해 더욱 주의를 기울인다.

만약 혐오감이 신경성 성격의 하위 요인이라면 혐오 민감도는 신경성 요인과 공변할 것이다. 실제로 빅 파이브 모델의 신경성 요인은 혐오 민감도와 상당한 관련성을 보였다(Haidt et al., 1994). 그러나 이는 연구 방법상의 오류에 의한 것일 수 있다. 사실상 혐오 민감도를 평가하는 기존 척도에는 신경성 요소가 숨겨져 있다. 예를 들어 질병에 대한 인지된 취약성 척도(Perceived Vulnerability to Disease scale, PVD)에는 "나는 감기나 독감, 감염병 등에 매우 약하다"라는 문항이 있고, 혐오 척도 개정판(Disgust Scale-Revised, DS-R)에는 "사체를 만지는 것은 극도로 짜증 난다"라는 문항이 있다(Duncan et al., 2009; Olatunji et al., 2008). 이미 신경성 요인의 여러 측면(불안, 적대감, 스트레스 민감성)을 포함하고 있는 것이다. 세 영역 혐오 척도(Three Domains Disgust Scale, TDDS)는 신경성 요인을 배제하도록 고안된 것으로, 빅 파이브 모델의 신경성 요인과 관련성(0.1 혹은 0.15)이 낮은 것으로 관찰되었다(Tybur, Bryan, Lieberman, et al., 2011; Tybur et al., 2009). 유사한 HEXACO 모델(8장 참조)에서도 정서성(emotionality) 요인과 TDDS 간 공변도가 낮게 관찰되었고(0.17)(Tybur & de Vries, 2013), 질병에 대한 인지된 취약성 척도의 하위 척도인 세균 회피(Germ Aversion, GA) 척도도 빅 파이브 모델의 신경성 요인과 관련성이 낮은 것으로 확인되었다(Duncan et al., 2009).

이처럼 혐오 민감성과 신경성 요인의 관계는 약하게나마 존재하지만 둘은 분명 다른 행동 형질로 보인다. 신경성 요인은 종종 혐오나 경멸의 정서로 나타날 수 있지만, 가장 핵심적인 정서는 불안과 분노다(Nettle, 2007). 또한, 행동면역계는 흔히 집단에 관한 충성, 정결, 보수성 등의 행동 양상을 유발하는데(Fincher & Thornhill, 2008; Helzer & Pizarro, 2011; Murray et al., 2011; Murray et al., 2013; Terrizzi Jr. et al., 2013; Van Leeuwen et al., 2012), 이는 빅 파이브 모델의 우호성(agreeableness)이나 성실성(conscientiousness)과 관련이 깊다(Nettle, 2007). 그리고 높은 감염 취약성은 낮은 외향성(extroversion)과 경험에 대한 낮은 개방성으로 나타날 수도 있다(Schaller & Murray, 2008).

특히 신경성은 반포식자 적응 형질로 간주되지만, 행동면역계는 항병원성 적응 형질로 보인다. 두 시스템은 근연적 수준에서 일부 정서나 행동 반응을 공유할 수 있을지라도 진화적 기원과 적응적 조건에서 분명히 차이가 있다.

발달적 가소성과 모델링 학습

일반적으로 후천적 면역계는 발달적 유연성의 수준이 높다(Curno et al., 2009). 모든 종류의 자극에 대한 고정적 면역 반응이 비용 면에서 효율적이지 않기 때문이다(Schaller & Park, 2011). 행동면역계에서 지각하는 자극은 시행착오를 거쳐 학습하기 어려우므로(과도한 비용), 주로 부모 모델링(parental modelling)에 의해 학습된다. 즉, 혐오 감수성은 사회화의 산물이라는 주장이다(Haidt et al., 1994).

혐오 감수성의 사회화 가설을 지지하는 두 가지 증거가 있다. 첫째, 어린아이는 약 5세까지 혐오감을 느끼지 않으며, 부모의 혐오감을 충분히 관찰한 후에야 혐오감을 보인다(Rottman, 2014). 둘째, 부모와 자식은 혐오 민감도 조사에서 비슷한 점수를 받는 경향이 있다(Davey et al., 1993; Rozin et al., 1984; Stevenson et al., 2010). 또한, 형제자매도 혐오 민감도가 비슷한 편이다(Rozin & Millman, 1987).

실제로 계통진화적 차원에서 항상 감염 위험성을 높였다고 보기 어려운 사회적 행동(통상적이지 않은 성적 행동이나 도덕 규준 위반 등)이 높은 수준의 혐오 반응을 유발하는 것은 사회화되는 과정에서 혐오 감정이 발달적으로 빚어진다는 가설과 부합한다(Haidt et al., 1994; Tybur et al., 2013).

그러나 이러한 설명은 불합리하다. 초기 유년기에 어떤 형질이 관찰되지 않는다고 해서 그 형질이 사회화에 의한 것이라고 추정할 수 없다(Pinker, 2004). 어린아이는 수염이 없지만, 그렇다고 수염이 발달적 사회화의 결과는 아니다. 또한, 가족 내 혐오 민감성의 유사성은 해당 형질이 유전적으로 전달되었을 가능성을 시사하기도 한다. 일란성 쌍둥이와 이란성 쌍둥이를 대상으로 한 연구에서 형제자매 간 혐오 민감도는 유의한 차이가 없었다(Rozin & Millman, 1987). 해당 연구자는 이를 근거로 유전적 영향이 미미하다고 결론 내렸지만, 결과를 잘못 해석한 것이다. 일란성 쌍둥이와 이란성 쌍둥이의 경우, 공유 환경의 차이는 없고 유전적 차이만 있다. 따라서 두 집단에서 형제자매 간 혐오 민감도의 유사성에 차이가 발생했다면 유전에 의한 것으로 추정할 수 있으나, 차이가 발생하지 않았다고 해서 유전적 영향이 없다고 결론 내릴 수는 없다. 게다가 다른 연구에 의하면 혐오 민감성은 6-n-propylthiouracil(PROP)을 감지하는 미각 감수성과 공변하는데, 이는 해당 형질에 대해 유전적 영향이 더 크며 공유 환경의 영향이 적음을 시사한다(Hansen et al., 2006; Herz, 2011).

이와 더불어 핀란드 여성 쌍둥이를 대상으로 하여 30년간 진행된 혐오 민감도 관련 연구에 의하면, 혐오 감수성 분산 값의 약 절반이 유전에 의한 것이며, 나머지 절반은 비공유 환경에 의한 것이었다. 공유 환경은 어떤 영향도 미치지 못했다(Sherlock et al., 2016).

이러한 결과로 미루어 보아 구체적 혐오 자극에 대한 반응은 어린 시절의 학습에 의해 습득될 수 있더라도(감염병 표지에 대한 학습 등), 전반적인 혐오 민감성의 강도를 발달적 사회화의 결과라고 보기는 어려울 것으로 판단된다(Tybur et al., 2018).

다른 선택압과 감염병 선택압의 균형

상이한 형질의 적합도가 모든 환경에서 평균적으로 동일한 값을 보일 경우, 이론적으로 해당 개체군에서 유전적 변이는 무한정 유지될 수 있다. 이러한 균형 선택(balancing selection)은 다양한 층위에서 발생할 수 있는데, 크게 두 가지 조건에 의해 나타난다(8장 참조).

첫째, 개인적 환경(유전자 구성) 차이가 상이한 형질의 각각 다른 적합도를 유발하는 경우다. 앞서 말한 혐오 민감도의 성차가 전형적 예라고 할 수 있는데, SRY 유전자(Sex determining Region of Y-Chromosome)의 성차로 인한 개인적 환경의 차이(성 간 표현형 차이)가 각 성에서 혐오 민감도 형질의 서로 다른 적합도를 유발하는 것이다(Al-Shawaf et al., 2018).

둘째, 물리적 환경과 사회적 환경을 포함하는 생태적 환경의 차이가 상이한 형질의 상이한 적응을 일으키는 경우다. 이를 생태적 환경, 섭식 행동과의 균형, 사회적 환경, 생애사 전략이라는 네 가지 주제로 나누어 살펴보고자 한다.

① 생태적 환경의 차이

혐오 반응은 개인적 경험이나 생태적 맥락에 따라 다르게 나타난다. 실제로 행동면역계에 관한 여러 연구에서는 다양한 방식으로 맥락을 조작하여 혐오 반응이나 행동이 어떻게 달라지는지 조사한다. 감염 위험성에 관한 심리적 현저성(psychological salience)을 조작하면 혐오 반응이 다르게 나타난다(Miller & Maner, 2012).

조건적 보정 가설에 의하면 유전적으로 결정되는 혐오 민감도와 발달적 사회화를 거치는 혐오 자극원 목록은 생태적 환경의 여러 조건에 따라 부분적으로 변화할 수 있다(Lukaszewski & von Rueden, 2015; Sell et al., 2009; Zietsch, 2016). 따라서 기생체 부하가 심한 환경의 개체는 혐오 민감도가 높아지고, 병원체에 취약하여 감염에 의한 비용이 높은 개인은 혐오 민감도가 높을 것이다(Fessler et al., 2005).

기생체 부하에 의한 몇몇 연구가 진행된 바 있다. 가나와 미국의 집단을 대상으로 한 연구에 의하면 혐오 민감도는 기생체 부하량과 관련이 있었다(Skolnick & Dzokoto, 2013). 또한, 30개국을 대상으로 한 최근 연구에서도 국가 감염체 스트레스(national parasite stress) 수준은 전통주의(traditionalism) 수준과 정적 상관성을 보였다. 이 외에도 여러 연구에서 기생체 부하 수준은 경험에 대한 개방성, 종교성(religiosity), 집단주의(collectivism)와 개인 수준에서 관련성이 있는 것으로 나타났다(Clay et al., 2012; Terrizzi Jr. et al., 2012; Tybur, Bryan, Lieberman, et al., 2011).

그러나 앞서 30개국을 대상으로 한 연구에서 전염병 발병률이 높은 지역이 낮은 지역에 비해 더 높은 혐오 민감성을 보이지는 않았다. 심지어 세계 9개 지역에서 3만 명 이상을 대상으로 한 혐오 사진 반응 조사에서도 혐오 민감성의 지역 간 차이는 관찰되지 않았다(Curtis et al., 2004). 물론 지역 간 혐오 민감도의 차이가 분명하지 않다고 하여 생태적 맥락이 혐오 민감도에 영향을 미치지 않는다고 단정해서는 곤란하다. 예를 들어 병원체 접촉 위험이 1일 1회 있는 생태적 환경과 1일 100회 있는 환경을 비교해 보자. 전자의 경우에는 혐오 민감도가 높으면 감염 위험성이 크게 감소한다. 병원체 접촉 가능성이 최대 1일 100%까지 감소할 수 있는 것이다. 그러나 후자의 경우에는 혐오 민감도가 높아도 감염 위험성을 줄이기 어렵다. 100회를 모두 회피하는 것은 거의 불가능하기 때문이다(Tybur et al., 2018). 따라서 전염병 유병률이 너무 높으면 혐오 민감도를 높일 때 생기는 감염병 위험 감소의 이득은 거의 없고, 오히려 번식 기회나 사회적 교류 기회를 놓침에 따른 손해만 커진다(Curtis, 2014). 따라서 앞서 말한 대로 조건적 보정 가설은 생태적 환경의 병원체 유병률과 혐오 민감도가 선형 관계를 가진다고 가정하지 않는다.

생태적 환경은 외부 환경뿐 아니라 내부 환경도 반영한다. 즉, 개체의 신체적 건강이나 감염병 취약성도 생태적 환경을 구성하는 요소다. 따라서 이론적으로 건강이 취약한 개체는 더 높은 혐오 민감성을 보일 것이다. 실제로 임신 제1기(첫 3개월)에는 혐오 민감도가 높아지는 경향을 보인다(Fessler et al., 2005).

하지만 내적 취약성이 혐오 민감도에 영향을 준다는 가설에 대해서는 논란이 있다(Tybur et al., 2018). 개인적 취약성이 더 높은 혐오 민감도로 이어진다고 주장하는 연구는 많으나, 이에 대한 근거를 제시하는 연구는 드물다. 임신 제1기에 혐오 민감도가 높아지는 경향은 감염병 취약성에 의한 결과가 아니라(Fessler et al., 2005) 감염으로 인한 비용이 두 배(모체와 태아)로 높아지기 때문일 수도 있다. 임산부가 일반인에 비해 두드러진 감염 취약성을 보인다는 의학적 증거는 분명하지 않다(Zumla et al., 2014).

호주에서 진행된 한 연구에 따르면, 혐오 민감도는 과거 감염 빈도나 최근 감염 여부와 무관했다(Stevenson et al., 2009). 방글라데시에서 진행된 연구에서도 5세까지의 설사 및 폐렴에 관한 의무 기록을 반영하여 성인기의 혐오 민감도를 조사했는데, 아무 관련이 없었다(De Barra et al., 2014). 일부 연구에서는 프로게스테론(progesterone)이 면역 수준을 낮춤에 따라 혐오 민감도가 높아질 것이라고 추정했지만(Fessler, 2001; Fleischman & Fessler, 2011), 다른 연구에서는 월경 주기와 혐오 민감도 사이에 아무 관련성이 없는 것으로 나타났다(Żelaźniewicz et al., 2016).

② 섭식 행동과의 균형

혐오감의 진화에 대한 대안적 주장에 따르면, 혐오감은 먹이 선택을 위한 적응에서 시작되었다(Rozin et al., 2008). 앞서 말한 대로 음식은 감염성 질환의 가장 흔한 원인이므로(Newell et al., 2010), 개체는 발달 과정에서 혐오감을 유발하는 음식 섭취를 피하고(Rozin, 1986), 과거 혐오감을 유발했던 음식을 기억하여 회피한다(Navarrete & Fessler, 2003; Tybur et al., 2016). 혐오감을 느낄 때 짓는 얼굴 표정은 이미 섭취한 음식을 배출하고 추가적 섭취를 차단하는 역할을 한다(Rozin et al., 1994).

그런데 혐오 민감도가 높으면 너무 많은 종류의 음식을 회피하게 되고, 혐오 민감도가 낮으면 유해한 음식을 섭취하게 된다. 따라서 국소적 식량 공급 수준에 따라 혐오 민감도의 손익이 달라질 수 있다. 즉, 식량 공급이 충분하면 높은 혐오 수준의 잠재적 이득이 증가하고, 식량 공급이 부족하면 혐오 민감도를 낮춰 영양 공급으로 이득을 높이는 것이 유리해진다(Fallon & Rozin, 1983).

실제로 장기간 금식은 음식에 관한 혐오 민감도를 크게 낮추는 경향이 있었다(Hoefling et al., 2009). 포만감은 혐오감과 상관관계를 보였고(Al-Shawaf & Lewis, 2013), 혐오 민감도가 낮은 인간은 새로운 음식을 기꺼이 섭취했다(Al-Shawaf, Lewis, Alley, et al., 2015).

일반적으로 신경성 식욕 부진(Anorexia Nervosa, AN)은 신체상(body image)에 관한 왜곡과 체중 조절을 위한 강박에서 비롯한다고 알려져 있으나, 다른 한편으로 신경성 식욕 부진 환자가 음식을 거부하는 것은 혐오 반응과 유사한 면이 있다(Troop et al., 2002). 그 원인은 아직 정확하게 밝혀지지 않았지만, 신경성 식욕 부진은 표준화 사망률(the standardized mortality ratio, SMR)이 약 10.5에 달할 만큼 심각한 질환이다(Birmingham et al., 2005). 진화의학적 견지에서 혐오 행동과 섭식 행동의 균형을 조절하는 정신적 기전의 오작동이 원인일 가능성이 있다고 생각되지만 아직 이와 관련한 연구는 드물다.

만약 혐오 민감도의 개인차가 지역적 영양 공급 수준에 따른 혐오 행동과 섭식 행동의 최적 적응 반응의 결과라면, 집단 간 혐오 수준의 차이를 설명해 줄 수 있을지도 모른다. 이에 따르면 영양 공급이 원활할 경우, 역설적으로 혐오 반응이 높아질 수 있을 것이다. 하지만 지금까지의 연구에서는 주로 병원균 유병률과 혐오 민감도 및 관련 행동 형질의 정적 관계가 보고되었다(Fincher & Thornhill, 2008; Murray et al., 2013; Schaller & Murray, 2008). 흥미롭게도 병원균 유병률과 식량 공급 수준은 모두 위도에 따른 기후 변화에 의해 비교적 일관된 방향으로 유사한 영향을 받지만 아직 이러한 영향을 구분하여 진행한 연구는 없다.

③ 사회적 접촉과 사회적 회피의 균형

전통적으로 음식을 통한 감염 전파가 가장 흔하지만, 정주 생활이 시작된 이후에는 밀도의존성 전파(density-dependent transmission)에 따른 비말 감염, 공기 감염, 접촉 감염 등도 크게 늘어났다(Scott, 2017). 대규모 사회와 밀접한 관계는 적합도를 크게 향상시켰지만, 한편으로는 감염 위험을 높이는 부작용을 낳았다.

이러한 이중적 과제에 대해 행동면역계는 대상에 따른 차별적 혐오 반응을 진화시켰을 수 있다. 다양한 맥락과 시각 및 후각 정보를 통합하여 다른 개체의 감염 위험성을 식별할 수 있다(Neuberg et al., 2011; Schaller & Duncan, 2007). 대표적 예가 앞서 말한 대로 친족과 비친족에 대한 상이한 혐오 반응이다. 부모는 자식과의 신체적 접촉에서 혐오감을 느끼지 않으며, 영유아 유래의 감염병에 이환되어도 대상을 회피하는 행동을 보이지 않는다. 자식의 대소변이나 토사물에도 아주 낮은 거부감을 보인다(Case et al., 2006).

비친족 교류의 경우 높은 수준의 외향성은 높은 수준의 혐오감을 동반할 수 있다(8장 참조). 외향성은 더 많은 성적 파트너(Nettle, 2005), 사회적 관심과 지위의 향상(Ashton et al., 2002) 등의 이득을 낳지만, 낮은 기대 수명(Friedman et al., 1995), 질병과 사고의 높은 유병률(Nettle, 2005), 잦은 사회적 갈등과 체포 건수(Samuels et al., 2004) 등의 손해도 초래한다. 실제로 외향적인 인간은 병원체에 대해 더 높은 수준의 혐오감을 보고했다(Kupfer & Tybur, 2017).

또한, 고조된 혐오감은 우호성(agreeableness)과 관련될 수도 있다(Ben-Ner et al., 2008). 우호성은 스스로 집단의 문화와 규율에 순종하고 사회적 규준을 따르는 행동으로 나타난다. 우호성은 협력적 도전으로 이득을 높이지만, 사회적 관계에 과도한 자원을 투자하는 비용도 발생시킨다(Nettle, 2007). 실제로 우호성과 혐오 척도는 약한 수준의 정적 상관관계를 보였다(Tybur, Bryan, Lieberman, et al., 2011; Tybur & de Vries, 2013). 따라서 우호적 개체는 오히려 비협력적 개체에 대해 더 많은 주의를 기울이고 사회적 규범을 준수하지 않는 낯선 개체에 대해 더 큰 혐오를 보일 수 있다(Gerpott et al., 2018). 특히, 예방 행동이나 위생 추구 행동을 소홀히 하는 대상에게 비우호적 반응을 나타낼 수 있다. 실제로 우호성이 높은 사람은 손에 땀이 나는 낯선 사람과 악수할 때 더 높은 수준의 혐오를 보였다(Kupfer & Tybur, 2017).

그러나 이러한 결과를 해석할 때는 주의가 필요하다. 실제로 외향성과 우호성을 보이는 사람은 낮은 혐오 행동을 보일 가능성도 있기 때문이다. 외향성은 유동적인 사회 구조나 새로운 생태적 환경 등에서 위험을 감수함으로써 다양한 번식적·관계적 기회를 추구하는 경향과 관련된다. 따라서 감염 가능성이 높은 개체를 미리 선별하는 상대적 이득이 높지만, 실제로 외향성이 낮은 인간보다 더 높은 혐오 행동을 보일 가능성은 낮다. 우호성도 마찬가지다. 사회적 신뢰가 높은 상황에서 우호성은 보답받을 가능성이 높으므로, 혐오 행동을 보일 가능성이 낮다. 이러한 선후 관계를 고려하여 설계된 연구는 아직 보고된 바 없다.

④ 번식적 이득과 감염 회피의 균형

성관계는 감염병 전파의 가장 흔한 경로다(Curtis & Biran, 2001). 따라서 성관계에 돌입하기 위해서는 감염 위험을 감수해야 한다. 너무 높은 혐오 민감도는 번식 기회를 잃게 만든다. 앞서 언급한 것처럼 단기적 성적 전략을 취하는 개체는 체취에 대한 민감도가 낮다(Prokosch et al., 2021). 아마도 생애사 전략에 따라 감염 회피 행동과 번식 행동의 손익 균형이 달라질 것이다.

따라서 유전적·후성유전학적·발달적·환경적 요인에 의해 결정되는 생애사 전략에 따라 장/단기 성적 전략의 개인차가 발생하며, 이는 혐오 민감도의 개인차와 함께 나타날 수 있다(Murray et al., 2013; Tybur et al., 2015). 반대로 기생체 부하가 심한 곳에서는 낮은 사회성적지수(sociosexuality), 즉 정절(fidelity)을 추구하는 행동 전략으로 잠재적 감염 가능성을 낮출 수도 있다(Schaller & Murray, 2008).

여기서 흥미로운 역설이 발생한다. 기생체 부하가 심한 곳은 일반적으로 조기 사망률이 높으므로 빠른 생애사 전략이 유리할 것이다. 그러나 빠른 생애사 전략은 동시에 감염병에 이환될 가능성과 이로 인한 사망률을 높인다. 따라서 오히려 적합도가 감소할 수도 있으므로, 오히려 성적으로는 느린 생애사 전략을 취하는 개체가 적합도를 향상시킬 수 있다. 역설적으로 기생체 부하가 낮은 곳은 느린 생애사 전략이 유리하지만, 성적 측면에서는 오히려 빠른 생애사 전략을 취하는 개체가 감염병으로 인한 손해 없이 상대적 적합도를 높일 수도 있다.

이를 검증하기 위해서는 행위자 수준의 시뮬레이션 연구가 필요하나, 아직 발표된 바 없다.

개체 및 집단 수준의 선택 층위 문제

행동면역계와 관련된 여러 연구에서는 동성애자에 대한 편견(Inbar et al., 2009; Szymkow, Frankowska, & Galasinska, 2021), 소수 민족에 대한 낙인(Oaten et al., 2011b), 타 인종에 대한 혐오(Schaller & Murray, 2008) 등 외집단 혐오의 심리에 대해 다룬다. 비록 이러한 행동이 도덕적으로 옳지 않거나 현대 사회에서 제대로 기능하지 못하더라도, 진화적 적응 환경에서는 적합한 행동 전략이었을 것이라고 가정할 수 있다. 외집단 식별의 지각적 기전이 진화하여 행동면역계의 혐오 반응을 유발하는 신호로 작동한다는 것이다(Barrett & Kurzban, 2006; Sperber, 1994). 이를 기생체 스트레스 이론(Parasite-Stress Theory, PST)이라고 한다(Thornhill & Fincher, 2014).

그러나 이러한 섣부른 가정은 감염병의 일반적 역학을 고려하지 않은 것이다. 과거 조상은 감염병에 대응할 백신이나 치료제가 없었으므로, 외래 유입의 감염병은 병원체 자체의 역학적 특성에 따라 내집단 전체로 전파되거나 소멸했다. 즉, 한번 감염이 일어나면 내집단 구성원은 결과적으로 모두 동일한 수준의 위험성(시간차는 존재한다)에 노출된다. 그 결과, 외집단과 협력하여 이득을 추구하는 개체는 더 높은 적합도를 누리게 되고 이들의 '배신'에 따른 감염병 유행은 내집단의 모든 구성원에게 동등한 손해를 끼친다. 따라서 외집단 혐오 행동이 진화하려면 개체 수준이 아닌 집단 수준의 선택이 일어나야만 한다(Fessler et al., 2015). 집단 선택을 위해서는 집단 간 인구 이동이 아주 적어야 하는데, 이러한 경우에는 오히려 집단 접촉을 통한 부적 선택압이 발생하기 어려워 행동면역계의 외집단 혐오가 진화할 수 없는 역설이 발생한다.

만약에 집단 교류는 낮으나 외집단 혐오가 발생할 만큼의 중등도 교류가 지속되는 경우라면 어떨까? 실제로 기생체 스트레스 이론은 원시사회의 집단이 서로 분명하게 구분되어 있고, 교류 수준은 낮았을 것으로(완전히 없는 것은 아닌) 가정한다(Fessler et al., 2015). 만약 그렇다면, 집단 간 접촉 수준이 낮으므로 각 집단의 감염병 레퍼토리가 다를 것이고, 이에 따른 집단 수준의 면역 레퍼토리도 다를 것이다. 따라서 집단 간 간헐적 접촉이 심각한 감염병 유행을 일으킬 수도 있다. 케냐 라이키피아 사바나에 서식하는 기린(*Giraffa camelopardalis*)은 분열-융합(fission-fusion)의 사회 조직을 이루고 있다. 일반적으로 기린 개체는 파벌(clique) 내부의 구성원과 더 잦고 강력한 상호작용을 하는 반면 파벌 간 교류는 약하고 드물다. 하지만 일부 개체는 다르다. 파벌 간 교류를 매개하는 동시에 자신의 파벌로 감염병(이 경우는 연충 감염)을 전파한다. 실제로 해당 기린 개체는 더 높은 감염 유병률을 보인다(VanderWaal et al., 2016).

그러나 원시 수렵채집사회의 소집단(ethnie)은 집단 간 교류를 더 광범위하고 활발하게 진행한 것으로 보인다(Blades, 2001; Chalmin et al., 2007). 인간은 어떤 영장류보다도 높은 이동성을 가진 종이다(Isbell & Young, 1996; Matthews & Butler, 2011). 주로 육지로 연결된 인접 집단과 활발하게 교류하면서 병원체 역시 활발하게 이동시켰을 것이며, 족외혼도 이러한 병원체 이동에 기여했을 것이다. 물론 원거리 집단 간 교류는 드물었으므로, 집단 수준의 병원체 레퍼토리는 달랐을 것이다. 그러나 서로 교류할 가능성이 낮으므로 원거리 집단에 대한 배척과 혐오의 심리 기전이 진화하기 어렵다. 원거리 항해를 통한 도서 간 혹은 대륙 간 인구 이동은 비교적 최근의 일이다. 물론 내집단/외집단 편향은 부족 간 전쟁 등 다른 요인에 의해 진화할 수 있다(Fiske, 2002; Haselton et al., 2015; Hewstone et al., 2002). 그러나 행동면역계가 이에 더해 외집단 혐오를 유발했을지는 의문이다.

아직 어떤 것도 증명된 것은 없다. 전파 속도가 빠른 맹독성 감염병은 신석기 혁명 이후에 크게 유행하기 시작했으므로, 진화적 적응 환경에서는 현재와 다른 역학적 특징을 가진 감염병(결핵 혹은 한센병, 연충 감염 등)이 더 큰 문제였을 것이다(Barrett et al., 1998). 행동면역계의 진화와 외집단 혐오의 관계를 확인하려면 감염병의 다양한 역학적 조건 및 집단의 분포와 교류 수준을 반영한 시뮬레이션 연구가 필요하다.

4. 행동면역계 연구의 최근 경향

행동면역계에 대한 관심이 점차 높아지고 있다. 톰슨 로이터 사이언스 웹(Thomson Reuter Web of Science)에 색인된 연구 통계에 의하면 2000년에 발표된 혐오 연구는 59건에 불과하다. 반면에 분노 연구는 471건, 두려움 연구는 2,571건이었다. 그러나 지난 20년간 혐오 연구는 8배 이상 늘어났다(Tybur et al., 2018). 여전히 분노나 두려움에 비해 발표 논문의 수가 적지만, 증가 속도는 주목할 만하다.

그러나 행동면역계에 관한 근연적 수준의 생리학적 연구나 유전학적 연구는 드물다. 행동면역계 활성화가 다양한 사회적 혐오나 편견, 정치적 태도, 문화적 경향 등에 미치는 영향을 다룬 풍부한 연구 결과에 비하면 미시적 수준의 연구는 일부 제안되는 수준에 불과하다.

한편 행동면역계는 감염병 전파를 선제적으로 방어하는 시스템이지만, 감염성 질환보다는 정신장애와 더 깊은 관련이 있다. 감염병은 여전히 많은 국가에서 주요 사망 원인 중 하나지만, 과거 조상이 살던 환경에 비하면 인상적일 정도로 감염병 유병률과 사망률이 감소하였다. 그러나 행동면역 반응을 일으키는 인지-정서-행동 시스템은 과거에 맞춰져 현대사회의 비감염성 신호에 과민 반응함에 따라 다양한 부작용을 일으킬 수 있다(genome-lag hypothesis)(Haselton & Buss, 2000; Li et al., 2018; Nesse, 2005). 특히 2019년 12월, 코로나19 팬데믹이 시작된 이후 행동면역계에 관한 진화의학적 관심이 높아지고 있다. 사회적 거리두기나 방역 지침의 준수, 위생 추구 행동(마스크 착용, 손 씻기 등), 집단적 차별과 혐오, 백신 거부와 백신 거부자 혐오 등 다양한 공공보건 이슈가 행동면역 반응과 관련 있기 때문이다(Lieberoth et al., 2021; Troisi, 2020).

여기서는 최근 시작된 행동면역계의 생리학적 근연 기전에 관한 연구와 진화의학적 연구를 간략하게 소개하고자 한다.

행동면역계의 생리학적 기전

행동면역계의 근연 기전에 관한 연구는 드물다. 이미 45년 전부터 정신신경면역학(Psychoneuroimmunology, PNI)에서는 인간의 정신신경계와 면역계 간의 상호작용에 대해 다루고 있지만(Segerstrom & Segerstrom, 2012), 행동면역계 연구와는 접근 방법이 다소 다르다. 정신신경면역학은 주로 스트레스가 면역계에 미치는 영향이나 반대로 면역계가 우울이나 불안, 질병 행동(Sickness Behavior, SB) 등 정신신경계에 미치는 영향을 다룬다(Daruna, 2012). 이에 반해 생리적 수준에서의 행동면역계 연구는 면역 활성화 과정에서 일어나는 사회적 인지나 행동이 어떤 생리적 기전에 의해 일어나는지 다룬다(Murray, Prokosch, et al., 2019). 또한, 정신신경면역학은 감염이 일어난 이후의 반응적 심리 상태에 관심이 많지만 행동면역계는 선제적 행동 반응에 관심이 많다(Dantzer & Kelley, 2007).

앞서 언급한 것처럼 유기체는 주로 시각이나 후각 신호를 통해 감염 위험성을 지각한다(Curtis & Biran, 2001; Faulkner et al., 2004). 곧이어 이러한 자극은 구강 및 혈액의 면역 염증성 바이오마커(immune-inflammatory marker)를 증가시킨다(Schaller et al., 2010; Stevenson, Hodgson, et al., 2011; Stevenson & Repacholi, 2005). 병원체 사진을 본 개체는 혐오감을 느끼며, 체온이 상승하고, 타액 속 종양괴사인자 알파(TNF-alpha)와 알부민 수치가 증가한다(Stevenson et al., 2012). 또한, 혈액에서 인터류킨-6(IL-6)이 증가하고 마이토젠(mitogen)이 유리된다(Schaller et al., 2010). 이는 행동면역계가 감염 위협에 선제적으로 대응하여 면역 반응을 활성화한다는 것을 시사한다.

그러나 행동면역계의 기저 활성이 높은 경우에 늘 염증 유발 사이토카인이 높게 유지되는 것은 아니다. 오히려 세균 회피 경향이 강한 개체는 IL-6, IL-1beta, TNF-alpha 등이 낮았다. 이에 대해서는 두 가지 원인을 추정할 수 있다. 첫째, 행동면역계는 기저 염증 수준을 낮추어 건강 상태를 장기적으로 향상시킬 수 있다. 둘째, 어떤 이유로 낮은 기저 염증 반응을 보이는 개체는 행동면역계 활성화를 통해 잠재적 감염 위험성을 선제적으로 줄일 수 있다.

특히 IL-6는 염증을 촉진하는 것으로 간주되지만, 장기적으로 항염증 작용을 통해 조직을 오래 보호할 수도 있다(Del Giudice & Gangestad, 2018). 또한 흥미롭게도 아스피린을 복용할 경우, 병원성 자극에 대한 회피 반응이 더 강화되는 현상이 확인되었다. 이는 아직 기전이 불확실하지만, 낮은 염증 반응이 높은 행동면역계 활성화로 상쇄될 수 있음을 시사하는 증거다(Murray, Prokosch, et al., 2019).

면역 기능의 변이는 비유전성 요인에 의해 좌우되는 경향이 크지만(Brodin & Davis, 2017), 유전적 요인도 무시할 수 없다. 행동면역계의 유전에 관한 연구는 거의 시작하지도 않은 수준이지만, 한 연구에 의하면 말라리아나 결핵, 한센병 등에 대한 취약성을 나타내는 IFNG +874 유전자의 특정 대립 유전자를 가진 개체는 더 낮은 수준의 외향성과 더 높은 수준의 위험 회피 경향을 보였다(MacMurray et al., 2014). 또한, 불량한 면역 기능과 관련된 ACP1 유전자의 C 대립유전자를 가진 경우에도 외향성과 경험에 대한 개방성이 낮은 것으로 확인되었다(Napolioni et al., 2014). 주요 조직적합성 복합체(Major Histocompatibility Complex, MHC)는 높은 다양성을 가진 유전자에 의해 코딩되기 때문에, 상대적으로 다양성이 낮은 개체는 잠재적 감염 위험성이 높을 수 있다. 이는 역설적인 결과를 낳기도 한다. 감염 위험성이 높을 경우, 진화적인 면에서 빠른 생애사 전략을 취하는 편이 유리할 수 있기 때문이다. 실제로 조직적합성 복합체의 다양성이 낮은 개체는 더 높은 사회성적 경향을 보였다(Murray, Gildersleeve, et al., 2017).

후성유전학 연구도 일부 진행되었다. 외로움을 많이 느끼는 개체는 상대적으로 성 전파성 질환(Sexually Transmitted Diseases, STDs)에 이환될 위험성이 낮다. 이들은 바이러스 방어와 관련된 전사 요소가 저하되고, 상보적으로 염증 유발 전사 요인이 고조되는 것으로 확인되었다(Cacioppo et al., 2015). 반대로 낭만적 관계에 있는 개체는 바이러스 방어와 관련된 전사 요소[CD1C+/BDCA-1+ 및 CLEC4C+/BDCA-2+ 수지상 세포(dendritic cells, DCs)와 관련된 제1형 인터페론(Type I interferon) 반응 유전자]가 상향 조절되었다(Murray, Haselton, et al., 2019). 그러나 그 인과 관계의 방향성은 불분명하다.

아직 행동면역계의 생리적 근연 기전에 관한 연구는 드물지만, 기존의 정신신경면역학 연구 방법을 확장하면 행동면역계 연구에 그대로 적용할 수 있다. 예를 들어 스트레스가 면역 반응에 미치는 영향에 관한 정신신경면역학 연구 프로토콜을 사용하여 감염병의 사회적 위협이 면역 반응에 미치는 영향을 조사, 비교할 수 있을 것이다. 반대로 면역 반응이 정신신경에 미치는 영향에 관한 연구 프로토콜을 활용하여, 반응적 혐오 민감성의 강도가 정신신경계에 미치는 제반 영향을 조사할 수도 있을 것이다.

행동면역계의 진화의학적 접근

행동면역계는 선제적으로 감염병에 대응하여 개체를 보호하는 역할을 하지만, 이에 상응하는 비용도 있다. 따라서 생태학적 선택압이 행동면역계의 반응 역치와 일치하지 않으면 진화적 불일치에 의한 문제가 다양하게 발생할 수 있다. 특히 행동면역계의 오작동은 정신장애에 관한 진화적 이해를 설명할 수도 있다. 행동면역계 활성화는 적응적 이점이 있지만 동시에 정신적 고통을 유발한다. 감염병의 위험이 현저하게 감소한 현대사회에서 높은 수준의 혐오감은 다양한 부작용을 낳는다. 사회적 관계를 어렵게 하고(Schaller & Neuberg, 2012), 낯선 이와의 교류를 꺼리게 하며(Esses et al., 2002), 낭만적 성적 관계로 나아가지 못하게 만들고(Schaller & Murray, 2008), 새로운 음식의 섭취 시도도 줄인다(Fallon & Rozin, 1983; Rozin & Fallon, 1987). 또한, 자신의 외모나 체취를 재확인하는 강박적 행동을 유발할 수 있다(Ackerman et al., 2018). 실제로 높은 수준의 혐오감은 강박장애(Sprengelmeyer et al., 1997), 성기능장애 및 식분증(Phillips et al., 1998), 동물 공포증(Mulkens et al., 1996), 헌팅턴씨 병

(Sprengelmeyer et al., 1996), 섭식장애(Troop et al., 2002) 등과 관련되는 것으로 나타난다.

행동면역계에 관한 진화의학적 연구는 질병 행동의 적응적 가치도 좀 더 명확하게 규명해 줄 수 있다. 질병 행동은 주로 선천적 면역계의 다양한 사이토카인(IL-1, TNF-alpha 등)이 매개하는 것으로 알려져 있다(McCusker & Kelley, 2013). 대개 우울, 과수면, 사회적 위축, 무기력, 소극적 대인 관계, 성욕 감소, 은둔, 식사량 감소 등의 증상이 나타나며 이는 질병 그 자체로 인식된다(Shakhar, 2019). 그러나 진화적인 면에서 질병 행동은 몇 가지 적응적 이점이 있다. 첫째, 한정된 자원을 건강 수준 회복에 더 많이 할당한다(Schrock et al., 2020). 둘째, 활동을 줄여 감염병이 친족에 전파될 가능성을 낮춘다(Shakhar & Shakhar, 2015). 셋째, 번식 활동을 제한하여 건강을 회복하는 데 자원을 더 많이 할당하고, 파트너에게 감염병을 전파시킬 위험성을 낮춘다. 넷째, 체온을 높여 면역 반응을 촉진한다. 다섯째, 주변 인간으로부터 돌봄 행동을 유발한다. 여섯째, 병원체 증식에 이득을 주는 음식 섭취를 줄인다(Schrock et al., 2020).

코로나19 상황은 행동면역계 연구를 위한 거대한 자연 실험장을 제공했다. 그러나 이와 관련된 연구는 의외로 많지 않다. 코로나19 상황에서 나타난 자발적 사회적 거리두기 경향은 성적 혹은 도덕적 혐오가 아닌 병원체 혐오에 의한 것이며, 특히 세균 혐오와 관련하여 촉발된 것으로 조사되었다(Szymkow, Frankowska, & Gałasińska, 2021). 다른 연구에 의하면, 사회적 거리두기를 포함한 위생 추구 행동(마스크 착용, 얼굴 만지지 않기, 청소, 소독, 손 씻기 등)은 병원체에 감염된 대상 및 세균 혐오와 관련된 것으로 확인되었다(Shook et al., 2020). 반면에 인지된 감염 취약성(Perceived Vulnerability to Disease, PVD)은 백신 접종 의사에 영향을 주는 것으로 나타났다(Karlsson et al., 2022). 그 외에도 몇몇 연구에서 코로나 19 상황에서의 행동면역계 작용에 관한 연구 결과를 보고했다(Bacon & Corr, 2020; Prawira et al., 2021).

아직 행동면역계에 관한 진화의학적 연구는 드문 편이다. 앞으로 진화의학의 핵심 패러다임을 적용하여 행동면역계의 건강상 이득과 손해를 규명하는 광범위하고 체계적인 연구가 필요하다.

5. 행동면역계의 진화의학적 연구의 실제

여기서는 행동면역계 관련 연구를 위한 최신 척도를 소개한다. 그리고 필자가 진행 중인 국내 연구를 언급하고, 다음 절에서 행동면역계에 관한 이해를 바탕으로 이를 공공보건 정책에 어떻게 적용할 수 있을지 제언하면서 본 장을 마치고자 한다.

행동면역계 관련 연구 척도

행동면역계 연구는 주로 설문조사를 통해 이루어진다. 널리 사용되는 척도로는 혐오 척도 개정판(DS-R), 세 영역 혐오 척도(TDDS), 질병에 대한 인지된 취약성 척도(PVD)의 세 종류가 있다.

혐오 척도 개정판

가장 많이 쓰이는 척도다(Olatunji et al., 2008). 핵심(Core), 오염(Contamination), 동물 상기(Animal Reminder)의 세 하위 척도로 나뉘어 각각 12, 5, 8항목의 질문지로 구성되며, 총 15개로 구성된 단축형 설문도 있다. 국내에는 이신애, 김지혜, 현명호 등이 올라툰지, 윌리엄스 등이 진행한 연구의 혐오 민감성 척도(DS-R)를 국문화하고 타당성을 검증한 척도가 소개되어 있다(이신애 외, 2009; Olatunji et al., 2007). 핵심과 오염 하위 척도에는 병원체 회피를 측정하는 문항이 있는 반면 동물 상기에는 해당 문항이 없다.

세 영역 혐오 척도

병원체 혐오, 성적 혐오, 도덕적 혐오의 세 하위 척도로 나뉜다(Tybur et al., 2009). 각각 7개의 문항으로 구성되어 있으며 국문화되지 않았다. 병원체 회피와 관련된 문항은 병원체 혐오 척도에만 있다.

질병에 대한 인지된 취약성 척도

개인적 질병 취약성(Perceived Infectability, PI)과 세균 회피(Germ Aversion, GA)의 두 하위 요소로 나눌 수 있다. 2021년 12월 박한선, 유성은, 최성문, 유지현 등이 국문화하였다[미발표]. 총 15문항이고, 각각 8개, 7개의 문항으로 구성되어 있다. 병원체 회피와 관련된 문항은 세균 회피(PVD-GA) 하위 척도에 있다(Duncan et al., 2009).

이상의 척도가 널리 사용되고 있지만, 주로 개인차에 초점을 둔다는 단점이 있다. 병원체 회피는 상황에 따른 유연성을 보이는데, 이를 평가하는 것으로 상황적 병원체 회피 척도(Situational Pathogen Avoidance Scale)가 있다. 지금 당장 경험하는 병원체 회피와 관련된 혐오감에 관한 10문항의 척도다(Makhanova et al., 2021).

이러한 여러 척도는 활자화된 문항으로 혐오 자극이나 맥락을 제시하지만 실제 혐오 자극은 주로 시각적 정보로 전달된다. 이에 관해서는 일곱 가지 자극(체액이 담긴 그릇, 열이 나는 얼굴, 붐비는 객차, 수건에 묻은 적록색의 분비물, 개방성 창상, 장내 기생충, 이)을 담은 사진 세트가 개발되었다(Curtis et al., 2004). 그러나 사진 수가 적고, 가장 대표적 혐오 자극인 대변 사진이 포함되어 있지 않다는 단점이 있다. 최근에는 총 300장의 이미지로 구성된 여섯 가지 혐오 범주(각 범주에 열 가지 중립 이미지 포함)를 제시하는 사진 세트(DIsgust-RelaTed-Images, DIRTI)가 개발되었다(Haberkamp et al., 2017). 또한, 위생 이슈와 기생체/감염, 음식/환경, 부상/내장의 네 영역에 맞춘 20장의 척도(the Culpepper Disgust Image Set, C-DIS)도 개발되었다(Culpepper et al., 2018).

한편 행동면역계의 여러 반응은 질병 행동의 측면에서 연구될 수 있지만 지금까지의 연구는 질병 행동을 주된 증상에 따라 다른 임상 증후군이나 증상으로 분류하는 경향이 있었다. 최근 이를 보완하고자 총 10문항으로 구성된 질병 행동 설문지(Sickness Questionnaire)가 개발되었다. 10문항 중 "나는 아무것도 하고 싶지 않다", "나는 혼자 있고 싶다", "나는 꼼짝하고 싶지 않다"의 세 문항은 행동면역계의 회피 행동에 해당한다. 이는 혐오 반응의 주관적 보고가 아니라, 행동 반응의 객관적 보고에 활용할 수 있을 것으로 보인다(Andreasson et al., 2018).

행동면역계 관련 국내 연구

현재까지 국내에서 발표된 행동면역계 관련 연구는 없다. 서울대학교 인류학과 진화인류학 연구실을 포함하는 다학제 연구팀은 2021년 3월 29일부터 4월 29일, 그리고 7월 23일부터 8월 23일까지 국내 일반 인구집단 2,000여 명을 대상으로 코로나19 유행 상황에서의 정신건강 및 사회심리 영향을 평가하기 위해 다양한 척도를 활용하여 온라인 설문

조사를 시행하였다(청소년 집단과 격리자 집단은 조사 기간이 다소 다름).

행동면역계와 관련하여 조사된 설문은 질병에 대한 인지된 취약성(PVD)과 혐오 민감성 척도(DPSS-R, the Disgust Propensity and Sensitivity)이다. 이 밖에 생애사 특질(Mini-K), 사회적 비교 정도 관심 척도(Attention to Social Comparison Information Measure), 자기보고형 순응 태도(Self-reported Conformist Attitudes), 자문화 중심주의(Generalized Ethnocentrism, GENE), 외집단 태도(Attitudes Toward Out-Groups), 12종의 사회경제적 보수주의 척도(The 12 Item Social and Economic Conservatism Scale, SECS), 코로나19 백신 접종 의사, 코로나19 예방 행동 및 우려(COVID-19 Preventative Behaviors, COVID-19 Concern), 진화적 적합도 등을 조사하였고, 정신건강에 관한 12종의 설문을 수행하고 인구사회학적 변수 등을 조사하였다(표 1.1 참조).

전체 응답자의 개인적 질병 취약성 인식(PVD-PI) 점수는 평균 2.826점(SD=0.683), 세균 회피(PVD-GA) 점수는 평균 3.349점(SD=0.684)이었다. 질병 취약성과 세균 회피에서 모두 여성이 남성보다 유의하게 높은 점수를 보였고, 연령이 높을수록, 소득이 낮을수록 점수가 유의하게 높았다. 특히 질병 취약성 점수는 격리 경험이 있을 경우 유의하게 높은 것으로 조사되었다. 혐오 민감도(DPSS-R) 점수는 평균 3.692점(SD=0.665)으로 여성이 남성보다 유의하게 높았고, 연령에 따라 높아지는 것으로 확인되었다. 그러나 질병에 대한 인지된 취약성 척도와 달리 가구 월 소득이나 격리 경험에 따른 차이는 없었다.

아직 여러 요인을 보정한 데이터 분석은 시행하지 않았지만, 남성 및 젊은 연령에서 보이는 낮은 혐오 민감도는 앞서 설명한 몇몇 진화적 가설과 일치한다. 또한, 경제적 취약 집단에서 질병에 대한 인지된 취약성이 더 높게 나타나고 개인적 질병 취약성 점수가 격리 경험과

표 1.1 행동면역계 관련 사회심리 척도 평가 결과(미발표)

주요 사회심리 지표		평균	표준편차
질병 취약성	개인적 취약성 인식	2.826	0.683
	세균 회피	3.349	0.684
혐오 민감성		3.692	0.665
생애사 특질		0.606	0.806
사회적 비교 정도 관심 척도		3.858	0.640
자기보고형 순응 태도		4.053	0.722
자문화 중심주의		39.990	7.101
외집단 태도		45.735	17.152
사회경제적 보수주의	사회	58.216	15.285
	경제	44.894	10.530
코로나19 관련 반응	백신 접종 의사	4.248	0.960
	사회적 거리두기	4.432	0.696
	코로나19 예방 행동	5.611	1.011
	코로나19 우려	2.036	0.910
	코로나19 심각성 동의	4.991	1.045
진화적 적합도	개인적 적합도	3.001	0.498

관련되는 것 역시 앞서 설명한 조건적 보정 가설을 지지한다. 향후 질병에 대한 인지된 취약성과 혐오 민감도 등이 사회심리 및 생애사, 적합도 등과 어떤 상관성을 보이는지 분석하여 발표할 예정이다.

6. 결론과 제언

감염을 피하는 심리적 반응과 행동적 적응의 진화적 기전을 인정하는 것은 공공보건 전략과 관련하여 다양한 시사점을 제공한다. 과거에 비해 전반적으로 기생체 부하는 감소했지만, 신종 감염병은 점차 늘어나고 있다(박한선·구형찬, 2021). 또한, 감염병 유행 소식이 매스미디어를 통해 빠르게 전달됨에 따라 감염병 위협의 시각적 인지 수준이 높아지고, 이에 따라 행동면역계의 과잉 활성화로 인한 다양한 문제가 양산되고 있다(Schaller et al., 2010).

행동면역계가 추동하는 심리적 반응은 현대사회와는 다른 생태적 환경에서 적응적 이점을 제공했을 것으로 보인다. 치료제나 백신이 없는 환경에서 감염병 유행에 효과적으로 대응하는 방법은 강한 혐오의 감정이 추동하는 회피와 차별일지도 모른다(Troisi, 2020). 그러나 현대사회에서는 이러한 차별과 회피가 전 지구적 대응을 제한하고 집단 간 갈등을 유발하는 부작용을 낳고 있다. 또한, 감염병 상황에서 강화된 보수적 태도는 백신, 방역 지침으로 인한 일상의 변화, 치료제 등을 거부하는 식으로 공공보건적 방역을 이끌기 어렵게 만드는 대중적 반응을 유발할 수 있다(박한선, 2015).

행동면역계 활성화에 따른 심리행동적 반응을 병리적 현상으로 간주하면 역차별 문제를 야기하고, 방역과 관련한 다양한 사회적 문제를 해결하기 어렵게 만들 수 있다. 가장 취약한 인구집단을 식별하고, 감염병 전염을 막을 최적의 행동 변화를 촉진하며, 혐오감을 조장하는 방역 메시지를 조절하고, 백신과 치료제에 대한 거부감을 완화할 수 있는 근거 기반의 조치를 제공하는 것이 바람직할 것이다(Shook et al., 2020).

2장

생애사

우리는 언제, 어떻게 성장하고 번식하고 늙는가

인간 생애사의 진화와
생애사 이론

이수지

이수지_막스플랑크 인구학연구소 연구원

서울대학교 아동가족학과와 인류학과에서 학사를, 동 대학교 대학원 인류학과에서 석사를 마쳤고, 뉴욕대학교(NYU)에서 생물인류학으로 박사 학위를 받았다. 현재 독일 막스플랑크 인구학연구소에서 진화인류학과 동물행동학의 관점에서 현대 인류의 출산 및 생식 행동을 연구하고 있다.

주요 논문으로 "Higher offspring mortality with short inter-birth intervals in free-ranging rhesus macaques", "Testing the role of testosterone versus estrogens in mediating reproductive transitions in female rhesus macaques" 등이 있다.

1. 서론: 생애사란 무엇인가[1]

수정체가 만들어지는 순간부터 죽음에 이르기까지, 개체의 일생은 단계와 주기를 따라 변한다. 인간(*Homo sapiens*)의 경우, 착상된 수정체는 태아, 영유아, 청소년 시기를 지나 성체에 이르는 단계를 거치고, 몇 번의 번식 주기를 반복한 뒤 더 이상 번식하지 않는 후-번식 단계(post-reproductive phase)를 보내고 사망한다(글 상자 2.1 참조).

평범하다 여길 수 있는 이 사실은 생명 진화의 역사를 통해 보면 평범한 사실처럼 보이지만, 모든 종에서 늘 비슷하게 나타나는 것은 아니다. 예를 들어 폐경 이후 상당 기간 동안 이어지는 후-번식 수명은 인간과 몇몇 고래 종 외에는 자연계에서 관찰된 바 없는 매우 드문 형질이자, 진화적으로도 흥미로운 현상이다. 또한, 인간은 일생 동안 번식 주기를 반복하는 데 반해, 유대류에 속한 안테키누스(*Antechinus*)는 거의 모든 개체가 단 한 번의 번식과 함께 사망한다. 태어난 지 11개월

---

1 진화생물학적으로는 개체의 출생 이후에 생애사가 시작되므로 흔히 번식을 먼저 다루고 이어서 생애사를 다룬다. 그러나 이 책에서는 다음 세대의 번식 결정에 영향을 미치는 생애사적 요인에 관한 쟁점 및 최신 연구를 논하고 있으므로, 생애사에 관한 여러 쟁점을 2장에서 먼저 다룬 뒤 이어지는 3장에서 인간의 번식, 즉 출산에 관한 여러 쟁점을 이야기하겠다.

가량 되었을 때부터 번식을 시작하는 안테키누스 수컷은 한 번의 짝짓기를 하고 죽는데, 암컷도 마찬가지이거나 많으면 두어 번 정도 더 번식할 뿐이다. 안테키누스의 또 다른 극단에는 삼나무(*Sequoia*)가 있다. 철마다 수백만 개의 씨를 만들어 내면서도 수백 년을 살아가는 삼나무 한 그루의 일생은 안테키누스뿐만 아니라 인간의 일생과도 대조된다.

이처럼 단계와 주기를 따라 나타나는 성장, 번식, 사망의 패턴을 진화생물학에서는 생애사(life history)라 부른다. 주요 생애사 형질로는 수명, 신체 크기,[2] 번식 개시 시점, 번식 수명(첫 번식에서 마지막 번식까지의 기간), 번식 수명 동안 이루어지는 번식의 횟수와 터울, 번식 회차마다 낳는 자식 수 혹은 한 배 크기(clutch size, 한 번의 번식에서 부화하는 자식 수)와 성비 등이 있다. 생애사는 개체의 유전 정보가 얼마나 다음 세대에 전달되는지 결정함으로써 적합도에 직접적인 영향을 미치는 형질이 개체의 일생 안에서 언제 그리고 얼마나 발현되는지에 관한 일종의 시간표다.

생애사는 생물 종 및 계통에 따라 다를 뿐 아니라, 동일 종이나 집단(population) 안에서도 개체마다 다르다. 인간처럼 수명이 긴 종에서는 평생 낳는 자식 수의 종 내 편차가 특히 두드러진다(Hamel et al., 2010). 예를 들어 가족계획이 적극적으로 이루어지지 않는 사회에서 여성이 평생 낳는 자식 수는 평균 6.1명으로, 적게는 0명에서 많게는 13명까지 차이 난다(Wood, 1994). 지난 200여 년에 걸쳐 전 세계적으로 일어나고

2 신체 크기는 표면적과 부피의 비율을 결정하기 때문에 신진대사율과 매우 밀접하게 관련된다. 높은 신진대사율은 산화로 인한 생리적 스트레스(oxidative stress)를 높여 노화를 촉진시키는 등 생애사의 '속도'를 결정하는 기전 가운데 하나다. 대체로 종의 평균 신체 크기와 수명은 정적 상관관계를 보인다.

있는 인구학적 천이(demographic transition)와 함께, 이제는 평생 자식을 낳지 않거나 낳더라도 하나만 낳는 생애사가 빈번해지고 있다. 출산율의 지역 간 편차도 매우 크다. 한국의 경우 합계출산율(한 여성이 평생 낳을 것으로 추정되는 자녀 수)이 1 미만인 반면 4~5에 달하는 국가들도 있다. 합계출산율 4는 한국에서 불과 50년 전까지만 해도 나타났던 수치다. 이처럼 생애사 형질은 종 사이에서뿐 아니라, 같은 종 안에서도 다양하게 발현되고 또 빠르게 변화할 수 있는 유연한 형질이다.

그렇다면 인간, 안테키누스, 그리고 삼나무의 생애사는 왜 다른 것일까? 나아가, 왜 같은 종 안에서도 개체마다 생애사에 차이가 나타나는 것일까?

진화생물학에서 발전한 생애사 이론은 다양한 생애사가 어떻게 진화하는지 이해하는 틀을 제공한다. 오늘날 생애사 이론은 생물학뿐 아니라 사회과학의 여러 분야에 적용되고 있고, 생애사 이론이 이해되고 사용되는 방식도 다양해지고 있다(글 상자 2.2 참조, Nettle & Frankenhuis, 2019). 본 장에서는 진화생물학의 생애사 이론을 주로 소개한다. 먼저 생애사 이론과 주요 개념인 생애사 상쇄 관계, 번식 비용, 자식의 수와 질의 상쇄 관계를 이야기한다. 그리고 생애사 이론 연구 방법을 밝히고, 생애사 이론이 인간 행동 연구에 적용된 사례를 개괄한다. 특히 저출산으로의 인구학적 천이를 이해하는 데 생애사 이론이 지닌 가능성과 한계를 짚어 보고 생애사 이론의 발전을 위해 필요한 부분을 제언한다.

[글 상자 2.1] 인간 생애사의 특징과 진화

• 느린 삶에 비해 높은 번식률

인간의 생애사는 느린 성장과 발달, 큰 뇌, 긴 수명(Charnov & Berrigan, 1993) 등의 측면에서 영장류 생애사의 연장선상에 있지만 번식률은 오히려 높다는 점이 매우 특이하다. 계통적으로 가까운 침팬지 및 보노보(*Pan panicus*)와 인간의 신체 크기는 비슷하지만, 출생 시 신체 크기는 인간이 더 크다. 또한, 인간은 이들보다 월경 등 성적 성숙 형질의 발현이나 첫 번식이 이루어지는 데 더 긴 시간이 걸린다. 긴 유년기(juvenility)는 영장류 전반의 특징이지만(Pereira & Fairbanks, 2002), 사람의 유년기는 특히 더 길다. 영양학적으로 완전한 독립을 얻는 데 긴 시간이 걸리며 성적 성숙을 달성해도 바로 번식을 시작하지 않는다(Bogin, 2009). 그러나 인간의 생애사가 모든 주기에서 느리기만 한 것은 아니다. 사람은 대형 유인원들에 비해 출산 터울이 거의 절반 정도로 짧은데, 자녀가 비교적 어릴 때 젖을 떼기 때문이다. 이로 인해 사람은 신체 크기에 비해 번식률이 높은 편이다(Galdikas & Wood, 1990; Knott, 2001; Stearns et al., 2008; Walker et al., 2006).

• 많은 자원을 필요로 하는 번식 전략은 어떻게 진화했을까?

긴 수명과 큰 뇌, 높은 출산율이라는 독특한 생애사 조합은 '높은 자원 요구량'과 관련된다. 인간은 비인간 대형 유인원에 비해 일일 에너지소비량이 높다(Pontzer et al., 2016). 인간은 어떻게 이렇게 '비싼' 생애사 비용을 감당할 수 있었을까?

① 효율적 에너지 획득 전략
과거에는 인간이 두발걷기나 도구 사용 등 에너지 절약 전략을 통해 높은 비용을 감당했다고 생각했으나, 최근에는 에너지 획득의 효율성 증가에 주목한 연구가 많아지고 있다(Kraft et al., 2021). 수렵채집인이나 농경인의 식량 획득 활동에서 소모되는 에너지량은 대형 유인원과 크게 다르지 않지만 단위 시간당 식량 획득량은 더 높다. 이러한 특징은 협력이나 노동 분업, 세대 간 식량 공유 행동 등 사회적 행동의 변화와 밀접히 관련된다.

② 양육과 사회적 조력
폐경 후에도 무려 20~30년 정도 지속되는 후-번식 단계는 인간 생애사의 또 다른 특

징이다. 번식이 배제된 생존 기간은 어떻게 진화했을까? 이에 대해 후-번식기 여성이 자식의 번식 활동을 돕는 것이 포괄적합도를 향상시켰다는 주장이 있다. 자식 입장에서는 부모의 도움을 받아 번식에 필요한 자원을 더 쉽게 획득할 수 있다(Hawkes & Paine, 2006; Hill & Kaplan, 1999; Kaplan et al., 2000). 이러한 특징은 아버지나 손위 형제자매, 조부모 등 어머니 외의 친족이 보이는 대행 부모 역할과 관련되는데, 다른 포유류에서는 상대적으로 드문 행동 양식이다(Bogin et al., 2014; Hrdy, 2009; Isler & van Schaik, 2012). 이와 관련하여 노동 분업이나 농경 등 문화적 규범이나 사회적 제도가 나타났음을 고려할 때, 인간 생애사의 진화는 문화적 진화(6장 참조)와 떼어 놓고 생각할 수 없다(Bogin et al., 2014; Richerson & Boyd, 2020).

2. 생애사는 왜 다양한가

생애사 형질은 유전적 부동(genetic drift)에 의해 적응과 무관하게 진화할 수도 있고, 자연선택에 의해 방향적으로 진화할 수도 있다. 생애사 이론은 후자의 입장에서, 개체의 적합도를 높이는 방향으로 여러 생애사 형질들이 최적화된다는 가설을 따른다. 각 생애사 형질의 최대화가 아니라 여러 생애사 형질 조합의 최적화가 일어나는 이유는 무엇일까? 간단한 사고 실험을 해보자.

만약 다른 제약이 없다면 각 연령에서 성장과 성숙, 번식, 생존의 기회가 모두 최대화되는 생애사가 진화할 것이다. 즉, 출생 직후 번식을 시작하여 끊임없이 번식하고 영원히 죽지 않는 생애사다. 그러나 이러한 '다윈 괴물(Darwinian demon)'은 실재할 수 없다(Law, 1979). 생애사의 진화는 각종 제약 조건 속에서 이루어지기 때문이다.

먼저 계통학적 진화사는 실현 가능한 생애사의 범위를 결정한다. 예를 들어 상대적으로 큰 신체나 긴 수명은 대형 유인원의 생애사 형

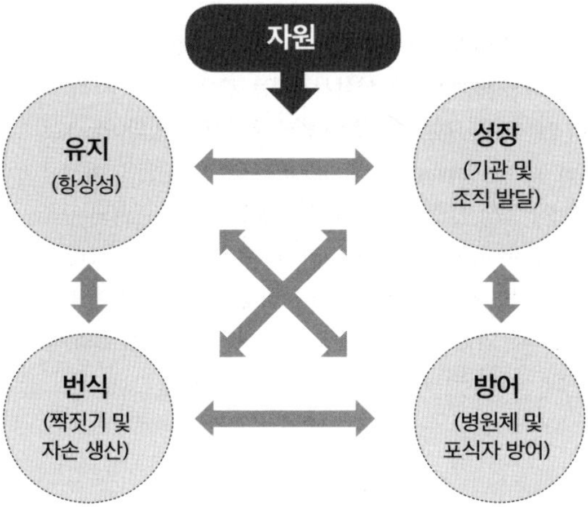

그림 2.1
생애사 기능의 상쇄 관계
출처: Wells & Stock(2020)

질이다. 공통 조상에서 유래한 인간도 이러한 계통학적 생애사의 초기 조건에서 종 특이적 생애사를 진화시켰다. 따라서 근연종과 완전히 다른 생애사를 진화시키는 것은 어렵다.

개체는 스스로 통제하기 어려운 외인성 사망 위험에 노출되어 있으며 자원 가용도도 환경에 따라 다르고 또 변화해 간다. 이러한 외적인 환경 조건은 개체 사망률과 번식률에 직접 영향을 미친다.

또한, 발달적 기전 및 생리적 기전에도 내적 제약이 있다. 생애사의 여러 하위 형질은 서로 경쟁 관계에 있다(그림 2.1 참조). 성장과 유지, 방어, 번식에 필요한 자원(시간, 에너지, 영양소 등)이 한정적이므로, 하나의 활동에 많은 자원을 할당하면 다른 활동에는 상대적으로 적은 자원을 할당할 수밖에 없다. 이를 자원 배분의 원칙(principle of allocation)이라고 한다(Williams, 1966). 또한, 번식 활동에 수반된 생리적 변화가 생존율을 낮추는 등(Partridge et al., 2005) 생애사 과업 간에 상충 효과가 발생할 수도 있다. 이처럼 여러 생애사 과업 간에 발생하는 부적 상관관계를 생애사 상쇄 관계라고 한다.

이처럼, 생애사 진화는 계통적 조건, 외적 환경, 그리고 개체의 신체적 조건들이 만들어 내는 복잡한 제약에 따라 여러 생애사 형질들이 다양한 최적점을 만들어 내는 과정이라고 할 수 있으며(Roff, 2002; Stearns, 1992), 따라서 생애사 이론은 최적화 모델(Parker & Smith, 1990)에 기반한다.

생애사 이론에 따르면, 한정된 자원(시간, 에너지, 영양소 등)이 기본 생애사 기능(성장, 유지, 방어, 번식)에 언제, 얼마나 배분되는지에 따라 생애사 형질이 발현되는 시점과 양상이 달라진다. 생애사 형질의 발달적·생리적 기전은 서로 연결되어 있으므로 한정된 자원이 어느 한쪽에 투자될 경우 생애사 기능 간 상쇄가 일어난다.

생애사 이론의 가정

생애사 이론의 최적화 모델은 몇 가지 가정에 기반한다(Stearns, 2000). 생태학적 최적화 모델은 출산율과 사망률이 비교적 오랜 시간 안정적으로 유지되는 인구집단에서 이루어지는 진화를 가정한다. 이 상태에 있을 때 어느 정도 평형을 이룬 형질의 값과 분포를 찾을 수 있다는 것이다. 즉, 생애사 이론에는 진화의 역동적 측면, 특히 유전적 기전을 고려하지 않고도 진화의 결과로서 형질을 이해할 수 있다는 표현형의 수(手)(phenotypic gambit) 접근법이 적용된다. 또한, 생애사 이론은 표현형 적합도를 개체의 번식 성공도와 근사한 것으로 파악할 수 있다고 가정한다.

[글 상자 2.2] 생애사 이론의 최신 쟁점: 빠르거나 느린 생애사 전략은 존재하는가

진화생물학에서 출발하여, 사회과학 전반으로 확장된 생애사 이론

'생애사 이론(life history theory)'이라는 이름은 1990년대 이후 본격적으로 사용되었으나, 생애사 진화는 그 이전부터 진화생물학 영역에서 연구되어 왔다(초기 연구는 '번식과 생애사 상쇄 관계' 절 참조). 최근 생애사 이론은 사회과학 여러 분야에 적용되고 있다(Nettle & Frankenhuis, 2019; 2020). 특히 개인의 생애사 유형을 '빠른-느린 연장선(fast-slow continuum)' 위에서 파악하는 패러다임에서 이러한 경향이 두드러진다(3장, 5장 참조). 여기서는 해당 패러다임의 전신이라 할 수 있는 진화생물학의 r/K 선택 이론을 요약하고, r/K 선택 이론이 이후 '생애사 이론' 제하의 빠른-느린 연장선 패러다임에 미친 영향 및 이에 관한 최근 논쟁을 소개한다.

과거: 생애사 이론과 r/K 선택 이론

1970년대 이후 진화생물학에서는 생애사 형질의 특징에 따라 종을 분류하려는 시도가 시작되었다. 에드워드 윌슨(Edward Wilson)과 로버트 맥아더(Robert MacArthur)는 저서 『섬생물지리학 이론(The Theory of Island Biogeography)』에서 인구 밀도 조건에 따라 r-선택 종과 K-선택 종이 진화하는 모델을 제시했다(MacArthur & Wilson, 1967). 이에 따르면 인구 밀도가 낮은 서식지에서는 인구 성장이 일어나므로 이와 관련된 형질이 선택된다. 반대로 인구 밀도가 높은 지역에서는 높은 인구 밀도하에서 번식을 최대화하는 형질이 선택된다. 이는 이후 낮은 인구 밀도에서 선택(r-선택)될 것으로 여겨지는 생애사 형질(작은 몸집, 빠른 성장, 높은 출산율 등)과 높은 인구 밀도에서 선택(K-선택)될 것으로 여겨지는 생애사 형질(큰 몸집, 느린 성장, 낮은 출산율 등)의 조합이 있다는 가정하에서 r/K라는 하나의 축을 따라 종을 분류할 수 있다는 견해로 발전되었다(Pianka, 1970). 그러나 이후 생애사 이론이 체계화되면서 '서식 환경의 조건 → 생애사 형질'에서 '서식 환경의 조건 → 연령별 사망률 및 출산율 → 생애사 형질' 로 기본 패러다임이 바뀌었고(Stearns, 1992), 기존 r/K 선택 패러다임이 생애사 형질 조합의 진화적 기전을 설명하지 못하며 종 간 계통 관계를 고려하지 않은 종 분류라는 비판이 제기되었다(Nettle & Frankenhuis, 2020). r/K 선택 개념은 좀 더 발전한 생애사 이론으로 대체되고 있으며, 기존 패러다임은 진화생물학 연구에서 더 이상 활발히 사용되지 않는다(Reznick et al., 2002).

현재: 생애사 이론과 '빠른' 생애사 개념(최근 논쟁)

개체의 생애사가 '빠른' 생애사와 '느린' 생애사의 연장선 위에 있다는 패러다임은 심리학을 비롯한 사회과학 영역에서 생애사 이론을 차용한 대표적 예다(Mathot & Frankenhuis, 2018). 이 패러다임은 r/K 선택 개념을 기반으로 하되, 현상의 단위를 진화적 시간에서 개체의 일생으로 바꾸고, 종 간 비교에서 개체 간 비교로 비교 대상을 좁혔으며, 불확실성이 높은 환경에서는 빠른 번식이 유리하다는 예측 등을 주요 골자로 한다(Ellis et al., 2009; Rushton, 1985). 그러나 종이나 집단 단위에서는 빠른-느린 생애사 축이 어느 정도 존재하지만(Healy et al., 2019), 개체 단위에서도 그러한 축을 통한 생애사 예측이 가능한지에 대해서는 논란이 있다(Frankenhuis & Nettle, 2020). 우선 '불확실한' 혹은 '거친' 환경이라는 개념은 정의하기 어렵다(Young et al., 2020). 또한, 왜 자원이 부족하면 생애사가 '느려지는' 게 아니라 '빨라지는지', 환경 조건에 따라 개체의 생애사가 달리 발현하기 위해 필요한 발달적 가소성(developmental plasticity)은 어떻게 진화하는지 등에 관한 설명이 필요하다. 그리고 '빠른' 생애사에서 가정하는 전제를 형식 모델링하여 구체화해야 한다는 점도 지적되었다(Galipaud & Kokko, 2020; Stearns & Rodrigues, 2020). 형식 모델링(formal modelling)이란 이론의 가정을 자세히 열거하면서 검증하는 것으로(Nettle, 2010), '빠른 생애사'처럼 특정 생애사 유형의 가정이 실제 생애사 상쇄 관계에서 얼마나 타당한지 따져 보는 데 유용하다. 형식 모델링을 이용한 최근 연구에 의하면, 불가항력적인 외적 위험이 생애사에 영향을 주는 것은 외적 위험 자체에 개체가 반응하기 때문이 아니라 외적 위험이 개체 간 경쟁 수준을 낮추어 번식과 생존의 상쇄 관계에 영향을 미치기 때문이다(Jean-Baptiste & Rousset, 2020). 또한, '빠른' 번식 행동과 관련된 행동-심리 특성(예를 들어 뛰어난 인지 능력, 위험 감수 행동, 충동성)이 하나로 묶인다는 이른바 생애사 '전략' 개념(3장, 8장 참조)에 대해서도 이견이 있다(Stearns & Rodrigues, 2020). 이에 따르면, 빠르거나 느린 생애사 전략을 이론적으로 가정하기에 앞서 실제로 다양한 행동-심리 특성이 묶이는 양상과 그 횡문화적 패턴을 기술해야 한다. 그리고 앞서 언급한 형식 모델링을 통해 해당 이론의 가정을 검증해야 한다(Sear, 2020). 예를 들어 단기 짝짓기 전략은 '빠른 생애사'의 특징으로 간주된다. 그러나 짝짓기에 관한 사회적 규범이나 환경 조건에 따른 성비 변화 등에 따라 짝짓기 전략은 다르게 나타날 수 있으며, 새로운 짝을 찾는 비용이 번식 비용보다 크면 오히려 짝을 자주 바꾸지 않는 것이 번식 성공도를 높이는 전략일 수도 있다. 즉, 빠른-느린 축에 따라 생애사 형질과 특정 행동-심리 형질 사이의 관계를 가정하는 패러다임은 수정, 보완될 필요가 있다. 관심 있는 독자는 『진화와 인간 행동 학술지(Evolution and Human Behavior)』 2020년 특별호의 「인간 생애사 연구의 최신 쟁점(Current Debates in Human Life History Research)」을 참고하기 바란다.

3. 번식과 생애사 상쇄 관계

번식은 적합도에 가장 직접적인 영향을 미친다. 이는 특히 포유류에서는 상당한 자원을 요구하는(Kunz & Orrell, 2004) 생애사 기능이기 때문에 다른 생애사 기능과의 상쇄 관계가 현저하고, 번식과 관련된 생애사 형질 간의 상쇄 관계도 두드러진다.

자식을 무한히 낳는 '다윈 괴물'이 존재하지 않는 이유와 관련해 생애사 이론은 두 가지 추정을 제공한다. 우선, 자식 수를 늘리는 것은 번식을 한 개체의 생존율을 낮추거나 다시 번식할 기회를 줄이는 등 번식 비용을 유발한다(Williams, 1966). 또한, 자식 한 명당 배분할 수 있는 자원량을 줄여 자식 수와 질의 상쇄 관계를 유발한다(Lack, 1947; Smith & Fretwell, 1974).

번식 비용

번식에 소모하는 에너지는 현재 번식(번식 투자)과 미래 번식(잔여 번식 가치[3])에 분배되어 할당되므로, 현재 번식과 미래 번식은 상쇄 관계를 이

3 번식 가치 개념은 다음 세대에 자손을 남기는 정도를 진화적 관점에서의 '가치'

룬다(Williams, 1966). 따라서 현재 번식에 자원을 투자하기 위해 미래의 번식 혹은 생존을 희생할 경우, 현재 시점에서의 잔여 번식 가치, 즉 미래까지 1) 살아남아 2) 다시 번식할 확률이 낮아질 수 있으며, 이것이 곧 번식의 비용이다. 미래는 늘 어느 정도 불확실하기 때문에, 다른 모든 조건이 같다면 현재 번식 투자를 늘리는 것이 적응적이다. 잔여 번식 가치의 두 요인은 개념적으로는 전자가 후자를 포함한다. 생존할 수 있어야 미래의 번식도 가능하기 때문이다.

번식과 신체 기능 유지의 상쇄 관계로 인해(그림 2.1 참조), 번식 비용은 생존 확률의 저하 외에도 건강 악화나 노화 촉진 등으로 나타날 수 있다. 이 경우 번식 비용은 노화의 진화 가설 중 하나인 신체 마모설(disposable soma theory)(Kirkwood, 1977)과 관련된다.

즉, 번식 투자와 잔여 번식 가치 사이의 상쇄 관계는 번식 비용, 즉 현재 번식의 기회비용으로서의 미래 번식 기회를 의미한다. 번식 비용은 노화의 진화 등 생애사 진화 연구의 고전적 주제와 관련되며, 가장 폭넓게 연구된 생애사 상쇄 관계이기도 하다.

자식 수와 질의 상쇄 관계

번식 비용 개념이 번식과 부모의 생존 및 건강 사이의 상쇄 관계에 초점을 맞춘다면, 자식 수와 질의 상쇄 관계는 번식이 자식의 질(quality)

로 보고, 집단별(연령별, 신체 크기별 등) 잠재적인 번식의 총량을 재는 것이다. 예를 들어, 개체가 특정 연령 x에 도달했을 때의 번식 가치 V_x는 현재 및 미래에 기대할 수 있는 번식력(reproductive output), 즉 암컷이 낳는 암컷 자식의 수를 암컷이 해당 연령까지 살아남을 확률을 고려해 상대적 수치로 나타낸 것이다.

과 맺는 관계에 관한 것이다. 여기서는 '한정된 자원을 바탕으로 자손 수를 늘릴 것인가, 자식 한 명당 들이는 자원 양을 늘릴 것인가?'가 핵심적인 질문이다.

자식 수와 질의 상쇄 관계에 관해서는 데이비드 랙(David Lack)의 실험이 잘 알려져 있다. 랙은 새의 한 배 크기 결정 기전을 알기 위해서 둥지에 알을 더하거나 빼보는 실험을 했다(Lack, 1947). 알의 수를 조작한 경우(즉, 알의 수가 평균보다 많거나 적은 경우) 부화해서 살아남은 자식이 평균적으로 더 적었다. 이를 바탕으로 랙은, 한 배 크기는 성체까지 살아남는 자식 수가 최대화되는 지점에서 결정된다고 해석했다. 부모의 자원은 한정되어 있으므로 살아남은 자식의 수(즉, 부모의 적합도)를 최대화하는 데에는 일정한 한계가 있으며, 그 한계 내에서 자식 수가 최적화되는 것이다.

이는 이후 자식의 수와 질 사이의 상쇄 관계로 개념화되었다(Charnov & Ernest, 2006; Smith & Fretwell, 1974). 여기서 '수'는 단위 시간 안에 낳는 자식의 수를 뜻하며,[4] '질'은 자식의 적합도와 정적 상관관계를 갖는 형질이다.[5] 후자는 신체 크기, 영유아 사망률, 성별 등을 통해 간접적으로 측정된다. 랙의 원칙은 생애사 진화 연구의 기틀을 마련한 것으로 평가되며(Reznick et al., 2000; Ricklefs, 2000), 행동생태학의 첫 최적

---

4 자식의 수는 번식 생태에 따라 다르게 측정될 수 있다. 대부분의 새처럼 한 번의 번식에 여러 개의 알을 낳는 경우 한 배 크기로 측정되는 반면, 인간을 비롯한 대부분의 영장류같이 단일아(singleton) 번식이 주일 경우 출산 터울로 측정될 수 있다. 물론 인간에서도 단일아와 쌍둥이 출산을 비교할 경우 '한 배 크기'가 자식의 수를 측정하는 단위가 된다.

5 개체의 질은 진화생물학, 진화생태학, 행동생태학 등에서 자주 사용되는 개념이나 연구 질문과 이론에 따라 정의가 달라지므로 어떻게 개념화하고 무엇으로 어떻게 측정할 것인지 고려해야 한다(Wilson & Nussey, 2010).

화 모델 중 하나다(Lawson & Borgerhoff Mulder, 2016). 자식의 수와 질 사이의 상쇄 관계는 현대사회의 저출산 현상에 관한 진화적 설명으로 일찍이 고려된 바 있다(Borgerhoff Mulder, 1998).

4. 생애사 이론은 어떻게 검증하는가

생애사 이론 연구는 생애사 형질의 적합도를 측정하고, 형질 사이의 상쇄 관계를 파악한 뒤, 적합도가 최대화되는 최적의 상쇄 지점을 찾는 방법으로 이루어진다. 그러나 상쇄 관계를 파악하는 것이 쉽지 않아 방법적 주의가 필요하다(Bolund, 2020; Jasienska, 2020). 본 절에서는 생애사 이론을 검증하는 주요 연구 방법을 소개하고, 그중에서 인간 연구에 많이 사용되는 표현형 비교법을 특히 자세히 살피겠다.

생애사 형질의 진화적 기반을 정량화하는 방법

형질은 유전성이 있어야 진화할 수 있으므로 생애사 형질의 유전적 기반에 대한 고려는 생애사 이론의 핵심이다. 생애사 상쇄 관계의 진화를 연구하는 방법으로는 생애사 형질 간 유전적 상관관계를 측정하는 유전형 비교법과 진화 모의실험(experimental evolution) 방법이 있다. 진화 모의실험은 세대 간격이 짧은 식물이나 일부 실험용 동물에서 주로 이루어지기 때문에, 본 절에서는 생략한다.

유전적 상관관계는 생애사 형질의 상관관계가 유전적으로 설명되는 비율을 나타내며, 해당 생애사 상쇄 관계가 자연선택에 반응해 얼마나 진화할 수 있는지 말해 준다. 생애사 상쇄 관계에서 특히 중요한 유전적 기반은 길항적 다면발현(antagonistic pleiotropy), 즉 한 유전형이 여러 표현형의 발현에 관여하는데 그 표현형 사이에 부적 상관관계가 있는 경우다. 예를 들어 생애사 상쇄 관계의 초기 통찰을 보여 준 윌리엄스의 길항적 다면발현 가설에 따르면, 삶의 전반부에 번식 투자를 높이다가 후반부에는 사망률을 높이는 유전형이 있다면, 자연선택의 기능은 삶의 후반부로 갈수록(즉, 잔여 번식 가치가 떨어질수록) 약해지기 때문에 해당 유전형이 선택될 것이고, 따라서 번식과 생존의 상쇄 관계가 진화한다(Kirkwood, 1977; Williams, 1957). 이를 뒷받침하는 경험적 근거로 붉은털원숭이(Blomquist, 2009) 및 산업화 이전 핀란드에서 수집된 족보 자료(Pettay et al., 2005)를 이용한 연구에서 첫 번식 연령과 수명 사이에 부적인 유전적 상관관계가 있음이 보고된 바 있다.

유전적 상관관계 연구를 위해서는 개체 간 혈연관계가 알려진 자료나 쌍둥이 자료, 그리고 분산의 계산 오차를 줄일 수 있는 큰 표본이 필요하다. 이런 자료는 드물뿐더러 친족 관계나 문화 전승을 통해 공유된 환경의 효과가 유전성을 실제보다 커 보이게 만들 수 있기 때문에 분석에도 각별한 주의가 필요하다(Lummaa, 2007).

생애사 형질을 조작하는 방법

생애사 형질 자체를 조작하거나 일부 환경 조건을 바꿔 생애사 형질의 발현을 달리하는 실험 연구는 생애사 상쇄 관계를 가장 직접적으로 검증하는 방법이다. 앞서 소개한 랙의 실험은 여러 종의 조류뿐 아니라 파충류, 곤충, 심지어 한 배에 여러 마리 자식을 낳는 일부 포유류에서도 이루어진 바 있다(Aubret et al., 2003; Hardy et al., 1992; Koivula et al., 2003; Pettifor et al., 1988). 종에 따라서는 호르몬을 투여한다든가(Oksanen et al.,

2002; Tavecchia et al., 2005), 식이 제한을 함으로써(Kapahi et al., 2017; Partridge et al., 2005) 번식 확률이나 자식 수를 조작할 수 있다. 노화의 진화에 관한 초기 연구(Maynard Smith, 1958)는 생식 기능에 관여하는 생리적 기전에 기능을 잃는 돌연변이(loss-of-function mutant)를 일으켜 번식 비용을 계산하기도 했다(Bauer & Helfand, 2011). 이러한 실험 연구에서는 생존처럼 번식 비용 중에서도 극단적 표현형이 측정되므로 번식 비용이 실제보다 높게 관측될 수도 있고, 실험 조건(예를 들어 돌연변이)에 표현형이 반응하지 않을 경우 낮게 관측될 수도 있다.

생애사 형질의 표현형을 비교하는 방법

몇몇 동물 종을 제외하면, 앞서 말한 실험 방법을 이용해 생애사 형질을 조작하는 것은 쉽지 않다. 또한 조작되지 않은 생애사 형질을 분석할 때 실험 연구보다 연구 결과의 생태적 정당성이 높아진다. 이와 관련하여 관찰 자료를 분석해 생애사 형질이 표현된 값, 즉 표현형으로서의 생애사 형질 간 상관관계를 측정하는 표현형 비교법이 있다. 표현형 비교법을 이용해 하나의 종 내지 집단 안에서 개체 간 생애사 형질 값을 비교할 수 있고, 각 종의 생애사 형질 평균값을 구해 종 간 비교를 할 수도 있다.

생애사 형질 사이의 부적 상관관계는 보통 상쇄 관계를 가리키는 것으로 해석되지만, 비교 단위가 무엇이었는지에 따라 생애사의 진화에서 다른 함의를 가진다. 개체 간 비교가 이루어졌을 경우, 생애사 형질 사이의 부적 상관관계는 두 형질이 최대화되지 못함을 의미한다(Clutton-Brock et al., 1989). 여기서 중요한 가정은 비교 대상이 되는 모든 개체가 대체로 균질적이어야 한다는 것이다. 예를 들어 비교적 같은 환경에 노출되어 있어 외적 사망 위험이나 자원 가용도에서 큰 차이가 없거나, 차이가 있다고 해도 통계적으로 통제될 수 있어야 한다. 개체가 아닌 종 간 비교가 이루어진 경우, 생애사 형질 사이의 부적 상관관계는 생애사 형질이 얼마나 계통적으로 분리되었는지를 시사할 수 있다(Promislow & Harvey, 1990).

표현형 비교법은 생애사를 실험적으로 조작하기 어려운 종을 연구하거나 생애사 진화의 역사를 계통학적으로 유추하는 데 유용하지만 생애사 진화에 대한 직접적인 근거를 제공하지는 못한다. 표현형 비교법으로는 생애사 형질 간의 상관관계에 반영된 유전적 영향과 환경적 영향의 상대적 규모 및 중첩 정도를 파악할 수 없기 때문이다.

표현형 비교법의 한계와 나아갈 방향

표현형 비교법의 주된 한계는 교란 작용(confounding)이다. 표현형 비교법으로 얻은 상관관계 값에는 분석 대상인 생애사 형질과 체계적으로 관계되는 여러(측정되지 않은) 변수들의 차이가 혼재하는 경우가 많다. 시간이 지날수록 건강한 개체만 살아남는 등 선택 편향이 있다는 점도 분석에서 고려해야 한다(Gagnon et al., 2009).

자원 가용도, 즉 가용한 자원량이 같더라도, 개체의 생리적·행동적 특성에 따라 자원 획득도, 즉 자원을 실제로 얻는 정도가 다를 수 있다(van Noordwijk & de Jong, 1986). 예를 들어 사회적 위치가 높을수록 자원을 많이 획득한다면, 높은 위치에 있는 개체는 자식 수를 늘리더라도 자식의 질과 상쇄되지 않거나 상쇄 정도가 낮을 것이다. 따라서 자식 수와 질의 상쇄 관계 대신 두 형질 사이의 정적 상관관계가 나타날 수 있다(Reznick, 1985; Reznick et al., 2000). 또한, 외적 사망 위험이 특별히 크거나 자원 가용도가 낮은 상황에서만 생애사 상쇄 관계가 관찰될 수도 있고, 생애사 형질이 적합도에 미치는 영향이 친족 사이에서 간접 발현될 수도 있다(Borgerhoff Mulder, 2000).

교란 변수를 통제하거나 구조 방정식 모형, 멘델리안 무작위화(mendelian randomization) 등 대안적 분석법을 시도할 수 있으나(Helle, 2018; Jasienska, 2020; Lawn et al., 2020), 이를 위해서는 충분한 표본 크기가 필요하다. 또한 인간처럼 사회성이 복잡하게 진화한 종의 경우, 자원의 획득과 배분 양상을 파악해 적절한 변수를 찾아내 모형화하는 것이 중요하다. 혹은 유전적으로 가까운 영장류 연구도 유용하다(Altmann et al., 2010; Thompson et al., 2016). 예를 들어 짧은 출산 터울은 단위 시간 내 자식 수는 늘릴 수 있어도 자식의 수명에 부정적인 영향을 미친다. 그래서 자식 수와 질의 상쇄 관계의 예로 오래전부터 연구되어 온 것이다. 그러나 인간에서 출산 터울과 자식의 수명은 모두 사회문화적 조건의 영향을 크게 받기 때문에, 교란 작용을 잘 통제하는 것이 까다롭다. 최근의 붉은털원숭이 연구(D. S. Lee et al., 2019)에서는 인간과 유사한 상쇄 패턴(너무 짧은 터울은 높은 영유아기 사망률과 연관됨)을 처음으로 확인했으며 연년생 형제가 생존한 경우에만 상쇄 관계가 일어난다는 것도 입증했다. 이렇듯 영장류 자료를 이용한 비교 연구는 표현형 비교법의 한계를 보완할 수 있다.

5. 인간 생애사 상쇄 관계와 최적화 연구

인간 생애사 이론 연구는 크게 인간 생애사의 특징과 진화를 재구성하는 분야(글 상자 2.1 참조)와 생애사 형질 사이의 상쇄 관계 및 번식 전략

최적화 여부를 검증하는 분야로 나뉜다. 전자는 고인류 자료를 이용하거나 종 간 비교 방법 연구를 주로 한다면 후자는 행동 자료 연구에 의존하는 경향이 크다. 본 절에서는 진화행동과학과 관련이 깊은 후자에 초점을 두어 소개한다.

언제 번식을 시작할 것인가

인간은 번식 전까지 유난히 긴 유년기를 보낸다. 다른 대형 유인원에 비해 외적 사망 위험이 현저히 낮기 때문이다(Kaplan et al., 2000). 인간은 단위당 에너지량이 높은 식량 자원을 주로 생산한다(글 상자 2.1 참조). 이는 두 가지 면에서 긴 유년기에 기여한다. 첫째, 낮은 사망률은 생존과 상쇄 관계에 있는 성장 및 번식에 상대적으로 많은 자원을 투자할 수 있도록 해 준다. 둘째, 식량 자원 획득 기술을 배우고 연마하는 데는 오랜 시간이 걸리는데, 특히 인간은 '비싼' 자원을 선호하는 생태적 적소(niche)를 가지고 있으므로 긴 유년기가 유리하다. 영장류도 이러한 이유로 비교적 긴 유년기를 가진다(Pereira & Fairbanks, 2002).

긴 유년기로 인해 '언제까지 성장하고, 언제 첫 번식을 시작할 것인가?'라는 생애사적 과업이 중요해진다. 번식을 너무 늦게 시작하면 남아 있는 번식 수명이 줄어들지만 너무 일찍 시작하면 성장과의 상쇄가 일어난다. 따라서 적합도를 최대화하는 최적의 첫 번식 연령이 있을 것이다. 이러한 최적화 과제는 번식 수명이 짧은 여성에게 더 중요하게 작용할 것이며, 이것이 여성에서 성적 성숙이 먼저 일어나는 이유로 고려된다.

산업화 이전 핀란드의 자료를 이용한 연구에 따르면(Hayward et al., 2015), 번식 성공도는 25세 이전에 첫 출산을 한 여성에서 높았고, 25세 이전에 아이를 많이 출산한 여성에서 최대화되었다. 그러나 너무 어린 나이에서는 번식 성공도가 다시 낮아졌다. 즉, 너무 늦지도 또 너무 이르지도 않은 25세 전후가 번식 성공도를 최대화하는 최적의 첫 출산 연령이 되는 것이다. 이른 청소년기에 출산할 경우 사망률이 높아지고, 각종 생식 건강 지표가 불량해지며, 자식의 사망률이 높고, 자식의 건강 상태도 불량해진다(Doblhammer, 2000; Grundy, 2009; Henretta, 2007; Westendorp & Kirkwood, 1998). 이는 번식에 최적화된 신체 크기에 도달하지 못한 상태에서 번식에 자원을 할당한 결과, 성장과 번식의 상쇄가 일어났기 때문이다.

언제, 얼마나 더 낳을 것인가

이제 번식이 부모와 자식의 수명이나 건강에 미치는 영향을 살펴보자.

번식이 부모의 질(건강과 수명)에 미치는 영향

인간은 긴 생애에 걸쳐 여러 번 번식한다. 임신과 수유는 여성에게 큰 비용을 유발하는데, 특히 수유에는 임신에 비해 거의 두 배 가까운 에너지가 필요하다(Dufour & Sauther, 2002; Prentice & Prentice, 1988). 번식 투자는 여성의 수명 및 건강과 상쇄될 수 있으며, 이는 다시 미래의 번식 가능성에도 영향을 미친다.

번식이 여성의 건강과 질병 위험에 미치는 영향을 진화적인 관점에서 살핀 연구들이 있다(Jasienska, 2013; 2020; Jasienska et al., 2017). 예를 들어 태아와 신생아 발달에 필요한 칼슘은 모체에서 동원되므로 임신 중에는 골밀도가 5%가량 낮아진다. 낮은 골밀도가 지속되면 골절 위험성이 약 50% 높아진다(Karlsson et al., 2005). 그렇다면 정말 잦은 출산은 골다공증의 위험을 높일까? 국내 연구의 메타 분석에 따르면, 자식 수가 많고 수유 기간이 길수록 폐경 이후 골다공증 위험성이 높아졌다(E. N. Lee et al., 2019). 그러나 다른 국가에서 이루어진 연구의 메타 분석에서는 일관된 패턴이 관찰되지 않았다(Song et al., 2017; Wang et al., 2016). 또 다른 예도 있다. 출산은 체중 증가로 이어지는데(Corder et al., 2020), 이는 대사증후군 등 신진대사 관련 질병 위험에 노출될 수 있다는 뜻이다. 출산을 여러 번 경험할수록 대사증후군 위험이 높아지며(Akter et al., 2013; Gunderson et al., 2009; Lao et al., 2006), 국민건강영양조사 자료를 이용한 국내 연구에서도 비슷한 결과를 확인한 바 있다(Y. Lee et al., 2018). 이외에도 출산이 여성의 전반적 건강 상태를 악화시키거나 심혈관 질환, 당뇨 등의 위험을 높인다는 일부 연구가 있다(Jasienska, 2020).

그렇다면 번식이 수명에 직접적으로 미치는 영향은 어떨까? 산업화 이전 사회 자료를 이용한 일부 연구에서는 자식 수가 많을수록 폐경 이후 수명이 짧았다(Doblhammer, 2000; Doblhammer & Oeppen, 2003; Gagnon et al., 2009; K. R. Smith et al., 2002; Thomas et al., 2000; Westendorp & Kirkwood, 1998). 그러나 그 효과는 사회경제적 지표의 효과에 비해 작았다. 게다가 상쇄 관계가 관찰되지 않은 경우도 있었다(Borgerhoff-Mulder & Clutton-Brock, 1988; Rasa et al., 1989).

보건 수준이 향상된 현대사회에서는 번식과 수명의 상쇄 관계를 관찰하기 쉽지 않다(Henretta, 2007). 예를 들어 노르웨이, 미국, 영국 자료를 이용한 연구에서는 번식과 수명의 부적 상관관계를 지지하는 증거가 부족했다(Grundy, 2009; Grundy & Kravdal, 2014; Grundy & Tomassini, 2005). 그러나 형제자매 간 비교를 통해 가족 환경 등에 따른 교란 효과를 통제한 스웨덴 호적 자료 연구에 따르면, 남녀 모두에서 첫 번식 연령이 어릴수록 사망률이 높았고, 번식 횟수와 사망률의 관계가 U자 형태를 보였다(Barclay et al., 2016). 여기서 U자 형태란 아이를 전혀 낳지 않거나 아주 많이 낳은 경우 사망률이 높아졌음을 뜻한다. 전자는 아이를 낳을 수 없는 배경 조건(좋지 않은 건강 상태 등)을 반영하며, 후자는 본 장에서 초점을 맞추고 있는 번식과 생존의 상쇄 관계를 반영한다. 최근의 메타 분석에 따르면 번식 횟수와 사망률의 관계는 대체로 J자 형태를 띤다. 다산이 사망률을 높이는 효과, 즉 바클레이 등의 연구에서 확인된 U자 형태의 우측 부분이 더 크게 나타나는 것이다. 그러나 성별과 출생 코호트에 따라 그 양상이 달리 나타나므로 향후 생태적 조건을 더 면밀하게 고려한 연구가 필요하다(Högnäs et al., 2017).

번식 비용은 번식 특성에 따라서도 달라진다. 모든 조건이 동일하다면, 번식 투자는 단태아보다 다태아를 임신했을 때, 그리고 여아보다 남아를 임신했을 때 더 클 것이다. 남아는 여아에 비해 태아기 성장이 빠르고, 출생 체중도 더 무겁다. 실제로 다태아 혹은 남아 임신 시 난산이나 임신합병증이 더 잦고(Ananth & Chauhan, 2012; Helle et al., 2004; Melamed et al., 2010; Næss et al., 2017), 신체 조건이 양호한 여성이 남아를 낳을 확률이 높았다(Gibson & Mace, 2003). 이 경우, 모성 수명에도 부정적 영향을 준다는 연구도 있는데, 이를테면 남아(특히 특정 연령까지 살아남은 남아)를 많이 출산한 여성이 그렇지 않은 경우보다 폐경 후 수명이 짧았다는 것이다(Carey, 2003; Harrell et al., 2008; Helle et al., 2002; Hurt, Ronsmans, & Quigley, 2006; Van de Putte et al., 2004). 그러나 일부 연구에서는 이러한 효과가 관찰되지 않았고(Beise & Voland, 2002; Cesarini et al., 2007; 2009; McArdle et al., 2006), 남아와 여아 모두에서 출산이 모성 수명과 부적 상관관계를 보인 경우도 있었다(Jasienska et al., 2006). 자식의 성별과 부모의 수명은 사회적 성 역할의 규범 양상에 따라 영향을 받으므로 (Engelman et al., 2010), 생애사 이론에 따른 예측을 검증할 때 이 점을 고려해야 한다.

번식이 자식의 질에 미치는 영향

현재 번식에 필요한 자원은, 미래 번식의 가용 자원과 상쇄된다. 번식 개념을 '자식 수'로 대체하면, 이는 한 명의 자식에 들이는 자원이 다른 자식에 가용한 자원을 상쇄함을 의미한다. 모든 조건이 같을 경우, 한 배 크기가 클수록 각 자식의 질 관련 지표가 낮고(5세 미만 사망률은 쌍생아가 단일아보다 높다)(Pongou et al., 2019), 번식 투자 수준이 높은 출산 다음에 태어난 자식의 질은 낮을 것이라고(남아를 낳은 경우 동생의 번식 성공도가 낮다)(Rickard et al., 2007) 예상할 수 있다.

출산 터울은 인간 생애사 연구에서 아주 많이 다뤄진 형질이다. 단위 시간 내 번식 횟수를 늘리면 출산 터울은 짧아진다. 따라서 짧은 터울은 자식 수를 늘리는 전략이다. 하지만 터울이 짧아지면, 그만큼 단위 시간당 각 자식에 소모하는 자원량은 줄어든다. 따라서 출산 터울과 자식의 질 사이에 상쇄 관계가 나타날 것으로 예상된다. 인간에서는 출산 터울이 가족계획 수립에 필요한 중요한 지표이므로 이와 관련된 연구가 오래전부터 이뤄져 왔다. 터울이 짧을수록 자식의 사망률이 높고, 출생 체중이 가볍고, 조산 위험이 크다는 여러 연구 결과는 다양한 사회에 걸쳐 비교적 일관되게 관찰되어 왔다(Erickson & Bjerkedal, 1978; Fotso et al., 2013; Grundy & Kravdal, 2014; J. Hobcraft et al., 1983; J. N. Hobcraft et al., 1985; Molitoris et al., 2019). 연구가 많지는 않지만, 짧은 터울은 연속 출산으로 얻은 최초의 자식, 즉 손위 형제자매의 사망률도 높인다는 연구가 있다(Bøhler & Bergström, 1995; Fotso et al., 2013; J. N. Hobcraft et al., 1985; Swenson, 1978). 이는 기존 자식에 투자하던 자원 일부를 동생에게 재할당한 결과로, 이러한 상쇄 관계의 또 다른 예다. 따라서 자식 수와 질의 상쇄 관계는 부모의 제한된 자원을 둘러싼 형제자매 간 경쟁을 생애사 이론의 틀로 개념화한 것이다.

자식 수의 최적화

위의 예는 자식 수 증가, 즉 번식 투자량 증가는 부모의 건강을 악화시키거나 수명을 단축시킴으로써 부모의 질과 상쇄되거나, 자식 한 명당 할당된 자원량을 줄임으로써 자식의 질과 상쇄될 수 있음을 보여 준다. 따라서 진화적 관점에서 무조건 자식을 많이 낳는 것이 최적의 전략은 아니다. 그렇다면 이런 질문을 해볼 수 있다. 인간의 자식 수는 적합도를 최대화하는 수준에서 최적화되는 것일까?

인간은 수명이 길어 완결된 생애사 정보를 얻기까지 오랜 시간이 걸리기 때문에, 번식과 수명의 상쇄 관계에 기반해 최적의 자식 수를 모델링한 연구는 아직까지 매우 드물다. 앞서 언급한 산업화 이전 핀란드의 자료를 이용한 연구는 몇 안 되는 사례 중 하나다(Hayward et al., 2015). 이 연구에 의하면, 25세 이전에 낳은 자식 수가 많을수록 최종 번식 성공도가 높았지만, 25세 이후의 사망률도 높았다. 자연선택은 개체 적합도(해당 연구에서는 번식 성공도로 대체됨)에 작용하므로, 모체의 사망률이 높더라도 자식 수를 늘리는 것이 더 유리할 수도 있다. 따라서 건강의 위해를 감수하고 25세 이전에 자식을 많이 낳는 전략은 최적의 번식 전략이 될 수 있다.

자식 수와 질의 상쇄 관계는 어떨까? 예를 들어 자식의 수가 너무 적지도 많지도 않은, 즉 자식 전체의 적합도를 최대화하는 지점이 있을까? 수렵채집사회나 산업사회를 대상으로 진행한 일부 연구에서는 번식 적합도를 최적화하는 자식 수와 질의 상쇄가 일어난다는 증거가 있었지만(Meij et al., 2009; Strassmann & Gillespie, 2002), 대개는 최적 수준 이하의 번식 적합도를 보이는 수준으로 상쇄 관계가 나타났다(Borgerhoff Mulder, 2000; Lawson et al., 2012). 한편 보츠와나의 !쿵족(!Kung)이나 파라과이의 아체족(Ache)에서는 자식 수와 번식 성공도 사이에 정적 상관관계가 있음이 보고되기도 했다(Hill & Hurtado, 1995; Pennington & Harpending, 1988).

그러나 최적화 여부는 쉽게 단정하기 어려운데, 이에는 몇 가지 이유가 있다. 앞서 서술한 표현형 비교법의 한계 외에도, 자식의 '질'을 정량화하는 것이 어렵고(각주 5 참조), 질 측정 단위로 자주 사용되는 생존율은 몇 가지 이유로 인해 완전한 대체 지표가 되기 어렵기 때문이다(Lawson & Borgerhoff Mulder, 2016). 첫째, 자식의 생존과 부모의 번식 투자 사이에는 양방향의 인과 관계가 있다. 즉, 출산 터울도 자식의 사망률에 영향을 주지만, 자식의 사망도 향후 출산 여부에 영향을 준다. 자식이 죽었을 때 출산 터울이 짧아지는 현상은 잘 알려져 있으며, 인간의 경우 원하는 자식 수를 달성하기 위한 '대체 출산'(Preston, 1978; Schultz, 1997) 현상이 나타나기도 한다. 둘째, 자식의 생존은 부모의 한정된 자원으로 발생하는 상쇄 관계뿐 아니라 외적 사망 위험의 영향도 받는다. 대표적으로 전염병 유행이나 자연재해처럼 불가항력적인 상황에 의해 자식의 낮은 생존율이 예상될 때 부모의 자원 배분이 자식의 생존에 미치는 영향력은 아예 없어지거나 상대적으로 낮아진다. 반대로 외적 사망 위험이 매우 낮은 현대산업사회에서도 자식의 생존율, 심지어 자식을 통한 격세 자손 수(즉, 해당 개체에게는 증손주에 해당하는 자손 수)만으로 자식의 '질'을 정량화하는 것은 무리가 있다. 자식에게 투자하는 자원의 종류, 양, 그리고 투자 양상이 복잡하게 나타나기 때문이다. 이는 현대사회의 저출산 현상을 진화적으로 설명하기 어려운 이유

중 하나이자 현대인의 번식 행동을 이해하기 위해 진화행동과학이 풀어야 하는 어려운 숙제다.

6. 생애사 이론은 저출산 현상을 설명할 수 있는가

근대 인구학적 천이는 사망률(영유아 사망률) 감소에 출산율 감소가 뒤따르며 인구 구조가 변화하는 과정을 뜻한다. 이는 근대화가 가져온 사회적 변화(위생 환경의 개선, 의학 및 피임 기술의 발달, 여성의 교육 기회 확대 등)에 동반된 것으로, 200여 년 전 영국과 프랑스 등 북서부 유럽에서 시작되어 현재는 전 세계적으로 진행 중이며, 대략 2100년에 마무리될 것으로 예측된다(R. D. Lee, 2003; R. D. Lee & Reher, 2011).

인구학적 천이와 함께 일어난 출산율 감소는 진화적 설명의 한계를 시험한다. 왜 자원이 더 풍부하고 그 어느 때보다 죽음이나 각종 질병의 위험이 낮아진 환경에서 출산율은 늘지 않고 줄어드는 것일까? 사회경제적 자원이 많은 집단에서 저출산 경향이 가장 먼저, 그리고 강하게 나타난다는 인구학적 천이의 특징은 자원이 부족한 조건에서 상쇄 관계가 일어난다는 생애사 이론의 예측과 어긋나 보인다. 본 절에서는 현대사회의 저출산 현상을 적응적 행동으로 설명하려는 시도로서 생애사 이론이 어떻게 사용되었는지 살핀다(3장 참조).[6]

6 이 외에 저출산 현상에 대한 진화적 설명을 개괄한 논문으로는 레베카 설(Rebecca Sear)의 논문(2015)과 하이디 콜러란(Heidi Colleran)의 논문(2016)을, 한국 사회 저출산 현상에의 함의를 검토한 논문으로는 전중환의 논문(2012)을 참고하기 바란다.

수와 질의 상쇄 관계로 바라본 저출산

생애사 이론으로 저출산 현상을 설명한 몇몇 논문에 의하면, 근대화 이후 저출산 현상은 앞서 소개한 자식의 수와 질 사이 상쇄 관계의 극단적 사례다(Borgerhoff Mulder, 1998; Kaplan, 1996; Kaplan et al., 2002; Low, 2015; Mace, 2000).

전통사회에서는 자식 한 명에게 투자해 얻는 적합도 증가량이 일정 투자량에 이르면 체감하기 시작한다. 질병이나 재난 등 외인성 사망 위험이 높으므로, 어느 시점에 이르면 투자량 증가로 인한 적합도 향상을 기대하기 어렵다. 따라서 자식 한 명당 배분되는 자원량을 줄이고 총 자식 수를 늘려 적합도 향상을 꾀하는 '분산 투자(bet hedging)' 전략이 선호될 수 있다. 반면 근대사회로 접어들면 외적 사망 위험은 줄어들고 영유아 사망률은 낮아진다. 번식을 못할 만큼 자원이 절대적으로 부족한 경우도 적어진다. 얼핏 생각하면, 이러한 상황에서는 자식 수와 자식 한 명당 투자량을 동시에 늘릴 수 있고, 따라서 그렇게 하는 것이 적응적으로 보인다. 그런데 왜 출산율이 떨어질까? 특히 자원이 많은 집단일수록 저출산 경향을 보이는 이유는 무엇일까?

이는 자식 한 명당 양육 비용이 크게 증가하여 자식의 '질'에 투자되는 자원의 단위당 만족 함수가 체감에서 체증 함수로 전환되었기 때문이다. 인구학적 천이는 기술 중심의 경쟁적 시장경제가 확산되고, 가구의 규모가 줄어들어 협력 육아의 폭이 좁아지며, 영유아기의 노동 참여가 줄고 유년기의 집중 교육이 정립된 시기에 나타난다. 근대적 영유아기 개념이 자리잡으면서 사회적 변화가 동반되었는데, 특히 임금 기반의 경쟁 시스템이 도입되면서 체화 자본(embodied capital)(Kaplan et al., 1995)이 지닌 가치의 상한선이 엄청나게 높아졌다. 여기서 체화 자본이란 적합도에 영향을 미치는 자원 중 교육이나 기술, 신체 조건 등 자신에게 축적되는 자본을 말한다. 예를 들어 사회적 지위를 보장하는 최종 교육 단계가 점점 더 복잡해지고, 고등교육을 마친 후에도 추가적인 요건을 요구하는 등의 사회적 변화가 일어났고, 따라서 자식을 계속 교육시켜도 그러한 투자에 따른 체화 자본량이 좀처럼 체감하지 않게 되었다. 개별 자식에 대한 투자를 늘리는 행동 자체는 진화적 적응 환경에서 빚어진 적응적 심리 기전인데(3장 및 아래 '생애사 이론 외 저출산에 관한 다른 설명' 항 참조), 근대화로 인한 사회적 변화에 따라 불일치 현상이 일어나면서 자녀 수가 부적응적 수준으로 감소한 것이다. 이를 생애사 진화의 체화 자본 이론(Embodied Capital Theory of Life History Evolution)이라고 한다(Kaplan et al., 2002; Mace, 2007).

이 설명이 맞다면, 첫째, 자식 수가 적을수록 자식 한 명당 투자되는 자원량이 많아야 하고, 둘째, 자원량이 많은 경우 자식 수 증가에 대한 한계효용이 느리게 감소하고, 셋째, 자식의 수뿐 아니라 자식의 질에도 관심을 가지는 심리 기전이 관찰될 것이다. 먼저 여러 현대사회를 대상으로 한 연구에 따르면, 자식의 '체화된' 자본이나 최종 사회적 지위는 총 자식 수가 적은 가정에서 높았다(Boone & Kessler, 1999; Goodman et al., 2012; Hill & Reeve, 2005; Lawson & Mace, 2010; Shenk et al., 2016). 모델링 연구에 의하면, 현대사회처럼 유아 사망률이 낮은 환경에서만 자식 수 증가가 출산 터울을 늘리는 효과, 즉 자식 한 명당 투자되는 자원량을 늘리는 효과가 있었다(Thomas et al., 2015). 또한, 추가 출산의 경제적 부담 연구에 의하면, 사회경제적 지위가 높을수록 자식 수를 셋 이상으로 늘릴 때 느끼는 경제적 부담이 더 큰 것으로 나타났다. 영국 에이번(Avon) 지역의 임산부를 대상으로 한 연구에 의하면, 고소득층이거나 고학력자일수록 자식 수를 둘에서 셋 이상으로 늘리는 것에 대한 경제적 부담을 더 크게 느낀다고 응답했다(Lawson & Mace, 2010). 그리고 단지 자식 수를 늘리려는 동기 외에도 아기를 '잘 낳아 잘 기르고자 하는(nurture)' 심리적 동기가 남녀 모두에서 진화했다는 주장(3장 참조)도 있다(Foster, 2000; Rotkirch, 2007; Rotkirch et al., 2011). 이는 아직 더 많은 연구가 필요한 주제다.[7]

남은 질문과 나아갈 방향

자식 수와 질의 상쇄 관계에 기반한 가설에 따르면, 저출산은 자식의 질에 투자하는 자원을 늘리기 위해 자식 수를 극단적으로 상쇄시킨 결과다. 그러나 자식을 적게 낳는 행동이 자식의 질을 높이고 결과적으로 부모 자신의 적합도를 최적화한다는 근거는 아직 부족하다. 미국 뉴멕시코주 앨버커키에 사는 성인 남성의 손주 수로 적합도를 평가한 결과, 적합도는 자식 수가 많을수록 높았다(Kaplan et al., 1995). 적합도가 최적화되어 수렴하는 자식 수가 존재하지 않은 것이다. 따라서 양 대신 질에 투자하는 것은 적어도 단기적 관점에서 적합도를 향상시키는 전략은 아닌 것으로 보인다.

다른 가능성도 있다. 저출산 행동은 당장의 적합도 손실을 감수하고 몇 세대 이후의 적합도를 높이는 것으로, 장기적으로는 적응적일 것이라는 모델링 예측이 있으며(Boone & Kessler, 1999; Mcnamara & Houston, 2006; Rogers, 2007), 반대로 안정된 현대사회에서는 부모 세대에서 적응적인 전략(자식 수를 적게 낳는 것)이 자식 세대에서도 적응적인 전

7 출산의 심리적 동기를 다룬 최근 문헌으로는 리사 맥앨리스터(Lisa McAllister) 등의 논문(2016)과 본서 3장을 참고하기 바란다.

략(자식도 아이를 적게 낳음으로써 부모 관점에서는 손주 수가 적은)일 수밖에 없다는 주장도 있다(Mace, 2007). 이를 검증하려면 여러 세대에 걸친 자료가 필요하므로 아직 타당성을 평가하기 어렵다.

자원이 많을수록 출산율이 낮은 것이 현대 저출산 현상의 특징인지도 재고할 필요가 있다. 저출산을 무조건 진화적 난제로만 볼 필요가 없다는 것이다. 예를 들어 집단 간 비교에서 자원량과 출산율이 부적 상관관계를 보이더라도, 집단 내 소집단 혹은 개인 단위로 비교하면 그렇지 않을 수 있는 이른바 생태적 오류(ecological fallacy)를 고려해야 한다(Mace, 1998). 고소득 집단과 저소득 집단을 비교하면 고소득 집단의 평균 출산율이 낮더라도, 소집단이나 개인 간 비교에서는 자원량이 많을수록 오히려 출산율이 높을 수 있기 때문이다. 따라서 자식 수와 질의 상쇄 관계가 비슷한 강도로 이루어질 것으로 가정할 수 있는, 대체로 균등하여 비교가 적합한 집단의 자료를 이용해야 한다(Alvergne & Lummaa, 2014; Low et al., 2003). 또한, 거시적 사회경제 지표가 높을수록 출산율이 낮다고 알려진 바와 달리, 평균 교육 수준이나 인간개발지수(Human Development Index, HDI)가 일정 수준 이상으로 높아지면 오히려 출산율이 높아진다는 증거도 있다(Harknett et al., 2014; Luci-Greulich & Thévenon, 2014; Myrskylä et al., 2009; Testa, 2014). 이는 사회경제적 발전이 일정 수준 이상 진행될 경우 저출산이 '멈출' 수도 있음을 시사한다. 특히 이 연구들은 성불평등의 개선, 고령 출산에 대한 지원을 주요 기전으로 지적한다. 이는 짧은 시간 내에 급격한 경제 성장을 이루었지만 삶의 질이나 양성 평등 등 전반적인 사회 발전 수준은 그에 미치지 못하는 우리나라의 초저출산 현상을 이해하는 데 시사하는 바가 있다.

생애사 이론 외 저출산에 관한 다른 설명

자식 수와 질의 상쇄 관계를 기반으로 한 설명에 따르면, 저출산은 자식 한 명당 체화된 자본을 높이려는 적응적 심리 기전에 의해 발생한다. 그런데 자식 양육 비용에서 실제 비용과 자각된 예상 비용은 다를 수 있다. 이 점에서 저출산 현상에 관한 생애사 이론의 접근은 심리적 설명을 포함한다. 주어진 생태적 조건에 따라 양육에 드는 자원량과 투자 자원의 기대 '이익'에 관한 각종 정보에 반응하는 심리 기전이 진화했을 수 있다. 근대화와 함께 개체가 적합도를 늘리는 데 필요한 각종 자원의 종류와 범주, 그리고 자원을 둘러싼 경쟁의 양상이 근본적으로 변화함에 따라 이러한 심리 기전이 과도 발현되거나 오작동하여 저출산 현상이 벌어진다는 주장도 있다(Kaplan, 1996; Kaplan et al., 2002; Lawson & Borgerhoff Mulder, 2016). 즉, 저출산 현상은 부모의 양육 투자 관련 심리 기전이 일종의 적응적 지연(adaptive lag)(Laland & Brown, 2006)을 보인 결과라는 것이다. 이에 반해 최근에는 문화적 진화(cultural evolution)로 저출산을 설명하려는 시도가 부각되고 있다. 이는 저출산 행동의 사회적 학습에 관한 심리 기전에 초점을 둔 설명이다. 자식을 적게 낳거나 아예 낳지 않는 행동이 사회적으로 바람직하게 여겨지면, 모방 대상으로 작동하여 저출산 행동과 인식이 확산, 유지될 수 있다(Colleran, 2016). 이처럼 문화적 진화를 이용한 접근은 모방 심리 등 편향된 사회적 학습이 이루어지는 심리 기전을 고려하여 저출산을 사회적 학습에 의한 집단적 역동 과정으로 본다는 점에서, 저출산을 궁극적으로는 개인의 최적화 문제로 보는 생애사 이론과 대조된다.

7. 결론과 제언

생애사 이론은 '생애사 진화'라는 진화생물학의 연구 분야에서 출발하여 '생애사 이론'이라는 이름으로 체계화되었고, 최근에는 사회과학 여러 분야에 걸쳐 적용되고 있다. 생애사 이론은 진화생물학이 인간 행동 연구에 가장 뚜렷한 성과를 남긴 영역으로 평가된다(Briga et al., 2017). 비교적 최근에 등장한 진화 의학(evolutionary medicine)에서는 인간이 특정 질병 위험에 노출되는 진화적 이유 중 하나로 번식과 생존의 상쇄 관계를 든다(Nesse & Williams, 2012; Trevathan et al., 2008). 최근 생애사 이론을 적용해 발전한 '빠른' 혹은 '느린' 생애사 패러다임에 대해서는 논쟁이 진행 중이며(글 상자 2.2 참조), 관련 연구물을 살피거나 관련 연구를 할 때 이를 고려할 필요가 있다. 생애사 이론이 인간진화행동과학에 좀 더 의미 있는 기여를 할 수 있도록 이에 필요한 세 가지 분야를 제언하며 본 장을 마무리하고자 한다.

생애사 상쇄 관계의 근연 기전에 대한 연구

한정된 자원 분배라는 과제로 인해 생애사 형질 사이에 상쇄 관계가 형성된다는 것은 생애사 이론의 주된 통찰이다. 상쇄 관계는 발달적·생리적 기전을 바탕으로 발현되며, 외적 사망 위험과 다른 내적 제약이다. 생애사 상쇄 관계의 근연 기전(proximate mechanism)이 어떻게 진화했는지는 생애사 이론의 세부 연구 주제다(Harshman & Zera, 2007; Zera & Harshman, 2001; Zera et al., 2007).

근연 기전 연구는 생애사 상쇄 관계의 직접적 근거를 제시하며, 특히 인간 대상 연구에서 유용할 수 있다. 의학 발달 등으로 생물학적 번식 비용이 감소하고 있는 현대사회에서 번식과 생존의 상쇄 관계를 행동 수준에서 확인하는 것은 어렵기 때문이다. 예를 들어 자식 수와 수명 등 직접적 적합도 단위를 사용하는 경우, 산업화 이전 자료에서는 정적 상관관계(그러나 효과 크기는 여전히 작은)가 관찰되지만 현대사회 자료에서는 유의한 관계가 관찰되지 않는다는 문헌 고찰 결과가 있다(Hurt, Ronsmans, & Thomas, 2006). 비슷한 예로 현대사회 자료에서는 남아 출산이 부모의 생존에 미치는 영향도 관찰되지 않았다(Christiansen, 2014).

행동 수준의 분석이 어렵다고 해도 근연 기전 차원에서의 상쇄 관계 연구는 가능하다. 최근에는 산화 스트레스 정도, 염색체 말단소립(telomere) 길이 등 각종 바이오마커를 이용해, 면역 기능의 손상 등 번식으로 인한 생리적 변화가 어떻게 수명과 상쇄되는지 활발히 연구되고 있다(Abrams & Miller, 2011; Jasienska, 2020; McDade, 2003). 생식생태학(reproductive ecology)에서는 각종 내분비 수치와 생체에너지 소비량을 이용해 번식 과정에 따른 번식 투자의 양을 정량화하고, 현지조사를 통해 얻은 자원 획득 및 분배 등에 대한 행동 자료와 결합해 생애사 상쇄 관계의 자세한 '내역'을 연구한다(Ellison, 2001; 2017; Valeggia & Ellison, 2009). 실험 연구가 어려운 인간에서 타액, 혈액, 소변, 머리카락 등 비교적 침해성이 적은 생리적 표본을 수집하거나 스마트워치 등 신체에 착용할 수 있는 기구로 각종 신체 수치를 측정하는 방법이 늘면서, 인간에서 생애사 상쇄 관계의 기전 연구는 실현 가능성이 더 높아질 전망이다.

남성 생애사 연구

생애사 연구는 주로 여성의 번식에 초점을 맞추어 이루어져 왔다. 집단 크기가 세대에 걸쳐 어떻게 변화했는지를 알아볼 때, 여성의 출산율을 사용하여 집단의 적합도를 근사하는 순 번식률(net reproductive rate, R_0)을 계산하는 것이 용이하기 때문이다. 반면에 남성은 부성 확실성이 떨어져서 출산율을 계산하기 어렵고, 임신과 수유로 인한 생리적 제약이 없기 때문에 번식의 비용도 다소 애매하다. 게다가 일부다처제 등 혼인제도에 따라 파트너 간 번식 행동 결과가 다를 수도 있다.

그럼에도 남성의 생애사 연구는 중요하다. 특히 인간은 다른 대형 유인원과 다른 생애사를 보이는데, 이는 부성 원조 및 부계 친족의 역할을 고려하지 않고는 설명하기 어렵기 때문이다(글 상자 2.1 참조)(Gray & Anderson, 2012; Hrdy, 2009). 남성이 양육에 많은 자원을 투자하는 경우, 어떤 생애사 상쇄 관계를 예상할 수 있을까?

지금까지의 남성 생애사 연구는 양육 투자와 성 내 짝짓기 투자의 상쇄 관계를 중심으로 이루어졌다(Gettler et al., 2014; 2017; Gray et al., 2017; Muehlenbein & Bribiescas, 2005). 이른바 '도전 가설(challenge hypothesis)'(Ketterson & Nolan Jr., 1992; Wingfield et al., 1990)은 생애사 이론에서 발전했다. 예를 들어 경쟁 행동 발현에 관여하는 테스토스테론(testosterone)은 번식 투자와 면역 기능 유지 간 상쇄 관계 균형, 그리고 짝짓기 투자와 양육 투자 간 상쇄 관계 균형에 관여하는 내분비계 근연 기전이다. 그러나 총 자식 수의 최적화나 남성 생애사 전반에 걸친 상쇄 관계 등에 대해서는 연구가 드물며, 제안된 이론도 미흡한 편이다.[8] 그런데 일찍 첫 자식을 가진 남성의 수명이 짧다는 연구 결과를 고려하면 남성에서도 생애사 상쇄 관계가 나타나는 것으로 보인다(Einiö et al., 2015). 이러한 결과는 가정에서 공유된 환경 등 교란 요인을

---

8 예외적으로 다음 논문들은 참고할 만하다: K. Hill & Hurtado(1995); Hurt, Ronsmans, & Quigley (2006); Kaplan et al.(1995).

보정하고도 여전히 유의했다. 앞서 '번식이 부모의 질에 미치는 영향' 항에서 소개한 두 연구는 남녀 모두에서 번식과 수명의 상쇄 관계가 나타남을 보였다(Barclay et al. 2016; Högnäs et al., 2017).

횡사회적 종단 자료 수집의 필요성

관찰 자료를 바탕으로 한 생애사 상쇄 관계 연구들은 일관된 결과를 보이지 않거나, 적합도가 최적화되는지 여부에 대해 확실한 결론을 제공하지 못했다. 실험 연구가 대안일 수 있으나, 사람의 생애사를 연구하는 데 적용하기 어려운 방법이다. 그러나 서로 다른 생태적 조건에서 수집된 관찰 자료들은 생애사의 진화를 이해하는 데 여전히 중요한 단서를 제공한다. 생애사는 외적 사망 위험과 자원 가용도를 비롯한, 번식의 비용에 영향을 미치는 각종 환경적 요인들에 반응하며 진화해 왔기 때문이다.

이에 따라 인간 생애사 이론 연구는 여러 집단에서 자료를 수집해 비교하는 데 초점을 맞추어 왔다. 생애사 진화 모델을 정교화하기 위해서는 보다 다양한 생태적 환경에 수집된 자료들이 필요한데, 이때 개체가 태어나 사망할 때까지의 완결된 생애사 정보가 담긴 종단 자료를 대표성 있는 표본에서 추출하는 것이 중요하다. 종단 자료 수집에는 많은 노력이 드는 만큼 정책적인 지원이 함께 이루어져야 할 것이다. 일부 국가에서는 개인의 출생, 혼인, 사망, 건강기록 정보 등 호적 관련 데이터를 정부 기관 사이의 협력을 통해 통합하여 연구 목적으로 제공한다. 과거의 호적 자료를 바탕으로 한 역사인구학적 접근도 가능하다. 이들 자료는 자료를 수집한 일차적인 목적 외에도 생애사 연구 등 다양한 행동 연구에 이용될 수 있어 가치가 높다.

3장

번식

언제, 어떻게, 몇 명을 낳을 것인가

출산율에 영향을 미치는
진화적 요인

유지현

유지현_서울대학교 인류학과 박사과정

연세대학교 경영학과를 졸업하고 서울대학교 인류학과에서 석사 학위를 받았다. 보건복지부에서 진행한 코로나19 정신건강 및 사회심리 영향 평가 프로젝트에 연구원으로 참여했다.

현재 서울대학교 진화인류학 연구실에서 생애사, 포괄적합도 등 진화 이론을 바탕으로 현대 산업사회에서 나타나는 저출산 현상에 관한 연구를 하고 있다.

주요 저서로 『마흔의 문장들』, 『한국의 논점 2021』(공저) 등이 있고, 『어머니, 그리고 다른 사람들: 상호 이해의 진화적 기원』 등을 옮겼다.

1. 서론

2022년 우리나라의 합계출산율(Total Fertility Rate, TFR)은 0.78명으로 역대 최저치를 기록했다. 2020년부터 2023년까지가 전례 없는 코로나19 팬데믹 기간이었다는 점을 고려하더라도, 국내 출산율은 1960년 6.15명에서 2010년 1.23명으로 매우 가파른 속도로 떨어져 왔다. 이는 인구 대체 출산율(Replacement Fertility Level, 2.1명)에 미달하며, 전 세계적으로도 가장 낮은 수준이다. 지난 십수 년간 국내 출산율은 정책적으로, 그리고 학문적으로도 매우 큰 관심을 받아 왔다. 대부분의 국내 연구에서 출산율 변화의 요인으로 가장 중요하게 논의되어 온 주제는 거시적 차원에서의 사회문화 변동이었다. 일부 개인적 특성이 미친 영향에 대한 논의 역시 마찬가지로 사회경제적 지위를 중심으로 이루어져 왔다.

출산은 아이를 낳는 행위라는 하나의 사건인 동시에 짝짓기, 착상, 임신, 출산, 양육 등 일련의 생물학적 번식 과정 중 일부이기도 하다. 또한 출산은 여성의 몸에서 이루어지지만, 짝을 이루는 남성의 직접적 합도, 그리고 모계와 부계 친족의 간접적합도와 직결되어 있다. 따라서 출산 행동과 출산 의사 결정에 관한 진화적 연구는 여성과 남성, 그리고 친족 관계를 모두 고려하는 넓은 관점에서 이루어질 필요가 있다.

또한, 출산은 그 자체로 완결된 과정이 아니라 부모가 되는 과정의 시작이다. 적응적 개체는 단순히 자손을 가장 많이 낳은 개체가 아니라 번식 연령까지 생존하고, 후속 번식에 성공하는 자손을 가장 많이 낳은 개체다. 인간도 마찬가지다. 번식과 관련된 심리생리적 기전은 자손의 생존과 성공적 양육을 보장하도록 진화해 왔다. 따라서 인간의 출산 행동을 생물학적 번식 과정의 일부로 이해하려는 진화행동과학 연구는 긴 계통생물학적 과정에서 출산이 어떻게 생태 및 사회, 문화의 영향을 받아 결정되는지를 총체적으로 이해할 수 있게 해 준다.

2. 출산의 진화행동과학

인간의 출산율에 관한 진화행동 연구는 대개 생애사 형질 간 상쇄 관계를 이론적 토대로 삼는다. 특히 '자손의 수와 질 사이의 균형'이라는 개념은 진화생태학과 경제학에서 공통적으로 활용되는 출산율(혹은 출생아 수) 이론이다(Lawson & Mulder, 2016). 경제학의 대표적인 출산 이론인 게리 베커(Gary Becker)의 자손의 수와 질 균형 이론이나 출산과 여성 고용(임금)의 기회비용 이론 역시 생애사 상쇄의 유형 중 하나다(Becker, 1992). 그러나 단지 부모 투자나 고용 등의 경제적 기회비용만이 상쇄 관계에 영향을 미치는 것은 아니다.

'자식이 순 비용임이 확실한 현대 산업사회 환경에서도 인간은 왜 아이를 낳는지'(Morgan, 2001)에 관한 의문은 경제학적 출산 모델만으로는 설명할 수 없다. 물론 자식을 낳고 성인으로 독립할 수 있는 나이까지 양육하는 데 드는 물질적·정신적 비용은 사회나 문화마다 다르고, 이는 분명 출산과 관련된 의사 결정에 영향을 미친다. 하지만 인간이 아이를 낳고 키우는 일은 거의 언제나 경제적으로 효용보다 비용이 더 크다(Kaplan, 1996). 전통적 수렵채집사회에서도 자식 양육은 순 비용이었으며, 이는 종종 감당하기 어려운 수준으로 높아지기도 했다. 그래서 현대적 피임 기술이 보급되기 이전에도 적극적인 산후 금욕, 수유 등의 임신 회피 전략이 사용되었다. 심지어 출산 터울이 너무 짧거나 적절한 양육 지원이 보장되지 않는 경우에는 영아 유기가 일어나기도 한다(Hrdy, 1999).

번식은 짝짓기, 착상, 임신, 출산, 양육 등 일련의 생물학적 과정 전체를 이수해야 성공할 수 있다. 적합도가 최대화되도록 한정된 신체적·정신적·물질적 에너지 예산을 생존, 짝짓기, 출산, 부모 투자 등 다양한 생애사적 노력에 적절히 분배해야 하는 문제는 모든 유기체가 늘 당면했던 과제였다. 각각의 종은 계통생물학적 역사에 따라 진화한 생애사 기전을 가지고 있다. 2장에서 논의된 바와 같이 번식 시작 시점, 번식 횟수와 터울 등의 번식 관련 생애사 형질은 수명, 건강, 신체 크기 등의 또 다른 생애사 형질과 상쇄 관계에 있다.

진화 이론의 사회과학적 통합

자연선택에 의한 진화는 진화적 적응 환경에서 개체의 적합도가 최대가 되도록 하는 최적의 생애사 형질을 진화적 유산으로 남긴다. 이러한 진화적 형질은 유전적으로 결정되어 있는 고정적 형질이 아니라 환경 조건을 변수로 하여 가변적으로 발현된다. 하지만 이는 인간 생애사 형질이 무한한 가변성을 갖는다는 것을 의미하지 않는다. 생물학적 적 합도를 최적화하는 생애사 형질은 당면한 생태 환경에 따라 다르므로 환경 조건과의 상호작용을 통해 적합도가 최적화되도록 하는 여러 형질 조합이 자연선택되는 것이다.

또한, 번식 과정의 여러 단계에는 파트너 간 상호작용과 양계 친족, 외부 환경의 자원 가용도 등이 복합적으로 영향을 미친다. 진화적 출산율 모델은 포괄적합도의 다세대적 특성을 반영한다. 윌리엄 해밀턴의 포괄적합도 이론(Hamilton, 1964)에 따르면 최적의 생애사 형질은 개체의 직계 자식(direct offsprings) 수와 근연계수에 비례한 직계 및 방계 자손(direct descendants or collateral descendants) 수를 더한 값을 최대화하는 것이다.

포괄적합도의 최대화가 반드시 친족 간 이타적인 상호작용에 의해 일어나는 것은 아니다. 부모와 자식 사이에서도 갈등이 발생할 수 있으며(Trivers, 1974; Trivers & Willard, 1973), 파트너 사이에서도 다양한 갈등이 일어날 수 있다(Shackelford & Goetz, 2009). 혈연 선택, 부모 투자, 부모-자식 갈등, 형제자매 간 경쟁 등의 진화 이론은 개인과 집단 사이의 중간 층위에 속하는 여러 요인을 설명하는 데 유용하다.

지금까지 사회과학 영역의 연구를 통해 출산율에 영향을 미치는 것으로 알려진 여러 요인은 번식 투자와 생존 및 성장 노력 사이의 상쇄, 자손의 수와 질 사이의 상쇄, 번식 투자와 짝 선택 투자의 상쇄 관계를 더 강화하거나 완화하는 방향으로 작용할 수 있다. 진화행동과학의 여러 이론적 얼개는 지금껏 인류학, 사회학, 인구학, 진화생물학 등 많은 영역에서 파편적으로 이루어져 온 출산 관련 요인 연구를 하나의 모델로 통합할 수 있을지도 모른다.

인간 번식의 진화생태학

인간 번식의 진화생태학은 생태적 맥락에서 자연선택 이론을 적용하여 인간의 번식 전략 및 관련 의사 결정 요인을 연구하는 학문이다(Voland, 1998). 진화인류학은 인간이 다른 모든 유기체와 마찬가지로 생태적 제약 속에서 생존과 번식을 최적화하도록 진화했다는 다윈주의적 전제에 기반한다. 그동안 많은 인간행동생태학자, 진화심리학자, 문화진화학자가 소규모 전통사회에서 대규모 현대 산업사회에 이르기까지 다양한 인구집단의 출산 현상을 진화 이론을 바탕으로 설명하고자 노력해 왔다.

특히 진화인류학자는 이러한 출산 관련 진화적 기전과 간접 요인의 상호작용이 '어떻게' 일어나는지가 아니라, '왜' 그러한 방식으로 일어나는지에 관심을 가져 왔다. 진화인류학의 하위 분야인 진화심리학, 인간행동생태학, 문화진화학에서 이루어진 출산 관련 연구는 연구 방법이나 구체적 이론은 상이하지만, 출산과 관련된 다양한 현상과 기전의 근연 원인과 궁극 원인을 함께 고려한다는 점에서는 동일하다(Sear, 2015; Sear et al., 2016; Voland, 1998). 세 영역의 특징을 나누어 살펴보자.

인간행동생태학은 인간 번식 패턴의 궁극 원인을 제시함으로써 소위 '자연 출산율(natural fertility)' 사회인 소규모 전통사회에서 나타나는 출산율 변이를 설명하는 데 성과를 거두었다. 예를 들어 소규모 전통사회 또는 대규모 현대 산업사회의 실제 인구통계학적 출산 데이터를 이용하여 다양한 맥락에서 나타나는 번식력 패턴을 생애사 이론, 부모 투자(또는 부모-자식 갈등), 형제자매 간 협력(또는 갈등) 등의 진화적 궁극 원인으로 설명하는 것이다(Chasiotis et al., 2014; Sear, 2018; Strassmann & Garrard, 2011; Waynforth, 2012). 그러나 현대 산업사회에서 나타나는 낮은 출산율은 궁극적 적응만으로는 충분히 설명되지 않는다. 출산 의사 결정의 진화심리 기전을 파악하고 현재의 생태적 조건과의 상호작용을 밝힐 필요가 있다(Sear, 2015).

진화심리학은 인간의 번식 과정 중 짝 선택, 짝짓기 투자에 관해 주로 연구한다. 지금까지 진화심리학에서 출산 관련 심리 기전에 대한 논의는 많지 않았으나(Sefcek et al., 2007), 점차 출산 의사 결정의 기저에 깔린 생리·심리 기전을 확인하려는 시도가 나오고 있다. 진화심리학에서는 특히 연구 방법 면에서 통제된 실험심리학 연구를 통해 출산 의도와 영향 요인의 인과 관계 확인을 중시한다. 출산율을 통제된 실험으로 관찰하는 것은 불가능하기 때문에 이러한 연구는 출산 행동에 영향을 미치는 것으로 알려진 이상적으로 생각하는 자식 수, 아기 열망(baby fever) 등을 간접적으로 측정하며, 사망 위험이나 생애 초기 역경 등의 생애사적 영향 요인이 이에 미치는 효과를 확인한다(Fritsche et al., 2007; Maestripieri & Roney, 2006; Mathews & Sear, 2008; McAllister et al., 2016; Wisman & Goldenberg, 2005; Zhou et al., 2009).

한편 문화진화학에서는 사회적 학습과 문화적 환경이 어떻게 문화적 전달 과정을 통해 출산 행동에 영향을 미치는지, 즉 출산율의 문화적 전승 기전에 관심이 있다(Colleran, 2016). 출산에 관한 문화진화학의 주요 연구 주제로는 사회적 네트워크에서 친족의 영향 정도(Newson et al., 2005; 2007), 재산(부) 상속 규범과 출산율의 공진화(Mace, 1998), 사회적 명망가의 출산율을 모방하는 명성 편향 전승(Richerson & Boyd, 2005) 등이 있다.

인구통계학 또는 사회학에서는 거시 사회적 층위의 구조적 접근 방식에 개인적 층위의 행위자 중심 접근 방식을 접목할 수 있는 출산 모델의 필요성이 계속적으로 제기되어 왔다(Billari, 2015). 또한 앞서 살펴본 인간행동생태학, 진화심리학, 문화진화학 같은 진화행동과학 영역에서도 이와 유사하게 체계적으로 통합된 출산율 모델을 모색해 왔다(Bock, 2002; Sear et al., 2016; Stulp & Barrett, 2015; Voland, 1998). 하지만 아직까지 보편적으로 수용되는 통합적 출산율 모델은 없다.

이어서 출산율에 영향을 미치는 것으로 알려진 다양한 요인을 출산의 생애사적 상쇄 관계라는 큰 틀에서 검토하고, 이를 하나의 모델로 통합할 가능성을 모색하고자 한다.

3. 진화인류생태학적 출산율 통합 모델의 고려 요인

지금까지 출산율의 진화생태학 연구에서 제안된 출산 관련 요인은 크게 개인적 요인, 가족과 친족 요인, 거시 사회적 요인으로 나눌 수 있다. 미시적 층위의 개인적 요인에는 성별과 연령(Brase & Brase, 2012; Goldberg et al., 1982; Maestripieri & Roney, 2006; Rotkirch et al., 2011), 생애 초기 역경(Clutterbuck et al., 2014; Maestripieri et al., 2004; Nettle et al., 2011), 성격과 가치관(Alvergne et al., 2010; Chasiotis et al., 2007; Li et al., 2015; Jokela, 2009; Nettle, 2005; Skirbekk & Blekesaune, 2014), 사회경제적 지위(Klindworth & Voland, 1995; Yong et al., 2019)가 포함된다. 중간 층위의 가족과 친족 요인에는 파트너와의 관계(Hill & DelPriore, 2013; Liu & Lummaa, 2019; Rijken & Thomson, 2011; Wilson & Koo, 2006), 조부모 투자(Coall & Hertwig, 2010; Coall et al., 2018; Sear, 2018), 형제자매 관계(Chasiotis et al., 2007; Chasiotis et al., 2014; Dahlberg, 2013; Draper & Hames, 2000; Fox et al., 2017; Mace, 1996; Mulder, 1998), 친족 및 유사친족 네트워크(Chipman & Morrison, 2014; Sear & Dickins, 2010; Turke, 1989; Waynforth, 2012)가 포함된다. 마지막으로 거시 사회적 요인에는 인구 밀도(Lutz et al., 2006; Sng et al., 2017)와 가임기 인구 성비(Chipman & Morrison, 2013; Lainiala & Miettinen, 2014), 사망률과 기대 수명(Angeles, 2009; Chisholm et al., 2005; Low et al., 2008; 2013; Nettle, 2010; Pepper & Nettle, 2013;

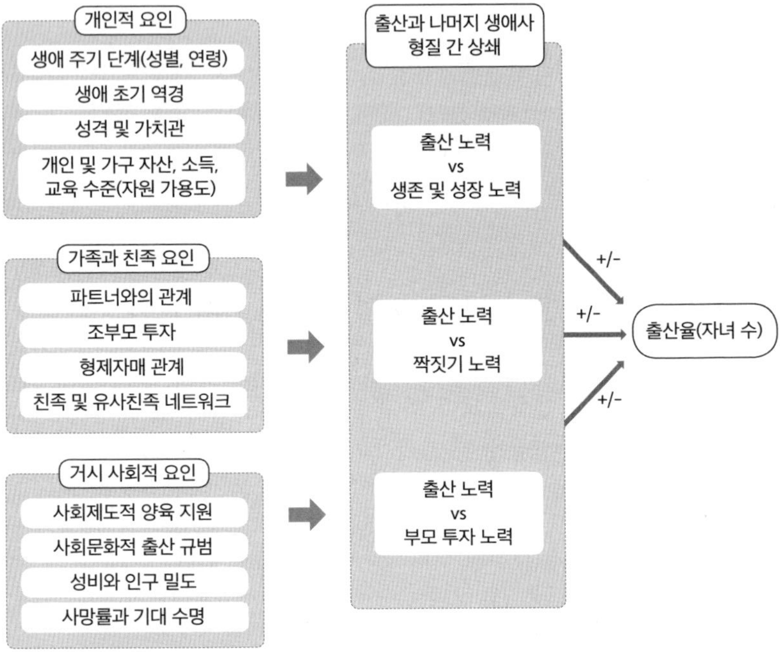

그림 3.1 출산율 통합 모델에 고려되어야 하는 요인

Wilson & Daly, 1997)이 있다.

이와 더불어 사회학이나 경제학에서 주로 논의되어 온 사회제도적 양육 지원, 사회문화적 출산 규범, 개인 및 가구의 자산과 소득, 교육 수준도 생애사 상쇄에 영향을 미치며, 이를 각각 개인적 요인과 거시 사회적 요인에 포함시킬 수 있다. 이를 정리하면 그림 3.1과 같다.

여기에서 제안하는 출산율 통합 모델은 진화적 생애사 이론을 포괄한다. 생애사 이론 및 그에 따른 상쇄 개념은 진화적 출산 이론과 경제적 출산 이론의 공통 핵심 개념이다. 이를 통해 거시 사회구조적 요인을 개인적 층위의 생물학적 번식 과정과 연결시킬 수 있으며, 개인간 또는 집단 간 출산율 차이뿐 아니라 다른 종과의 비교 연구까지 가능하다(Stulp & Barrett, 2015). 각각의 요인은 '출산 vs 생존 및 성장', '출산 vs 짝짓기', '출산 vs 부모 투자'의 생애사 상쇄에 영향을 미치지만(본 장 및 Lawson & Mulder, 2016 참고), 요인 간 상호작용 효과도 발생할 수 있다.

요인 간 상호작용과 매개 경로를 포함한 출산율 통합 모델이 필요하지만, 아직은 이에 관한 과학적 근거가 충분하지 않으므로 여기서는 지금까지 이루어진 여러 연구를 검토하여 각각의 요인이 출산과 나머지 생애사 형질의 상쇄 관계에 미치는 진화생물학적 요인에 대해서만 논의하겠다. 또 사회제도적 양육 지원, 사회문화적 출산 규범, 개인 및 가구의 자산 및 소득 요인은 다른 사회과학 영역에서 이미 많이 논의되어 온 만큼 여기서는 자세히 다루지 않겠다.

개인적 요인

유아에 대한 개인적 관심과 선호는 출산에 영향을 미치는 특성 중 하나로 여겨진다(Miller, 1994; 2011; Voland, 1998). 유아에 대한 선호나 끌림뿐 아니라 아이를 갖고자 하는 욕구 역시 성별과 연령, 사회경제적 지위에 따라 다르게 나타난다는 경험적 증거가 있다(Brase & Brase, 2012; Rotkirch et al., 2011). 또한, 개인의 생애 초기 경험, 성격과 가치관도 번식 연령이나 자식 수에 영향을 미칠 수 있다.

생애 주기 단계

개체의 성별, 연령, 사회적 위치에 따라 생존, 성장, 유지와 번식 투자 등 여러 생애사 과업에 에너지를 분배하는 최적 균형점이 다르게 나타날 수 있다.

여성이 남성에 비해 성인 사진보다 유아 사진을 더 선호하는 경향은 거의 모든 연령대에서 나타난다. 또한 유아에 대한 여성의 반응은 연령에 따라 다르게 나타나는데, 영유아기와 청소년기에 유아에 대한 반응이 가장 크며 중년 및 노년이 되면 감소한다. 그러나 남성은 연령대에 따른 경향이 없다(Berman, 1980; Feldman et al., 1977; Frodi & Lamb, 1978). 많은 비인간 영장류에서도 번식 연령 전 암컷이 어린 새끼에 가장 큰 관심을 보인다. 이는 생식 활동이 시작되기 전에 양육 기술의 습득을 촉진하기 위한 적응적 기전으로 보인다(Maestripieri, 2006; Voland, 1998).

현대 핀란드 여성을 대상으로 한 연구에서 자식을 갖고자 하는 욕망, 즉 아기 열망은 신체적 나이, 파트너에 대한 사랑, 이전의 임신 경험, 친척 및 친구의 아기에 노출된 정도와 관련이 있었다(Rotkirch, 2007). 같은 연구에서 아기 열망이 출산 행동에 영향을 미치는 것으로 나타났음을 고려할 때, 아기 열망은 여성의 출산에 관한 결정권이 높아진 현대 산업사회에서 그 중요성이 더 크다.

남성 역시 아기 열망이 있는지, 또 남성의 아기 열망이 실제 출산 행동에 어느 정도의 영향을 미치는지에 관해서는 아직 많은 연구가 이루어지지 않았다. 현대 핀란드 인구 전체에서 남성과 여성의 아기 열망과 번식 행동을 모두 분석한 연구는 남녀 대부분 일생에 적어도 한 번 이상 자신의 아이를 갖고 싶은 강렬한 열망을 경험한 적이 있다고 보고했다. 하지만 아기 열망을 한 번도 느껴본 적이 없다고 응답한 비율은 남성이 여성에 비해 더 높았으며, 아기 열망을 자주 경험했다고 응답한 비율은 여성이 남성에 비해 더 높았다. 남성과 여성 모두에게서 아기 열망이 출산 의도 및 출산 결과와 관련이 있었으나, 이러한 관련성은 여성에게서 더 뚜렷하게 나타났다(Rotkirch et al., 2011).

특히 여성의 경우 월경 시작과 함께 일어날 수 있는 신경 내분비에서의 변화가 유아에 대한 선택적 주의와 반응성을 증가시킬 수 있다. 이러한 주의력 변화는 초경과 실제 가임기 사이에 유아를 관찰하고 이에 반응할 기회를 증가시키는 기능을 할 수 있다. 예를 들어 같은 연령의 12세 소녀 중 초경을 시작한 소녀는 그렇지 않은 또래 소녀보다 유아 사진을 더 선호하는 경향을 보였다(Goldberg et al., 1982). 성별과 연령에 따라 유아에 대한 관심과 욕구가 달라진다는 사실은 연령과 성별이 단순히 통제변수가 아니라 출산에 영향을 미치는 주요 요인으로 다뤄져야 함을 시사한다.

생애 초기 역경

모든 조건이 같다면, 가급적 일찍 번식을 시작하는 것이 적응적이지만 너무 일찍 시작할 경우, 신체 성장이나 유지에 필요한 생존 노력에 투자할 수 있는 자원이 상쇄된다(2장 참고). 어린 시절에 경험한 역경은 상대적으로 이른 번식의 이익을 높이는 요인이다. 초기 역경은 미래의 생존이나 건강에 관한 부정적 단서다. 따라서 환경적 불안정성이 매우 크거나 사망 위험이 높은 환경이라면, 생식 일정을 앞당겨 일찍, 자주 출산하는 것이 출산 기회와 성적 성숙에 이르기까지 생존하는 자손의 수를 최대화하는 전략이다. 이를 정신사회적 가속 이론(psychosocial acceleration theory)이라고 한다(Belsky et al., 1991).

조기 번식 개시는 자손의 질보다 양을 중시하는 생식 전략으로, 종종 총 자식 수 증가와 연관된다. 반면에 안정적 생애 초기 경험은 향후 긴 생애 기간을 예측하는 환경적 단서이므로 이때는 이른 번식보다는 성장에 투자하고 번식 과정에서도 양보다 질에 투자하는 편이 유리하다(Chisholm et al., 1993; 2005; Dunkel et al., 2010). 실제로 발달 과정에서 경험한 초기 생활 조건이 첫 출산 연령에 영향을 미친다는 것을 확인한 연구가 다수 있다(Clutterbuck et al., 2014; Lynch et al., 2020; Maestripieri et al., 2004; Nettle et al., 2011).

영국 여성을 대상으로 한 대규모 종단 코호트 데이터 분석 결과, 저출생체중아였거나 짧은 모유 수유, 유년기의 모성 박탈, 빈번한 이사 및 아버지의 양육 개입 부족 등을 경험한 여성일수록 더 이른 나이에 첫 출산을 시도했다. 이러한 효과는 사회경제적 지위나 조사 대상자 어머니의 초산 연령(모계 효과)을 통제해도 유지되었다(Nettle et al., 2011). 영국 사춘기 소녀를 대상으로 한 종단 코호트 분석에서도 생애 초기 역경을 더 많이 겪은 대상자는 이상적으로 여기는 초산 연령이 더 일렀으며(Clutterbuck et al., 2014), 제2차 세계대전 기간 동안 군 기관에서 자원봉사를 했던 핀란드 소녀는 그렇지 않은 또래나 자매보다 더 이른 나이에 첫 아기를 낳았고, 출산 터울이 더 짧아 최종적으로 더 많은 자식을 낳았다(Lynch et al., 2020).

하지만 생애 초기 역경에 대한 연구는 주로 어린 시절 부성 부재에 관해, 특히 여아에게만 초점을 맞추어 연구되어 왔다(Sear et al., 2019). 또한, 생애 초기 역경의 척도로 사용하는 지표는 불확실하고 환경이 가혹한 정도를 얼마나 반영하는지도 확실하지 않다(Nettle et al., 2012). 앞으로 생애 초기 역경에 대한 합의된 정량적 지표를 개발하기 위해서는 적응적으로 의미 있는 생애 초기 역경이 무엇인지, 그리고 그에 따른 영향이 성별에 따라 어떻게 달리 나타나는지 연구할 필요가 있다.

[글 상자 3.1] 유년기 부성 부재와 생식 일정 가속화에 대한 논쟁

부성 부재 가설에 관한 논쟁

생애 초기 역경이 출산 행동에 미치는 영향과 관련해 특히 많은 연구가 이루어진 주제는 어린 시절 아버지의 부재 경험과 여아의 생식 일정 가속화의 관련성이다. 부성 부재 환경은 낮은 부모 투자 수준과 짧은 기대 수명의 단서가 될 수 있다(Draper & Harpending, 1982). 따라서 생식 일정을 앞당기는 것은 생애 초기 부성 부재 경험에 대한 적응적 반응일 가능성이 있다. 예를 들어 현대 미국 인구집단에서 어린 시절 아버지의 부재를 경험한 소녀는 그렇지 않은 소녀보다 초경 연령이 더 일렀으며, 유아의 시각적 자극에 더 큰 호감을 보였다(Maestripieri et al., 2004). 서구 사회 인구집단을 대상으로 부성 부재와 초경 연령 간의 관계를 조사한 33개의 연구 중 32개에서 부성 부재는 더 이른 초경 연령과 관련되었다(Webster et al., 2014).

하지만 부성 부재나 생애 초기 역경이 생식 일정 가속화를 야기하는 현상이 횡문화적으로 나타나는지는 논란이 있다. 최근 비서구 사회 인구집단을 대상으로 부성 부재와 여아의 생식 일정 간 관련성을 확인한 연구를 문헌 리뷰한 결과에 따르면(Sear et al., 2019), 비서구 사회에서는 부성 부재와 여아의 생식 일정 간 관련성이 일관적으로 나타나지 않았다. 심지어 일부 연구에서는 부성 부재가 여아의 초경 시기 지연과 관련되었다.

또한, 서구 사회의 남아를 대상으로 한 일부 연구에서도 유년기 부성 부재가 사춘기 지연과 관련되었다. 특히 비서구 사회를 대상으로 한 많은 연구에서 부성 부재는 오히려 남아의 사춘기 지연과 관련이 있었다. 이는 여아의 조기 사춘기 현상과 상반된 결과지만, 적응적 의미는 유사할 수 있다. 남아는 여아와 달리 이른 사춘기를 통해 이른 번식을 달성할 가능성이 낮기 때문이다.

이러한 서구 사회와 비서구 사회 인구집단의 불일치는 일정 수준 이상의 자원을 확보할 수 있는 경우에만 심리사회적 스트레스 조건에서 조기 생식 발달이 가능하기 때문인 것으로 보인다(Coall & Chisholm, 2003). 서구 사회는 일반적으로 비서구 사회에 비해 에너지 가용도가 높고, 사망률이 낮으며, 평균적인 생식 발달이 빠르다. 이와 달리 자원이 부족하고 가족 조직과 부성 투자 수준이 상이한 다양한 사회에서는 생애 초기 역경과 부성 부재가 생식 생리에 미치는 영향이 집단마다 다를 수 있다. 앞으로의 연구는 생애 초기 경험이 생식 생리적 발달과 출산에 미치는 영향이 집단 간에 어떻게, 그리고 왜 다른지 설명하기 위한 더 엄밀한 이론적 틀을 개발하고 경험적 증거를 확보해야 한다.

성격과 가치관

성격이 인간의 생식 결정에 영향을 미치는지 여부와 만약 그렇다면 어떤 식으로 영향을 주는지에 관한 연구는 아직 초보적인 수준에 머물러 있다. 하지만 최근 개인의 성격 차이에서 유발되는 출산 의도와 행동 차이의 궁극적 적응 기능에 관한 연구가 늘어나고 있다.

개인 간 행동 차이는 상당히 일관되게 나타난다(8장 참조). 성격의 빈도 의존적 선택 가설에 따르면 각 성격 특성 분포의 극단점과 중간점에 있는 개인은 적합도 측면에서 서로 다른 비용과 이득을 가지고 있다. 환경생태적 맥락에 따라 절충점이 달라지기 때문에 개인마다 다른 성격 특성이 나타난다(8장 및 Nettle, 2006 참고). 성격 특성은 유전적 요인에 의해 결정되지만, 생태학적 맥락에 따라 가변적으로 발현될 수 있다. 그리고 개인적 성격이나 가치관은 생존과 번식 투자 사이의 상쇄 관계나 자손의 수와 질 사이의 상쇄 관계와 관련될 가능성이 있다(Alvergne et al., 2010; Chasiotis et al., 2007; Hayford & Morgan, 2008; Jokela & Keltikangas-Järvinen, 2009; Li et al., 2015; Nettle, 2005; Skirbekk & Blekesaune, 2014).

세네갈 지역의 일부다처제 사회에서 수행된 연구에 의하면, 빅 파이브(Big Five) 성격 유형 요인은 주요 생애사 특성, 특히 자손의 수와 질 상쇄와 관련이 있다(Alvergne et al., 2010). 일부다처제 가족에서 신경성(neuroticism) 성격 특성이 높은 여성은 자식 수가 더 많은 경향이 있었으며, 낮은 사회 계층에서 여성의 신경증은 영유아 영양 상태로 측정된 자손의 질과 부적 상관이 있었다. 남성의 경우, 외향성은 높은 사회 계급과 일부다처성을 강력하게 예측하는 요인으로 더 많은 자손과 관련되었으나, 여성에게서는 이러한 경향이 나타나지 않았다. 이러한 결과는 성격 요인이 자손의 수와 질 상쇄에 영향을 미치며, 남성과 여성의 생식 성공에 다른 방식으로 관여되어 있음을 시사한다.

1927년에서 1968년 사이에 태어난 노르웨이 인구집단을 대상으로 성격 특성과 출산율의 관계를 조사한 연구에서도 5대 성격 요인이 남성과 여성의 번식력에 다른 방식으로 관련되어 있음을 발견했다(Skirbekk & Blekesaune, 2014). 성실성이 높은 여성은 총 자식 수가 적은 경향이 있었고, 개방성이 높은 남성 역시 총 자식 수가 적었다. 반면 외향성은 남녀 모두에서 총 자식 수와 정적 상관관계를 보였다. 신경성 성격 특성이 높은 남성일수록 총 자식 수가 적은 경향은 1956년 이후에 태어난 남성에게만 나타났다. 이처럼 성격 요인이 출산율에 미치는 영향은 사회와 환경의 변화에 따라 달라질 수 있다.

추가적으로 성격 요인은 출산에 영향을 미치는 다른 근연 생식 행동에도 영향을 미칠 수 있다. 영국 성인을 대상으로 한 연구에서도 외향성은 평생 만나는 성적 파트너의 수를 예측하는 강력한 지표로 나타났으며, 외향적인 남성은 동시에 다수의 성적 파트너와 관계를 맺을 가능성이 높은 반면 외향적인 여성은 새로운 관계를 위해 기존 관계를 떠날 가능성이 높았다(Nettle, 2005).

빅 파이브 성격 요인은 아니지만, 사회적 지위를 추구하는 성향 역시 출산율에 영향을 미친다. 사회적 지위를 추구하기 위한 자원 투자와 번식 투자는 생애사 상쇄 관계에 있다. 하지만 사회적 지위를 추구하는 성향은 과거 더 많은 성적 파트너를 얻거나 복수의 배우자를 얻는 데 도움이 되었을 것이다. 특히 남성의 경우 사회적 지위 추구 노력과 그에 따른 번식 투자의 상쇄가 자식 수에 부정적 요인으로 작용하지 않았거나 오히려 더 많은 자식을 얻게 했을 가능성이 있다(Jokela & Keltikangas-Järvinen, 2009). 하지만 현대사회에서 높은 사회적 지위를 얻기 위해서는 과거에 비해 더 많은 투자가 필요하다(Yong et al., 2019). 하지만 높은 사회적 지위가 번식 성공으로 이어지지 않거나 심지어 부적 상관관계를 보이기도 한다(Lawson & Mace, 2010).

핀란드 인구집단 종단 코호트 데이터를 이용한 연구에서 청소년기 지위 추구 성향은 39세까지의 총 자식 수와 관련이 있는 것으로 나타났다. 청소년기 지위 추구 성향은 남성과 여성 모두에서 높은 성인기 출산율과 관련되었으며, 교육 수준 및 거주 지역을 통제한 후에도 유의미한 관계가 유지되었다(Jokela & Keltikangas-Järvinen, 2009).

횡문화적 출산율 연구에 의하면, 한 사회의 경제적·제도적 요인뿐 아니라 문화적 성격도 출산율에 영향을 미친다. 예를 들어 현대 산업사회에서도 문화에 따라 지위 경쟁 정도가 다르고, 이상적인 자식 수도 다르다(Yong et al., 2019). 싱가포르 대학생 집단은 호주 대학생 집단보다 보통의 직업에서 얻을 수 있는 사회적 지위와 존경을 더 낮게 평가했으며, 이는 결혼에 관한 부정적 태도 및 더 적은 수의 자식이 바람직하다고 생각하는 경향과 관련되었다. 이는 집단주의적 문화와 개인주의적 문화의 차이에 의한 것으로 추정할 수 있다.

가족과 친족 요인

가족과 친족은 사회적 네트워크를 통해 정서적·물질적·사회적 지원을 제공할 뿐 아니라, 직접적 양육 도움, 조부모 투자, 형제자매의 '둥지의 도우미(helpers at the nest)' 행동 등을 통해 출산 동기와 행동에 영향을 미친다. 유년기가 긴 유인원 중에서도 인간은 특히 유년기가 길고 의존적이다. 그러나 자연 상태에서 5~8년의 출산 터울을 보이는 대형 유인원에 비해 대부분의 전통사회에서 인간의 출산 터울은 이보다 짧다. 아프리카 칼라하리 사막의 척박한 환경에서 수렵 채집 생활을 하는 !쿵(!Kung)족의 전형적인 출산 터울은 약 4년이다(Jones, 1986). 이는 먼저 태어난 자손이 스스로 자립할 수 있는 시점보다 훨씬 이르다. 이러한 짧은 출산 터울은 어머니가 아닌 다른 사람의 양육 도움이 보편적인 현상임을 시사한다(Hrdy, 1999; 2009).

가족은 문화에 따라 다양한 형태를 취하지만, 일반적으로 자식 양육을 위해 협력한다. 가족 및 친족 네트워크에서 세대 간 양육 협력(조부모-부모-자식)은 보편적 현상이며, 인간의 출산과 양육은 대부분 가족 내에서 일어나는 과업이다. 따라서 가족과 친족의 지원은 개인의 생애사 상쇄에서 자식 양육에 필요한 부모 투자 비용을 경감시킴으로써 출산율에 긍정적인 영향을 미친다. 따라서 양육을 지원해 주는 가족과 친족 네트워크가 높은 출산율을 뒷받침한다는 친족 가설이 제안되었다(Turke, 1989; Voland, 1998).

하지만 가족과 친족이 항상 출산율에 긍정적 영향만 미치는 것은 아니다. 가족과 친족 관계에는 혈연에 따른 이타적 도움뿐 아니라 부모-자식 갈등(Trivers, 1974), 국소 자원 경쟁(Voland & Dunbar, 1995) 등의 부정적 상호작용 역학도 일어난다. 따라서 가족과 친족은 상황에 따라 자원 가용도를 감소시켜 출산에 부정적 영향을 미치기도 한다(Mace, 2000).

포괄적합도 차원에서 출산에 미치는 가족과 친족의 영향을 파악하기 위해서는 종적·횡적 자료를 포함한 다세대 혈연 관계망과 출산율이 함께 고려되어야 한다. 가족과 친족 관계망의 상세한 데이터와 다세대적으로 연결된 번식 결과의 종단적 자료를 확보하는 것은 매우 어렵기 때문에 경험적 연구는 전통사회의 소규모 인구집단을 대상으로 하는 경우가 많았다. 하지만 최근 방대한 인구통계학적 종단 데이터를 다양한 국가 및 사회 차원에서 확보할 수 있게 되면서 현대 산업사회의 대규모 인구집단을 대상으로 한 연구도 활발해지고 있다(Sear et al., 2016). 출산율에 영향을 미치는 가족과 친족 요인으로는 1) 파트너와의 관계, 2) 조부모의 양육 지원, 3) 형제자매 관계, 4) 친족 및 유사 친족 네트워크 등이 알려져 있다.

파트너와의 관계

영장류를 포함한 포유류 종 대부분에서 수컷은 자손 양육에 직접적인 투자를 거의 제공하지 않지만, 인간은 예외다(Geary, 2000). 호미닌 진화사 내내 성적 이형성은 줄어들었다. 이는 장기적 짝 결속을 통한 양육 협력이 증가했음을 의미하며, 어머니와 아버지가 모두 장기간에 걸쳐 자손을 부양하고 돌봐야 하는 호미닌의 독특한 진화적 압력에 대응한 결과다. 부성 양육 투자는 영유아의 신체적·사회적 복지에 광범위한 영향을 미치며, 장기적 짝 결속 심리 기전은 자손에게 부모 양측의 투자를 보장하기 위해 진화했을 가능성이 높다(Fletcher et al., 2015).

배우자의 투자 정도가 높을수록 본인의 투자를 줄일 수 있으므로 상대의 투자 정도에 관한 기대 인식은 높을수록 출산율에 긍정적 영향을 미친다. 예를 들어 부부 사이의 정서적 유대는 출산 의도와 관련성이 높았다. 미국에서 진행된 한 연구에 의하면 파트너와 안정적 관계를 가지고 있거나 파트너에 대해 기대가 큰 여성이 더 높은 출산 의사를 보였다(Wilson & Koo, 2006). 중국 연구에서도 남편의 출산 의도와 육아에 관한 정서적 지원은 아내의 두 번째 자식 출산 의도를 예측하게 하는 주요 요인이었다(Liu & Lummaa, 2019). 국내 연구에서도 부성 투자 수준이 아내의 출산 의도에 영향을 미친다는 결과가 보고된 바 있다. 2005년 한국 출산율 및 가족 조사(Korean National Fertility and Family Survey, KNFAFS) 데이터를 이용한 연구에 의하면, 남편의 육아와 가사를 포함한 가정 내 노동 시간이 길수록 아내의 후속 출산 의도가 높았다. 그리고 부성 투자 효과는 특히 직장을 가진 여성의 후속 출산 의도를 크게 높였다(Park et al., 2010).

여성뿐 아니라 남성이 인지하는 파트너 관계의 질도 출산에 영향을 미친다. 네덜란드 인구 패널 데이터를 이용하여 파트너 관계의 질이 출산에 미치는 영향을 조사한 결과, 초산 의도는 파트너 관계의 질에 대한 여성의 인식과 관계가 있었으며, 후속 출산의 경우 여성과 남성 모두에서 파트너 관계의 질에 대한 인식이 출산에 긍정적 영향을 미쳤다(Rijken & Thomson, 2011). 남성과 여성 모두 파트너와의 관계에서 질투를 많이 경험할수록 유아에 관한 관심이 감소하고, 임신을 덜 긍정적으로 생각하는 경향이 나타났다(Hill & DelPriore, 2013).

조부모의 양육 지원

조부모 투자는 인간행동생태학과 진화인구학 연구에서 출산율에 영향을 미치는 가족과 친족 요인으로 가장 많이, 가장 중요하게 다뤄진 주제다(Coall & Hertwig, 2010; Coall et al, 2018; Hawkes et al., 1997; 1998; Sear, 2018; Sear & Mace, 2008). 인간 이외의 다른 동물들도 종종 혈연 간 협력을 통해 자손을 양육하지만, 인간처럼 조부모가 손주의 양육을 돕는 종은 소수에 불과하다. 조부모는 손주에게 직접적인 정서적 지원, 신체적 보살핌, 재정적 지원을 제공하여 손주의 적합도를 향상시킬 수도 있지만, 자식에 대한 지원을 통해 부모 투자 부담을 덜어 줌으로써 간접적으로 손주를 가질 가능성을 높일 수도 있다(Chapman, Tanskanen & Danielsbacka, 2021).

산업화 이전 17~18세기 사이의 핀란드 인구 계보 데이터를 이용하여 할머니의 영향을 분석한 연구에 의하면, 생존한 외할머니가 있으면 손주의 생존율이 유의하게 높아졌으며, 생존한 친할머니가 있으면

며느리의 초산 연령이 당겨졌고, 출산 터울도 짧아졌다(Chapman at al., 2021). 조부모 투자 관련 문헌을 메타 분석한 연구에 의하면, 외할머니의 존재는 약 30%의 연구에서, 친할머니의 존재는 약 70%의 연구에서 출산과 정적 관계를 보였다(Sear & Coall, 2011). 국내 연구에서도 조부모의 사회경제적 지원이 부모의 초산 여부에 영향을 미치는 것으로 나타났고(오지혜, 2020), 신혼 부부의 거주지와 친정의 거리가 가까울수록 결혼에서 초산으로 이어지는 기간이 짧았다(배호중 외, 2017). 또한 친정어머니의 존재 및 동거 여부가 후속 출산 가능성을 높이는 요인으로 작용했다(김현식·김지연, 2012).

특히 조부모 영향을 정확히 파악하려면 사회문화적 맥락을 고려해야 한다. 14개 국가의 인구집단을 대상으로 한 조사에서 이라크를 제외한 대부분의 국가에서 친정어머니나 시어머니와 동거하는 여성은 그렇지 않은 여성에 비해 출산율이 훨씬 낮았다(Huber et al., 2017). 영국에서 첫 출산을 경험한 여성 인구를 대상으로 한 연구에 의하면, 친정부모 또는 시부모로부터 정기적인 재정 지원을 받는 사람들의 둘째 자식 출산 확률이 더 낮았다. 이러한 역설적 현상은 조부모와의 동거나 직접적 재정 지원 여부가 낮은 사회경제적 지위 및 제한된 경제적 자원 수준과 관련되기 때문인 것으로 보인다. 따라서 조부모의 직접 육아 지원이 사회경제적 맥락에 따라 출산에 어떤 영향을 미치는지에 대해서는 깊은 층위의 분석이 필요하다. 친족 네트워크 내 조부모의 역할 및 이들이 출산에 미치는 영향은 유전적 근연도나 자원 가용도, 모계성/부계성 여부 등에 따라 가변적이다(Coall et al., 2018).

형제자매 관계

형제자매는 부모 자원을 두고 경쟁하는 동시에 외부 자원에 대해서는 두고 협력하는 관계다. 형제자매 간의 갈등과 협력이 출산율에 미치는 영향은 사회의 생계 방식, 부의 전승 방식, 사회적 계층화 양상 등에 따라 달라진다. 부모 입장에서 최적 출산율은 형제자매 간 갈등과 협력 사이에서 자손의 적합도를 최적화할 수 있는 절충점이다. 이 절충점의 위치는 사회제도나 문화 등의 영향을 받는다(Mulder, 2000).

예를 들어 소규모 평등주의 전통 수렵채집사회인 '!쿵족'의 인구 통계 데이터를 이용하여 형제자매 수와 자식 수를 분석한 연구에 의하면, 남성의 경우 형제자매 수가 많을수록 자식 수가 많았다. 반면 여성의 경우, 형제자매 수와 자식 수의 상관관계가 유의하지 않았다(Draper & Hames, 2000). 그런데 전통 목축사회이지만 점차 서구 교육제도의 영향을 받고 있는 케냐 킵시기스족(Kipsigis) 데이터를 이용한 연구에서는 자식 수에 대한 형제자매 수의 효과가 달리 나타났다. 킵시기스족에서 남성의 자식 수는 형제 수가 많을수록 감소하고 자매 수가 많을수록 증가했다. 하지만 여성의 경우 번식 성공에 있어 남성과 같은 동성 형제자매 경쟁 및 이성 협력 패턴이 나타나지 않았다. 킵시기스에서 부모 투자는 형제가 많은 남아에서 감소하고 자매가 많은 남아에서 증가했는데, 이를 고려할 때 킵시기스 남성에서 나타나는 형제자매 효과는 부모 투자를 매개로 일어나는 것으로 보인다(Mulder, 1998). 전통 목축민인 가브라족(Gabbra)의 형제자매 효과를 분석한 연구에서도 마찬가지로 남성은 손위 형제가 많을수록 자식 수가 적었지만, 여성은 어떤 형제자매 효과도 나타나지 않았다(Mace, 1996). 농업 기반 경제를 바탕으로 하는 17세기 캐나다 퀘벡(Quebec) 지역과 18~19세기 독일 크룸회른(Krummhörn) 지역에 관한 연구에서는 경제적 상황이 형제자매 효과에 미치는 영향이 나타났다. 독일은 농지가 소수에게 집중되어 농부 대부분이 토지가 없는 소작농이었던 반면, 캐나다는 농부 대부분이 넓은 농지를 소유한 자영농이었고, 심지어 농지에 비해 노동력이 부족했다. 두 지역 모두에서 남성과 여성은 동성 형제자매가 많을수록 초혼 연령이 늦어졌으며, 자식 수가 적었다. 그리고 이러한 상관관계는 독일 지역에서 더 강하게 나타났다(Fox et al., 2017).

현대 산업사회에서 형제자매 수가 출산율에 미치는 영향을 확인한 연구로는 대규모 스웨덴 인구 등록 데이터를 이용한 연구가 있다. 이 연구는 1961년 이후 출생한 스웨덴 인구의 다세대적 종단 코호트 데이터를 분석하여 형제자매 수와 초산 및 최종 출산 수 사이의 정적 상관관계를 발견했다. 스웨덴 인구에서 남성이 자식을 출산할 가능성의 10~15%, 여성이 자식을 출산할 가능성의 20~25%가 형제자매 간 공유 요인으로 설명되었다. 부모의 최종 출산율과 자식의 최종 출산율도 상관관계가 있었으나, 형제자매 간 출산율의 상관관계는 이러한 세대 간 전승 효과를 통제해도 지속되었다(Dahlberg, 2013). 형제자매 관계가 출산율에 미치는 영향은 사회경제적 구조나 문화적 조건에 따라 다르므로, 다양한 요인의 영향을 밝히는 연구가 필요하다.

형제자매의 영향은 영유아기 발달 맥락에서도 출산에 영향을 미칠 수 있다. 전산업화 사회에서는 유아기부터 청소년기까지 형제자매가 동생 보육의 상당한 부분을 담당했다(Emmott et al., 2021; Sear & Mace, 2008). 현대사회에서도 출생 순서나 동생의 수는 생식 연령에 도달하기 이전에 유아를 돌본 경험이나 동생에 노출된 정도와 관련되어 있다(Chasiotis et al., 2007; 2014). 이러한 유아 돌봄 경험 혹은 친족 유아에 일찍부터 노출된 정도는 양육 욕구나 유아에 대한 반응에 영향을 미친다. 아프리카, 아시아, 유럽 지역의 6개 인구집단을 대상으로 한 연구에 의하면, 모든 집단에서 영유아기에 경험한 형제자매 수가 많을수록 양육을 보람 있는 것으로 여기는 내재적 양육 동기가 높았다(Chasiotis et al.,

2014). 라틴 아메리카, 아프리카, 유럽의 인구집단을 대상으로 한 연구에서도 출생 순서는 친사회성 및 유아 선호 행동과 관련되었다(Chasiotis et al., 2007). 이러한 횡문화적 진화발달 연구는 유년기나 청소년기에 손아래 형제자매를 경험할 경우, 무의식적 양육 동기에 영향을 받아 출산율이 높아진다는 것을 보여 준다. 이는 한번 낮아진 출산율이 세대를 거쳐 더 낮은 출산율로 가속화될 가능성을 시사한다.

친족 및 유사 친족 네트워크

친족 네트워크의 지원은 자식 양육에 필요한 비용을 분산시켜 줄 수 있는 환경적 조건이다. 만약 친족으로부터 양육 지원을 받을 수 있다면, 터울이 짧아져도 양육의 질을 유지할 수 있다. 이는 자손의 수와 질 간 상쇄 관계의 균형점을 이동시킨다(Sear & Dickins, 2010; Turke, 1989). 이는 유전적 친족뿐 아니라, 친구 네트워크나 종교 커뮤니티, 보육 도우미 등 유사 친족 네트워크의 지원에서도 나타나는 현상이다(Schaffnit & Sear, 2017).

18세기 초 미국의 인구 조사 패널 데이터를 이용한 최근 연구에 의하면, 1900년에 부계 친족이 더 많았던 부모는 이후 10년 사이에 추가로 출산한 자식 수가 더 많았고, 자식 사망률은 더 낮았다. 또한, 친정어머니와 함께 거주하는 여성은 더 낮은 후속 출산율을 보인 반면, 시어머니와 함께 거주하는 여성은 더 높은 후속 출산율을 보였다(Hacker et al., 2021). 이러한 결과는 친족 네트워크가 부부의 번식 성공에 중요한 요소임을 보여 주며, 현대 산업사회의 출산율 감소 원인 중 일부는 친족 네트워크의 양육 보조 가능성 감소와 관련된다는 점을 시사한다.

영국의 도시 지역 청소년을 대상으로 한 설문조사 연구에 의하면,

친족 네트워크를 통해 조부모와 자주 만나고 더 많은 지지를 받는다고 응답한 청소년은 이상적으로 여기는 초산 연령이 더 높았지만, 희망하는 자식 수는 더 많았다(Chipman & Morrison, 2014). 이는 조부모 및 친족 네트워크에서 소외된 경우에 초산을 연기할 것이라는 예측과 반대지만 다른 식으로 해석할 수 있다. 친족 네트워크는 안정적 환경의 단서로 작용하여 느린 생애사 전략으로 이어질 수 있으며, 이에 따라 사회적 환경에서 최적이라고 판단되는 연령까지 초산을 연기할 수 있을 것이다. 이는 희망 초산 연령은 뒤로 미루면서도 총 자식 수는 늘리려는 역설적 현상을 설명할 수 있다.

1970년대 영국인의 출생 코호트 종단 조사 데이터 연구 결과, 30세에 부모와 더 자주 만나며 더 친밀한 유대감을 보고한 대상자는 이후 4년 동안 출산할 가능성이 더 높았다. 반면 부모의 재정 및 돌봄 지원은 이후 4년 동안의 출산 확률과 무관했다. 재정 및 돌봄 지원이 미치는 영향과 정서적 지원 및 유대감이 미치는 영향은 환경 조건에 따라 달라지는 것으로 보인다(Waynforth, 2012).

앞서 말한 대로 유전적 친족 이외에 친구, 종교 커뮤니티, 유급 보육 도우미 등 유사 친족 네트워크도 유사한 영향을 미칠 수 있다. 영국 코호트 데이터를 사용한 연구에 의하면, 첫째 아이를 출산한 여성이 친구와 더 자주 만나거나 주변에 대화를 나눌 수 있는 다른 부모가 있을 경우 둘째 아이를 낳을 가능성이 더 높아졌다(Schaffnit & Sear, 2017). 뉴질랜드 인구집단을 대상으로 한 연구에 의하면, 종교적 정체성이 강하거나 예배에 자주 참석하는 응답자는 친자식 이외의 유아를 돌보는 대행 부모 역할(alloparenting)을 할 가능성이 두 배 정도 높았다. 이는 종교 커뮤니티가 비친족 양육 보조 역할을 할 가능성을 시사한다. 또한, 종교적 정체성은 자식 수와 정적 상관관계를 보였다(Shaver et al., 2019).

비친족 주변인의 존재에 따른 영향은 직접적인 양육 보조에 의한 것만은 아니다. 인간은 가까운 친구나 동료의 출산 행동을 모방하기도 하고, 문화적으로 장려되는 출산 관련 행동 규범을 따르며 타인의 암묵적 기대에 부응하기도 한다. 직장 동료의 임신은 후속 임신 의도에 영향을 미치며(Adair, 2013), 가까운 지인의 출산에 대한 태도와 규범, 자식 수는 본인의 출산 의사 결정에 영향을 미친다(Ajzen & Klobas, 2013; Billari et al., 2009).

거시 사회적 요인

현대 산업사회처럼 생계 보장을 위한 기술이나 안정적 직업을 얻기 위해 장기간 많은 노력을 투입해야 하는 경우, 출산이나 양육 투자에 투입할 자원은 감소한다. 진화인구학에서는 출산율에 영향을 미치는 거시 사회적 요인으로 인구 밀도, 지역적 유효 성비, 사망률, 이른 사망 위험성 등이 논의되어 왔다. 각각을 살펴보자.

인구 밀도

지금까지 사회과학에서는 출산에 영향을 미치는 요인을 논할 때 인구 밀도에 그다지 관심을 기울이지 않았다. 하지만 개체군 밀도와 인구 성장률 사이의 부적 상관관계는 분명하다(Lutz et al., 2006). 미생물에서 코끼리에 이르기까지 다양한 종에서 개체군 밀도는 생존과 번식에 중대한 영향을 미치며, 인간 사회에서도 도시화와 높은 인구 밀도가 출산율에 영향을 미친다는 증거가 많다. 높은 인구 밀도는 자원 부족과 과도 경쟁의 단서로 작용하여 번식 투자 감소로 이어질 수 있다.

145개 국가의 인구 통계 데이터를 이용한 연구에 의하면, 국가 간

주요 사회경제적 변수를 통제한 후에도 인구집단의 출산율과 인구 밀도 사이에 일관되고 유의미한 부적 상관관계가 발견되었다. 즉, 인구 밀도가 높을수록 출산 의도가 낮아진 것이다(Lutz et al., 2006). 한 국가 안에서도 지역별 인구 밀도에 따라 출산율이 다르게 나타난다. 미국의 주 단위 연구에 의하면, 인구 밀도가 높은 주의 주민은 그렇지 않은 주 주민에 비해 미래 지향성과 교육 투자 수준이 높고, 결혼 연령이 늦었으며, 출산율이 낮고, 부모 투자 수준은 높았다(Sng et al., 2017). 추가적인 심리적 조작 실험 연구에서 높은 인구 밀도를 인지한 피험자는 미래를 위한 준비에 더 많은 자원을 투자하며 기대 자녀 수를 줄이는 경향을 보였다.

최근 국내에서도 지역 인구 밀도가 합계출산율에 미치는 영향을 확인한 바 있다. 2005년부터 2018년까지 국내 15개 시도의 인구 및 사회구조 요인을 분석한 연구에 따르면, 다양한 사회구조적 요인 관련 변수를 통제한 후에도 지역 인구 밀도가 높아질수록 합계출산율이 낮아졌다(고우림 외, 2020). 한국의 초저출산을 유발하는 요인으로 높은 인구 밀도 및 도시 인구 집중 현상을 고려할 필요가 있다.

지역적 유효 성비

지역 인구의 유효 성비(Operational Sex Ratio, OSR), 즉 가임 연령 여성에 대한 남성의 비율은 짝 선택 및 짝 경쟁 등 번식 행동에 영향을 미치며, 이는 출산율에 대한 영향으로 이어진다. 편향된 성비가 나타나면, 한쪽 성은 성 내 경쟁 격화에 직면한다. 한편 반대 성은 성 간 선택에서 더 큰 결정권을 가진다.

예를 들어 남성 편향의 유효 성비를 가진 집단에서는 남성 간 경쟁이 증가하고 남성의 위험 감수 성향이 높아지는 경향이 있다. 그리고 여성은 더 까다롭게 배우자를 선택하는데, 이로 인해 상대의 더 높은 헌신 의사와 장기적 관계에 대한 선호가 강해진다(Pedersen, 1991; Sng & Ackerman, 2020). 한편, 사회경제적 지위가 낮은 남성의 결혼 성공 가능성이 낮아지며 이들은 출산의 생애사적 상쇄 관계에서 짝짓기 투자를 높이는 대신, 번식 투자를 줄이는 선택을 하게 된다. 20세기 말 미국의 경우, 결혼 적령기의 성비가 남성 편향으로 바뀌면서 경제적 자원을 확보하기 위한 남성의 노력이 증가했다(Pedersen, 1991). 21세기 초 중국에서도 비슷한 경향이 나타났다. 남성 편향적 성비가 나타난 지역에서는 금융 자산 저축률이 높아지고 고급 주택 가격이 상승하는 현상이 나타났다(Wei et al., 2011; 2012).

반면에 여성 편향의 성비를 보일 경우, 여성 간 경쟁이 증가하고 여성의 위험 감수 성향이 높아진다. 남성의 짝 선택 결정권이 높아지면 성적 자유주의와 단기적 파트너 관계 선호 정도가 높아짐에 따라 결혼 등 짝 결속의 불안정성이 높아지며 이혼율이 증가하고, 혼외 출산이 증가한다(Chipman & Morrison, 2013; Lainiala & Miettinen, 2014). 여성 편향 성비의 사회적 영향에 대해서는 다양한 집단을 대상으로 한 연구에서 반복적으로 확인되었다(Guttentag & Secord, 1983; Stone, 2019).

실험 연구에서도 비슷한 결과를 확인할 수 있었다. 성비에 관한 인식을 실험적으로 조작하여 피험자의 성별이 희소하도록 했을 때, 남성은 더 높은 성적 자유주의 경향을 보인 반면 여성은 더 높은 성적 보수주의 경향을 보였다. 반대로 피험자의 성이 더 흔하도록 조작하자, 반대 현상이 나타났다(Moss & Maner, 2016).

유효 성비는 배우자 선택 관련 행동뿐 아니라, 출산율에도 직접적인 영향을 미친다. 전통사회의 출산은 대개 혼인 관계 내에서 이루어진다. 남성 편향 성비는 여성의 혼인율을 높여 출산율을 높이기도 하지만, 더 많은 자원과 양육 투자를 제공하는 남성과 선택적으로 혼인하게 함으로써 출산율을 높일 수도 있다. 111개 국가의 1970년대 출산율과 성비를 분석한 연구에 의하면, 남성 편향 성비와 여성의 혼인율 및 출산율 사이의 정적 상관관계를 확인할 수 있었다(South, 1988). 핀란드 인구집단에서 수행된 연구에 의하면, 지역 내 20대 성비가 남성 편향적일수록 같은 연령대 여성의 출산율이 높았다(Lainiala & Miettinen, 2014).

유효 성비가 혼인 및 출산에 미치는 영향은 사회문화적 요인과 상호작용한다. 1979년부터 1986년까지의 미국 청소년 종단 데이터를 이용한 연구에 의하면, 지역 결혼 시장의 성비가 남성 편향적일수록 여성은 더 높은 사회경제적 지위의 남성과 결혼할 가능성이 높아졌다. 그런데 모든 여성이 높은 사회경제적 지위를 가진 남성과 결혼할 수는 없다. 낮은 조건의 여성은 낮은 사회경제적 지위의 남성을 선택하기보다는 차라리 결혼을 포기했다(Lichter et al., 1995). 한편 영국 내 지역 사회 인구집단 간 출산율과 유효 성비의 관계를 분석한 연구에 의하면, 유효 성비가 여성 편향적일수록 비교적 높은 출산율을 보였으며, 흥미롭게도 사회경제적 지위가 낮은 여성일수록 초산 연령이 더 낮아지는 경향이 나타났다. 이는 여성 편향 성비로 인한 여성 간 성 내 경쟁 격화가 빠른 생애사 전략으로 이어져 역설적으로 출산율을 높일 수도 있음을 시사한다(Chipman & Morrison, 2013).

이른 사망 위험성

환경적 불안정성이 매우 크거나 사망 위험이 높은 환경에서는 가급적 이른 출산이 적응적이다. 불확실한 미래를 위한 투자보다 번식 투자가 상대적으로 적합도를 향상시킬 수 있기 때문이다(Dunkel et al., 2010). 마찬가지로 유아 사망률이 높거나 기대 수명이 짧은 환경이라면 자식을 많이 낳고 각각에 할당하는 투자를 줄이는 편이 유리하다. 특히 조기 번식 개시는 생애 기간 내 총 자식 수를 증가시킬 수 있는 선택이다. 이와 같이 높은 사망률이나 짧은 기대 수명 같은 환경적 요인은 자식 수와 질의 균형점을 한쪽으로 이동시킨다(Bereczkei, 1993; Chisholm et al., 1993).

실제 사망 위험(지역 사회의 사망률 또는 주변 인물의 사망)이나 기대 수명, 전쟁 및 천재지변으로 단기간에 현저한 사망 위험에 노출된 경험 등에 따라 출산 관련 행태의 변화가 나타난다. 미국 시카고 지역 사회를 행정 구역별로 나누어 조사한 연구에 의하면, 지역별 기대 수명과 여성의 첫 출산 연령 사이에 강한 상관관계가 있었다(Wilson & Daly, 1997). 평균 기대 수명이 가장 짧은 10개 지역과 가장 긴 10개 지역을 비교했을 때, 두 집단 간 여성의 초산 연령 차이는 평균 4.7년이었다. 다른 연구에서도 지역별 소득 수준이 낮고 건강 기대 수명이 짧은 지역일수록 평균 초산 연령이 빠르고 총 자식 수가 많았다(Nettle, 2010).

국가 단위 비교 연구에서도 기대 수명이 짧은 국가일수록 평균 초산 연령이 낮고 합계출산율이 높아지는 경향을 보였다(Angeles, 2009; Low et al., 2008; 2013). 전 세계 177개국의 데이터를 국가 간 사회경제적 수준을 통제하여 분석한 연구에 의하면, 평균 기대 수명이 낮은 국가일수록 평균 초산 연령이 낮고 합계출산율이 높았다(Low et al., 2013). 1960년 이후, 152개국 출산율의 시계열 자료를 이용한 연구에서도 국가 간 사망률 차이뿐 아니라 국가 내 사망률 변화가 출산율에 영향을 미친다는 사실이 확인되었다. 사망률 효과는 국가 고정 효과(country-specific fixed effects)를 통해 국가 간 사회문화적 차이를 통제한 후에도 여전히 유효하게 나타났다(Angeles, 2009).

사망률과 기대 수명은 집단 간 출산율 차이뿐 아니라 개인 간 출산 의도 차이를 설명하는 데도 유효하다. 기대 수명이 더 짧고 미래의 건강 상태에 대해 확신이 없는 여성 청소년은 더 일찍 자식을 갖는 것을 선호했다(Geronimus, 1996). 이를 고려할 때, 사망률이 감소하고 건강 수준이 향상된 현대사회에서 초산 연령이 늦어지고, 합계출산율이 낮아지는 현상에 대해서도 진화적인 설명이 유효할지도 모른다.

개인적인 사망 위험 인식 수준도 생식 일정 가속화에 영향을 미칠 수 있다. 가까운 친지나 지인과의 사별 경험은 사망 위험 인식이나 기대 수명 인식에 영향을 미칠 수 있다. 북미 지역 인구집단 대상 연구에 의하면, 가까운 사람과 사별한 경험(횟수)이 많을수록 잔여 기대 수명을 더 짧게 인식했으며, 이상적으로 생각하는 첫 출산 연령이 빨랐다(Pepper & Nettle, 2013). 실험적 방법이나 비네트(vignette) 문구를 이용해 사망 위험을 두드러지게 강조함에 따른 점화 효과 연구에 의하면, 일시적 사망 위험 인지에 대한 심리적 조작만으로도 이상적이라고 여기는 자식 수가 더 많아지고 첫 출산 연령이 더 낮아졌다(Fritsche et al., 2007; Mathews & Sear, 2008; Wisman & Goldenberg, 2005). 자연 재해나 지역사회 테러 경험도 이상적으로 생각하는 자식 수나 초산 연령에 영향을 미쳤고, 나아가 실제 출산율에서도 그 영향이 나타났다(Mohanty & Rajbhar, 2014; Nobles et al., 2015; Rodgers et al., 2005; Zhou et al., 2008). 최근 미국 도시 지역에 거주하는 18~22세 사이의 여성 인구 패널 데이터를 분석한 연구에 의하면, 피험자의 집 근처에서 살인 사건이 발생했을 경우, 여성의 임신 욕구가 증가하고 임신 기피 경향이 감소했다(Weitzman et al., 2021). 주변에서 질병과 죽음 등을 목격하기 어려운 현대사회의 환경적 조건이 출산 의도에 영향을 미칠지도 모른다.

사망 위험이 출산율에 미치는 영향은 성별과 집단에 따라 다르다.

독일 연구에서는 남녀 모두에서 사망 위험에 노출되었을 때 출산 욕구가 증가했다(Fritsche et al., 2007). 그런데 네덜란드의 경우, 남성은 사망 위험에 노출되면 원하는 자식 수가 늘어났지만, 여성은 그렇지 않았다(Mathews & Sear, 2008). 다른 연구에서도 남성의 경우 높은 사망률에 대한 점화 효과에 의해 통제 집단보다 현저히 많은 자식을 원한다고 보고된 반면 여성에서는 그런 효과가 나타나지 않았다. 하지만 여성 피험자의 경우, 직업적 투자 경향이 사망률이 출산 욕망에 미치는 점화 효과를 매개하여, 출산과 취업의 양립이 가능한 조건하에서는 여성에서도 희망 자식 수가 증가했다(Wisman & Goldenberg, 2005). 중국 대학생 대상 연구에서도 자신의 죽음에 관해 생각해 보도록 요청받은 집단은 치통에 관해 생각하도록 요청받은 집단보다 컴퓨터 화면에 나타난 일련의 이미지(꽃, 산 등의 사물 사진과 5세 미만 아기 사진 및 성인 사진) 중에서 아기 사진을 더 오랫동안 주시했고, 선호하는 이미지로 아기 사진을 선택할 가능성이 높아졌다(Zhou et al., 2009).

물론 사망률과 환경 위험이 출산율에 미치는 영향은 단순한 선형 관계로 나타나지 않는다. 도미니카 공화국의 소규모 농경사회 데이터를 사용한 연구에 의하면, 생애 초기 외인성 사망률이 중간 수준일 때 출산율이 가장 높게 나타났으며, 환경 위험이 매우 높거나 혹은 매우 낮은 경우에는 출산율이 감소했다(Quinlan, 2010). 예컨대 스트레스가 극단적으로 높은 환경에서는 신체 자원을 보존하기 위해 번식 투자를 줄이거나 중단하는 편이 유리할 것이다. 따라서 환경 위험과 출산율은 역 U자형 관계에 있을 가능성이 높다.

4. 진화적 출산 모형이 현대 산업사회 인구의 출산율을 예측하는 데 도움이 되는가?

지금까지 논의한 출산 요인은 모두 생애사 상쇄 관계와 관련되어 있다. 이러한 요인은 아직은 다 밝혀지지 않은, 진화한 심리적·생리적 근연 기전을 통해 출산율에 영향을 미친다. 인간에서 보편적으로 나타나는 생애사 관련 기전은 진화적 적응 환경에서 확률적으로 최적 적합도(번식 성공)를 보장했지만, 현대사회에서도 여전히 적응적 결과를 초래하는지는 불확실하다.

현대사회에서는 피임 기술이나 임신 중절 기술, 불임 치료법 등의 발달로 인해 출산 관련 의도와 행동에 작용하는 의식 수준의 의사 결정이 상대적으로 중요해졌다. 반면에 성욕과 같은 번식 관련 진화적 적응 기전은 과거에 비해 출산율에 미치는 영향력이 작아졌다(Morgan, 2001). 반면 양육 투자 관련 환경 조건의 영향력은 과거나 지금이나 크게 다르지 않다.

볼란드(Voland, 1998)는 인간의 번식과 관련된 진화한 심리 기전으로 성욕, 사회적 지위 추구 성향, 양육 욕구 등을 제안했다. 의도적인 번식 목적이 없는 성적 행동 및 단순한 쾌락을 목적으로 하는 복수의 성적 관계가 가능해진 현대사회에서 각각의 요인이 출산율과 어떤 관계를 가지는지 아직은 불명확하다. 그러나 현대사회에서도 여전히 '의도하지 않은 출산'은 무시할 수 없는 비중을 차지한다.

전통사회에서는 사회적 지위와 출산율 사이에 정적 상관관계가 나타났지만 현대사회에서는 상관관계가 사라지거나 오히려 양육 노력과 사회적 지위 추구 노력의 상쇄로 인해 부적 상관관계가 나타나기도 하는 등 그 양상이 복잡해졌다(Kaplan, 1996; Kaplan et al., 2000).

반면 양육 욕구는 현대사회의 출산율에 긍정적 영향을 미치는 요인으로 자주 언급된다(Morgan, 2001). 호모 사피엔스는 지구상에 존재했던 어떤 호미닌보다 가장 비용이 많이 드는 자식을 낳는다. 종종 강력한 양육 욕구는 비용과 이익 균형에 진화적으로 부적응적인 영향을 미칠 수 있다. 한국, 미국, 필리핀 등 산업사회를 대상으로 한 연구에 의하면, 의식적 출산 의도에 가장 흔하게 작용하는 요인은 '사랑하고 돌볼 자식을 가지고 싶음' 등의 감정적 심리 요인이었다(Bulatao, 1981).

영장류 대부분에서, 특히 암컷은 번식 연령 전부터 유아에게 큰 관심을 가지며 가까이하려는 행동을 보인다. 그렇지만 양육 욕구는 반드시 스스로 낳은 자식에게만 발현되는 것은 아니며, 첫 출산 전에 양육 기술을 습득하기 위한 적응적 행동으로 발현될 수도 있다(Hrdy, 2009; Voland, 1998). 이러한 행동을 추동하는 감정 요인이 바로 유아와의 상호작용을 즐거워하는 형질이며, 이를 통틀어 '양육 욕구'로 정의할 수 있다. 양육 욕구는 비친족 유아를 향해서도 활성화되지만, 그 진화적 '의도'는 자신의 자식을 위한 것으로, 생물학적 자식에 대한 이타적 행동을 촉진하고 자손의 생존 가능성을 높인다. 또한, 양육 욕구는 무조건적으로 발현되는 것은 아니며, 물질적·사회적 자원 가용도에 따라 조건적으로 모자애착이 발생할 수 있다. 특히 아버지와 자식 간 유대는 더 조건적이다(Hrdy, 1999; 2009).

양육 욕구 이외에 자식을 낳고자 하는 욕망, 즉 '아기 열망'이 진화적 적응인지는 아직 논쟁 중이다. 일부에서는 피임 기술이 발명되기 이전에는 출산 그 자체에 관한 욕망은 적응적으로 불필요하므로 이를 위한 별도의 심리 기전도 진화하지 않았을 것으로 추정한다. 출산에 대한 욕구는 성욕이나 양육 충동 등의 다른 진화적 모듈이나 사회문화적 규범으로 인해 부차적으로 형성되는 욕구라는 것이다(Hobcraft

& Kiernan, 1995; Miller, 1994; Morgan & King, 2001; Voland, 1998).

반면에 아기 열망이 번식력 조절을 위한 기능적 심리 기전이라는 주장도 있다(Brase & Brase, 2012; Rotkirch, 2007; Rotkirch et al., 2011). 출산과 관련된 욕망에는 자식을 낳고자 하는 욕망, 일정 수의 자손에 대한 욕구, 출산 터울에 관한 욕구 등이 포함되는데, 이는 사회생태적 환경에 민감하게 반응하여 자손 수를 조정함으로써 최적 자손 수를 달성하기 위한 적응적 기전일지도 모른다(Rotkirch, 2007). 예를 들어 이성 파트너가 부모 투자에 헌신할 가능성이 높아지면 출산율도 높아진다. 그러나 파트너의 투자 수준이 양육 욕구 자체에 영향을 미칠 리 없으므로 아마도 별도의 출산 욕망 조절 기전이 존재할 것이라는 것이다.

아기 열망이 일차적 적응 기전이든 양육 욕구 같은 다른 진화적 심리 기전의 부산물이든 진화적·생물학적·사회생태적 요인의 상호작용에 따른 복합적인 영향을 받는다. 현대 산업사회에서도 많은 인간이 특정 자식 수에 대한 욕망이나 언젠가는 자식을 낳고자 하는 욕망을 보인다. 아기 열망은 출산 의도와 행동에 영향을 미치고 이는 결국 출산율로 연결된다(Miller, 1994; 2011).

5. 결론과 제언

앞에서 언급된 출산 요인 중 가족과 친족 요인은 그동안 사회과학적 출산율 연구에서 그다지 큰 주목을 받지 못했다. 사회인구학이나 경제인구학에서는 주로 거시 사회경제적 요인이나 개인의 사회경제적 지위에 초점을 둔 연구가 주로 이루어졌고, 심리학에서는 개인의 심리적 요인에 주목했다. 하지만 가족은 전통적으로 번식 기능을 담당하던 집단 단위였으며 가족 내에서 이루어지는 출산 관련 역학 역시 중요한 출산 요인이다. 출산율은 부모로부터 유전적 또는 문화적으로 전승될 수도(Hobcraft, 2003; Nettle, 2006; Pluzhnikov et al., 2007), 친족 네트워크를 통해 전파될 수도 있다(Dahlberg, 2013).

진화인구통계학은 다양한 인구집단에서 개인의 형제자매 수와 자식 수의 관계를 조사해 왔고, 많은 국가와 사회에서 가족 내 세대 간 번식력에 양의 상관관계가 있음을 발견했다(Kotte & Ludwig, 2011; Murphy & Wang, 2001; Pluzhnikov et al., 2007). 1980년대 미국, 이탈리아, 노르웨이 등 서구 저출산 국가 자료를 바탕으로 인구 통계학적 행동 패턴이 세대 간에 지속되는지 조사한 결과, 대부분에서 개인의 형제자매 수와 자식 수는 정적 상관관계를 보였다. 세대 간 출산율에도 정적 상관관계가 있었으며 시간이 지날수록 더 강해졌다(Murphy & Wang, 2001). 이는 교육 수준 등 기존에 널리 사용되던 공변량과 비슷한 영향력을 가지며, 따라서 인구 예측에 있어 다른 사회경제적 요인과 함께 세대 간 번식력 전승의 영향도 중요 요인으로 고려되어야 한다. 장기적 인구 예측에서 출산율의 세대 간 전승 기전이 저출산 국가의 출산율 반등 요인 중 하나로 작용할 가능성이 있기 때문이다. 다른 연구에서도 부모-자식 세대 간 자식 수의 정적 상관관계가 확인된 바 있다(Pluzhnikov et al., 2007).

물론 사회생태환경적 요인과 가족의 사회경제적 지위는 가족 내 출산 역학에 영향을 미친다. 네덜란드 친족 패널조사(NKPS) 자료를 이용하여 2002년에서 2007년 사이의 네덜란드 중산층 가족 데이터를 분석한 연구에 따르면, 가족의 사회적 자본이 형제 간 출산율 상관관계에 영향을 미치는 것이 확인되었다. 이미 한 명의 자식을 둔 경우, 가족의 높은 사회적 자본은 추가적인 자식 출산에 부정적 영향을 미쳤지만,

첫째 아이를 가지고자 할 경우에는 어린 자식을 둔 형제자매가 있을 때 출산 의도를 실현할 가능성이 더 높았다(Balbo & Mills, 2011). 각 요인을 구분하는 진화인류학적 연구가 필요하다.

가족 내 출산 관련 기전은 거시적인 사회 환경과 미시적인 개인 특성이 상호작용한 결과다. 거시적 층위와 미시적 층위를 잇는 중간 층위의 설명을 통해 인구 변천과 출산 역학을 더 잘 이해하고, 더 엄밀한 미래 인구 예측에 도움을 줄 수 있을 것이다. 진화적 이론을 바탕으로 한 출산 관련 연구는 다양한 역사적·문화적·생태적·가족적 환경 요인의 영향과 그 상호작용 기전을 이해하는 데 필수적이다. 점차 더 많은 국가 단위의 인구 통계학적 데이터가 종단적으로 쌓이고 있다는 점에서 앞으로 출산 현상과 관련된 다양한 이론과 모델을 비교문화적으로 검증할 수 있는 기회가 많아질 것이다. 특히 한국의 초저출산 현상은 출산 및 양육 관련 진화인류학 가설을 검증해 볼 수 있는 자연 실험장이다. 앞으로의 가장 큰 과제는 학제 간 의사소통을 통해 출산율 연구를 통합할 수 있는 통합적 출산율 모델을 구축하는 일이다. 향후 진화인류학적 이론에 기반한 인구 통계학적 역학 연구와 시뮬레이션 연구(8장 참조)를 병합하여 진행할 필요가 있다.

2부

휴머니티의 세 기둥

사회, 종교, 문화

4장

사회

인간 사회는 왜 불평등한가

불평등의 진화

황준

황준_펜실베이니아 주립대학교 인류학과 박사과정

서울대학교 자유전공학부에서 인류학 학사와 경영학 학사를, 동 대학교 대학원에서 인류학 석사를 마쳤다.

박사과정에서는 방글라데시의 농촌 마을에서 사회연결망 분석, 공간 분석, 현장 실험 등 다양한 방법을 통해 양적 데이터를 수집하고 통계적으로 분석하여 시장경제로의 전환이 마을 사람들의 삶에 미치는 영향을 연구하고 있다.

1. 서론

이번 장에서는 인간 사회에서 사회적·경제적 불평등이 어떠한 조건과 과정을 통해 출현했고, 제도화되었으며, 현재까지 유지되고 있는지 진화적 관점에서 살펴보고자 한다. 이때 불평등이란 다양한 형태의 자원에 대한 접근 가능성이 집단 구성원 사이에 비대칭적으로 분배되어 있는 상태를 의미한다(Mattison et al., 2016). 여기서 자원은 식량, 재물 같은 유형적 자원과 권력, 명예, 자기결정권 같은 무형적 자원을 모두 포함하며, 전자의 비대칭적 분배를 경제적 불평등, 후자의 비대칭적 분배를 사회적 불평등이라 한다. 자본주의 시장경제 체제하에 있는 현대 산업사회에서 사회적 불평등과 경제적 불평등은 많은 경우 그 궤를 같이하지만, 호주 서부 사막지대의 마투(Martu) 수렵채집사회처럼 사회적 지위를 성취하려는 개인 간 경쟁으로 인해 오히려 경제적 평등이 유지되는 사례도 있다(Bird & Bliege Bird, 2010).

또한, 불평등에 관한 진화적 설명은 개인이 주어진 환경적 제약하에서 자신의 생존과 번식에 가장 유리한 행동 전략을 취하고 그 전략에 따라 다시 자신이 속한 자연적·사회적 환경을 변화시킨다는 인간행동생태학(Human Behavioral Ecology)의 기본 논리를 따른다(Winterhalder & Smith, 2000). 따라서 이러한 설명은 불평등의 원인을 단순히 부를 축적한 소수의 탐욕 혹은 개인에게 부가 집중되는 것을 막지 못한 다수의 무능력에서 찾지 않는다. 이 장에서도 어떠한 사회적·환경적 조건에서 개인의 탐욕이 더 쉽게 용인되고 불평등을 저지하려는 집단적 노력이 더 쉽게 좌절되는지, 그리고 이렇게 형성된 불평등 사회 구조는 평등 사회 구조와 어떠한 차이를 보이는지 살펴보고자 한다.

자연 상태로서의 평등

인간 사회에서 관찰되는 불평등의 기원에 관하여 널리 알려진 설명 중 하나는 18세기 계몽주의 사상가였던 장 자크 루소(Jean-Jacques Rousseau)의 『인간 불평등 기원론(Discourse on the Origin of Inequality)』이다. 이에 따르면 인간은 사회적 제도나 억압이 존재하지 않는, 이른바 '자연 상태'에서는 평등했다. 하지만 자연 상태에서의 평등은 농경과 사유재산의 발달로 인해 종말을 맞았고, 폭발적 인구 증가와 중앙집권적 정치제도의 출현, 전쟁 등으로 인해 불평등이 심화되었다(Rousseau, 1999). 즉, 불평등은 사회가 구조적으로 복잡해지면서 나타나는 필연적 결과이며, 따라서 불평등 사회는 평등 사회에 비해 더 '발전'한 것으로 여겨진다(Flannery & Marcus, 2012). 실제로 고대 인류가 신체적·정신적으로 현대인과 완전히 동일함을 보여 주는 고고학적 증거가 약 10만 년 전부터 발견되는 것과 대조적으로 사회적 불평등에 관한 최초의 흔적은 약 2만 년 전, 그리고 보다 확실한 증거는 약 1만 년 전 홀로세에 이르러서야 발견된다(Mattison et al., 2016; Wengrow & Graeber, 2015). 이러한 시간적 격차는 인류가 과거 오랜 기간 '자연적으로' 평등했으나 홀로세에 이르러 기후가 안정되고 농경이 가능해지면서 불평등이 발달했다는 루소의 설명과 부합하는 듯 보인다(Flannery & Marcus, 2012).

하지만 진화적 관점에서 인간과 계통적으로 가장 가까운 영장류 사회가 지배-복종 관계에 기반한 위계적 구조를 갖추고 있고(Boehm, 1999), 수렵채집인도 지배를 사회적 지위 상승 전략으로 사용한다는 점을 고려하면(Henrich & Gil-White, 2001), '평등이 인간의 본성이고 불평등은 사회 발전의 산물'이라는 관점은 타당성이 떨어진다. 더 나아가 오늘날 존재하는 몇몇 수렵채집사회에서 관찰되는 높은 수준의 평등이 영장류 사회에서는 발견되지 않으므로, 오히려 위계적 지배 성향이 인간과 영장류 모두에게 계통적으로 공유된 기질일 수 있다. 따라서 평등 사회를 유지한 수렵채집인 조상에 의해 위계적 지배 성향이 억제되어 약 1만 년 전까지 평등 사회가 유지되었으나 홀로세에 이르러 사회적·환경적 조건이 변화하면서 다시 불평등이 심화되었다고 보는 편이 타당할 것이다(von Rueden, 2020). 평등은 별도의 노력 없이도 자연적으로 주어지는 상태가 아니라, 억압에 대한 저항과 집단을 지배하려는 야심가의 출현을 억제하는 사회적 설계 또는 역지배 위계(reverse dominance hierarchy)의 결과물이다(Boehm et al., 1993).

정교한 사회적 설계를 통해 유지되는 평등

고대 인류의 수렵채집사회가 영장류 사회보다 평등했던 이유는 여성 짝 선택(female choice)의 증가와 그에 따른 짝 결속의 강화(Chapais, 2009), 조롱이나 추방과 같이 사회적 지능을 이용한 평등화(leveling) 전략의 발달(Boehm, 1999), 개인 간 무력의 격차를 줄여 주는 무기의 발달(Gintis et al., 2015) 등으로 다양하다. 이러한 요인은 공통적으로 고대 인류가 영장류에 비해 생존과 번식을 위해 협력에 더 크게 의존하는 방향으로 진화했음을 보여 준다(von Rueden, 2020). 인간 사회에서 협력의 중요성이 커짐에 따라 타인에게 사회적·물리적 비용을 발생시키는 억압, 지배와 더불어 타인에게 도움을 베풀어 쌓을 수 있는 명망(prestige)이 중요한 사회적 지위 상승 전략으로 부상했다(Cheng & Tracy, 2014). 이러한 명망 전략은 인간 사회의 고유한 특징으로도 볼 수 있는데, 침팬지는 평판을 위해 자신의 식량을 다른 개체와 나누지 않으며(Engelmann et al., 2012), 보노보도 협력적 개체보다 지배적 개체를 더 선호한다(Krupenye & Hare, 2018).

식량 나눔은 타인에게 이익을 베푸는 협력 행위다. 인간은 비친족에게도 광범위하게 식량을 나눠 준다. 언제 얼마나 많은 양의 고기를 얻을 수 있을지 예측하기 어려운 대형 동물 사냥에 의존하는 수렵채집 생태계에서 식량 나눔은 집단 구성원이 고르게 식량을 확보할 수 있도록 돕는다(Kaplan et al., 2000). 특히 하드자(Hadza) 사회나 메리암(Meriam) 사회 등 많은 수렵채집사회에서 사냥에 성공한 뛰어난 사냥꾼은 사냥감에 대한 분배의 권한을 갖지 못하고 사냥에 실패한 사냥꾼과 그 가족을 포함한 모든 집단 구성원에게 일방적으로, 보답받는 일 없이 고기를 나눠 주어야 한다(Hawkes et al., 2001). 이때 식량을 나누는 행위는 사냥꾼의 능력과 관대함을 알리는 비싼 신호(costly signal)로 작동하여 명망을 얻는 데 기여한다(Bliege Bird & Smith, 2005). 이러한 식량 나눔을 통해 뛰어난 사냥꾼은 평등 사회 구조하에서 겸손을 유지하면서도 타인의 자발적 존경을 얻고 집단의 의사 결정 과정에 더 큰 영향력을 행사할 수 있다. 즉, '동등한 인간 가운데 1인자(first among equals)'로 여겨지는 것이다(von Rueden, 2020).

불평등을 통해 유지되는 평등

식량 나눔과 같은 협력 행위가 더 높은 사회적 지위를 얻기 위한 경쟁 수단으로 쓰이면서 결과적으로 경제적 불평등이 완화되는 역설이 나타나기도 한다. 볼리비아 중부 저지대의 치마네(Tsimane) 수렵채집사회에서 8년에 걸쳐 이뤄진 연구에 따르면, 치마네 남성 사이의 협력 연결망 내에서 낮은 지위의 남성이 높은 지위의 남성과 가깝게 지내면 시간이 지남에 따라 점차 그의 지위가 상승했다(von Rueden et al., 2019). 명망을 유지하기 위해서는 지위가 더 낮은 개체를 돕고 그들과 협력해야 하는데, 그 과정에서 지위가 높은 개체가 가진 지식과 정보가 공유되고, 지위가 높은 개체와의 협력 관계가 그 자체로 사회적 자본이 되어 지위가 낮은 쪽의 지위를 상승시킨 것이다. 이러한 종적 연구 결과는 협력과 명망에 기반을 둔 사회적 위계의 작동 방식으로 인해 특정 시점에서 관찰되는 개인 간 지위의 격차는 장기적으로 줄어들면서 평균으로 수렴할 수 있음을 보여 준다. 더 협력적인 인간이 더 높은 사회적 지위를 얻는 수렵채집사회에서 흥미롭게도 평등이 성립하고 유지되는 것이다.

비슷한 맥락에서 오스트레일리아 서부 사막지대의 마투(Martu) 수렵채집사회에 대한 연구는 식량 나눔이 종교 영역의 지위 경쟁에 의해 촉발되지만 생계경제 영역에서 평등 사회를 유지하는 데 기여함을 보여 준다(Bird & Bliege Bird, 2010). 마투인은 한곳에 정착하지 않고 끊임없이 이동하면서 살아가기 때문에 중앙화된 정치 권력을 형성하거나 물질적 재산을 축적하지 않는다. 또한, 마투 문화에서 타인을 억압하거나 공격하는 것, 그리고 자신을 위해 식량이나 재화를 쌓는 것은 수치스러운 일로 여겨진다. 이로 인해 마투 사회는 정치적으로나 경제적으로는 매우 평등하지만 축제와 장례, 성년식 등 비밀스럽고 성스러운 지식이 전승되는 의례 영역에서는 엄격한 계급이 존재한다. 예를 들어 사냥된 도마뱀이나 캥거루는 친족 관계나 사냥 실력에 관계없이 같은 식사 캠프에 속한 사람에게 골고루 분배되며, 직접 사냥감을 획득한 사냥꾼이라고 해서 더 많은 고기를 가져가거나 고기를 분배할 권한을 갖지는 못한다. 즉, 사냥 실력이 더 뛰어난 사냥꾼과 실력 없는 사냥꾼이 동등하게 고기를 나눔으로써 경제적 평등이 이루어지는 것이다. 하지만 뛰어나고 관대한 사냥꾼(mirtilya)이라는 명성을 얻은 이들은 비밀스럽고 성스러운 지식의 보유자로서 의례 영역에서 높은 지위를 차지하게 된다. 더 많은 물질적 소유와 이익 추구가 사회적 지위의 기반이 되는 다른 많은 농경사회 혹은 산업사회와 달리 마투 사회에서는 물질에 대한 무관심과 금욕주의가 높은 지위에 걸맞은 자질로 여겨진다(Bird & Bliege Bird, 2010). 이와 같은 계급 구조의 작동 방식으로 인해 마투 사회에서 더 높은 지위를 얻고자 하는 사냥꾼들은 자신의 물욕 없음을 과시하기 위해 경쟁적으로 나눔을 실천함에 따라 사냥 실력이나 친족 여부와 관계없이 모두가 균등하게 고기를 나눠 받는 평등이 실현된다.

위와 같은 사례는 수렵채집사회에서 평등이 유지되는 것은 단순히 그 사회가 자연 상태에 머물러 있거나 충분히 문명화되지 않았기 때문이 아니라 불평등 심화를 억제하는 사회 구조가 정교하게 설계되어 있기 때문임을 잘 보여 준다. 즉, 오늘날 수많은 사회에서 정치적으로나 경제적으로 현저한 불평등이 관찰되는 이유는 그것이 사회 발전의 산물이기 때문이 아니다. 평등 사회를 유지하고 있었던 사회적 장치가 다양한 사회생태학적 요인으로 인해 무력화됨에 따라 영속적이고 제도화된 불평등이 등장했기 때문이다(Mattison et al., 2016). 영속적이고 제도화된 불평등이 왜 그리고 어떻게 등장했는지는 인류학뿐 아니라 다양한 학문 분야에서 논의되어 왔으나 아직 합의에 이르지 못하고 있다.

이 장에서는 진화인류학 혹은 인간행동생태학 분야에서 과거와 현대사회의 여러 증거를 바탕으로 불평등의 진화와 지속을 다룬 연구의 성과와 함의를 소개한다. 2절에서는 불평등의 진화에 관한 세 가지 모델(인구압 모델, 자원 방어 모델, 재산상속 모델)을, 3절에서는 불평등에 관한 진화인류학 연구가 갖는 함의를 다룰 것이다.

2. 제도화된 불평등의 진화 모델

제도화된 불평등의 진화 모델은 크게 인구압 모델과 자원 방어 모델, 재산상속 모델로 나눌 수 있다. 각각에 대해 자세하게 살펴보자.

인구압 모델

인구압 모델(population pressure model)은 동물행동생태학의 모델에서 시작된 것으로 간결하고 직관적이다. 이상자유분포 모델과 이상전제분포 모델로 나눌 수 있는데, 각각을 나누어 알아 보자.

이상자유분포 모델

인구압 모델에 의하면 불평등은 초기 인류가 이상자유분포(ideal free distribution, IFD)를 따라 거주했을 때에는 존재하지 않았지만 인구증가로 인해 이상전제분포(ideal despotic distribution, IDD)를 따라 거주하게 되면서 나타났다(Kennett et al., 2009). 이상자유분포와 이상전제분포는 모두 이상적 분포 모델(ideal distribution model)의 일종으로, 조류의 서식지 선택에 관한 인구생태학 연구에서 처음 고안되었으나(Fretwell & Lucas, 1969; Sutherland, 1996) 이후 고고학과 인간행동생태학 분야에서 고대 및 현생 인류의 분포와 이동 연구에 적극적으로 이용되고 있다(Bell & Winterhalder, 2014; Kennett et al., 2009; Moritz et al., 2014; Prufer et al., 2017; Wietzel & Codding, 2020; Winterhalder et al., 2010).

이상적 분포 모델은 인간을 포함한 모든 생물 개체가 자신의 이익을 극대화하기 위해 행동한다는 행동생태학의 기본 가정에서 출발한다(Winterhalder & Smith, 2000). 따라서 개체는 서식지를 선택할 때에도 자신이 누릴 수 있는 이익이 가장 많은 곳, 즉 '적합성(suitability)'이 가장 높은 곳을 서식지로 선택한다(Weitzel & Codding, 2022). 이때 서식지의 적합성은 고도나 온습도, 연간 강수량, 자원량, 천적을 피할 수 있는 지형의 존재 등 다양한 요인에 의해 결정되며, 각각의 서식지는 조건에 따라 서로 다른 적합성 값을 갖게 된다. 이때 만약 모든 개체가 서식지의 적합성에 대한 완전한 정보를 가지고 있고, 한 서식지에서 다른 서식지로의 이동에 제약이 없다면,[1] 적합성에서 차이를 보이는 다양한 서식지는 그림 4.1(a)에서 보이는 것과 같이 이상자유분포의 과정을 거쳐 점유된다. 상황을 보다 직관적으로 이해하기 위해 한 지역 내

1 여기서 모든 개체가 자신의 이익을 극대화하고자 하며, 자신이 처한 상황에 대한 완벽한 정보를 갖고 있고, 이동에 제약이 없다는 것은 전부 직관적인 논리 전개를 위한 이론 혹은 모델상의 가정일 뿐, 현실 세계에서 관찰되는 개체의 행동은 이러한 가정과 큰 차이를 보인다. 그러나 이러한 단순한 가정에 기반을 둔 환원적인 이론과 모델은 연구자가 과학적 방법으로 검증할 수 있는 가설을 세우는 데 기여하며, 수집된 증거가 가설과 배치되는 경우에도 어떠한 요인으로 인해 가정이 어긋나는지 보여 줌으로써 현실 세계에 존재하는 복잡성을 밝히는 데 도움이 된다. 즉, 모델은 단순한 가정과 직관적인 논리를 통해 인간과 동물 행동의 과학적 연구에 유용한 도구를 제공한다.

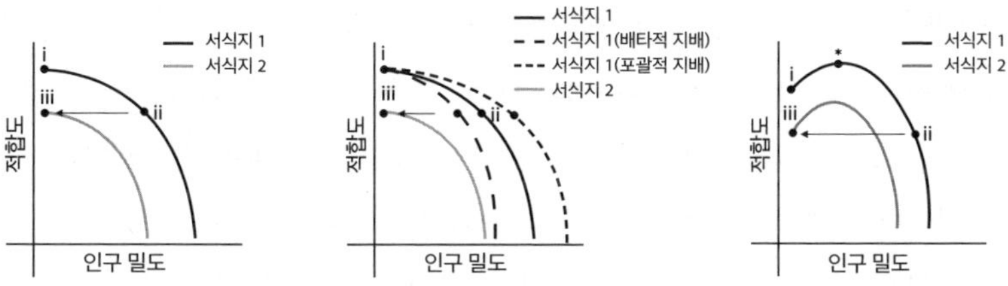

(a) 이상자유분포 모델 (b) 이상전제분포 모델 (c) 앨리 효과

그림 4.1 두 가지 인구압 모델과 앨리 효과

에 서식지는 적합성이 높은 곳(서식지 1)과 적합성이 낮은 곳(서식지 2), 단 두 곳만이 존재하며 어떤 개체에게도 점유되지 않은 상태에서부터 시작한다고 가정하자. 해당 지역에 최초로 도착한 개체는 당연히 적합성이 더 높은 서식지 1을 점유할 것이다(그림 4.1(a)의 i). 서식지의 적합성은 점점 더 많은 개체가 진입할수록 자연스럽게 감소하는데, 서식지 1의 인구 밀도가 증가함에 따라 이미 많은 개체가 서식하고 있는 서식지 1에 새로운 개체가 진입했을 때 누릴 수 있는 적합성이 해당 개체가 아직 점유되지 않은 서식지 2로 이동했을 때 얻을 수 있는 적합성과 동일해지는 지점(그림 4.1(a)의 ii)에 이르게 된다. 그 이후로 두 서식지는 인구 밀도에 따른 적합성이 동일한 균형상태에 도달한다. 따라서 이상자유분포 모델에 의하면 모든 개체는 최적 선택의 결과 자신이 점유한 서식지의 총 적합성과 관계없이 동일한 적합성을 누리며, 이때 서식지를 점유한 개체의 수는 서식지의 총 적합성에 비례한다(Moritz et al., 2014; Robinson et al., 2017). 즉, 이상자유분포 모델은 이상적 조건(완전한 정보, 자유로운 이동)하에서 스스로 이익을 극대화하려는 최적 선택을 통해 모든 개체가 평등하게 이익을 누릴 수 있음을 보여 준다.

인간행동생태학에서는 이와 관련하여 가축을 초원에 방목하여 키우다가 목초가 다 떨어지면 다른 곳으로 이동하는 목축민 특유의 높은 이동성(mobility)이 이상자유분포 모델에 부합하는지 연구한 바 있다(Moritz et al., 2014; Robinson et al., 2017). 예를 들어 카메룬과 차드 국경 지역의 로곤(Logone) 범람원을 이용하는 목축민에 대한 연구에서는 해당 지역에 존재하는 목축 가구의 수와 위치, 가구당 보유 가축 수 등을 조사한 후 이를 원격으로 평가한 범람원 일대의 정규화 식생 지수(normalized difference vegetation index, NDVI) 자료와 비교했다(Moritz et al., 2014). 정규화 식생 지수는 가시광선과 근적외선을 흡수하는 식물의 특성을 이용하여 특정 지역 식생의 양과 질을 판단하는 지표다. 주로 위성을 이용하여 측정하므로 정확도는 떨어지나 넓은 지역 내 존재하는 식생 분포의 차이를 비교하는 데 있어서는 유용하다(Anyamba & Tucker, 2005). 연구 결과, 목축민에 의해 점유된 목초지의 정규화 식생 지수가 점유되지 않은 지역의 정규화 식생 지수보다 높았고, 점유된 목초지의 정규화 식생 지수와 그 지역의 가축 수 사이에 양의 상관관계가 발견되었다. 이는 목초지 선택이 이상자유분포 모델을 따라 이루어진다는 것을 보여 준다.

그러나 구소련 붕괴 이후 카자흐스탄에서 목축업이 쇠퇴했던 시기(2003)와 다시 부흥하기 시작한 시기(2011~2014)에 모인쿰(Moiynkum) 일대 목축민의 목초지 선택은 이상자유분포 모델을 따르지 않았다(Robinson et al., 2017). 특히 목축업이 극도로 위축되었던 2003년에 이러한 경향이 더 강하게 나타났는데, 이때의 목축민은 마을에서 가까운 지역을 목초지로 더 많이 선택했으며 점유된 목초지는 그렇지 않은 목초지에 비해 정규화 식생 지수가 더 낮았다. 목축업 부흥기에 점유된 목초지의 정규화 식생 지수는 침체기에 점유된 목초지의 정규화 식생 지수보다 더 높긴 했으나 이때 점유되지 않은 목초지의 정규화 식생 지수와 큰 차이를 보이는 것은 아니었다. 즉, 이상적 조건하에서 개체는 자신에게 더 많은 이익을 주는 곳, 즉 목축민의 맥락에서는 정규화 식생 지수가 더 높은 서식지를 선택할 것이라는 예측이 어긋난 것이다. 해당 연구는 이에 대해, 정규화 식생 지수가 더 높은 목초지로 이동하기 위해서는 마을에서 더 멀리 이동해야 하는데, 이를 위한 이동 비용을 구소련 붕괴 후 지속적인 경기 침체를 겪던 모인쿰 목축민이 부담할 수 없었기 때문이라고 해석했다. 경기가 비교적 회복된 시기에는 이동 비용을 부담할 수 있을 만큼의 부를 축적한 목축민이 적합성이 더 높은 목초지를 선택했다. 즉, 구소련 붕괴라는 특수한 역사적 맥락으로 인해 '개체가 제약 없이 이동할 수 있다'는 이상자유분포 모델의 기본 조건이 위배되면서 모델의 예측과 어긋나는 결과가 나온 것이다. 자유로운 이동은 이상자유분포 모델에서 예측되는 평등을 유지하는 데 있어 대단히 중요하다. 또한, 비교적 평등하다고 알려진 다수의 수렵채집사회가 대개 높은 이동성을 보인다는 점 역시 이 연구 결과와 일맥상통한다.[2]

이상전제분포 모델

모든 개체가 자신이 속한 서식지의 적합성과 관계없이 평등한 이익을 누리게 된다는 이상자유분포 모델의 예측은 다수의 사회에서 불평등이 관찰된다는 점을 고려할 때 분명히 비현실적이다. 이는 이상자유분포 모델이 성립하기 위해서는 완벽한 정보와 자유로운 이동 외에

2 그러나 목축민의 목초지 선택이 이상자유분포를 따르는 것과는 별개로 목축사회는 수렵채집사회에 비해 경제적으로나 사회적으로 더 불평등한 것으로 알려져 있는데, 그 이유에 대해서는 생계경제 유형에 따른 사회 내 불평등의 차이를 설명하는 '재산상속 모델' 항에서 자세하게 다룰 것이다.

도 여러 비현실적인 조건, 예를 들어 서식지 내에서 자원 경쟁이 발생하지 않는다는 가정이나 개체 간에 이러한 경쟁 능력의 차이가 없다는 가정 등이 요구되기 때문이다. 만약 서식지 내에서 서로 능력이 다른 개체 간에 자원 경쟁이 발생하거나 능력이 더 뛰어난 개체나 집단이 자원을 독점하고 다른 개체나 집단의 진입을 방어할 수 있다면 이상자유분포 모델의 예측과 달리 서식지 내에서 개체의 경쟁력에 따라 이익이 불균등하게 분배되거나 적합성이 더 높은 서식지를 점유한 집단이 적합성이 낮은 서식지를 점유한 집단보다 더 큰 이익을 얻게 된다(Kennett et al., 2009). 이를 이상전제분포(IDD) 모델이라고 하며(Fretwell & Lucas, 1969), 인간 사회에서 관찰되는 경제적·사회적 불평등의 기원과 진화를 설명하는 인류학적 연구에서 주로 이용한다(Bell & Winterhalder, 2014; Mattison et al., 2016; Prufer et al., 2017).

이상전제분포는 서식지 내에서 자원의 이용을 통제하는 개체 혹은 집단이 그 서식지로의 진입을 시도하는 다른 개체에게 어떻게 대응하는지에 따라 포괄적 지배(positive despotism)와 배타적 지배(negative despotism)로 나눌 수 있다(그림 4.1(b))(Weitzel & Codding, 2022). 배타적 지배하에서는 지배 집단이 더 높은 적합성을 가진 서식지를 독점하고 그 서식지에 새로운 개체가 진입하는 것을 방어하는데, 그에 따라 그림 4.1(b)의 굵은 점선에서 보이듯 이상자유분포 모델에서의 균형보다 더 낮은 인구 밀도에서 신규 진입자가 적합성이 더 낮은 서식지로 밀려나기 시작한다. 이 경우 이상자유분포에 비해 더 적은 수의 개체가 적합성이 더 높은 서식지 1을 점유하면서 적합성이 더 낮은 서식지 2를 점유한 개체에 비해 더 큰 이익을 얻게 된다. 즉, 배타적 지배 구조에서 불평등은 집단 수준으로, 적합성이 더 높은 서식지를 독점하고 추가 진입을 방어하는 집단과 이에 밀려 적합성이 더 낮은 서식지를 점유한 집단 사이에서 발생한다. 아이슬란드의 바이킹 정착지를 다룬 고고학 연구에 따르면 영역 방어 증거는 적합성이 더 높은 서식지에서만 발견되었으며, 이를 통해 해당 지역에서 배타적 지배에 의한 이상전제분포가 성립되었음을 알 수 있다(Einarsson, 2015).

이와 반대로 포괄적 지배는 지배 집단이 통제하는 자원을 신규 진입자에게 일정 부분 양도하는 형태로 나타난다. 이때 신규 진입자는 기존 지배 집단이 독점한 자원을 양도받는 대가로 지배 집단에 대해 종속적인 지위에 놓이게 된다. 특히 인구 증가로 인해 서식지가 포화 상태에 이르러 도저히 생존이 불가능한 지역만 비어 있거나 험준한 지형, 문화적 장벽 등으로 다른 곳으로의 이동에 높은 비용이 든다면, 종속적 지위를 감수하더라도 적합성이 높은 서식지에서 자원을 양도받는 것이 개체에게는 더 나은 선택일 수 있다(Carneiro, 1970). 실제로 한 시뮬레이션 연구 결과는 종속된 개체에게 완전한 평등 구조보다 포괄적 지배 구조가 더 유리할 수 있음을 보여 준다(Bell & Winterhalder, 2014). 시뮬레이션에서는 두 가지 조건의 서식지를 가정했다. 첫째, 지배자가 서식지에서 생산된 자원을 독점하지만 일정량을 피지배자에게 양도하는 지배 구조 서식지다. 둘째, 모두가 생산된 자원을 평등하게 분배 받는 평등 구조 서식지다. 피지배자는 지배 구조 서식지와 평등 구조 서식지에서 각각 얻을 수 있는 자원량을 비교하여 서식지를 선택할 수 있다. 한편 지배 구조 서식지의 지배자는 피지배자에게 얼마나 많은 자원을 양도할지 결정할 수 있는데, 양도율이 낮으면 피지배자로부터 더 많은 이익을 착취할 수 있지만 동시에 이탈하는 피지배자의 수가 증가하여 자원의 총생산량이 감소한다. 반대로 양도율이 높으면 지배자가 얻을 수 있는 이익률이 상대적으로 감소하지만, 더 많은 수의 피지배자가 유입되어 자원의 총생산량은 증가한다. 시뮬레이션 결과,

지배 집단이 신규 진입자에게 적절한 양(약 20%)의 자원을 양도할 경우 두 서식지 사이에 이동이 발생하지 않았다. 즉, 지배 집단이 자원을 독점할 수 없게끔 하는 상쇄 관계로 인해 신규 진입자 중 일부는 얼마든지 지배에서 벗어나 평등한 서식지에 갈 수 있으면서도 자신의 이익을 위해 지배 구조에 남은 것이다. 이러한 연구 결과는 특정 조건하에서 평등 구조와 포괄적 지배 사이에 평형 상태가 존재할 수 있다는 것을 보여 준다.

이상자유분포 모델과 이상전제분포 모델에 주목한 고고학자는 인류가 정주 생활 초기에는 이상자유분포를 따르다가 인구 증가로 생존에 적합한 서식지가 포화 상태에 이른 시점부터 이상전제분포를 따르기 시작했을 것으로 추정했다(Kennett et al., 2009; Prufer et al., 2017). 장기간에 걸쳐 발생했을 인간 사회와 행동의 변화 양상을 규명하는 데 고고학은 민족지적 연구에 비해 유용하다. 왜냐하면 아주 먼 과거로부터 현재에 이르기까지 서로 다른 시간대에 남겨진 물질 증거를 연구한다는 점에서 횡단적 관찰 연구와 달리 시계열적 비교가 가능하기 때문이다.

미국 캘리포니아 채널 제도 북부에서 진행된 고고학적 연구는 이상전제분포의 좋은 사례를 보여 준다(Kennett et al., 2009). 연구진은 식수를 제공하는 유역의 크기, 해안의 형태와 길이, 다양한 해양생물의 보금자리가 되어 주는 켈프(kelp) 군락지의 크기를 측정한 후 이를 바탕으로 각 마을의 서식지 적합성을 4단계로 나누었다. 그리고 인간이 각 마을에 정착하기 시작한 시점을 고고학적으로 측정하여 그 마을의 서식지 적합성 등급과 어떠한 관계가 존재하는지 살펴보았다. 그 결과, 지금으로부터 3,000~1,500년 전에는 이상자유분포에 따라 적합성 등급이 가장 높은 서식지에서만 정착의 흔적이 발견되었다. 그러나 1,500~650년 전, 인구 증가로 섬이 포화 상태에 이르면서 거의 모든

1~3등급 서식지에 마을이 세워졌으며, 동시에 묘지의 위치나 구조 등에서도 사회적 위계를 보여 주는 증거가 다수 발견되었다. 한편 이 시기에도 적합성 등급이 가장 낮은 서식지에서는 정착의 흔적이 발견되지 않았는데, 이곳에서는 식수를 구할 수 없었기 때문으로 추측된다. 즉, 채널 제도의 인구 밀도가 낮았던 초기에는 이상자유분포에 따라 적합성이 높은 지역에 마을을 건설할 수 있었고 따라서 사회적 위계가 발생하지 않았다. 그러나 인구가 증가하면서 생존에 적합한 모든 서식지가 포화상태에 이르자 생존이 불가능한 지역으로 이주하는 대신 불평등을 감내하면서 적합성이 높은 지역에 세워진 마을에 남기를 선택하는 사람들이 생겼고, 그 결과 이상전제분포에 따른 정착 양상이 나타난 것이다.

마야 고전기(classic period) 우슈벤카(Uxbenká) 지역에 형성된 정착지에서도 이상자유분포에서 이상전제분포로의 전환을 보여 주는 고고학적 증거가 발견되었다(Prufer et al., 2017). 정착지는 넓은 지역에 낮은 인구 밀도로 분포해 있었고, 영구적 수원이나 교역로와 가까운 곳에 위치했으며, 사회적 위계의 흔적도 없었다. 그러나 인구가 다섯 배 넘게 증가하면서 최초로 세워진 정착지 주변으로 새로운 정착지가 형성되는데, 이 시기에 이르러 초기 정착지와 후기 정착지는 정착지의 규모나 인공 구조물의 규모 면에서 차이를 보이기 시작했다. 후기 정착지는 초기 정착지에 비해 훨씬 더 크고 인공 구조물이 더 많았으며, 원거리 교역에 의해서만 얻을 수 있는 물건과 과시적인 무덤 장식들 역시 후기 정착지에서만 발견되었다. 즉, 채널 제도와 마찬가지로 우슈벤카 지역에서도 인구압 증가로 식수 공급과 교역이 더 원활한 최초의 정착지가 포화됨에 따라 정착지 분포가 이상전제분포로 변화하면서 불평등이 등장하기 시작한 것이다.

자원 방어 모델

자원 방어 모델도 동물행동생태학 연구에서 비롯했는데, 자원 방어 가능성 및 앨리 효과, 상호부조적 지도자 모델 등으로 나눠 자세하게 설명하겠다.

자원 방어 가능성

이상적 분포를 전제로 하는 인구압 모델은 거시적 차원에서 지역 간 서식지 적합성의 차이가 개체의 정착과 이동으로 인해 평등한 혹은 불평등한 자원 분배로 이어지는 인구적 과정을 다룬다. 이에 반해 자원 방어 모델은 미시적 차원에서 지역 내에 존재하는 자원의 특징(밀도, 군집성, 예측 가능성)이 불평등으로 이어지는 사회적 과정에 주목한다. 인간을 비롯한 수많은 동물 사회에 존재하는 개체 간 주요 자원 통제력의 차이는 생존 및 번식 성공도 차이, 더 나아가 집단 내 위계 차이로 직결된다(인간의 경우는 Dyson-Hudson & Smith, 1978; 영장류의 경우는 Buston & Zink, 2009; 그 밖의 동물은 Davies & Houston, 1984; Grant, 1993; Willems et al., 2013 참조). 자원 통제력의 집단 구성원 간 차이는 곧 특정 개체 혹은 집단이 그 자원을 방어함에 따라 다른 개체나 집단이 그 자원을 동등하게 이용하지 못한다는 것을 의미한다. 그러나 모든 종류의 자원에 대해 방어가 이루어지는 것은 아니며, 같은 종류의 자원이라고 할지라도 그 자원의 특징이나 맥락에 따라 방어가 이루어지기도 이루어지지 않기도 한다. 예를 들어 미국 잣(piñon nuts)은 그레이트 베이슨의 서부 쇼쇼니(Western Shoshone) 원주민과 오언스 밸리의 파이우트(Paiute) 원주민 모두에게 중요한 자원으로 여겨지는데, 쇼쇼니 사회에서는 누구나 자유롭게 잣을 이용할 수 있는 반면, 파이우트 사회에서는 특정 가문만이 잣이 나는 영역에 대한 소유권을 갖는다(Dyson-Hudson & Smith, 1978).

왜 어떤 자원은 방어되고 다른 자원은 방어되지 않는가? 이러한 방어는 어떠한 조건하에서 일어나는가? 자원 방어의 경제성 모델(economic defensibility of resource model)에 따르면, 자원을 지킴으로써 얻을 수 있는 이익이 자원을 지키는 데 드는 비용을 초과할 경우 자원 방어가 발생한다(Mattison et al., 2016). 자원을 지킴으로써 얻을 수 있는 이익으로는 해당 자원 섭취의 증가, 그로 인한 생존과 짝짓기 가능성의 증가 등을 들 수 있다. 그러나 자원 방어를 위해서는 시간과 비용을 들여 자원이 분포하는 일대를 끊임없이 경계해야 하며, 침입자를 쫓아내기 위해서는 부상의 위험도 감수해야 한다. 이러한 자원 방어의 비용과 이익은 그 자원의 특성에 따라 달라지는데, 가장 큰 영향을 미치는 특성으로 자원의 밀도와 군집성, 예측 가능성을 들 수 있다(Dyson-Hudson & Smith, 1978; Mattison et al., 2016). 자원이 한정된 범위 내에 빽빽하게 밀집하여 군집을 이루고 있거나 시공간적으로 예측 가능하게 분포해 있다면, 한정된 지역을 특정 시기에만 방어해도 되기 때문에 비용이 감소한다. 이를 통해 앞서 언급한 쇼쇼니와 파이우트의 차이를 설명할 수 있다. 자원 방어가 일어나지 않는 쇼쇼니 사회에서는 잣을 수확할 수 있는 지역과 시기를 예측하기 어려운 반면, 자원 방어가 이루어지는 파이우트 사회에서는 잣이 비교적 군집해 있어 언제 어디에서 수확할 수 있을지에 대한 예측이 비교적 용이하다.

만약 자원 방어가 경제적이라고 판단된다면, 불평등은 다음의 두 가지 경로 중 하나 혹은 두 경로 모두를 통하여 발달할 수 있다. 첫째, 후견인-피후견인 모델(patron-client model)에 따르면, 영역 방어를 통해 자원을 통제하는 개체나 집단이 그렇지 못한 개체나 집단에게 일정량의 자원을 양도하는 대신 정치적 지지나 자원 수확에 필요한 노동력을 요구함에 따라 사회적 계급의 차이가 발생한다(Smith & Codding, 2021). 둘째, 상호부조적 지도자 모델(managerial mutualism model)에 따르면, 자원을 방어하는 집단 내에서 자원 방어를 위해 요구되는 외교력이나 정치력, 무력을 갖춘 개인이 지도자로 추대되고 지도자가 그 대가로 자원의 일정량을 양도하면서 사회적 계급의 차이가 발생한다(Glowacki & von Rueden, 2015; Smith & Choi, 2007). 두 모델은 실질적으로 유사한 현상, 즉 지위가 더 높은 개체가 자원에 대하여 더 많은 통제권을 갖고 필요한 노동을 조직하는 결과를 예측하고 있다. 그러나 후견인-피후견인 모델은 후견인에 의한 착취를, 상호부조적 지도자 모델은 착취가 아닌 사회적 계약을 전제한다는 차이가 있다. 두 모델 중 상호부조적 지도자 모델에 대해서는 뒤에서 집단행동 문제와 관련하여 자세히 다룰 것이다. 또한, 두 모델이 예측하는 사회적 계급 분화 과정이 앞에서 다룬 인구압 모델 중 이상전제분포 모델과 유사하다는 점도 주목할 만하다. 이러한 유사성 때문에 인구압 모델과 자원 방어 모델은 불평등을 유발할 수 있는 다양한 사회적·환경적 요인 중 서로 다른 요인에 초점을 맞추고 있음에도 상호배타적이기보다는 상호보완적이다.

자원 방어 모델은 불평등이 농경의 발달과 함께 시작되었다는 통념에 반하는 수렵채집사회의 불평등 사례를 설명하는 데 유용하다. 예를 들어 태평양 연안에 위치한 몇몇 미국 원주민 사회에서는 작물을 경작하거나 가축을 길들인 흔적이 발견되지 않음에도 세습 귀족과 평민, 노예로 분류되는 계급 체계가 존재하는 것으로 알려져 있다(Fitzhugh, 2003). 불평등한 수렵채집사회는 공통적으로 정착지 이동 빈도가 비교적 낮고, 정착지의 규모가 크고 인구 밀도가 높으며 사회적 지위를 얻기 위한 경쟁이 치열하고 화폐를 이용한 부의 축적이 가능하다는 등의 특징을 보인다. 인류학자와 고고학자는 이러한 사회를 다른 평등 수렵채집사회와 구분되는 '복잡한(complex)' 수렵채집사회라 명명하고 경작이나 가축화 없이도 불평등이 발달할 수 있는 조건과 경로를 연구해 왔다(Sassaman, 2004). 자원 방어 모델을 바탕으로 한 인류학 연구에 의하면, 연중 정해진 시기에 특정 하구나 여울로 회귀하는 연어를 덫을 이용해 다량으로 포획할 수 있거나 상수리나무 군락지에서 도토리를 안정적으로 수확할 수 있는 사회일수록 사회적 계급 분화의 흔적이 뚜렷하게 나타났다(Dyson-Hudson & Smith, 1978; Smith & Codding, 2021).

태평양 연안 원주민 사회 데이터베이스(WNAI)와 d-place[3]를 이용한 비교문화 연구는 사회적 불평등(위계 지수, hierarchy index=식량과 부의 분배 정도, 친족집단 내 위계화 정도와 노예제 유무를 더하여 계산)을 결과 변수로, 다양한 사회적·환경적 요인(인구, 집단 간 충돌, 자원 등)을 예측 변수로 하는 통계적 모델을 구축하여 어떤 변수가 사회 간 불평등 수준의 편차를 가장 성공적으로 설명하는지 알아보고자 했다(Smith & Codding, 2021). 이를 위해 머신 러닝을 이용한 랜덤 포레스트 모델, 일반화 가산 모델(generalized additive model), 구조방정식 모델(structural equation model)의 세 가지 다른 통계적 기법을 활용했다. 그 결과, 인구 밀도나 집단 간 충

3 WNAI(Western North American Indian)와 d-place(https://d-place.org/)는 생계경제 형태와 친족 및 혼인 제도, 사회적 계급 유무에서부터 예술과 여가 문화에 이르기까지 지금까지 인류학자에 의해 연구된 바 있는 사회의 다양한 측면을 연속변수나 범주형 변수, 이항변수로 축약하여 제공하는 인류학 데이터베이스다. 이를 이용하여 인류학자는 적용 범위가 한정적인 사례 연구를 넘어 비교문화 연구를 통해 자신이 검증하려는 가설의 일반화 여부를 검증할 수 있다. 특히 d-place는 민족지 연구 결과뿐 아니라 해당 사회가 위치한 지역의 고도, 경사도, 강수량, 자원의 풍부함(net primary productivity) 등과 같은 환경적 변수까지 제공하기 때문에 이를 이용해 환경과 사회, 환경과 문화 사이의 상호작용에 대한 연구도 가능하다.

돌 관련 변수는 랜덤 포레스트 모델에서 불평등을 설명하는 변수로 채택되지 못했다. 일반화 가산 모델에서도 인구나 집단 간 충돌보다 자원의 특성을 변수로 한 모델이 더 높은 설명력을 가지는 것으로 드러났다. 구조방정식 모델에 의하면 자원의 특성은 그 자체로 사회적 계급의 형성에 유의미한 영향력을 가질 뿐 아니라 낚시터 소유 형태라는 또 다른 자원과 관련된 사회적 요인을 통한 매개 효과도 가지는 것으로 드러났다.

더 나아가 자원 방어 모델은 일반적으로 수렵채집사회에 비해 농경사회에서 더 심한 불평등이 관찰되는 이유를 설명하는 데에도 사용되고 있다(Haynie et al., 2021; Mattison et al., 2016). 생계경제 측면에서 농경사회의 가장 두드러진 특징으로는 작물의 경작과 짐승의 가축화를 들 수 있는데, 모두 자원의 집약적인 생산(resource intensification)을 가능하게 한다. 자원 집약은 연어나 도토리 사례에서 볼 수 있듯 자원의 밀도와 예측 가능성을 증가시켜 자원 방어를 용이하게 만드는데, 이것이 곧 사유재산제도의 발달과 불평등의 심화로 이어진다는 것이다. 한 비교문화연구는 d-place를 이용하여 민족지 아틀라스(Ethnographic Atlas)에 포함된 전 세계 408개 사회의 환경 변수와 자원 관련 변수, 재산 제도 관련 변수, 사회적 계급의 세습 여부를 추출하고, 구조방정식 모델을 적용하여 각 요인이 다른 요인에 영향을 미치는 경로를 추적했다(Haynie et al., 2021). 연구 결과, 자원의 집약적 생산은 불평등으로 이어질 수 있는 요인 중 하나로, 지위 세습에 직간접적으로 유의한 영향을 미쳤다. 즉, 불평등은 자원이 군집해 있고 예측 가능하다는 조건하에 수렵채집경제에서도 발달될 수 있으나 농경으로 인한 자원의 집약적 생산은 자연 환경의 생태적 조건을 뛰어넘어 불평등이 발달하는 데 큰 영향을 미쳤다.

앨리 효과와 집단행동 문제

자원 방어 모델은 어떤 조건에서 불평등이 더 잘 관찰될 수 있는지에 대해서는 과학적으로 검증 가능한 예측을 제공하지만, 실제로 자원 방어가 어떠한 과정을 통해 이루어지는지에 대해서는 설명하지 않는다. 경제적 방어가 가능하게끔 군집해 있고 예측 가능한 자원이라 할지라도 단일 개체가 방어하기보다는 다수가 힘을 합칠 때 더 효과적으로 방어할 수 있다. 이를 '앨리 효과(Allee effect)'라 하는데, 동물 집단의 크기가 일정 수준보다 작아질 경우 집단이 구조적으로 제 기능을 하지 못해 불안정해지는 현상을 의미한다(Allee, 1931). 동물 사회에서 관찰되는 앨리 효과의 대표적 사례로는 인구 밀도가 지나치게 낮아 개체가 자신의 활동 반경 내에서 짝짓기 상대를 찾지 못하고 번식에 실패함으로써 집단의 유지가 어려워지는 것을 들 수 있다.

그러나 조금 다른 관점에서 바라보면, 집단의 크기가 작을 때에는 새로운 개체가 추가될 때 집단 구성원이 얻는 이익이 오히려 증가한다. 즉, 앨리 효과는 양방향에서 서로 달리 작용할 수 있다. 인간 사회에서는 이러한 긍정적 앨리 효과의 사례를 어렵지 않게 찾을 수 있다. 많은 어로사회에서 사용되는 고기잡이 그물은 여러 사람이 조직적으로 협력하여 이를 넓은 수역에 펼칠 때 더 효과적이다(Bliege Bird & Bird, 1997). 큰 사냥감을 몰 때도 여러 사람이 협력하면 더욱 효과적으로 사냥할 수 있다(Alvard & Nolin, 2002). 인류의 생존 행위 중 상당수에서 규모의 경제가 적용될 수 있다. 앨리 효과는 이상적 분포 모델에도 적용할 수 있다. 인구 밀도가 증가함에 따라 개체가 서식지에서 얻을 수 있는 이익이 단조적으로 감소하는 이상자유분포 모델(그림 4.1(a))과 달리 앨리 효과가 적용된 이상자유분포 모델에서는 집단의 크기가 포화점(그림 4.1(c)의 * 지점)에 도달하기 전까지는 새로운 개체가 추가적으로 진입함에 따라 개체당 이익이 증가한다(그림 4.1(c) i → *)(Codding et al., 2019; Smith & Codding, 2021).

자원 방어에 있어서도 이와 같은 규모의 경제 혹은 앨리 효과가 작용할 것이라고 예측할 수 있다. 다수가 모이면 영역 내로 침입하는 것을 더 조직적으로 경계할 수 있고, 물리적 힘도 우월해진다. 특히 앨리 효과를 이상자유분포 모델에 적용할 경우 이러한 자원 방어가 발생하는 인구 규모를 예측하는 것도 가능하다. 그림 4.1(c)에 따르면 인구 규모가 * 지점을 넘어설 때, 즉 규모의 경제가 더 이상 적용되지 않아 새로운 개체가 추가되어도 협력으로 인한 이익을 기대하기 어려울 때, 새로운 개체가 서식지에 진입하는 것을 방어하는 행위가 시작될 것이다(Codding et al., 2019). 이처럼 앨리 효과와 이상적 분포 모델을 종합하면 자원 방어의 이익이 비용을 초과할 때 자원 방어가 이루어질 것이라는 단순한 경제성 모델을 넘어서 보다 구체적으로 자원 방어 행위가 언제 어떻게 일어날지 예측할 수 있다. 미국 북서부 157개 원주민 사회에 대한 데이터베이스(Binford, 2001)를 이용한 연구는 각 사회에서 관찰된 자원 방어의 수준이 앨리 효과가 반영된 이상자유분포 모델의 예측에 부합하는지 살펴보았다(Codding et al., 2019). 그 결과, 각 사회에서 관찰된 협력적 집단의 크기가 클수록 자원의 소유권 경쟁과 집단 간 폭력적 충돌, 전쟁이 더 흔히 관찰되었다. 즉, 앨리 효과가 반영된 이상자유분포 모델이 예측한 대로 집단의 크기가 증가하여 더 이상 규모의 경제가 발생하지 않는 포화 상태에 이른 후부터 자원 방어 행위가 관찰된 것이다. 다만 이러한 효과는 어로와 채집에 의존하는 사회에서만 발견되고 사냥에 의존하는 사회에서는 발견되지 않았다. 이는 끊임없이 이동하는 사냥감의 특성상 자원의 예측 가능성이 낮기 때문이라고 추측된다(Dyson-Hudson & Smith, 1978).[4]

앨리 효과는 이처럼 인간 및 동물 사회의 자원 방어 행위에 대해 더 맥락적인 설명을 제공하지만, 자원 방어가 집단 차원에서 행해질 때 나타날 수 있는 집단행동 문제(collective action problem)를 간과하고 있다는 단점이 있다. 집단행동 문제는 집단의 이익을 높이는 행위가 행위자에게는 비용을 초래하지만 다른 구성원에게는 차별 없이 이익을 주는 역설을 말한다(Olson, 1965). 따라서 각 개체는 스스로 기여하지 않고 타인의 기여로 인해 발생한 이익에 무임승차할 때 더 큰 이익을 얻을 수 있다. 진화적 게임 이론의 관점에서 이는 결국 협력하는 개체에 대해 무임승차하는 개체가 집단 내 빈도의 우위를 점하는 결과로 이어진다. 다른 조건이 존재하지 않는 한, 집단에 기여하는 협력적 행위는 진화하지 않는다(Sigmund & Nowak, 1999). 앨리 효과가 발생하기 위해서는 집단에 속한 개체들의 협력이 전제되어야 하는데 집단행동 문제에 따르면 이러한 협력은 자연적으로는 관찰되지 않을 것으로 예상되므로 앨리 효과가 작동하기 어려워진다(Glowacki & von Rueden, 2015; Mattison et al., 2016).

상호부조적 지도자 모델: 사회적 위계화를 통한 집단행동 문제 해결

이론적으로 앨리 효과를 통한 자원 방어가 이루어지는 데에 집단행동 문제가 걸림돌이 되는 것은 사실이다. 그러나 현실 세계에서 인간 사회 및 몇몇 동물 사회는 협력을 기반으로 작동하고 있다. 특히 인간 사회에서 이러한 협력은 왕이나 대통령, 부족장과 같은 지도자와

4 어로 및 채집 위주의 사회에서 자원 방어 행위가 더 많이 관찰되는 이유에 대해서는 이미 앞에서 군집하여 분포하고 예측 가능성이 높은 연어와 도토리의 사례를 들어 설명한 바 있다.

지도자를 중심으로 하는 사회적 계급 체계에 의해 촉진된다. 지도자는 다른 집단 구성원에 의해 집단에 기여할 수 있는 뛰어난 능력을 가졌다고 여겨져 추대되거나, 혈연 혹은 다른 사회적 관계로 전임자와 이어져 권력과 사회적 자본을 물려받는다. 이로 인해 의사 결정 과정에서 더 많은 영향력을 갖고 무임승차자나 집단 규칙에 불응하는 개체에게 처벌을 내릴 수 있다. 이러한 지도자의 존재는 구성원이 자발적 혹은 강압적으로 협력을 하게끔 유도하고 큰 규모의 협력을 효율적으로 조직하는 데 도움이 되지만(von Rueden et al., 2014), 그것으로 집단행동 문제가 해결되는 것은 아니다. 대규모 협력의 조직 및 무임승차자 처벌도 지도자 개인에게 비용을 초래하기 때문이다. 따라서 협력을 유지하기 위해 또 다른 협력이 요구되는 2차 집단행동 문제가 발생한다(Glowacki & von Rueden, 2015).

집단행동 문제는 기본적으로 집단 전체에 이익이 되는 행동의 대가로 개인이 지불해야 하는 비용이 동일하다고 전제하고 있지만 이러한 전제는 사실이 아니다(Gavrilets & Fortunato, 2014; von Rueden et al., 2015). 현실 세계에서 개체는 외모에서부터 성격에 이르기까지 수많은 측면에서 차이를 보이며, 따라서 같은 행동에 요구되는 비용과 기대되는 효과 역시 개체 간 차이를 보인다. 예를 들어 집단 내 갈등을 중재하거나 다른 집단의 침입에 대비하여 자원 방어 체제를 조직하는 일, 무임승차자를 처벌하는 일처럼 흔히 지도자에게 요구되는 업무 수행에 있어 특정한 형질을 보유한 개체는 다른 개체에 비해 더 적은 비용으로 더 뛰어난 성과를 거둘 수 있다. 큰 키나 강한 힘과 같이 뛰어난 신체적 능력은 집단 간 무력 충돌이나 자원 쟁탈, 무임승차자 처벌에 더 유용할 것이며, 명문가에 속해 있거나 사교성이 좋은 사람은 사회적 자본을 이용하여 집단 내 갈등을 효율적으로 중재하고 대규모 협력이 필요한 작업에 효율적으로 인력을 배치할 수 있을 것이다.

상호부조적 지도자 모델은 이러한 맥락에서 지도자는 타인에 비해 더 많은 신체적·경제적·사회적 자본을 보유하고 있어 더 효율적으로 집단에 이익을 줄 수 있는 사람이라고 주장한다(Glowacki & von Rueden, 2015; Mattison et al., 2016; von Rueden et al., 2015). 에티오피아 남서부 차부(Chabu) 사회의 한 마을에서 실시된 민족지적 설문조사 연구는 이를 뒷받침한다(Garfield & Hagen, 2020). 연구에서 마을 사람들은 자신의 개인 정보를 제공한 후 서로의 지적·신체적·경제적·사회적 능력, 그리고 다양한 생계 영역에서 배울 만한 점이 있는지 평가했다. 이를 바탕으로 마을 내에서 지도자 역할을 해 본 적 있는 사람과 그렇지 않은 사람이 동료 평가 면에서 차이를 보이는지 분석한 결과 지도자는 그렇지 않은 사람에 비해 지적 능력이 더 높고 더 배울 만한 점이 있는 것으로 평가되었다. 이러한 결과는 지도자가 자신의 능력을 이용하여 더 적은 비용으로 집단에 이익을 줄 수 있다는 상호부조적 지도자 모델의 예측에 부합한다.[5]

지도자가 더 적은 비용으로 집단에 더 큰 이익을 줄 수 있는 사람이라는 주장은 직관적으로 타당하고 경험적 증거와도 부합한다. 그러나 그것만으로 1, 2차 집단행동 문제가 해결되는 것은 아니다. 아무리 적은 비용이 든다고 할지라도 지도자 역할 수행의 기회비용 등으로 인해 비용이 0이 될 수는 없으며, 그렇게 생산된 공공재가 모두에게 공평

5 한편 남성 지도자는 남성 비지도자에 비해 더 위압적으로 여겨졌으나 여성 지도자와 여성 비지도자 사이에서는 이러한 차이가 발견되지 않았다. 이러한 결과는 남성 사이의 지위 경쟁에서는 영장류 사회의 주요한 지위 상승 전략인 지배와 인간 고유의 명망이 모두 사용되지만, 여성 사이에서는 다양한 신체적·사회적 제약으로 인해 명망이 더 중점적으로 사용되기 때문인지도 모른다.

하게 분배되는 한 지도자가 얻는 이익은 줄어들 수밖에 없기 때문이다(Glowacki & von Rueden, 2015). 따라서 상호부조적 지도자 모델은 집단에 협력하는 데 더 적은 비용이 드는 것과 더불어 구성원이 사회적 합의 또는 계약에 의하여 이익의 일부를 지도자에게 양도할 때 비로소 집단 행동 문제가 해결되고, 자원 방어가 활성화된다고 설명한다(Mattison et al., 2016). 예를 들어 치마네 사회는 비교적 평등하다고 알려져 있지만, 비공식적 지도자의 자식 생존율이 더 높았다(von Rueden et al., 2011). 또한, 행위자 기반 모델을 이용한 시뮬레이션 연구에 따르면, 자원 방어에서 상정되는 것처럼 경쟁 승리의 이익이 집단 내에서 계급에 따라 차등적으로 분배될 때 상위 개체에 의한 공공재 투자가 이루어지는 것으로 나타났다(Gavrilets & Fortunato, 2014). 이때 집단 간 경쟁에서 승리해도 상대적으로 적은 이익을 얻는 하위 개체는 공공재에 거의 투자하지 않았다. 이러한 무임승차에도 불구하고 상위 개체는 집단 간 경쟁 패배로 인한 집단의 소멸보다는 집단 전체의 생존이 더 유리하기에 높은 수준의 공공 기여를 유지했다. 무임승차자의 존재에도 불구하고 불평등 자원 분배를 통한 이익을 기대하는 지도자의 적극적 노력에 의해 집단행동, 즉 자원 방어가 이루어지는 것이다.

상호부조적 지도자 모델은 불평등의 진화적 이해에 관한 새로운 관점을 제시한다. 앞에서 살펴본 비교적 단순하고 추상적인 모델, 즉 이상적 분포 모델이나 자원 방어의 경제성 모델에서는 불평등을 단순히 인구 이동의 제약이나 자원 방어 등으로 인해 나타나는 필연적 결과로 여겼다. 그러나 상호부조적 지도자 모델에서 불평등은, 자원이 군집해 있고 예측 가능하며 자원 이용에 있어 규모의 경제(앨리 효과)가 작용한다면, 단순히 결과로서 성립되는 것을 넘어 자원 방어를 위한 집단행동을 촉진하는 사회적 장치로도 이용될 수 있다. 그러나 이때 상호부조적 지도자 모델은 지도자가 공공에 더 많이 기여하는 대가로 더 많은 이익을 얻는 불평등한 구조가 합의나 계약만으로도 완벽하게 유지될 수 있다고 전제하고 있다. 즉, 집단 내에서 치열한 지위 경쟁이 벌어질 때 발생할 수 있는 비용이나 시간이 지남에 따라 계급 구조가 보다 착취적인 후견-피후견 관계로 수렴할 가능성은 고려하지 않는 것이다(Mattison et al., 2016). 이는 앞으로 불평등의 진화에 관한 인류학 연구가 해결해야 할 과제다.

재산상속 모델

마지막으로 재산상속 모델은 세계 각지의 전통사회에서 장기간 현장 연구를 수행해 온 여러 인류학자의 협업을 통해 정립되었다(Borgerhoff Mulder et al., 2009; Bowles et al., 2010). 이들은 재산이 부모에서 자식으로 세대를 거쳐 상속되면서 개인 간 재산 차이가 누적됨에 따라 불평등이 발생한다는 가설을 세우고, 수렵채집사회와 목축사회, 텃밭농경(horticulture)사회,[6] 농경사회의 상속 패턴과 분배 불평등 수준을 살펴보았다. 이때 재산상속 수준은 재산의 형태, 그리고 각 사회의 생계경제 체제에 따라 차이를 보였다. 특히 금전, 토지 등 유형의 물질적 재산은 사회적 관계나 힘, 지식 등 무형의 체화된 재산에 비해 훨씬 더 많이 승계되는 것으로 나타났다. 이러한 물질적 재산의 상속 수준은 수

6 보통 'horticulture'는 원예 농업으로 번역되지만 '과수, 채소, 화훼를 생산하여 유통시키는 농업의 일종'을 뜻하는 원예와 혼동될 우려가 있다. 여기서는 작은 텃밭에서 농작물을 키우는 일로 생활을 영위하는 유형의 생계경제를 지칭하므로 원예 농업 대신 '텃밭농경'으로 번역했다. 원시 농경이라고도 하는 텃밭농경은 밭가는 동물과 쟁기를 사용하지 않는다는 점에서 농경사회와 구별된다.

렵채집사회나 텃밭농경사회에 비해 가축과 토지에 의존하는 목축사회와 농경사회에서 훨씬 더 높았다. 이에 따라 지니 계수로 측정한 불평등 수준도 목축사회와 농경사회에서 훨씬 더 심했다(Smith et al., 2010b).

재산의 다양한 형태와 전승

재산상속 모델은 앞선 두 모델(인구압 모델, 자원 방어 모델)과 몇 가지 부분에서 차이를 보인다. 먼저 인구압 모델과 자원 방어 모델 모두 추상적 차원에서 자원 분포나 인구 이동 등의 단순한 조건을 적용했을 때 발생할 수 있는 결과를 논리적으로 추론하여 가설을 세우고 실증적 증거를 바탕으로 이를 검증하는 가설연역법을 사용했다. 그러나 재산상속 모델은 현존하는 21개 전통사회를 수렵채집, 목축, 텃밭농경, 농경의 네 가지 생계경제 유형으로 분류한 후, 각 유형의 불평등 양상을 일반화했다는 점에서 귀납적 성격을 갖는다. 따라서 특별한 맥락의 전제 없이 다른 조건의 동등성을 가정한 후 비용과 편익을 계산하는 앞선 두 모델과 달리 재산상속 모델은 구체적인 사회적·문화적 맥락 속에서 다양한 형태의 재산이 분포하는 양상을 살펴보고, 이를 통해 불평등이 발생, 유지되는 조건을 탐구한다.

또한, 재산상속 모델은 재산을 추상적으로 개념화하거나 특정 자원의 보유량 같은 좁은 범위로 한정하지 않고, 물질적(physical) 재산과 관계적(relational) 재산, 체화된(embodied) 재산이라는 세 가지 유형으로 분류하여 종합적으로 고려한다(Bowles et al., 2010). 따라서 이 과정에서 '가치 있는 재화와 용역을 창출해 낼 수 있도록 개인의 신체 내외로 축적된 자본'(Kaplan, 1996)이라는 재산의 일반 정의를 사용한다. 여기서 물질적 재산이란 흔히 '재산'이라고 할 때 쉽게 떠올릴 수 있는 금전, 집, 토지, 소유물, 가축 같은 물질의 형태를 띠는 재산을 의미한다. 관계적 재산이란 한 집단의 사회적 연결망 내에서 차지하고 있는 위치를 뜻하며, 자신이 가진 사회적 영향력이나 사회적 영향력을 가진 사람과의 연줄, 어려운 상황에서 도움을 줄 수 있는 동료 또는 이웃의 수 등으로 측정된다. 마지막으로 체화된 재산이란 앞선 두 유형의 재산과 달리 개인의 신체 내에 축적되어 자신의 생존과 번식에 유리하게 사용될 수 있는 자본을 일컫는다. 키와 체중, 힘, 순발력, 면역 기능, 신체적 기술의 숙련도, 지식, 자식의 수 등이 포함된다.

재산상속 모델은 각 개인/가구가 보유하고 있는 세 유형의 재산을 다양한 방법으로 측정하여, 21개 전통사회에서 각 유형의 재산이 얼마나 불평등하게 분배되어 있는지를 지니 계수(0: 모두가 동등한 재산 보유, 1: 한 인간이 모든 재산을 독점)를 사용하여 도출했다. 또한, 두 개인/가구가 부모-자식 관계일 경우 부모 재산에 대한 자식 재산의 탄력성(β)을 측정하여 재산상속 수준을 보여 주는 지표로 활용했다(Smith et al., 2010b).

이때 세 가지 유형의 재산이 가지는 상대적 중요성은 각 사회의 고유한 사회생태적 맥락이나 생계경제 유형, 환경적 조건 등에 따라 다르다. 예를 들어 거주지를 자주 옮기는 수렵채집사회에서는 물질적 재산의 축적이 이동성을 저해하기 때문에 식량 나눔이나 상호부조를 통해 '타인의 배 속에 축적되는'(Hawkes et al., 2018) 관계적 재산이 더 중요하다. 반면에 보유 토지의 넓이나 가축 수에 의해 생산력이 크게 좌우되는 목축사회와 농경사회에서는 물질적 재산이 훨씬 중요하다. 이 모델은 또한 특정 유형의 재산이 한 단위 증가할 때 개인/가구의 전체 효용이 증가하는 양(α)을 추정한 후 이를 중요도 지수라고 하여 각 개인/가구가 보유한 재산에 가중치로 반영했다. 다만 다른 수치와 달리 각 재산의 중요도 지수 α는 명시적으로 관측되기 어려우므로 동일한 생계경제 유형을 연구하는 전문가 포럼에서 집단 토의를 거쳐 주관적으로 추산했다(Borgerhoff Mulder et al., 2009; Smith et al., 2010b). 전문가 간 합의에 의한 주관적 판단이라는 점은 큰 단점이지만, 다른 논문에서 견고성 검증을 통해 통계적 추론이 주관적 판단에 의해 편향되지 않았음을 확인한 바 있다(Borgerhoff Mulder et al., 2009).

생계경제 유형별 불평등과 재산상속

개인/가구의 재산 보유량, 지니 계수, 재산 유형별 상속 지수 β, 중요도 지수 α를 바탕으로 각 사회의 재산상속과 불평등이 생계경제 유형에 따라 어떠한 차이를 보이는지 분석한 결과는 아래와 같다.

① 수렵채집사회

21개 전통사회 중 수렵채집사회는 총 5개로, 파라과이의 아체(Aché) 사회, 탄자니아의 하드자(Hadza) 사회, 칼라하리 사막의 주호안시(Jul'hoansi) 사회, 인도네시아의 라말레라(Lamalera) 사회, 오스트레일리아/파푸아뉴기니의 메리암(Meriam) 사회 등이다(이하 별도의 표기가 없는 한 Smith et al., 2010b 참조). 비록 각 사회별로 어느 정도 편차를 보이긴 하지만, 공유되는 수렵채집사회의 특징이 있다. 예를 들면 인간이 길들인 식물과 동물에 의존하지 않으며, 연중 거주지 이동 빈도가 높고, 인구 밀도가 낮은 것 등이다. 잦은 거주지 이동으로 인해 운반이 어려운 물질적 재산은 가치가 낮으므로 이들은 체화된 재산(사냥과 관련된 지식, 기술)이나 관계적 재산(식량 나눔)을 축적하는 데 더 많은 노력을 투자한다.

이들 사회에서 각 유형의 재산이 갖는 중요성에 관해 연구자들의 합의된 결과는 다음과 같다. 5개 사회의 평균 α는 물질적 재산이 0.15, 관계적 재산이 0.39, 체화된 재산이 0.46이었다. 특히 거주지 이동 빈도가 높을수록 체화된 재산의 중요성이 높고 물질적 재산의 비중이 낮았으며(아체, 하드자), 이동 빈도가 낮고 인구 밀도가 높은 사회일수록 세 유형의 재산이 가지는 중요성이 비교적 균등했다(주호안시, 라말레라, 메리암).

각 유형의 재산은 다음과 같은 지표를 통해 측정되었다. 체화된 재산은 사냥의 시간당 획득 칼로리(아체, 치마네, 하드자), 5세까지 생존한 자식의 수(라말레라, 메리암), 악력(하드자)과 몸무게(아체, 하드자)를 통해 측정되었다. 물질적 재산의 지표로는 보트 소유의 여부와 주택의 질(라말레라)이, 관계적 재산의 지표로는 교환관계를 맺고 있는 사람의 수(주호안시, 라말레라)가 사용되었다. 또한, 부모-자식 관계에 있는 개인/가구의 재산 간 상관관계를 통해 측정된 각 재산 유형의 평균 상속 지수 β는 물질적 재산이 0.17, 관계적 재산이 0.23, 체화된 재산이 0.16이었다. 각 재산 유형의 중요도 α를 반영한 모든 재산 유형의 가중 평균 β는 0.19였다. 이러한 β 값은 재산 상위 10%에 속한 부모 밑에서 태어난 자식이 부모와 마찬가지로 상위 10%에 속할 확률이 하위 10%에 속한 부모 밑에서 태어난 자식에 비해 3배 더 높다는 것을 의미한다(Borgerhoff Mulder et al., 2009).

각 재산 유형의 평균 지니 계수는 물질적 재산이 0.36, 관계적 재산이 0.23, 체화된 재산이 0.22였으며 재산 유형별 가중치 α를 반영한 세 재산 유형의 가중 평균 지니 계수는 0.25였다. 연구가 이루어졌던 2009년 당시, 북유럽 국가의 금전소득 지니 계수가 0.25, 미국은 0.41이었으며 저소득 국가의 경우 0.6을 넘기도 했다(UNDP, 2009)는 점을 고려하면 수렵채집사회는 비교적 평등한 편에 속한다. 그러나 산업화된 현대사회와 비견될 만한 지니 계수(0.25)가 나타났다는 점은 과거 인류학 연구에서 '원초적 공산주의'(Lee, 1988) 등으로 묘사한 수렵채집사회의 평등이 과장된 것임을 보여 준다.

② 목축사회

탄자니아의 다토가(Datoga) 사회와 상구(Sangu) 사회, 차드의 유하이나(Juhaina) 사회, 투르크메니스탄과 이란, 아프가니스탄에 위치한 요무트(Yomut) 사회 등 총 4개 사회가 목축사회로 분류되었다(이하 별도의 표기가 없는 한 Borgerhoff Mulder et al., 2010 참조). 목축사회는 가축에 크게 의존하는 사회로 특징지어지지만, 전적으로 가축에만 의존하는 목축사회는 드물다. 이들은 수렵채집 또는 대개 농업을 병행하며 생계를 유지한다. 목축사회는 소, 낙타, 양, 염소, 말, 야크, 야마 등 다양한 가축을 이동 방목하기 때문에 수렵채집사회와 마찬가지로 이동성이 높은 편이다. 전염병이나 가뭄, 습격 등으로 가축이 몰살하는 일이 드물지 않으므로 경제적 불안정 역시 목축사회의 특징이다.

연구자 합의 결과, 목축사회에서 각 재산 유형의 평균 중요도 α는 물질적 재산이 0.61, 관계적 재산이 0.14, 체화된 재산이 0.26이었다. 가축에 크게 의존하므로 물질적 재산의 중요도가 대단히 높게 평가되었으며, 관계적 재산과 체화된 재산의 중요도는 수렵채집사회의 1/4에서 1/2 수준으로 낮게 책정되었다. 다만 다토가 사회에서는 물질적 재산의 α가 0.52로 비교적 낮고 관계적 재산의 α가 0.25로 비교적 높았는데, 이는 다른 사회와 달리 관계적 재산이 전염병이나 습격으로부터 가축을 보호하기 위한 사회적 안전망으로 이용되었기 때문이다.

목축사회의 물질적 재산은 보유한 총 가축 수(다토가), 보유한 낙타의 수(유하이나), 보유한 소의 수(상구), 세습된 가축의 수(요무트)를 통해 측정되었다. 관계적 재산은 위의 4개 사회에서 적합한 지표를 찾을 수 없었기에 케냐 킵시기스(Kipsigis) 사회처럼 가축을 공유하는 파트너 수를 통해 측정했다. 체화된 재산은 5세까지 생존한 자식의 수(다토가)를 통해 측정했다. 각 재산 유형의 평균 상속 지수 β는 물질적 재산이

0.67로 매우 높았으며, 반대로 관계적 재산과 체화된 재산의 β는 각각 0.07과 0.04로 매우 낮았다. 재산 유형의 중요도 α를 반영한 모든 재산 유형의 β는 0.43으로 수렵채집사회에 비해 높았다. 상속 지수가 0.43이라는 것은 상위 10% 부모의 자식이 마찬가지로 상위 10%에 속할 가능성이 하위 10% 부모의 자식이 상위 10%에 속할 가능성에 비해 16배나 더 높다는 뜻이다. 각 재산 유형의 지니 계수는 물질적 재산이 0.51, 관계적 재산이 0.45, 체화된 재산이 0.2였다. 모든 재산 유형의 α를 반영한 가중 평균은 0.42로 수렵채집사회에 비해 더 높았으며, 거의 미국과 견줄 만한 수준이었다.

수렵채집사회와 마찬가지로 목축사회의 구성원은 불평등한 농촌사회에 저항하는 용맹하고 자부심 높은 평등주의자로 낭만화되는 경향이 있다(Lattimore, 1951). 특히 일시적으로 불평등이 심화될 수는 있어도 앞서 언급한 비예측적 가축 손실의 위험으로 경제적 지위의 변동이 심하기 때문에 결과적으로 불평등이 영속되기는 어렵다고 여겨져 왔다(Schneider, 1979). 그러나 이상의 연구 결과는 목축사회가 매우 불평등하다는 것을 보여 준다. 이는 목축사회에서 가축으로 대표되는 물질적 재산이 매우 중요하며, 부모에서 자식으로 더 많이 상속된다는 점과 밀접한 관련이 있다.

비예측적 가축 손실 위험은 빈부 격차를 줄이지 못하고 오히려 부익부 빈익빈을 유발할 수 있다(Fratkin & Roth, 1990). 더 많은 가축을 보유한 사람일수록 보유한 가축의 종을 다양화하거나 가축을 분산하여 키울 수 있기 때문이다. 또한, 가축은 토지와 달리 스스로 번식한다는 특징이 있다. 충분한 수의 가축이 있으면 자연스럽게 재산이 증가한다. 따라서 가뭄이나 전염병이 닥쳐도 부유한 목축민의 가축은 몰살을 피할 가능성이 크고, 몇 마리라도 살아남기만 한다면 재난 후에 다시 자연적으로 증가할 수 있다. 그러나 보유 가축 수도 적고 가축의 종 다양성이나 방목지도 부족한 목축민은 같은 상황에서 모든 가축을 잃을 위험이 크다. 즉, 물질적 재산의 생물학적 특성과 비예측적 환경은 목축사회의 불평등을 심화시킬 수 있다.

③ 텃밭농경사회

텃밭농경을 주요 생계경제 활동으로 하는 지역 연구에서는 도미니카의 한 시골 마을(Bwa Mawego), 감비아의 만딩고(Mandingo) 사회, 탄자니아의 핌브웨(Pimbwe) 사회, 볼리비아의 치마네 사회가 대상이 되었다(이하 별도의 표기가 없는 한 Gurven et al., 2010 참조). 여기서 텃밭농경이란 사람의 노동력과 단순한 도구를 이용해 소규모, 저강도로 농작물을 생산하는 것을 말한다(Bates, 2001). 텃밭농경사회에서는 생산성이 낮은 토지에서 자체 소비를 목적으로 다양한 작물을 기른다. 이는 비교적 비옥한 땅에서 시장에 판매하기 위한 단일 작물에 집중하는 농경사회와 대조적이다. 또한, 관개 시설을 이용한 집약적 생산이 이루어지지 않기 때문에 계절성 강우에 주로 의존한다. 일대의 나무와 잡초를 제거하고 생산성 낮은 토지에 일시적으로 영양분을 공급하기 위해 화전을 일구기도 한다. 하지만 멀리 이동하는 일 없이 특정 지역에 밀집하여 살아간다는 점에서 농경사회와 유사하다.

텃밭농경사회에서 장기간 현장 연구를 수행한 연구자 간 합의에 따라 각 재산 유형의 4개 사회 평균 α는 물질적 재산이 0.21, 관계적 재산이 0.26, 체화된 재산이 0.53으로 책정되었다. 이러한 α의 분포는 수렵채집사회와 유사하다. 다른 세 가지 생계경제 유형과 비교했을 때 오직 수렵채집사회만 텃밭농경사회보다 관계적 재산의 α가 더 높았고, 물질적 재산의 α가 더 낮았다. 4개의 텃밭농경사회 사이에서는 α의 분포에 큰 차이가 없었다.

텃밭농경사회에서 물질적 재산은 토지(도미니카)와 가구 재산(펨브웨, 치마네)으로 측정했으며, 관계적 재산은 밭일 파트너의 수와 동맹관계(치마네)로 측정했다. 체화된 재산은 몸무게(만딩고, 펨브웨, 치마네), 5세까지 살아남은 자식의 수(만딩고, 펨브웨, 치마네), 농경 기술(펨브웨), 사냥 실력(치마네), 문화적 지식(치마네), 악력(치마네) 등으로 확인했다. 이를 바탕으로 부모-자식 관계에서 측정된 각 재산 유형의 β는 물질적 재산이 0.09, 관계적 재산이 0.26, 체화된 재산이 0.17, 재산 유형별 중요도를 반영한 전체 재산 유형의 가중 평균이 0.18이었다. 이는 수렵채집사회와 유사하고 목축사회와는 큰 차이를 보이는 수치다. 한곳에 정착해 작물을 기르는 텃밭농경사회의 α와 β가 주거지를 옮겨 다니며 수렵과 채집을 하는 수렵채집사회와 유사하다는 점, 특히 물질적 재산의 중요도와 상속 수준이 두 생계경제 유형 모두에서 낮다는 점은 주목할 만하다.

텃밭농경사회의 지니 계수는 물질적 재산이 0.52로 가장 높았고, 관계적 재산과 체화된 재산은 각각 0.23과 0.2로 비교적 낮았다. 물질적 재산의 지니 계수가 목축사회와 비슷하게 높았지만 물질적 재산의 중요성이 낮은 탓에 전체 재산 유형의 가중 평균 지니 계수는 0.21에 그쳤다. 이는 위의 α, β와 마찬가지로 수렵채집사회와 유사하고, 목축사회에 비해서는 확연하게 낮은 수치다.

이러한 결과는 농업이 발달하고, 특히 인간이 동식물을 길들이기 시작하면서 불평등이 심화되었다는 통념을 지지하지 않는다. 농경사회보다 척박한 텃밭농경사회에서는 잉여 생산물이 발생하는 경우가 드물고, 토지 생산성의 지역별 차이도 적다. 농업을 주요 생계 수단으로 삼고 있지만, 우월한 서식지도, 예측 가능한 밀집 자원도 없기 때문에 텃밭농경사회는 비교적 평등하다. 이를 통해 농업과 불평등 사이에 직접적인 인과 관계가 존재하는 것이 아니라 농업과 연관된 다른 조건, 즉 앨리 효과에 의한 이상전제분포의 성립 또는 집약적 자원 생산으로 인한 자원 군집도 및 예측 가능성의 증가가 사회의 불평등과 보다 직접적으로 연결된다는 것을 알 수 있다.

④ 농경사회

앞선 세 연구와 달리 농경사회의 재산상속과 불평등에 관한 연구는 현존하는 5개 사회인 케냐의 킵시기스(Kipsigis) 사회, 투르크메니스탄과 이란, 아프가니스탄의 요무트(Yomut) 사회, 인도와 방글라데시의 벵골(Bengali) 사회, 카시(Kasi) 사회, 벵갈루루(Bengaluru) 사회를 관찰한 자료에 더하여 과거에 존재했던 유럽의 3개 사회, 즉 1540~1790년 동부 잉글랜드 지역, 1830~1890년 북부 스웨덴의 셸레프테오(Skellefteå) 지역, 18~19세기 북서부 독일의 크룸회른(Krummhörn) 지역의 기록 자료가 활용되었다(이하 별도의 표기가 없는 한 Shenk et al., 2010 참조). 농경사회의 특징으로는 쟁기와 밭 가는 동물을 이용하여 작물을 경작한다는 것과 좁은 땅에서 집약적 생산이 이루어진다는 것을 들 수 있다. 몇몇 농경사회에서는 산업사회의 특징이라고도 할 수 있는 시장경제 또는 임금 노동에 의한 생산이 이루어지기도 했다. 농경인들은 한 마을에 정착하여 살아가며 영구적 구조물을 짓고 식량을 저장했다. 이로 인해 전염병에 의한 사망이 증가했지만, 출산율 증가가 이를 상쇄하여 인구가 빠른 속도로 증가했다. 농경사회의 등장과 함께 추장사회, 국가 등 복잡한 구조를 가진 사회가 형성되었으며 공식적 계급 제도와 체계적 노동 분업이 이루어졌다. 따라서 연구에 포함된 과거와 현대의 농경사회는 모두 국가 체제의 일부로서 해당 국가의 다른 지역과 기능적으로 상호작용했다는 점에서 앞서 말한 세 가지 생계경제 유형의 사회와 다르다.

농경사회의 연구자는 물질적 재산의 중요도 α를 평균 0.59로 가장 높게 판단했으며, 관계적 재산과 체화된 재산의 α는 각각 평균 0.14와 0.27로 비교적 낮게 판단했다. 이러한 농경사회의 α 값은 목축사회와 매우 유사했고, 수렵채집사회 및 텃밭농경사회와는 큰 차이를 보였다.

물질적 재산은 토지(킵시기스, 크룸회른), 부동산 가치(동부 잉글랜드), 가축의 수(킵시기스), 상속받은 토지(요무트)를 통해 측정했다. 관계적 재산은 인척 연결망의 크기(벵갈루루)와 가축 공유 파트너의 수(킵시기스)를, 체화된 재산은 5세까지 살아남은 자식의 수(벵골, 동부 잉글랜드, 카시, 킵시기스, 셸레프테오)를 통해 측정했다. 상속 지수 β는 물질적 재산이 0.55, 관계적 재산이 0.08, 체화된 재산이 0.1이었으며, 중요도를 반영한 전체 재산 유형의 가중 평균은 0.36이었다. 지니 계수는 물질적 재산이 0.57, 관계적 재산이 0.46으로 매우 높고, 체화된 재산은 0.28로 비교적 낮았으며, 재산 유형별 중요도가 반영된 전체 재산 유형의 가중 평균 지니 계수는 0.48이었다. 농경사회의 상속 지수와 지니 계수는 (α와 마찬가지로) 목축사회와 유사했으며 나머지 두 생계경제 유형의 사회와는 큰 차이를 보였다.

농경사회의 높은 불평등 지수는 토지로 대표되는 물질적 재산이 갖는 중요도와 높은 상속 지수로 설명할 수 있다. 농경사회에서 토지가 중요한 이유는 무엇일까? 인간의 노동에 의존하는 텃밭농경에서 관개 시설과 쟁기를 이용하는 농경으로 전환되면서 노동력이 아닌 토지가 더 중요한 생산 제약 요인으로 작용했기 때문이다. 또한, 가축과 다르게 농지는 번식을 통해 자연적으로 증가하지 않고 자식들에게 분할하여 상속할 경우 생산력이 급격하게 감소하므로, 장자 상속과 같이 특정한 지위의 자식에게만 제한적으로 토지를 상속하는 제도가 등장했다. 즉, 농경사회에서 물질적 재산의 상속 지수가 이토록 높게 나타나는 것은, 단순히 물질적 재산이 다른 무형의 재산에 비해 상속이 더 용이하기 때문이 아니라 상속의 대상과 절차를 규정하는 제도가 작동하기 때문이다. 또한, 자식들 사이에서도 토지가 불균등하게 분배됨에 따라 불평등은 더욱 심화된다(Mattison et al., 2016).

3. 결론과 제언

지금까지 살펴본 불평등에 관한 세 가지 인류학적 모델은 각각 다른 차원에서 불평등을 바라본다. 거시적인 인구 차원에는 인구압 모델이, 한 단계 아래인 집단 차원에는 자원 방어 모델이, 맨 아래 미시적인 개인/가구 차원에는 부모와 자식 사이의 재산상속 모델이 위치해 있다. 따라서 이러한 모델들은 서로 배타적이지 않으며 오히려 상호보완적인 관계를 가진다. 예를 들어 자원 방어 모델 중 상호부조적 지도자 모델은 인구압 모델의 이상자유분포에서 이상전제분포로의 전환 과정에서 어떻게 집단 행동이 나타날 수 있는지 설명해 준다. 또한, 재산상속 모델은 자원 방어에 의해 일시적으로 성립된 불평등이 어떻게 세대를 거쳐 지속될 수 있는지 보여 준다. 따라서 인구의 정착과 이동, 환경적 제약과 자원의 분포, 그리고 재산상속에 관한 제도와 관습에 이르기까지 다양한 요인을 종합적으로 고려해야 불평등의 진화를 총체적으로 이해할 수 있을 것이다.

불평등에 관한 세 가지 진화 모델에서 언급된 연구를 방법론적 측면에서 살펴보면, 비교적 전통적인 인류학 연구 방법에 속하는 민족지 연구(Garfield & Hagen, 2020; Moritz et al., 2014; Robinson et al., 2017)와 고고학 연구(Kennett et al., 2009; Prufer et al., 2017)에서부터 행위자 기반 시뮬레이션(Bell & Winterhalder, 2014; Gavrilets & Fortunato, 2014)과 비교문화 데이터베이스(Haynie et al., 2021; Smith & Codding, 2021)를 이용한 연구에 이르기까지 다양한 연구 방법을 이용한 불평등 연구가 이루어지고 있다. 인류학에서 현장 연구가 갖는 중요성은 아무리 강조해도 지나치지 않지만 진화행동과학을 연구하는 모든 연구자에게 현장 연구를 강요할 수는 없는 일이다. 특히 2020년부터 지속되고 있는 코로나19 유행으로 인해 현장 연구가 매우 어려워진 상태다. 국가 간 전쟁 및 내전이 진행 중인 일부 지역은 접근 자체가 불가능하기 때문에 다양한 연구 방법을 활용하는 것이 불평등뿐 아니라 다양한 주제의 인류학 연구를 지속하는 데 도움을 줄 수 있다.

시뮬레이션 연구는 특정한 조건하에서 나타날 수 있는 인간 행동에 관한 간단한 논리에서 출발하여 행동의 결과가 집단 수준에서 어떠한 균형 혹은 패턴을 이룰 수 있는지를 보여 준다. 인간 사회와 문화의 다양성과 복잡성을 단순하게 환원한다는 점에서 비판을 받기도 하지만, 반대로 현장 연구만으로는 검증하기 힘든 장기간에 걸친 인간 집단의 변화나 인과 관계의 검증을 가능케 한다는 점에서 현장 연구의 단점을 보완할 수 있다.

비교문화 데이터베이스에는 세계 각지의 사회가 실제로 처한 환경적·사회문화적 맥락이 잘 기록되어 있기 때문에, 이를 검증하려는 가설에 반영하면 다양한 조건이 통제된 상태에서 연구 예측이 유효한지 살펴볼 수 있다. 데이터베이스에 수록된 자료 대부분이 20세기 중반에 확보된 것이라는 단점이 있으며, 몇몇 변수의 경우 연구자마다 보고 내용이 크게 달라 자료의 신뢰도에 의문이 제기되기도 한다(Bliege Bird & Codding, 2022). 그러나 다양한 사회를 직접 관찰, 비교하는 것이 불가능한 상황에서 적은 시간과 비용으로 생태 환경에서부터 정치, 경제, 문화에 이르기까지 다양한 측면을 종합적으로 조망하여 비교할 수 있다는 점은 유용하다(Slingerland et al., 2020).

또한, 민족지 연구나 고고학 연구 등 전통적 방식의 연구에서도 점차 지리 정보 시스템(Geographic Information System, GIS) 등으로 공간 분석을 실시하거나(Moritz et al., 2014; Prufer et al., 2017; Robinson et al., 2017), 통계 프로그램 등을 이용해 정량적 분석의 신뢰성을 높이거나, 데이터 시각화(Garfield & Hagen, 2020)를 통해 연구 결과를 효율적으로 전달하는 등의 시도가 이루어지고 있다.

특히 위에서 언급된 여러 연구는 세 명 이상의 연구자가 협업한 것이다. 재산상속 모델에서 다룬 연구(Borgerhoff Mulder et al., 2009; 2010; Bowles et al., 2010; Gurven et al., 2010; Shenk et al., 2010; Smith et al., 2010a; 2010b)는 각 사회를 장기간 연구한 연구자들이 각자 보유한 자료를 적극적으로 공유하여 만들어 낸 결과물이다. 물론 연구에 포함된 사회의 수(21개)는 비교문화 데이터베이스에서 참조할 수 있는 사회의 수에 비하면 적은 편이다. 그러나 데이터베이스 기반 변수는 횡사회적 일관성이 낮고 종종 넓은 범주형 변수나 불리언(boolean) 변수로만 되어 있어 난점이 많다. 이에 반해 협업 연구에서는 연구자가 직접 관찰한 자료를 바탕으로 다양한 지표를 통해 구체적 수치를 도출하고 생계경제 유형별로 합산, 비교하는 일이 가능하다. 또한, 인류학자 간 협업 연구의 경계를 넘어 수학자(Moritz et al., 2014) 또는 경제학자(Borgerhoff Mulder et al., 2009)와의 다학제 연구도 이루어질 수 있다. 특히 양적 자료에 대한 통계적 분석을 적극적으로 활용하는 진화인류학 연구의 특성상 다학제적 협력은 더 효과적인 자료 수집과 분석 모델 선택을 가능케 하여 그 결과를 효과적으로 제시하는 데 도움이 될 것이다.

5장

종교

종교는 왜, 그리고 어떻게 진화했는가

종교와 인간의 진화

구형찬

구형찬_서강대학교 K종교학술확산연구소 연구교수,
서울대학교 종교학과 및 인류학과 강사

서울대학교 종교학과에서 학사, 종교학 석사, 종교학 박사 학위를 받았고, 서울대학교 인지과학연구소 객원연구원, 연세대학교 문과대학 객원교수 등을 지냈다.

종교의 진화인지적 기반, 문화 진화의 인지적 제약, 혐오의 인간행동생태학적 요인, 도덕적 직관과 종교의 상관성, 경험과학적 종교연구 방법론 등을 주로 연구하고 있다.

주요 논문으로 「민속신앙의 인지적 기반에 관한 연구」, 「인지종교학의 '종교' 개념 고찰」, 주요 저서로 『감염병 인류』(공저) 등이 있고, 『문화 설명하기』(공역), 『종교는 어떻게 진화하는가』(근간) 등을 옮겼다.

1. 서론

'종교'는 두 가지 이질적 대상을 아우르는 말이다. 한편에는 '제도 종교', 즉 기독교, 이슬람, 불교, 힌두교와 같은 특수한 교리, 실천, 조직의 꾸러미가 있고, 다른 한편에는 명시적인 가르침이나 행위 규범, 조직화된 집단이 없는 '자연 종교' 혹은 '민속신앙'이 있다.

이에 대한 흔한 오해 두 가지를 들자면, 첫째, 그 두 가지 유형의 종교가 각각 서로 다른 집단에서 나타날 것이라 기대하는 것과 둘째, 특정 제도 종교를 더 표준적인 종교라고 간주하는 것이 있다. 그러나 인류학이나 종교학에서 수집된 여러 증거는 그 둘이 상호배타적이거나 대체 관계에 있지 않으며, 제도 종교보다 자연 종교가 훨씬 더 일반적이고 광범위하게 관찰되는 형태라는 것을 잘 보여 준다(Boyer, 2001; 2010; Idinopulos & Wilson, 1998; Leslie, 1960; Slone, 2004; Smith, 1963; Smith, 1982). 즉, 인간이 종교적으로 생각하고 행동하며 협력하기 위해 제도 종교의 모형이 필수적인 것은 아니다. 오히려 명시적인 교리, 실천, 조직을 갖춘 제도 종교는 인류 진화사에서 최근에 등장한 문화적 발명품이다.

널리 수용되는 '종교'의 조작적 정의는 없기 때문에 관습적인 용례를 참조하면서 논의를 시작하자. 우리는 대체로 영혼, 조상, 신 등에 관한 심적 표상(생각과 느낌)과 그것에 결부된 공적 표상(행동과 그 산물)을

'종교적'이라고 여긴다. 여기에는 특정 사건, 대상, 집단, 규범, 체험 등을 비물리적 행위력(non-physical agency)에 의한 것이나 신비한 현상으로 간주하는 생각과 행동도 포함된다(Boyer, 2010).

종교적 생각과 행동은 세계에 대한 직관적 기대와 일상의 논리적 일관성을 흔들며, 종종 많은 비용을 발생시킴에도 불구하고 인간 집단에 널리 퍼져 있고 지속적으로 유지된다. 종교는 왜 그리고 어떻게 진화했을까? 이는 19세기 이래 여러 학자가 물었던 것으로(Marett, 1900; Spencer, 1898; Tylor, 1871), 한동안 잊혔을 뿐 새로운 질문은 아니다. 그러나 지난 20세기 말부터 그 질문에 답하기 위한 노력이 다시 시작되고 있다. 진화심리학과 인지과학이 연구자를 자극했고, 최근에는 인간행동생태학의 설명력에 대한 기대도 점차 커지고 있다. 아직 갈 길은 멀어 보이지만 과거 어느 때보다 활발한 연구가 이루어지고 있다는 점은 고무적이다. 이번 장에서는 종교 진화 연구의 주요 설명 모델과 기본 주제를 살펴보고, 최근 학계의 이슈와 동향, 그리고 몇 가지 주요 쟁점 및 과제에 대해 검토하고자 한다.

2. 종교 진화의 설명 모델

종교 진화의 탐구는 종교적 사고와 행동이 인간 세계에 왜 그리고 어떻게 널리 퍼지게 되었는지에 대해 궁극 설명을 규명하는 것과 근연 설명을 규명하는 것으로 나눌 수 있다. 종교 진화에 관한 이론적 설명은 대개 적응주의 모델, 인지적 부산물 모델, 유전자-문화 공진화 모델의 세 가지 틀로 구분된다(Lindenfors & Svensson, 2021). 여기서는 우선 서로 명백히 대립하는 적응주의 모델과 인지적 부산물 모델에 주목하고,

둘 사이의 논쟁에 대해 개괄한다. 유전자-문화 공진화 모델은 4절에서 종교와 도덕의 진화에 관해 다룰 때 다시 언급할 것이다.

적응주의 모델

적응주의 모델(adaptationist model)은 종교가 인류의 번영에 기여한 진화적 적응이라고 주장한다. 예를 들어 종교적 권위에 관한 복종 행동은 서열 행동과 유사한 부류의 적응일 수 있다(Wilson, 1978). 또한, 변성 의식 상태(altered state of consciousness, ASC)에 빠지거나 이른바 '신비'를 목격하는 등 특별한 체험을 하거나 초월적 존재를 만났다고 주장하는 사람에게서 스트레스가 감소하고 질병에 대한 저항력이 높아지는 특정한 유전자(VMAT2)가 과도 발현되었다는 연구도 있다(Hamer, 2004). 사후 세계에 관한 믿음이나 영성 추구가 개인의 건강에 이롭다는 주장(Bering, 2006; Koenig et al., 2012)과 종교적 동맹과 연합이 응집력, 자원 공유, 전투력 등을 제고하여 집단 간 경쟁에서 우위를 점하게 했다는 주장(Wilson, 2002)이 제기되기도 한다. 이들은 모두 직간접적으로 적응주의 모델을 따른다.

적응주의 모델을 따르는 논의 중 종교가 다양한 인지, 정서, 행동, 발달 요소를 포함하는 적응 복합체(adaptive complex)라는 주장은 특히 흥미롭다(Alcorta & Sosis, 2005; 2006; Sosis & Alcorta, 2003; 2004). 이에 따르면 종교는 호미닌 진화 이전의 여러 생물이 가진 의례 체계에서 파생된 다양한 형질이 초기 호미닌 개체군에서 하나의 체계로 진화한 것이다(Sosis, 2009). 즉, 종교는 특징적 믿음과 의례를 통해 도덕 위반자와 무임승차자를 통제하고 협력을 촉진하는 기능을 가진다(Alcorta & Sosis, 2005; Bering et al., 2005; Bulbulia & Mahoney, 2008; Sosis & Alcorta, 2003).

인지적 부산물 모델

인지적 부산물 모델(cognitive byproduct model)에 따르면 종교 자체가 아니라 종교적 생각과 행동을 이끌어 내는 인지 체계가 진화적 적응이다. 예를 들어 신이나 정령처럼 눈에 보이지 않는 초자연적 행위자의 존재와 의도를 떠올리는 것에는 어떤 적응적 가치도 없다. 그것은 숨어 있는 포식자를 찾아내거나 상대의 의도를 읽어 내야 했던 진화적 적응 환경(Environment of Evolutionary Adaptedness, EEA)에서 선택된 다양한 인지 체계의 부수적인 효과일 뿐이다(Atran, 2002; Barrett, 2004; Boyer, 2001; 2003; Boyer & Bergstrom, 2008). 다시 말해 인류에게서 종교적 생각과 행동이 널리 관찰되는 것은 종교 자체의 적응적 가치 때문이 아니라 종교적 생각과 행동의 기반이 되는 다양한 인지 체계, 즉 행위자 탐지 체계와 행위 표상 체계, 대상의 심리적·물리적·생물학적 상태에 관한 직관적 추리 체계, 위험 예방 체계, 오염 회피 체계, 기억 체계 등이 진화적 적응으로서 인간에게 보편적으로 진화했기 때문이라는 것이다(Barrett, 2000; Boyer, 2001; Boyer & Bergstrom, 2008; Boyer & Liénard, 2006; McCauley & Lawson, 2002; Whitehouse, 2004).

따라서 인지적 부산물 모델은 종교의 기능을 묻는 대신 종교적 생각과 행동이 인지, 정서, 행동, 발달 등의 적응적 요인에 의해 어떻게 발현되고 제약되는지를 묻고 탐구한다. 그리고 이를 바탕으로 종교의 기원과 그 문화적·횡문화적 성공에 대한 이론적 설명을 추구한다. 그중 하나를 소개하면 대략 이렇다. 진화된 심리 기전의 부산물로 나타나는 다양한 형태의 종교적 생각과 행동 중 '인지적 적합성'이 높은 변이가 반복적으로 나타나며, 이는 개체 간 의사소통 과정에서 더 효과적인 전달력을 보이면서 문화적으로 널리 퍼지게 된다는 주장이다

(Atran, 2002; Boyer, 2001; Sperber, 1996).

이런 설명은 자연주의적 관점에서의 종교 연구를 대표하는 인지종교학의 이론적 표준 모델을 구축했다. 이 모델을 따르는 연구는 종교적 생각과 행동의 발생, 전달, 분포 등이 초자연적인 신비의 작용을 전제하거나 종교만을 위한 특수한 유전자나 뇌의 상태를 가정하지 않고도 설명될 수 있다고 본다(구형찬, 2017; 2022; Atran, 2002; Boyer, 2001; White, 2021).

적응주의-부산물 논쟁

20세기 말부터 종교 진화에 관한 체계적 연구에 앞장선 연구자들은 대개 인지적 부산물 모델을 지지했으며(Atran, 2002; Barrett, 2000; Boyer, 2001; Guthrie, 1980; 1993; Lawson & McCauley, 1990; Whitehouse, 2004), 적응주의 모델은 이보다 다소 늦게 대두했다(Bulbulia, 2004; Dow, 2008; Irons, 2001; Johnson & Bering, 2006; Johnson & Krüger, 2004; Richerson & Newson, 2008; Sanderson, 2008; Sosis & Alcorta, 2004).

종교 진화를 둘러싼 '적응주의-부산물 논쟁(adaptationist-byproduct debate)'은 적응주의 모델을 지지하는 학자가 인지적 부산물 모델에 문제를 제기하면서 시작되었다. 이전에는 인지적 부산물 모델의 성과를 적응주의적 설명 안으로 통합하려는 시도도 있었지만 당시에 크게 주목받지 못했다(Alcorta & Sosis, 2005; Bulbulia, 2004). 적응주의자들은 인지적 부산물 모델이 종교 진화 연구의 의제를 선점하는 과정에서 적응주의 모델의 설명력에 대한 진지한 검토와 논박을 거의 수행하지 않았음을 비판했다(Sosis, 2009).

유기체의 어떤 특성이 적응인지 아닌지를 판정하는 것은 어려운 일이다. 우선 무엇을 형질로 간주할 것인지, 그리고 그 형질의 세대 간 전달이 어떻게 이루어지는지에 대한 것부터 논쟁적일 수 있다. 개체의 인지 과정과 행동을 형질로 간주할 수 있지만(Andrews et al., 2002), 그러한 형질과 특정 유전자 사이에 일대일 관계를 설정할 수는 없다. 다면 발현 효과가 나타나는 유전자도 많다. 또한, 어떤 형질이 특정 환경에서 유기체의 번식 적합도를 높인다면 '적응적'이라고 할 수 있지만, 적응적 효과가 있다고 해서 그 형질이 반드시 진화적 '적응'인 것은 아니다(Laland & Brown, 2002). 형질 복합체의 경우 문제는 더 난해해진다.

모든 형질에 보편적으로 적용 가능한 적응 판정의 기준이 존재하지 않는다는 뿌리 깊은 인식이 있어(Williams, 1966), 적응 여부를 입증하는 데 필요한 증거의 부담이 상당하며, 계통발생학적 비교, 적합도 극대화, 조상 환경에서의 이득 등 검토할 항목도 많다. 또한, 적응을 판별하는 프로토콜은 여전히 완벽하게 합의되어 있지 않다(Andrews et al., 2002). 일반적으로 어떤 형질을 적응이라고 주장하기 위해서는 해당 형질의 출현에 대한 대체 설명을 배제해야 하고 '특수 설계'의 증거를 확인해야 한다. 다시 말해, 종교적 형질이 특수한 적응적 문제를 효율적으로 해결하는지 확인하고, 그러한 형질의 신뢰성, 경제성 및 정확성을 입증해야만 한다.

인지적 부산물 모델의 관점에서 종교는 이러한 적응 판정의 시험대를 통과할 가능성이 희박하다(Boyer, 2010; Kirkpatrick, 2006). 그러나 종교적 생각과 행동에 자연적 토대를 제공하는 인지 체계는 사정이 다르다. 각 인지 체계의 적응적 기능과 작동 기전은 독립적인 모듈 수준에서 탐구할 수 있다.

초창기 인지과학은 인지 모듈이 대개 지각의 수준에서 제한적으로 발견될 것이라고 예측했다(Fodor, 1983). 그러나 진화심리학은 신생대 제4기에 '사기꾼 탐지' 같은 특수한 기능을 수행하는 모듈적 심리 기전이 다채롭게 진화했을 것이라고 주장했다(Cosmides & Tooby, 1992). 이러한 주장은 친족 인식이나 배우자 선택과 같은 적응 문제에 특화된 인지 모듈에 관한 다양한 논의로 이어졌으며, 대량 모듈성 이론가에게 강력한 사유의 모형을 제공했다. 그들은 전문화된 인지 모듈이 많이 존재할 가능성을 지지하는 증거를 제시하면서, 감정 지각이나 시선 추적은 물론 직관심리학, 직관물리학, 직관생물학 등도 모듈이라고 주장한다. 모듈의 영역 특수성에도 불구하고 인간의 마음이 새롭고 다양한 정보를 유연하게 처리할 수 있는 이유는 진화적 적응 환경에서 형성된 모듈의 고유 영역(proper domain)과 변화된 환경에서 주어지는 실제 영역(actual domain)이 일치하지 않더라도 모듈이 작동하기 때문이다(Sperber, 1994). 이는 종교와 무관하게 진화해 온 인지 모듈이 어떻게 종교적 생각과 행동에 결부되는지를 설명할 뿐만 아니라, 세계에서 관찰되는 종교적 생각과 행동의 보편성과 문화적 다양성을 함께 설명하는 논리를 뒷받침한다.

종교적 생각과 행동을 야기하는 것으로 보이는 인지 모듈의 진화적 기원, 작동 기전, 기능적 편향과 한계 등을 많이 알게 될수록 종교 진화에 관한 설명도 진전될 수 있을 것이다. 이러한 인지적 부산물 모델의 설명 방식은 종교적 현상이 매우 파편적이고 분산적이라는 횡문화적 증거(Boyer, 2001), 그리고 그런 현상을 '종교'라는 개념을 이용해 하나로 묶는 범주화가 근래에 이루어진 일이라는 역사적 사실(Masuzawa, 2005; Smith, 1982; 2004)과 모순 없이 양립할 수 있다는 장점이 있다.

이에 반해 적응주의 모델은 종교를 고도로 유연한 인지 과정이 만들어 낸 복잡한 체계로 보며(Alcorta & Sosis, 2005; Purzycki & Sosis, 2009), 그 체계는 인간의 광범위한 협력을 위한 적응이라고 주장한다(Bulbulia & Mahoney, 2008; Norenzayan & Shariff, 2008; Shariff & Norenzayan, 2007). 적응주의 모델을 지지하는 학자가 인지적 부산물 모델의 주장 자체를 근본적으로 부정하는 것은 아니다. 그러나 그들은 기존 구조를 이용해 생태학적 도전에 대한 새로운 해결책을 마련하는 것이 진화적 적응의 중요한 특징이라는 점을 강조한다(Alcorta & Sosis, 2005; Richerson & Boyd, 2005; Sosis & Alcorta, 2004). 만약 종교를 가능하게 한 기존의 심리 기전이 새로운 생태학적 환경에서 하나의 체계를 이루어 새로운 적응 문제를 해결했다면 그 체계는 단지 부산물의 패러다임이 아니라 적응의 패러다임 속에서 설명될 수 있다는 것이다.[1]

적응주의 모델의 입장에서 '종교는 언제 출현했는가?'라는 물음은 하나의 유전 형질이 언제 진화했는지를 묻는 것과는 다른 성격의 질문이다. 종교는 대부분 이미 존재했던 인지적 과정과 행동을 하나로 묶어 탄생했기 때문이다. 그런데 이 요소가 개별적으로 진화했음에도 불구하고 하나의 체계로 통합되어 여러 문화권에서 비슷한 형태로 나타난다면, '종교의 구성 요소는 언제 하나의 체계로 합쳐졌는가?'를 물을 수 있다. 즉, 기존 요소의 결합이 특수한 적응 문제를 해결하는 보편적인 종교 체계를 새로 구축했다면 적응주의적 관점에서 종교 진화를 설명할 수 있을 것이다. 적응주의 모델의 주안점은 여러 요소의 결합, 즉

1 종교 진화를 굴절적응(exaptation)으로 설명할 수 있다는 주장도 있다(Sosis, 2009). 굴절적응은 특정한 적응적 기능을 지닌 기존의 형질이 원래 설계되지 않은 새로운 기능을 획득하는 것을 말한다(Gould & Vrba, 1982). 예를 들어 새의 깃털은 체온 유지를 위해 진화했지만 나중에는 비행을 위해 사용되었다. 그러나 인간의 종교는 새의 깃털과 다르다. 새에게는 깃털이 보편적인 형질이지만 인간에게 보편적인 종교 체계가 존재하는지 여부에 대해서는 여전히 논란이 있다.

체계로서의 종교가 왜 그리고 어떻게 출현했는가에 있다(Sosis, 2009).

적응주의-부산물 논쟁에서는 종교 진화에 관한 다양한 연구 질문과 가설이 경합하고 있음을 보게 된다. 인지적 부산물 모델이 여러 문화권에서 반복적으로 관찰되는 종교적 생각과 행동의 기원과 기전, 그리고 그 분포의 기전에 대해 설명하고자 한다면, 적응주의 모델은 '종교 체계'의 적응적 가치와 기능을 설명하고자 한다. 그러나 이 논쟁이 의미 있으려면 적응주의 모델에서 말하는 '종교 체계'가 횡문화적·지속적으로 관찰되는 인류 보편의 특징임이 확인되어야 한다. 문화적 전달 과정을 통해 현대사회에 널리 분포하게 된 특수한 종교 체계에 적응적 효과가 나타난다고 해서 그것을 하나의 생물학적 적응이라고 말할 수는 없기 때문이다.

3. 종교 진화 연구의 기본 주제

종교를 발생시키는 다양한 인지, 정서, 행동, 발달의 요소는 일괄적으로 진화한 것이 아니며, 오직 종교만을 위한 것도 아니다. 각각 서로 다른 선택압에 대한 적응이며, 정치, 예술, 스포츠, 팬덤 등 종교 이외의 다양한 문화 현상에서도 작용한다. 종교 진화 연구의 기본 주제는 이 요소의 기능과 기전이 종교적 믿음·의례·전통에 어떤 영향을 미치고 있는지에 대한 분석을 포함한다.

종교적 믿음

종교적 믿음에는 대개 초자연적 행위자, 힘, 원리 등에 대한 아이디어가 포함된다. 제도 종교의 교리를 배워야만 이런 아이디어를 갖게 되는 것은 아니다. 특정 종교의 교리적 지식이 전파되지 않은 곳에서도 우리는 신, 정령, 조상, 귀신, 악마 등의 존재를 떠올리고 기적, 주술, 마법에 대해 이야기한다. 이는 진화된 심리 기전에 의한 다양한 추리와 추론이 함께 작용하여 이루어지는 일이다. 그런 점에서 종교적 믿음은 종종 둥근 지붕을 지닌 건축구조물의 설계상 부산물인 스팬드럴(spandrel)과 유비되기도 한다(Gould & Lewontin, 1979).[2] 여기서는 종교적 믿음의 진화인지적 설명에 기초를 제공한 몇 가지 기본 가설을 살펴보자.

과민성 행위자 탐지 장치

인과 추론은 종교적 믿음에서 중요한 역할을 한다. 인간은 사건의 원인을 행위자에게 귀속시킬 수도 있고 원리나 법칙에 귀속시킬 수도 있다. 행위자 기반의 인과 추론은 빠르고 무의식적이며 자동적으로 이루어지는 반면, 원리나 법칙에 기반한 인과 추론에는 상대적으로 느리고 의식적이며 통제된 사고 과정이 필요하다(Evans & Stanovich, 2013).

행위자 기반 인과 추론은 특수한 지식을 참조하지 않아도 적절한 입력 조건만 갖춰지면 자연스럽게 촉발되는 진화된 마음 전략이다(Atran, 2002). 행위자 기반의 인과 추론이 빠르게 이루어지고 직관적 설

---

2 스팬드럴은 대개 실내 장식을 붙이는 데 사용되지만, 건축물의 구조상 불가피하게 형성된 빈 공간을 활용하는 것일 뿐 그런 기능을 위해 설계된 것은 아니다. 종교적 믿음이 인지적 부산물이라는 주장도 이와 비슷한 방식으로 설명할 수 있다. 스팬드럴 은유는 종교적 믿음을 마치 불가피한 부산물처럼 묘사한다는 점에서 최선의 설명은 아니다. 여기서 중요한 점은 종교적 믿음이 진화된 심리 기전의 작동 방식에 잘 부합하기 때문에 직관적인 설득력을 갖게 된다는 것이다. 파스칼 보이어(Pascal Boyer)는 이를 '종합 적합성(aggregate relevance)'이라고 부른다(Boyer, 2001).

득력을 갖는 것은 행위자 탐지의 민감도가 지닌 적응적 가치와 관련이 있다. 포식자를 피하고 사냥감을 찾아야 하는 진화적 적응 환경에서, 지각된 사건의 원인이 되는 미지의 행위자를 빠르게 찾아내는 능력은 유기체의 적합도 차이를 야기할 수 있다. 만약 행위자 탐지가 완벽하게 정확할 수 없다면, 주변에 행위자가 있는데 없다고 판단하는 제1종 오류보다 행위자가 없는데 있다고 판단하는 제2종 오류를 허용하는 편이 더 유리하다. 따라서 행위자 탐지 모듈이 진화했다면 약간의 단서에도 예민하게 반응하도록 설계되었을 가능성이 크다. 우리가 종종 물리적으로 존재하지 않는 행위자를 떠올리거나 아무도 없는 공간에서 누군가 있는 것 같다고 느끼는 것은 바로 이 때문일지도 모른다. 이를 '과민성 행위자 탐지 장치(hypersensitive agent detection device, HADD) 가설'이라고 부른다(Barrett, 2000).

최소 반직관성

인간은 누구나 [동물], [식물], [도구], [인공물], [인간] 등 존재론적 영역에 대해 직관적 기대를 가진다(Boyer, 2001). 우리는 [동물]인 개가 음식을 먹고 배설한다는 것을 알기 위해 세상의 모든 개를 관찰할 필요가 없으며, [도구]이자 [인공물]인 자전거가 자식을 낳아 기르지 않는다는 것을 알기 위해 다양한 브랜드의 자전거를 일일이 확인할 필요가 없다. 진화된 마음에 장착된 직관존재론 덕분이다(Boyer, 2000; Spelke, 1994; 2000). 직관심리학, 직관물리학, 직관생물학 등도 여기서 중요한 몫을 담당한다(Astuti et al., 2004; Boyer & Barrett, 2015; Kaiser et al., 1986; Povinelli & Preuss, 1995; Taverna et al., 2012).

존재론적 영역에 대한 직관적 기대를 대부분 만족시키는 동시에 약간의 반직관적 속성을 갖는 표상은 주의를 끌고 쉽게 기억되기 때문에 문화적으로 성공할 가능성이 크다(Boyer, 2000; 2001). 예를 들면 [인간]에 관한 기대를 거의 다 충족하지만 직관에 반하는 물리적 속성(눈에 보이지 않거나 신체적 제약이 없음)이나, 생물적 속성(늙거나 죽지 않음)이나, 심리적 속성(제한 없는 지각 능력이나 예지 능력이 있음)을 약간 띠는 존재에 대한 표상은 주목을 많이 받고 잘 기억되어 널리 회자되기 쉽다. 신, 영혼, 천사, 악마 같은 초자연적 표상들이 횡문화적 성공을 거두고 있는 것도 그 때문이다. 이른바 '최소 반직관성(Minimal Counter-Intuitiveness: MCI) 가설'이다(Boyer, 1994). 직관적 기대를 전혀 위반하지 않는 표상은 너무 흔해서 잘 주목되지도 않고 이후에 회상될 가능성도 적다. 또 직관을 벗어나는 정도가 너무 커서 낯설어 보이는 표상은 기억하는 데 많은 노력이 든다. 이와 달리 직관적 기대를 최소한으로 위반하는 표상은 관심을 끌 뿐만 아니라 더 쉽게 회상되고 소통될 수 있다(Boyer & Ramble, 2001; Porubanova-Norquist et al., 2013). 이는 많은 문화권에서 신이 초월적인 동시에 인격적인 존재로 묘사되는 이유를 설명해 준다.

마음 이론

마음 이론(Theory of Mind, ToM)은 직관심리학의 핵심으로, 동종 개체의 마음, 특히 신념, 욕구, 의도 등을 직관적으로 추리하는 인지적 능력이다(Premack & Woodruff, 1978). 신이나 영혼 같은 초자연적 행위자가 마치 인간처럼 마음을 지닌 존재, 즉 사건을 지각하고 기억하며 감정과 의도를 갖고 행동하는 존재로 표상되는 것은 그들을 대상으로 마음 이론이 작동하기 때문이다(Boyer, 2001; Epley & Waytz, 2010; Frith & Frith, 2003).

동종 개체의 마음에 관심을 갖고 그 상태를 파악하는 능력은 유기체의 적합도에 큰 영향을 미친다. 특히 인간 종의 개체 간 상호작용에서 마음 이론은 아주 중요하다. 이 능력이 없으면 상대의 거짓말을 알아차릴 수 없고, 도움이 필요한 인간에게 손을 내밀 수도 없으며, 누군가의 애정을 받아들일 수도 없다. 자폐 스펙트럼 장애 등의 발달장애, 편집성 인격장애, 피해적 사고를 보이는 망상장애 등은 마음 이론의 결함에 의한 것일 수 있다(Baron-Cohen et al., 2001; Gernsbacher & Yergeau, 2019; Korkmaz, 2011; Leslie, 1991; Sprong et al., 2007).

마음 이론이 [인간]으로 간주되는 존재를 대상으로 작동하는 것은 당연하지만, 마음 이론은 동종 개체를 넘어서도 작동하며 흥미롭게도 죽은 사람에게도 작동한다(Boyer, 2001). 망자에게 먹을 것을 제공하거나 말을 거는 행동이 횡문화적으로 널리 나타나는 것은 마음 이론 때문이다. 더 나아가 마음 이론은 조상, 영혼, 신과 같은 비물리적 존재는 물론, 심지어 특별한 바위, 나무, 숲과 같은 자연물, 그리고 인형이나 성인의 조각상 같은 인공물의 마음도 추리한다. 마음이 없는 대상에 작동하는 마음 이론은 해당 대상을 숭배하거나 위무하는 종교적 믿음과 실천의 심리적 기초로 작용한다.

메타 표상

종교적 믿음은 과민성 행위자 탐지 장치, 최소 반직관성 원리, 마음 이론 등에 의해 자연스럽게 촉발된다. 직관적 설득력에 따른 직관적 믿음도 있지만, 메타 표상이 필요한 반영적 믿음(reflective beliefs)도 있다(Sperber, 1996). 제도 종교는 종종 직관적으로 받아들이기 어려운 교리를 발전시킨다. 예를 들어 기독교의 '삼위일체'나 불교의 '공(空)'에 관한 교리는 이해하기 쉽지 않다. 그런데도 이러한 교리를 믿는 사람이 적지 않은 것은 그 교리를 하나의 '표상'으로 처리하는 메타 표상 덕분이다.

메타 표상은 어떤 표상을 그 자체로서 다시금 하나의 표상으로 처리하는 인지적 기전을 말한다(Pylyshyn, 1978; Sperber, 1996; 2000). 메타 표상은 내용을 완전하게 파악할 수 없는 아이디어도 하나의 표상 단위로 처리할 수 있게 해 준다. 누군가 상대성 이론이나 양자 역학을 '믿는다'는 것은 그 내용을 스스로 충분히 이해한다는 것이 아니라, 하나의 '과학적 지식'으로 간주한다는 것이다. 즉, 내용을 다 이해하지 못해도 과학자의 주장을 신뢰하거나 불신할 수 있으며 다른 인간에게 전해줄 수도 있다. 그런 점에서 메타 표상은 모호한 정보의 효율적 처리와 소통을 위한 인지적 전략으로서, 타인의 신념, 의도, 욕구, 감정을 표상하는 마음 이론과도 연결되어 있다. 여기에 명성 편향이나 순응 편향과 같은 모방과 학습의 심리적 전략이 함께 작용하면 문화 전달과 문화 진화에도 기여할 수 있다. 인간 지식의 많은 부분이 이러한 메타 표상에 의존해 전파되고 축적되는데, 교리나 의례에 관한 종교적 믿음과 지식도 예외가 아니다.

종교적 의례

의례(ritual)는 행동의 흐름을 분절하고 조직하는 특별한 방식이다. 의례화 행동이 인간 종에서만 나타나는 것은 아니지만(Alcorta & Sosis, 2005; 2006; D'Aquili et al., 1979), 인간의 경우에는 대개 다음과 같은 특징이 관찰된다. 첫째, 말이나 행위를 형식적으로 엄격하게 반복한다(Foster et al., 2006; Rossano, 2012; Tambiah, 1979). 둘째, 질서와 경계에 민감하고, 깨끗함과 위험에 집중한다(Boyer, 2001; Douglas, 1966; Liénard & Boyer, 2006). 셋째, 실용적 목표가 불분명하며, 상징적 의미와 효용이 있다고 여겨진다(Herrmann et al., 2013; Kapitány & Nielsen, 2016; Legare & Souza, 2012; 2014;

Rappaport, 1999). 인간의 의례화 행동은 횡문화적으로 관찰되는 보편적 현상으로서, 결혼, 죽음, 교육, 정치, 비즈니스, 군대, 스포츠 등 다양한 상황에서 다채롭게 표출된다(Hobson et al., 2018).

의례는 종교에서 핵심적인 부분을 차지한다. 일찍이 종교적 의례의 사회적 기능과 문화적 의미에 관한 상당한 수준의 인문학 및 사회과학적 논의가 있었지만 그 진화인지적 기반에 관한 연구는 많이 축적되지 않았다. 여기서는 이와 관련해서 행위 표상 체계, 위험 예방 체계, 비싼 신호와 신뢰도 증진 표시 등을 살펴보고자 한다.

행위 표상 체계

행위 표상 체계는 행위자(agent), 행위(act), 도구(instrument), 피행위자(patient) 등이 지각되는 일련의 사건을 '행위(action)'로 표상한다(Lawson & McCauley, 1990; McCauley & Lawson, 2002). 즉, 행위 표상 체계는 행위자가 도구를 가지고 피행위자에게 행하는 것을 '행위'로 표상하는데, 여기서 적응적으로 중요한 과제는 행위자가 무엇을 하는지 지각하는 일이므로 도구나 피행위자의 항은 생략될 수 있다.

의례는 행위로 구성되므로 행위를 표상하는 일반적 인지 체계가 의례에서도 작동한다. 종교적 의례의 경우도 마찬가지다. 그런데 심적 표상의 수준에서 종교적 의례의 참여자는 행위자일 수도 있고 피행위자일 수도 있다. 이뿐만 아니라 물리적으로 존재하지 않는 것이 환기되어 빈 자리를 채우기도 한다. 이때 참여자는 행위자로서 물리적으로 존재하지 않는 피행위자를 상대로 예를 갖춰 절을 하거나 말을 걸고 제물을 바칠 수 있고, 교환 거래를 하거나 심지어 협상을 할 수도 있다. 또 참여자는 피행위자로서 물리적으로 존재하지 않는 행위자의 도움을 받거나 심판과 처벌을 받을 수도 있다.

이처럼 종교적 의례가 행위로 표상될 때 참여자만 행위자나 피행위자로 지각되는 것은 아니며, 특정한 신, 조상, 영혼, 천사, 정령 등 '문화적으로 상정된 초인간적 행위자(Culturally Postulated Superhuman agent: CPS-agent)'가 환기될 수도 있다(Lawson & McCauley, 1990; McCauley & Lawson, 2002). 의례가 종교적 맥락에서만 행해지는 것은 아니지만, 만약 의례자의 행위 표상 체계가 특정한 CPS-agent를 환기시킨다면 그 의례는 종교적 의례로 여겨진다.

위험 예방 체계

의례의 실용적 목표와 효용은 모호한 경우가 많지만 진지한 의례 참여자는 대개 그 규칙과 절차를 '제대로' 지켜야 한다고 느낀다. 그런 절실함과 의무감은 어디에서 비롯하는 걸까? 몇몇 연구자는 엄격한 형식의 반복, 질서와 청결에 대한 집착, 모호한 목표 등과 같은 의례화 행동의 특징적 양상이 강박장애에서도 나타나고, 유년기 영유아의 발달 과정에서도 나타난다는 점에 주목했다(Boyer, 2010; Boyer & Liénard, 2006).

의례화 행동의 특징적 양상은 잠재적 위험을 피하거나 방어하는 심리 체계의 과잉 작용과 관련되는 것으로 보인다. 이는 강박장애의 신경생리학적·신경영상학적 증거에 잘 부합한다. 강박장애는 위험 탐지 및 반응과 관련된 대뇌기저핵(basal ganglia)이나 부적절하거나 불필요한 반응의 억제와 관련된 안와전두피질(orbitofrontal cortex) 같은 신경인지 체계의 기능장애와 관련된다(Rapoport, 1990; 1991; Saxena et al., 1998; 2004). 일부 강박장애 환자는 공격, 전염, 오염, 위협 등의 문제에 집착하며, 씻어 내기와 닦기, 환경에 대한 지속적 관찰과 정리, 타인의 시선을 관찰하는 행동에 과도하게 집중하는 경향이 있다.

그러나 모든 의례화 행동이 병리적인 것은 아니다. 예를 들어 영유아 발달기의 특정 시기에 흔히 나타나는 의례화 행동은 정상이다. 이를테면 취침 전 의례화 행동은 위험 탐지 및 위험 반응 체계를 보정하는 과정이다(Bjorklund & Pellegrini, 2002). 소아는 혼자 자야 하는 잠재적 위험 상황에서 종종 특수한 의례적 행동을 한다(문단속이나 머리맡에 인형 배치하기 등). 또 전염과 오염에 자동적으로 발현되는 경계심, 즉 '역겨운 느낌이 드는 것'에 대한 아이들의 특별한 관심과 강렬한 반응은 환경 속에서 위험의 잠재적 원천을 탐지하는 진화된 심리 기전과 관련되어 있을 것이다.

고대의 자연 환경에서 포식자의 공격은 친족으로부터 떨어져 있을 때 그리고 특히 낮보다 밤에 일어날 가능성이 컸기 때문에 취침 전에 일정한 경계심을 갖고 환경을 정리하는 개체가 생존에 유리했을 것이다(Boyer, 2010). 또한, 잠재적 감염원에 대해 역겨움과 기피 행동을 유발하는 행동면역계(1장 참조)가 발달된 개체 역시 높은 적합도를 가질 수 있었을 것이다(Schaller, 2011; Schaller & Park, 2011; 박한선·구형찬, 2021). 이처럼 대비해야 할 잠재적 위험변수는 장소와 시간, 그리고 생태적 조건에 따라 매우 다양할 수 있다.

진화된 마음은 잠재적 위험을 지각하고 예방적 행동을 취하는 데 필요한 전문화된 경계-예방 체계를 갖추고 있다(Boyer, 2010). 종교적 의례의 규칙과 절차는 특히 위험 탐지나 오염 회피 체계 같은 진화된 심리 기전의 '입력 형식'에 잘 들어맞는다. 그 심리 기전을 활성화하기 위해 실제 위험과 직접 마주할 필요는 없으며, 잠재적인 위험 탐지의 상황을 모사하는 것만으로도 충분하다. 여러 문화권에서 가면이 시선을 끄는 것은 가면놀이의 사회적 통합 기능이나 사회·정치적 풍자 기능 때문이 아니라, 가면이라는 인공물이 진짜 얼굴이 아니면서도 우리 마음속에서 작동하는 얼굴 인식 체계의 입력 조건을 충분히 모사하기 때문이다(Boyer, 2001). 호소력을 지닌 종교적 의례는 위험 예방 체계의 입력 형식에 잘 부합하는 요소를 충분히 갖고 있다.

비싼 신호와 신뢰도 증진 표시

종교적 의례가 진화된 마음의 체계에 잘 들어맞는다는 사실이 종교적 의례의 적응적 가치를 설명하지는 못한다. 오히려 종교적 의례는 종종 시간과 자원을 낭비하고 막대한 기회비용은 물론 육체적·정서적 고통까지도 유발한다는 점에서 고비용의 부적응적 행동이다(Kirkpatrick, 2006). 그러나 흥미롭게도 많은 연구자는 종교적 의례의 고비용을 오히려 매력적인 도전 문제로 여기고 있다(Alcorta & Sosis, 2005; Atran & Norenzayan, 2004; Bulbulia, 2004; Irons, 2001; Rappaport, 1999). 특히 비싼 신호(costly signaling)와 신뢰도 증진 표시(credibility enhancing displays, CREDs) 가설은 종교적 의례의 적응적 가치에 관한 토론에서 가장 활발히 논의되어 온 주제다(Bulbulia, 2004; Dow, 2008; Fischer & Xygalatas, 2014; Henrich, 2009; 2015; Irons, 2001; Sosis, 2003; 2005; 2009; Sosis & Alcorta, 2003).

협력은 포식자로 인한 위험을 줄이고, 양육과 기술 혁신을 용이하게 함으로써 적합도를 향상시킨다(Legare & Watson-Jones, 2015). 그런데 집단이 거대해지면 친족 간의 협력이나 자주 만나는 개인 사이의 호혜적 관계와는 매우 다른 수준의 적응적 과제가 발생한다. 무임승차의 최소화, 공통의 목표를 위한 집단 헌신의 강화, 구성원의 이탈 방지, 단체 행동을 위한 조율 등이 그것이다(4장 참조). 이 과제를 해결할 수 있는 장치가 없으면 집단에 참여하는 개인의 이익은 보장되지 않는다. 종교적 의례가 그러한 문제의 해결 장치로 진화했을 가능성이 있을까?

문제의 핵심은 종교적 의례 참여자가 어떻게 서로를 신뢰하게 되는가 하는 것이다. 단순히 동일한 의례에 참여하는 것만으로는 신뢰

관계가 보장되지 않는다. 공허한 말로 신뢰를 다짐하는 것과 크게 다를 바 없으며, 이러한 가벼운 약속은 기만에 속수무책이다. 하지만 이때 만약 의례 수행이 아무나 감당할 수 없는 일이라면 사정이 달라진다.

큰 비용을 수반하는 행위는 그 비용을 감당할 수 없는 자를 단념하게 만든다는 점에서 행위자의 자질을 정직하게 드러내는 신호가 될 수 있다. 의례를 수행하기 위해 들이는 시간과 노력, 감수해야 하는 불편함 등은 집단에 헌신할 준비가 되어 있음을 표현하는 효과가 있다. 이른바 위조하기 어려운 '비싼 신호'인 것이다(Grafen, 1990; Zahavi, 1977). 같은 맥락에서 시간, 노력, 비용이 많이 드는 종교적 의례는 내집단 가치에 헌신하고 있음을 보여 주는 증거로 기능하면서 집단 내부에서의 '신뢰도 증진 표시'로 작용한다(Henrich, 2009). 인간은 말로 하는 헌신보다 행동으로 증명하는 헌신을 더 우대하도록 진화했다. 정기적으로 제물을 바치고, 금식과 금욕을 하고, 남을 돕기 위해 돈을 모으고, 불편한 몸짓을 감수해야 하는 의례를 수행하는 일은 내집단에 대한 헌신을 행동으로 증명하는 결정적 증거가 되어 신뢰를 향상시키는 데 기여한다(Lanman, 2012). 심지어 신체적 고통을 동반하는 극단적 의례는 집단의 가치에 대한 헌신의 표시로 지각될 뿐만 아니라 실제로 협력과 친사회적 행동을 증진시키는 효과를 발휘하기도 한다(Fischer & Xygalatas, 2014; Xygalatas et al., 2013).

비싼 신호 이론과 신뢰도 증진 표시 가설은 왜 종교가 신자에게 신앙 고백뿐만 아니라 많은 시간과 노력, 비용이 드는 의례 참여를 요구하는지 설명할 수 있다(구형찬, 2022). 많은 종교가 의례를 통해 집단에 헌신할 수 있는 신자의 자질을 확인함으로써 집단 응집력을 향상시킨다.

종교적 전통

종교적 전통은 다양한 종교적 믿음과 의례의 변이가 등장하고 전달되고 사라지는 미시적 과정의 반복과 축적에 의해 형성된다. 즉, 종교적 전통은 문화 진화의 산물이다. 이러한 종교적 전통에 대한 탐구는 다음 네 가지 요인을 고려해야 한다(Whitehouse, 2004; 2021). 첫째, 종교적 전통의 형성에는 심리적 편향과 생태적 제약이 작용한다. 둘째, 종교적 믿음과 의례의 전달 과정에서 안정적으로 확산되는 유사한 변이가 종교적 전통을 형성한다. 셋째, 적합한 변이를 가려내는 마음의 필터는 환경과 맥락에 반응하는 유기적 구조로 되어 있다. 넷째, 상이한 성격의 종교적 전통이 형성되는 과정을 뒷받침하는 포괄적 기전이 존재한다. 이를 염두에 두면서 종교적 전통의 제한적 다양성을 진화적으로 설명해 보자.

종교적 전통의 제한적 다양성

종교적 전통의 다양성은 무한히 발산하지 않고 마치 소수의 끌개 위치(attractor positions)로 수렴하는 것처럼 보인다. 특히 여러 측면에서 대조적인 전통이 한 사회에서 강력한 문화적 영향력을 획득하는 경우가 많다. 20세기 말, 파푸아뉴기니 동부 뉴브리튼 지역에서 유행한 컬트(cults)는 크게 두 부류의 전통으로 구분된다(Whitehouse, 1995). 하나는 위계적 조직, 잦은 회합과 일련의 긴 의례, 체계적 신념 등이 중시되는 전통이고, 다른 하나는 분파적 체제, 화려한 볼거리와 감정적 고양을 동반하는 의례, 비언어적이고 유추적인 의사소통 등이 중시되는 전통이다.

사회학이나 인류학, 종교학에서는 오랫동안 이러한 이중 구조의 전통을 자주 보고해 왔다. '관례적 종교 형식'과 '카리스마적 종교 형식'(Weber, 1930; 1947), '아폴로적 실천'과 '디오니소스적 실천'(Benedict, 1935), '중심적 컬트'와 '주변적 컬트'(Lewis, 1971), '정치 의례'와 '다산 의례'(Turner, 1974), '의례 경건주의'와 '의례 감성주의'(최종성, 2002) 등이다. 이러한 사례는 종교적 전통의 이중 구조가 일반적인 현상임을 보여 준다. 이를 제도 종교가 자연 종교를 대체하는 과정의 과도기적 현상으로 설명하는 것은 곤란하다. 제도 종교가 자연 종교를 완전히 대체한 사례는 보고된 바 없으며, 심지어 하나의 제도 종교 집단 내부에서도 흔히 상이한 특징을 지닌 전통이 공존한다(Slone, 2004; Vrijhof & Waardenburg, 1979). 따라서 좀 더 체계적인 설명이 필요하다.

장기 기억과 종교성 양식 이론

호미닌의 장기 기억 시스템이 진화적 적응이라는 데는 반론의 여지가 없다(Murray et al., 2017). 장기 기억은 문화 전달의 자연적 토대이며, 특히 인간의 장기 기억 중 명시적 기억의 두 유형인 의미 기억(semantic memory)과 일화 기억(episodic memory)은 각각 빈도와 각성에 의해 추동되는 두 가지 대조적인 종교성 양식의 전통 형성에 중요한 역할을 한다. 이것이 이른바 '종교성 양식(Modes of Religiosity) 이론'의 핵심 주장이다(Whitehouse, 2004; 2021).

의미 기억은 자극 빈도가 높을수록 효과적이다. 복잡한 내용도 자주 접하면 잘 기억하게 되며(Tulving, 1962), 리허설의 빈도를 증가시키면 기억의 성공률도 높아진다(Rundus, 1971). 예를 들어 정기적으로 자주 행해지는 의례는 절차가 복잡해도 잘 전승된다. 잦은 반복은 의례의 지식구조가 충실하게 기억될 수 있게 해 주는 중요한 요인이다. 특히 화려하고 자극적인 요소에 의한 각성보다 체계적 절차의 올바른 수행이 중시되는 종교적 의례는 상대적으로 자주 행해지는 경향이 있다. 이러한 의례는 정기적으로 반복 수행될 뿐만 아니라, 명시적 교리와 규범에 의해 관리되고, 여러 사람이 참여하는 집단적 행동과 협업을 통해 행해짐으로써, 일명 '교리적 양식(doctrinal mode)'의 종교적 전통을 특징짓는다(Whitehouse, 2004).

높은 수준의 각성이 동반되는 사건은 일화 기억으로 저장된다. 일화 기억은 잦은 반복이 필요하지 않다. 오히려 잦은 반복은 권태 효과(tedium effect)를 낳기 때문에 각성의 효과가 감소할 수 있다(McCauley & Lawson, 2002). 일화 기억의 활성화는 기억하는 사건에 관한 즉흥적 해석을 유발한다(Whitehouse, 2004). 예를 들어 극적인 의례를 경험한 사람은 그것을 오래 기억하면서 그 경험의 중요성과 의미를 즉흥적으로 떠올린다. 이러한 즉흥적 해석은 개인마다 상이하므로 표준화된 형태로 널리 공유되기 힘들다. 따라서 감정 고양을 동반한 의례는 정기적으로 반복되지 않는 경향이 있고, 명시적인 규범을 가질 가능성이 적으며, 소수의 전문가에 의해 행해짐으로써 이른바 '이미지적 양식(imagistic mode)'의 종교적 전통이 형성되는 데 기여한다(Whitehouse, 2004).

종교성 양식 이론은 장기 기억에 영향을 미치는 빈도와 각성의 상쇄 관계가 종교적 전통의 문화 형태를 두 가지 대조적 양식으로 수렴하게 할 것이라고 예측한다. 비교문화자료 HRAF(Human Relations Area Files)에서 전 세계 74개 문화의 645개 종교적 의례를 추출해 분석한 연구에 의하면, 높은 빈도와 낮은 각성의 전통과 낮은 빈도와 높은 각성(특히 불쾌감)의 전통이 문화 형태공간(cultural morphospace)에서 선호된다(Atkinson & Whitehouse, 2011). 일본, 인도, 미국에서 779명이 참여한 동시대 의례 경험에 관한 요인분석 연구에서도 이러한 규칙성이 나타났다(Kapitány et al., 2020).

4. 이슈와 동향: 도덕과 협력의 진화와 종교

앞 절에서는 종교의 진화적 탐구에 기초를 제공한 고전적인 주제와 가설을 개괄했다. 이제 도덕과 협력의 진화와 종교의 관계에 관한 연구 쟁점을 살펴볼 것이다.

도덕의 진화와 종교

종교적 가르침에는 흔히 높은 수준의 도덕적 규범과 계율이 포함되므로 종교인이 비종교인보다 더 도덕적이고 이타적일 것이라 기대하기 쉽다. 그러나 기대와 현실은 다르다. 세계의 많은 폭력과 테러가 종교적 이유로 발생하고, 종교인의 사회적 범죄가 문제가 되는 것을 보면 종교와 도덕 사이에 유의미한 연관성이 있는지 의심스럽다(Ahmed & Hammarstedt, 2011; Ahmed & Salas, 2011; Darley & Batson, 1973). 인류의 도덕성은 개체 간의 상호의존적 협력 행동과 관련한 적응이며, 종교와 무관한 것일지도 모른다(Pyysiäinen & Hauser, 2010; Tomasello, 2016). 그런데도 도덕의 진화 연구에서 종교는 여전히 중요한 요인으로 검토되고 있다. 여기서는 도덕의 진화와 종교의 관계를 탐구할 때 해결해야 할 몇 가지 중요한 문제를 검토하고, 대안적 관점을 모색할 것이다.

도덕의 개념적 분할

높은 수준의 '도덕'은 인류의 고유한 특징으로 간주된다. 그러나 도덕의 정의는 연구자마다 다르다. 혹자는 비인간 동물에서도 폭넓게 관찰되는 이타성, 공격성 억제, 짝짓기 및 양육 등 협력 행동의 특정 단계를 도덕으로 간주한다(Davies et al., 2012; Krebs, 2005). 다른 이는 인간이 이타적이고 정직하며, 공정한 결과만이 아니라 행동 자체의 가치를 평가하는 경향이 있다는 점을 강조한다(Hauser, 2006; Sinnott-Armstrong, 2006). 혹은 자신이 회피하는 행동을 하는 타인을 부정적으로 평가하고, 그런 행동이 잘못된 것이라고 믿으며, 그런 행동을 한 인간을 처벌하고 싶은 욕구를 느끼는 인간성을 도덕의 중요 특징으로 지적한 사람도 있다(Kurzban & DeScioli, 2013).

인간 도덕성의 진화에 관한 포괄적 설명은 도덕적 행동과 도덕적 판단을 모두 아우를 수 있어야 한다. 도덕적 행동과 도덕적 판단의 구분은 중요하다(Kurzban & DeScioli, 2013). 일찍이 칸트는 도덕적 행동과 판단의 구분을 중요하게 다루었으며(Kant, 1785), 다윈 역시 도덕 능력과 도덕 감각을 구분한 바 있다(Darwin, 1871). 한 개인에서도 행동과 판단이 다를 수 있으므로(Kurzban, 2010) 도덕적 행동의 진화와 도덕적 판단의 진화를 함께 다룰 수 있는 연구 방법이 필요하다.

도덕적 행동의 진화

'황금률'이나 광범위한 윤리적 행동규범 같은 것을 자연의 일부로 생각하기는 쉽지 않다(Williams, 1989). 도덕이 진화적으로 도전적인 문제인 일차적 이유는 도덕적 행동이 행위자의 생물학적 적합도를 향상시킬 수 있는지에 관해 쉽게 대답할 수 없기 때문이다. 그런데도 인간은 도덕적으로 행동하도록 혹은 적어도 그렇게 행동하는 것이 바람직하다고 느끼도록 설계된 것처럼 보인다. 도덕적 행동과 그것을 유발하는 심리 기전은 어떻게 진화할 수 있었을까?

일찍이 다윈은 도덕 행동을 공감을 통해 남을 돕는 이타적 행동으로 간주하고, 이러한 행동은 집단 간 경쟁 상황에서 이익을 얻는다고 했다(Darwin, 1871). 이후 포괄적합도(Hamilton, 1964)나 호혜적 이타성

(Trivers, 1971)이 도덕적 행동을 설명하는 유력한 길로 여겨졌다. 포괄적합도는 유전적으로 가까운 개체에게 이익을 주는 행동의 진화를 설명하고, 호혜적 이타성은 자신을 도운 적이 있는 개체를 돕거나(직접 호혜성), 타인을 도운 적이 있는 개체에게 이익을 주는(간접 호혜성) 행동의 진화를 설명할 수 있다.

현대의 적응주의 모델 역시 도덕적 행동은 조상의 환경에서 반복되는 특수한 적응 문제를 해결하는 전략으로 진화했다고 가정한다. 유력한 직관적 견해는 도덕 행동의 기능을 '집단 유지'로 보는 것이다. 즉, 도덕 행동은 자신의 몫보다 더 많이 가져가려는 집단 구성원의 욕망을 억제하며, 이들이 자신의 의무를 다하고 타인의 권리를 침해하지 않도록 유도함으로써 집단을 유지시킨다(Krebs, 2005).

그러나 이러한 도덕 행동을 하는 개체는 집단 간 경쟁에는 기여할 수 있을지 몰라도 집단 내 경쟁에서 이기적 개체를 이기지 못하므로 두 종류의 개체가 공존하는 조건에서는 개인의 도덕적 행동이 진화하기 어려워 보인다. 그런데도 현실에서는 한 집단 내에 도덕적 행동을 하는 개체와 이기적 행동을 하는 개체가 늘 공존한다.

도덕적 행동의 진화는 행동 전략의 빈도 의존적 선택과 관련되어 있을지도 모른다(Dean, 2012). 집단의 모든 구성원이 타인과 상호작용하는 상황에서 자신의 적합도를 극대화할 수 있는 전략을 선택하는 유전자가 있다고 가정해 보자. 전략 간 경합에서 이기는 전략이 개체군에서 더 빈번해지겠지만 자연선택의 과정이 상대 전략을 반드시 소멸로 몰고 가는 것은 아니다. 종종 특정 전략의 유불리는 해당 전략을 구사하는 개체의 집단 내 분율에 따라 결정된다(8장 참조). 자연선택은 세대에 걸쳐 형질 빈도를 변동시키는 전략을 유도하거나 둘 이상의 형질이 균형을 이루게 할 수 있다(Buss, 2009; Maynard-Smith, 1982).

인간이 무조건 도덕적으로 행동하도록 설계되었을 가능성은 크지 않다. 도덕적으로 올바른 행동의 번식 적합도 이득이 없다면 도덕 행동의 진화는 설명하기 어렵다. 도덕 행동의 진화를 설명하는 표준적 입장은 '상호주의적 접근'이다. 이에 따르면 도덕 행동의 생물학적 기능은 개인이 상호 협력자로서 좋은 평판을 얻도록 하는 것이다(Alexander, 1987; Krebs, 1998; Trivers, 1971).

하지만 이런 논의는 '인간은 도덕적이며 도덕은 바람직한 것이다'라는 암묵적인 전제를 교묘하게 동어반복하는 것으로, 근본적인 문제에 답하지 못한다. 인간이 애초에 어떤 행동을 도덕적 혹은 부도덕적이라고 판단하는 이유는 무엇일까? 이러한 도덕 판단은 어떻게 진화한 것일까?

도덕적 판단의 진화

도덕적 판단은 의식적이고 합리적인 추론의 산물이 아니다(Gigerenzer, 2007; Sunstein, 2005). 사회적 상호작용을 하는 사람은 법전이나 규범집 같은 명시적 근거가 없어도 특정 행동의 옳고 그름을 빠르고 적절하게 판단하는 직관적이고 암묵적인 규칙을 갖고 있다(Mikhail, 2007; Turiel, 1998).

물론 모든 도덕 판단이 그런 것은 아니며 사회적으로 학습된 규칙을 따르는 경우도 있다. 그러나 이 둘은 명백히 구분되는 체계다. 3~4세의 어린아이조차 인간을 때리는 것이 나쁘다는 도덕적 직관을 갖고 있다. 이러한 직관은 명시적 금기의 존재 여부와는 별개다. 이와 달리 '선생님이 말씀하실 때 잡담하는 것은 나쁘다' 등의 사회관습적 규칙은 명시적 근거가 있을 때에만 활성화된다(Boyer, 2001; Turiel, 1983). 그러면 도덕적 직관에 관해 살펴보자.

도덕적 판단에는 옳고 그름에 대한 직관과 함께 특수한 감정과 동기가 동반된다. 공감, 동정심, 죄책감, 희생 동기뿐 아니라 분노와 역겨움(Rozin et al., 1999), 처벌 욕구(Kurzban & DeScioli, 2013; Robinson & Kurzban, 2007)도 포함된다. 이러한 도덕 판단의 진화에 대해 도덕 기반 이론(moral foundations theory, MFT)과 쌍 도덕 이론(theory of dyadic morality, TDM)이 제공하는 설명은 시사하는 바가 크다(장대익·이민섭, 2018).

도덕 기반 이론에 따르면 도덕 판단의 기준은 다양하다. 옳고 그름에 대한 판단은 서로 다른 진화적 적응 문제에 기초한 다섯 가지 심리 모듈이 기반이 되어 발생한다. 개인은 각 기반의 민감성에 따라 같은 이슈에 관한 도덕 판단을 달리한다(Graham et al., 2009; 2013; Haidt, 2012). 다섯 가지 도덕 기반은 '돌봄(care)', '공정(fairness)', '충성(loyalty)', '권위(authority)', '깨끗함(sanctity)' 등으로 표현되며, 각각은 양육, 호혜성, 동맹 형성, 서열 행동, 오염 회피 등 서로 다른 적응 문제에 뿌리를 두고 있다. 도덕 판단은 각 적응 문제의 고유 영역에 해당하는 정보가 입력될 때에만 작동하는 것이지만, 실제 영역에서 유사한 정보가 입력될 때도 작동한다.

대개 누군가에게 해를 입히는 행동(돌봄의 대척점)이나 불공정한 행동을 부도덕하다고 여긴다. 또한, 스포츠 팀을 바꾸거나, 상사의 권위에 도전하거나, 처음 본 인간과 성행위를 하는 것도 부도덕하다고 판단할 수 있다. 물론 다섯 가지 도덕 기반의 민감도는 개인에 따라 다르다. 횡문화 연구에 따르면, 다섯 가지 도덕 기반 모두에 민감하면 정치적으로 보수적 성향을 보이는 경우가 많았고, '돌봄' 기반과 '공정' 기반에 민감하지만 다른 기반에 둔감하면 진보적 정치 성향이 있었다(Graham et al., 2009; 2012; Haidt, 2012).

쌍 도덕 이론은 규범 위반, 부정적 영향, 지각된 위해라는 세 가지 요소에 비례하여 도덕 판단이 이루어진다고 주장한다(Schein & Gray, 2018). 여기서 도덕 판단은 힘 있는 행위자가 규범을 어김으로써 타인에게 위해를 입힌다고 지각하는 상황에 관한 평가다. 이처럼 쌍 도덕 이론은 행위자와 피행위자의 쌍을 상정하여 도덕 판단을 설명한다.

행위의 지각을 상정한다는 점에서 쌍 도덕 이론이 설명하는 도덕 판단은 행위 표상 체계의 작용을 전제하고 있다. 다만 행위 표상 체계의 행위자(agent), 행(act), 피행위자(patient)의 항이 여기서는 특별히 위해의 관점에서 정의된다. 즉, 행위자는 위해를 가하는 존재로, 행은 위해 행위로, 피행위자는 위해를 경험하는 존재로 표상된다. 만약 누군가 피해를 입었다고 지각된 상황에서 해를 끼친 행위자의 항이 분명하지 않거나 공백이라면 눈에 보이지 않는 존재의 표상이 그 자리를 채울 수도 있다. 또한, 마음 이론의 작용 범위인 이른바 '마인드클럽(mind club)'의 구성원 중 행위 능동성이 큰 존재가 행위자로 지각되고 경험 감수성이 큰 존재가 피행위자로 지각되면 반대의 경우보다 더 강력한 도덕적 비난을 받는다(Wegner & Gray, 2016).

도덕 기반 이론이 도덕적 판단을 여러 가지 적응 문제에 대한 모듈적 해법으로 설명하는 것과 대조적으로, 쌍 도덕 이론은 위해의 지각과 마음 이론 그리고 행위 표상 체계를 통해 도덕 판단을 일반화한다. 앞으로 이 두 이론에 대한 추가적인 비교 분석 연구가 필요하다.

종교적 도덕성

도덕적 판단이 적응적 모듈의 작용에서 비롯한다는 도덕 기반 이론은 종교를 인지적 부산물로 설명하는 모델과 상보적이다. 도덕 판단에 작용하는 다섯 가지 기반은 종교적 생각과 행동에 작용하는 다양한 적응적 인지 모듈과 교차할지도 모른다(McKay & Whitehouse, 2015; 구형찬,

2021). 예를 들면, 도덕 판단의 '깨끗함' 기반에 작용하는 적응 문제는 감염 및 오염 회피다. 그 고유 영역은 배설물이나 환자 등 감염 가능성이 있는 대상이지만, 실제 영역은 종교적 금기와 정결 의무 위반 혹은 의례적 규정 위반까지 넓게 작용할 수 있다. 마찬가지로 '충성'과 '권위' 기반의 도덕성은 종교적 조직과 권위에 대한 위협을 비도덕적인 것으로 판단할 것이다.

이뿐만 아니라, 쌍 도덕 이론에 따르면 행위자의 항에 '문화적으로 상정된 초인간적 행위자(CPS-agent)' 등 비물리적 행위자의 표상이 등장할 수 있다. 예를 들어 피해자는 있지만 가해자가 분명하지 않은 재난 상황은 악마의 소행 또는 신의 징벌로 인식되기 쉽다. 특히 감염병이 유행하는 재난 상황에서 눈에 보이지 않는 병원체는 행위자로 지각되기 어렵기 때문에 행위 표상 체계에 공백이 발생하며, '피해'를 입은 사람의 마음은 쉽게 동원할 수 있는 행위자 표상으로 그 공백을 채운다. 이 과정에서 음모론이나 감염인 혐오에 사로잡히기 쉽고, 역신(疫神)의 방문이나 신의 노여움을 상상하기도 한다. 종교적 도덕성은 도덕적 판단의 빈 자리를 종교적 표상으로 채움으로써 성립한다.

또한, 우리는 타인이 자신의 사회적 상호작용과 관련된 '전략적 정보'에 접근할 수 있을 때 불안해진다. 일반적으로 우리는 타인의 전략적 정보에 부분적으로만 접근할 수 있으므로 어떤 행위자가 개인의 전략적 정보에 대한 전면적 접근권을 갖고 있는 존재로 표상되면 심리적으로 매우 돌출되어 있는 느낌을 받는다. 이는 '모든 것을 아는 신' 표상이 특별한 주목을 받게 되는 이유다. 전지한 신이 특별한 이유는 세상에 있는 모든 냉장고의 내용물을 알거나 모든 기계 장치의 기전에 통달하거나 지구상 모든 곤충을 속속들이 파악하기 때문이 아니다. 전지한 신은 내가 어제 누구를 만나 무엇을 했는지, 내가 거짓말을 했는지, 내가 몰래 나쁜 짓을 했는지 안다고 가정되기 때문에 특별한 존재가 된다. 즉, 평판을 좌우할 전략적 정보에 대한 전면적 접근권을 가진다는 가정이 전지한 신을 매력적 표상으로 만들어 주는 것이다(Boyer, 2001).

문화적으로 상정된 초자연적 행위자가 전략적 정보에 대한 접근성을 얼마나 가지는지는 종교적 도덕 판단의 중요한 요인이다(구형찬, 2017). 신이나 정령 같은 초자연적 행위자가 도덕적 판단과 연결되는 이유는 명시적으로 제공되는 신학적 지식과 규범이 그 행위자를 '올바른 행동'의 입안자로 규정하기 때문만이 아니라 이들이 사회적 평판의 이해당사자로 여겨지기 때문이다. 이러한 직관은 초자연적 행위자가 도덕적 판단을 추동함으로써 해당 행동의 적합도를 높여 줄 수 있게 한다.

도덕 판단은 합리적 추론의 결과가 아니다. 도덕적 판단은 오히려 감정과 직관에 의해 촉발되며, 그 판단을 합리화하는 추론은 차후에 이루어진다(Haidt, 2001). 도덕적 판단의 사후 추론에서는 흔히 종교적 교리나 규범 혹은 신적 존재의 의지가 근거로 동원된다. 즉, 종교적 도덕성은 도덕 판단의 원인보다는 오히려 정당화 기제에 가깝다.

협력의 진화와 종교

인간의 협력 행동은 포괄적합도나 호혜적 이타성만으로 설명되지 않는다. 인간의 협력은 기대 효용 이론의 예측보다 더 이타적인 것으로, 부정행위와 무임승차가 명백히 유리한 상황에서도 인간은 협력한다. 이런 경향은 일상적 행동만이 아니라 경제학의 게임 이론 연구에서도 고르게 관찰된다. 실험 경제학의 풍부한 데이터는 인간의 이타적 경향이 일반적이고 안정적이라는 것을 보여 주고 협력 규범의 안정성을 옹호하는 다양한 유형의 모델을 도출했지만 아직 이것이 진화적으로 분명히 규명된 것은 아니다. 최근에는 협력성과 종교가 공진화했을 가능성이 폭넓게 제기되고 있다. 그런데 어떻게 이타적 행동이 진화적 안정 전략이 될 수 있을까?

두 개의 수수께끼

인류는 진화사 대부분 동안 수렵채집인으로서 소규모 집단을 이루고 살았다. 높은 유전적 근연도를 가진 집단 구성원은 자주 만날 수 있었고, 이러한 환경에서 협력은 포괄적합도와 호혜성 원칙에 의해 충분히 뒷받침되었다(Axelrod, 1984; Hamilton, 1964). 그러나 현대사회의 상황은 매우 다르다. 혈연관계도 없고 일면식도 없는 개체가 상호의존관계 속에서 협력하며 거대 사회를 이루고 산다(Seabright, 2004). 집단 규모가 커지면 낯선 개체 간의 접촉 기회는 늘어나는 반면 친족 간의 협력 기회는 줄어들고, 익명성이 증가하여 무임승차자가 늘어난다. 그런데도 협력적 집단은 계속 크기가 커졌으며 이러한 집단 규모 확장은 비인간 동물에서는 찾기 힘들다(4장 참조). 대규모 협력은 인류 진화사 내내 발생하지 않다가 비교적 최근에 아주 짧은 기간 동안 벌어진 것인데, 어떻게 이런 일이 가능했을까? 거대 집단의 진화는 쉽게 풀리지 않는 수수께끼다(Norenzayan, 2015).

거대 종교의 진화도 또 하나의 수수께끼다. 새로운 종교 집단이 우후죽순처럼 등장하지만 오래 존속하면서 규모를 키워 횡문화적 성공에 이르는 종교는 극히 소수다(Norenzayan, 2015). 19세기 미국의 사례를 보면, 종교 공동체의 평균 수명은 25년에 불과하며, 90%가 80년 이내에 해체되었다(Sosis, 2000). 고대 바빌로니아 제국이나 이집트 왕국의 영광과 함께했던 종교 역시 영원할 수 없었다. 인류 전체 역사에 걸쳐 수많은 종교 집단이 흥하고 망했다. 그런데 도대체 소수의 거대한 종교는 어떻게 수천 년이 넘도록 지속할 수 있었을까?

두 수수께끼는 서로 관련이 있을지도 모른다. 인간 세계에는 신, 정령, 조상, 영혼, 도깨비, 산타클로스, 슈퍼맨 등 초자연적 존재에 대한 매우 다양한 표상이 있고, 그중 일부는 종교적 신앙의 대상이다. 그들의 성격도 다양하다. 인간 세계의 도덕적 문제에 관여하며 상과 벌을 내리는 심판자 성격의 신격도 있고, 도덕적 문제에 상대적으로 무관심한 신격도 있다.

몇몇 학자는 소규모 수렵채집사회의 신격과 거대 사회에서 널리 숭배되는 신격의 성격이 다르다는 점에 주목했다(Boyer, 2001; 2010; Marlowe, 2010; Marshall, 1962; Purzycki, 2011). 소규모 사회의 신격은 대개 일상에서 인간과 상호작용하며, 심지어 거래와 교환도 하면서 종종 인간에게 속아 넘어가기도 하는 존재다. 이와 달리 거대 사회의 판테온에는 그런 신격만이 아니라 도덕신, 즉 일상적인 사건 하나하나에 개입하지는 않지만 인간의 도덕적 삶에 관여하며 상벌을 부여하는 신격이 포함된다. 어쩌면 이런 차이는 소규모 사회가 거대 사회로 이행하는 과정에서 나타났을지도 모른다.

거대한 신과 거대한 집단의 공진화

한 흥미로운 실험에서 도덕에 무관심한 '지역 신(local gods)'을 믿는 사람보다 아브라함 종교의 신처럼 횡문화적인 성공을 거둔 '큰 신(Big Gods)'을 믿는 사람이 독재자 게임(Dictator Game, DG)에서 더 관대한 분배 경향을 보였다(Norenzayan et al., 2013). 거대한 신에 대한 믿음과 친사회적 행동 사이에 어떤 인과적 관계가 있을까?[3] 또 그 관계를 통해 거대한 집단의 진화를 설명할 수 있을까?

인지적 부산물 모델은 제도 종교보다는 자연 종교나 민속 신앙을 더 잘 설명한다. 이 모델으로는 이해하기도 실천하기도 어려운 복잡한 교리와 규범을 따르는 종교적 생각과 행동, 그리고 거대 종교의 문화적 성공을 설명하기 어렵다. 그런데 이러한 인지적 부산물 모델이 유전자-문화 공진화 모델과 만나면 상황이 달라진다. 인지적 부산물 모델에 따르면, 수많은 형태의 종교적 생각과 행동은 적응적 인지 체계에 의해 생산된다. 종교적 생각과 행동 자체가 적응은 아니므로, 대개 쉽게 잊혀 사라지지만 주목을 끌고 쉽게 환기되는 일부 형태는 문화적으로 성공한다(6장 참조). 그런데 일단 일부가 성공하면, 유전자-문화 공진화가 작동하기 시작한다(Chudek & Henrich, 2011; Chudek et al., 2016; Norenzayan, 2015).

유전자-문화 공진화 모델에서 특별히 집중해 온 주제는 종교가 인류의 사회성에 미친 영향을 추적하는 것이다. 종교와 친사회적 헌신, 도덕성 및 신뢰의 증진을 연결 짓는 아이디어는 일찍이 저명한 초기 사회학자에 의해서도 논의된 바 있는데(Durkheim, 1912; Weber, 1930), 그 아이디어가 오늘날 공진화 모델을 만나 새로운 차원에서 연구되기 시작했다. 특히 초자연적 행위자에 관한 믿음 또는 고비용의 종교적 규범이나 의례적 행동이 협력을 강화하고 협력의 범위를 확장하는 장치

3 거대한 신의 문화적 성공 여부를 신자의 수, 전파된 지리적 영역의 넓이, 사회적 영향력 등을 기준으로 판단하는 것은 진화 이론과 무관하다는 비판이 있다(Pinker, 2016). 단지 종교 전문가가 의도적으로 정교하게 다듬고 관리하기 때문이라는 것이다. 이와 달리, 망자의 마음을 헤아리는 종교적 사고가 문화적 성공을 거두고 있는 것은 진화된 인지 체계의 작동방식 때문이라는 주장도 있다. 두 사례에서 말하는 '문화적 성공'은 결이 상당히 다르다.

로 기능할 가능성이 주로 논의되었다(Bering, 2006; Bulbulia, 2004; Sosis, 2003; 2005; Wilson, 2002).

대규모 협력의 진화가 직면하는 핵심 문제는 집단의 규모가 커지면 익명성도 커져 호혜적 협력이 어려워진다는 것이다. 익명성의 증대는 간접 호혜성의 조건이 되는 평판의 기능을 무력화하기 때문이다(4장 참조). 그러나 만약 모든 사람의 비도덕적 행위를 감시하고 처벌하는 신격을 믿는다면, 그들은 익명성이 높은 상황에서도 이타적으로 행동하게 될 가능성이 있지 않을까? 그렇다면 다양한 신격 중 도덕신에 대한 믿음이 대규모 집단에서 타당성을 획득할 수 있을 것이며(Norenzayan, 2013), 이러한 주장을 도덕신 가설(moralizing gods hypothesis, MGH)이라고 한다.

감시는 협력을 증대시킨다. 친사회적 행동은 자신을 지켜보는 눈이 있다고 느낄 때 강화되고(Bateson et al., 2006; 2013; Haley & Fessler, 2005; Nettle et al., 2013), 자신을 감출 수 있는 어두운 환경에서는 반대로 약화된다(Zhong et al., 2010). 감시와 친사회적 행동의 정적 상관은 신적 존재가 지켜본다고 여겨지는 상황에서도 확인된 바 있다(Shariff & Norenzayan, 2007).

처벌 역시 대규모 협력에 기여한다. 처벌은 무임승차자와 배신자를 통제하는 매우 효과적인 장치다. 그러나 처벌에는 비용이 따른다. 즉, 처벌하는 자는 보복 위험에 노출된다(Balafoutas et al., 2014; Nikiforakis, 2008). 만약 처벌에 따르는 비용은 감당하지 않고 이득만 취하려는 인간이 있다면 또 다른 무임승차자 문제가 발생할 것이다(Henrich & Boyd, 2001). 오늘날에는 법이나 제도적 장치로 처벌을 규정하고 시행함으로써 이러한 문제를 해결하지만 법과 제도가 없었던 과거에는 신의 처벌에 관한 믿음이 그 역할을 담당했을 수 있다(Johnson & Bering, 2006;

Johnson & Krüger, 2004).

신의 처벌에 관한 믿음은 실제 처벌의 시행 여부와는 별개로 협력의 확장에 기여했을 수 있다. 신의 개입을 믿는 인간일수록 규범 위반자에 대한 처벌에 관대했으며(Laurin et al., 2012), 심리학적 점화(priming)와 독재자 게임을 이용한 행동경제학 실험에서는 초자연적 감시가 '처벌'을 동반할 때 그 효과가 증대된다는 것이 확인되었다(Norenzayan, 2013). 또한, 신의 처벌을 환기시키는 단어로 심리학적 점화를 실시한 집단에서 친사회적 행동을 선택하는 경향이 통제 집단보다 크게 나타났다(Yilmaz & Bahçekapili, 2016).

물론 이것만으로 종교와 대규모 협력의 인과적 관계를 충분히 설명할 수는 없다. 여기에는 앞서 검토했던 것처럼 의례가 비싼 신호나 신뢰도 증진 표시로서 기여하는 바도 있을 것이다. 그 외에도 종교 의례 참여자의 동시성 경험(McNeill, 1995; Wiltermuth & Heath, 2009), 종교 공동체의 가상 친족성(Nesse, 1999), 출산을 장려하는 종교 규범(Kaufmann, 2010) 등의 영향에 관한 고려가 필요하다.

횡문화적 연구 사례

도덕 및 협력의 진화와 종교의 관련성에 관한 연구는 다양한 방법을 통해 이루어지고 있다. 횡문화 데이터 세트의 분석을 통해 더 크고 정치적으로 복잡한 사회에서 초자연적인 형벌과 도덕주의적인 신을 갖는 경향이 더 강함을 보여 주는 연구도 있고(Botero et al., 2014; Johnson, 2005), 역사적 분석을 통해 초자연적 처벌에 대한 믿음이 사회적 복잡성에 선행할 수 있다는 것을 보여 주는 연구도 있다(Watts et al., 2015). '세계가치조사(World Values Survey)'와 같은 국가 간 데이터베이스를 활용한 연구에서는 지옥에 관한 믿음, 신의 처벌 능력에 관한 믿음과 친사회적 행동 간의 정적 상관관계가 확인되기도 했다(Atkinson & Bourrat, 2011; Shariff & Rhemtulla, 2012).

실험실이나 현장에서 개인 수준의 데이터를 수집한 몇몇 연구는 의미 있는 성과에도 불구하고 여전히 일정한 한계를 갖고 있다. 실험실 연구에서 종교적 알림(religious reminders)에 노출되면 관대함이 증가하고 부정 행위가 감소한다(Piazza et al., 2011; Shariff et al., 2016). 그러나 이러한 심리학적 실험 연구의 대다수는 서구 기독교인 표본에 의존하고 있으므로 일반화하기 어렵다. 또한, 수렵채집, 목축, 텃밭농경 등을 생업으로 하는 15개의 다양한 사회에 걸친 현장 연구는 기독교인 또는 무슬림이 지역 종교 혹은 전통 종교를 믿는 사람에 비해 행동경제 게임에서 더 관대하게 행동함을 보였다(Henrich et al., 2010). 그러나 이 연구는 처벌, 지식, 도덕 등 이론적으로 중요한 구성 요소를 정교하게 측정하지 않았고, 수혜자의 종교를 고려하지 않았다. 따라서 지리적으로 멀리 떨어져 있지만 동일 종교를 믿는 인간에 대해서도 친사회성이 확장되는지는 알 수 없다.

이런 한계를 넘어서기 위한 노력도 이어지고 있다. '종교와 도덕성의 진화 프로젝트'는 2012년부터 2021년 현재까지 두 단계에 걸쳐 이루어진 대규모 공동연구다(Lang et al., 2019; Purzycki et al., 2016). 이 프로젝트는 여러 문화권을 대상으로 한 민족지 연구와 실험 연구를 결합하여 기존 연구의 한계를 극복하고자 했다는 점에서 주목할 만하다.

해당 연구의 첫 번째 단계(Wave 1: 2012~2016)에서는 도덕신에 관한 믿음과 친사회성의 관계를 탐구했다. 이는 수렵채집, 텃밭농경, 목축, 농경 등의 생업 형태를 포함하는 8개의 다양한 커뮤니티에 속한 참가자 591명을 대상으로 한 연구로, 기독교, 힌두교 및 불교를 포함한 다양한 세계 종교의 신자와 광대한 범위의 지역 신격에 대한 믿음을 보고하는 사람들이 포함되었다. 최대한 익명성이 보장되는 조건에서 자신과 지역 사회에 대한 편애를 측정하기 위한 무작위 할당 게임(Random Allocation Game, RAG)을 시행하여 감시와 처벌의 효과가 실제로 강력한 도덕신을 믿는 경우에만 적용되는지를 살펴보았고, 도덕신과 관련된 주요 예측 변수가 유의미하다는 것을 확인했다. 이러한 결과는 이전 발견을 뒷받침하며, 대규모 사회에서 발견되는 광범위한 협력의 진화를 이해하는 데 중요한 진화인류학적 의미를 가진다.

연구의 두 번째 단계(Wave 2: 2017~2021)에서는 조사지를 늘려 모집단의 횡문화적 다양성을 확보하는 동시에 표본 크기를 키웠고, 이전 단계 연구의 가설을 더 명확히 다듬었다. 하나는 감시와 처벌을 관장하는 신에 관한 믿음이 지리적으로 멀리 떨어져 있는 같은 종교 신자에 대한 협력적 행동을 촉진할 것이라는 가설이고, 다른 하나는 그러한 기전이 종교적 외집단을 희생시키면서 내집단만을 위하는 방식으로 이루어진다는 가설이다. 15개의 다양한 모집단에서 2,228명의 참가자를 표집했는데, 참가자의 생업 형태는 수렵채집, 목축, 텃밭농경, 임금 노동 등이었고, 종교는 불교, 기독교, 힌두교, 그리고 정령숭배와 조상숭배 등을 아울렀다. 여기서는 무작위 할당 게임과 독재자 게임을 통해 감시하고 처벌하는 신에 대한 믿음이 지역 편애를 감소시키고 지리적으로 떨어져 있는 같은 종교 신자에 관한 협력을 증가시킨다는 것을 확인했다. 외집단에 대한 태도는 조사지 간에 차이가 있었는데, 이는 평소 적대감의 유무가 협력 행동에 영향을 끼칠 수 있음을 의미한다.

5. 관련 쟁점과 앞으로의 과제

이제 종교의 진화와 관련된 몇 가지 추가적인 쟁점들을 훑어보고, 앞으로 해결되어야 할 연구 과제들을 간략하게 요약하겠다.

처벌의 종교와 평판의 종교

인간의 도덕성 및 대규모 협력과 신에 의한 감시와 처벌을 믿는 '처벌의 종교'의 공진화에 대한 탐구가 활발하게 이루어지고 있다. 그러나 '처벌의 종교'가 대규모 협력의 진화를 이끌어 낸 가장 유력한 요인이라고 확언하기는 어렵다. 동아시아의 유교처럼 신보다 인간의 관계를 중시하는 '평판의 종교'도 거대한 집단에 지배적 영향력을 행사할 수 있기 때문이다. 집단 규모가 커지면 익명성이 증가하는 것도 사실이고, 많은 거대 사회에서 초자연적 처벌에 대한 종교적 믿음이 발견되는 것도 사실이다. 그러나 이는 거대 사회에서 무조건 평판이 무력화됨을 뜻하지는 않는다. 증대된 익명성 때문에 평판이 기능하지 못할 수 있지만, 아마도 그것은 현대사회의 매우 특수한 조건에서 발생하는 극단적인 경우일 것이다. 아무리 거대한 집단 속에 있더라도 개인은 동시에 그보다 세분화된 다양한 규모의 공동체에 소속된다. 그리고 작은 집단의 평판은 언어적 의사소통을 통해 집단 밖으로 쉽게 전달된다.[4] 따라서 대규모 협력의 진화에 관한 연구는 평판 모니터링의 기능

4 인류 진화사에서 평판이 중요한 선택압으로 작용할 수 있었던 것은 언어 때문이다. 언어는 사건을 직접 관찰하지 않은 이에게 정보를 전달하는 강력한 수단이다 (Barclay, 2015). 언어를 통해 평판은 다양한 방식으로 개체의 사회적 성공과 번

에 초점을 맞춘 지배적 종교 유형을 고려하여 이루어져야 한다.

상호주의적 관점에서, 평판은 여전히 협력과 도덕의 진화를 설명하는 가장 중요한 요인 중 하나다(Baumard et al., 2013; Sperber & Baumard, 2012). 평판은 계급, 명예, 종교적 규범, 고결한 가치 등에 관한 인간의 관심과 밀접하고 폭넓게 관련된다. 이러한 관심은 전략적 정보에 관한 관심이기도 하므로 평판의 종교와 처벌의 종교 모두에서 중요한 요소다(Nordin, 2015). 앞 절에서 언급한 바와 같이, 전략적 정보에 대한 전면적 접근권을 지닌 초자연적 존재의 표상은 종교가 도덕과 만나는 가장 중요한 지점이다.

덧붙여, 연구자의 문화적 편향도 언제나 조심해야 한다. 특히 감시하고 처벌하는 신에 관한 심리학적 점화가 행동경제 게임의 참여자들이 더 관대하게 행동하도록 했다는 연구(Norenzayan, 2013)의 후속 연구 결과들을 주의 깊게 살펴봐야 한다. 서구에서 수행된 연구 대부분은 선행 연구의 발견을 지지했으나 몽골, 일본, 한국 등에서 수행된 연구(Berniūnas et al., 2020; Miyatake & Higuchi, 2017; 배희정, 2021)에서는 그 효과가 일관되게 나타나지 않았다. 전통적으로 신의 처벌보다 인간 관계와 평판이 더 중시되는 종교가 성행했던 곳에서는 점화의 조건과 방법을 달리해야 의미 있는 연구 결과를 얻을 수 있을 것으로 보인다.

종교 진화사회심리학

거대 종교의 진화에 관한 연구가 반복적으로 부딪히는 몇 가지 문제가 있다. 거대 종교 진화를 논할 때 기준으로 삼는 제도 종교, 특히 '세

식 성공에 영향을 미친다.

계 종교'라는 범주 개념은 예상외로 취약하다(Boyer, 2010; Masuzawa, 2005; Smith, 1982; 2004). 또한, 자기 범주화, 사회 정체성, 내집단 선호 등 인간의 사회심리학적 특성의 진화가 거대 종교 진화와 어떤 관계에 있는지 추가적 검토가 필요하다.

이번 장의 서론에서도 언급했듯이 인간의 종교성에 제도 종교의 교리나 실천, 조직이 반드시 필요한 것은 아니다. 자연 종교 혹은 민속 신앙 역시 다양한 종교적 사고와 행동을 무수히 생산해 내고 있으며 이는 종교적으로 생각하고 행동하는 인간이 나타난 이후로 지금까지 계속된 일이다. 한편, 비교적 최근에 형성된 제도 종교는 자연 종교를 적절히 활용하여 존속과 발전을 꾀한다. 제도 종교는 언제나 자연 종교를 필요로 하며, 사실 둘은 완전히 분리하기 어렵다. 그런데도 흔히 자연 종교와의 공존을 '방편', '토착화', '습합(syncretism)' 등으로 부르면서 제도 종교가 가진 핵심 교리의 독창성, 자족성, 순수성을 주장하는 오류를 범하곤 한다(구형찬, 2017; 심형준, 2018).

이뿐만 아니라, 같은 명칭을 지닌 제도 종교에 소속된 교인이라고 해서 그들의 종교적 생각과 행동이 모두 동일한 것은 아니다. 각 제도 종교는 단일한 집단으로 이루어져 있지 않다. 엄격히 말하면 복수의 힌두교인, 불교인, 유대교인, 기독교인, 이슬람교인 등이 있다. 그 안에는 다양한 전통이 형성되어 있고, 사안에 따라서는 종교 집단 내의 차이가 종교 집단 간의 차이보다 클 수도 있다. 게다가 일생 동안 여러 제도 종교에 헌신하거나 생애 주기에 따라 다양한 종교의 통과의례를 거치며 살아가는 사람도 많다. '하나의 종교에 소속된다는 것'은 누구에게나 간단한 일이 아니며, 사실 그리 중요한 일도 아니다(Boyer, 2001; 2010).

물론 분업화된 현대사회의 직업적 종교 전문가는 사람들을 자신의 종교에 소속시키고 싶어하므로 각 종교가 특수한 교리나 실천, 조직의 결합으로 이루어져 있다는 주장을 널리 관철시키고자 한다. 이들은 동업자 조합을 맺어 그러한 주장에 신빙성을 더하고 자신이 제공하는 서비스의 전문성과 가치를 인정받고자 한다. 그리고 다음의 특징을 가진 표준화된 서비스 개발을 위해 노력한다. 첫째, 조합 외부의 서비스와 분명히 구별된다. 둘째, 조합 구성원 누가 제공하든지 유사하다. 셋째, 조합에서만 독점적으로 제공되는 서비스다. 이런 시도가 성공하면 서비스는 브랜드 상품처럼 널리 팔려 나갈 수 있다(Boyer, 2001).

종교 서비스를 '구매'한 인간은 그 상품의 보유 여부로 내집단과 외집단을 구별하게 되며, 내집단 구성원과 더 친화적인 관계를 형성한다. 그런데 그것은 종교가 아닌 것을 보유해도 나타나는 일반적인 경향이므로 종교의 본질적인 기능이라고 할 수 없다. 우리는 아주 사소한 표지만으로도 집단 정체성을 갖게 되고, 소속 집단을 지각하면 곧바로 내집단 선호 편향을 갖게 된다(Tajfel, 1978; 1982; Turner & Reynolds, 2001). 이는 스포츠나 대중문화에서도 흔히 일어나는 일이다. 즉, 거대 종교의 문화적 성공과 집단 규모의 확대는 종교 콘텐츠의 특징과 직접적인 연관이 없을 가능성이 크다. 일반적인 팬덤 현상과 거대 종교의 결속 현상 간의 사회심리학적 차이점에 관해서는 아직 연구가 부족하다. 이에 관한 진화사회심리학적 연구가 필요하다.

성선택과 종교

종교 진화를 성선택 관점에서 접근한 연구는 별로 없다. 몇몇 진화심리학자는 패션, 예술, 음악, 화장품, 보석 등의 과시적 소비가 짝을 유인하고 경쟁자를 압도하는 비싼 신호라고 주장해 왔다(Miller, 2001;

Ridley, 1993). 근래에는 종교에 대해서도 이러한 접근이 시도되고 있다. 종교가 성공한 문화적 행동이 된 이유는 배우자의 신앙을 매력적으로 느꼈기 때문이라는 중심 가설에 기반한 접근이다. 즉, 종교는 유용한 전략적 정보를 비싼 신호의 형태로 전달함으로써 배우자 확보와 유지, 자손의 생산, 양육 투자 등 번식과 관련된 일련의 적응 문제를 관리하는 데 도움이 된다는 것이다(Slone & Van Slyke, 2015).

종교는 장기적 짝짓기 전략을 지원하고 촉진하는 다양한 행동 방식과 기능적으로 겹치는 부분이 많다(Van Slyke, 2015). 특히 종교에 대한 헌신은 장기적 짝짓기 전략으로서 가족에 대한 헌신을 표시하는 방법일 수 있다. 성공적 번식을 위해서는 파트너의 잠재적 자질을 정확하게 평가해야 한다. 종교 진화는 부분적으로 배우자 식별의 문제와 관련될 가능성이 있다(Slone, 2008).

남성의 양육 투자와 종교의 관계도 흥미로운 주제다. 대부분의 영장류 수컷과 달리 인간 남성은 상당한 수준의 양육 투자를 하는 독특한 행동을 보인다(2장 참조). 한 연구에서는 종교 의례에의 참여도와 부성 양육 투자가 서로 높은 상관을 보였다(Bell, 2015). 종교 의례가 남성의 단기적 짝짓기를 억제하고 양육 투자를 안정적으로 증가시키는 요인으로 작용하는지도 모른다.

종교적 신호와 번식 적합도의 관련성을 평가하는 연구가 시도되기도 했다(Bulbulia et al., 2015). 연구에 따르면, 여성은 성적 충실도와 관련된 종교적 신호, 예를 들면 기도 등의 행동을 보일 가능성이 남성에 비해 더 높았다. 반면에 남성은 사회적 평판과 관련된 종교적 신호, 예를 들면 교회 출석 등의 행동을 보일 가능성이 높았다. 이러한 성차는 주요 인구통계학적 변수나 교단(religious group) 클러스터링 및 제로 팽창 회귀 모델을 사용하여 응답 데이터를 보정해도 유지되었다.

성선택과 종교 진화는 다른 주제에 비해 연구가 많이 이뤄지지 않은 영역이다. 따라서 진화행동과학 연구자에게는 기회의 영역이다. 앞으로 과감한 연구 질문을 던지고, 정교한 연구 방법을 개발하여, 이러한 질문에 대한 명확한 해답을 찾아 나가야 한다.

6. 결론과 제언

진화행동과학은 '종교'라는 문화 현상을 연구하는 방식에 중대한 변화를 가져오고 있다. 또한, 종교에 관한 진화적 연구가 다루는 문제는 인류 문화의 보편성과 다양성에 관한 여러 가지 설명 모델을 폭넓게 검토하도록 한다는 점에서 아주 중요하다.

종교는 보편적 문화 현상이지만 현실의 모든 종교가 하나의 일관된 체계를 가지지는 않는다. 만일 누군가 인류의 종교를 하나의 정연한 체계로 묘사한다면 그것은 '현실'에 관한 것이 아니라 '당위'에 의한 것이다. 심지어 하나의 제도 종교 안에도 상이한 체계의 전통이 얽혀 있는 경우가 많으며, 어떤 체계의 전통은 대규모 집단에 어울리지만 다른 체계의 전통은 그렇지 않을 수 있다. 그중에서 어떤 것이 더 종교다운지를 규범적으로 판단하는 것은 진화행동과학의 과제가 아니다. 당위와 규범의 문제를 유보하면 종교 진화에 관해 더 다양하고 가치 있는 질문을 던질 수 있을 것이다. 진화행동과학적 관점에서의 종교 연구는 이제 막 시작되는 도전적인 연구 분야다.

6장

문화

유전자와 문화는 어떻게 서로 공진화하는가

유전자-문화 공진화 이론 연구 동향

김준홍

김준홍_포스텍 인문사회학부 교수

서울대학교에서 산업공학과 학사, 동 대학교 대학원에서 인류학 석사를 마쳤고, 워싱턴대학교에서 생물문화인류학 박사를 마쳤다. 서울대학교 비교문화연구소 연구원, 서울대학교 및 경희대학교 강사 등을 지냈다.

유전자-문화 공진화 이론의 얼개 안에서 인간 협동, 문화계통발생도에 관한 연구를 하고 있다.

주요 논문으로 "Using social network methods to test for assortment of prosociality among Korean high school students", 「문화가 인간의 적응에서 갖는 중요성」, 「인간의 협동을 어떻게 설명할 것인가: 문화적 집단 선택론을 중심으로」 등이 있고, 『유전자만이 아니다: 문화는 어떻게 인간 진화의 경로를 바꾸었는가』, 『다윈의 미완성 교향곡: 문화는 어떻게 인간의 마음을 만드는가』 등을 옮겼다.

1. 공진화 이론은 다른 진화행동과학과 어떻게 다른가

진화행동과학의 세 하위 분야 중 하나인 유전자-문화 공진화(Coevolution of Gene and Culture) 이론은 다른 분야인 진화심리학 및 인간행동생태학과 비슷한 시기인 1980년대 후반에서 1990년대 초반 사이에 부상했다. 이 세 분야 모두 진화행동과학의 원류라고 할 수 있는 사회생물학과 관련이 깊으며, 각기 다른 방식으로 초기 사회생물학의 약점을 극복하고자 했다. 이 장에서는 공진화 이론이 다른 하위 분야와 이론적 전제 및 구체적인 연구 성과에서 어떻게 다르며, 인류 진화 및 인간 행동의 이해에 어떻게 기여했는지 소개하고 향후 발전 방향에 대해 논의하고자 한다.

공진화 이론과 다른 두 분야의 차이점을 설명하기 전에 각 분야에 대해 간략하게 설명하겠다.

먼저 인간행동생태학은 행위자가 인류진화사 동안 형성된 인지적·문화적 기전을 통해 주어진 환경에서 유전적 적합도를 최대화한다고 가정한다. 그들은 행위자가 대개의 생태학적 상황에서 최적의 적합도를 이끌어 내기 위한 대략의 정보를 갖고 있다고 전제한다(Borgerhoff-Mulder, 1991). 이러한 면에서 인간행동생태학은 인간이 어떤 상황에서도 항상 합리적인 선택을 한다고 가정하는 고전파 경제학과 비슷하다. 인간행동생태학은 직접 현지조사를 수행하는 것을 선호하는 인류학의 전통과 맞닿아 있으며, 현지조사로 관찰한 인간 행동의 다양성을 설명하려고 시도한다. 이때, 일반적인 집단 간 행동 다양성은 환경 차이에 의해 비롯된다고 본다. 환경에 따른 적응적 문제가 상이하므로 최적 행동 전략도 달라지며, 이로 인해 집단 간 다양성이 생긴다는 주장이다. 즉, 인간행동생태학은 적응주의적 접근에 따라 특정 환경에 대한 특정 행동 패턴의 진화적 적응 과정 및 그 결과를 연구하는 학문이다.

한편 진화심리학은 본성론에 입각하여, 겉으로 보이는 집단 간 행동 다양성은 동일한 본성이 서로 다른 사회생태학적 환경과 만나는 것에서 비롯된다고 가정한다. 즉, 이들은 종 보편적 심리에 주목하는데, 보편적 심리는 진화적 적응 환경(Environment of Evolutionary Adaptedness, EEA)에서 반복적으로 접한 선택압에 대한 적응이라는 것이다(Tooby & Cosmides, 1992). 이견이 존재하지만 진화심리학에서는 대체로 진화적 적응 환경이 플라이스토세(Pleistocene, 약 258만 년 전~약 1만 년 전)의 환경이라고 가정한다. 이러한 환경에 적응하는 과정에서 자연선택을 통해 다양한 심리학적 기전이 만들어지는데, 하나의 프로그램으로 여러 과업을 처리하는 일반 학습 기전보다는 복수의 프로그램이 각각의 특화된 임무를 담당하는 것이 더 효율적이라는 것이 진화심리학의 주장이다. 그래서 이들은 인간의 마음이 마치 군용 스위스 칼처럼 여러 개의 심리 모듈로 구성되어 있다고 비유하며, 이 특수한 심리적 알고리즘이 진화적 적응 환경의 다양한 적응 문제를 잘 해결할 수 있었다고 본다.

진화심리학에서는 인간 정신처럼 복잡한 형질이 진화하려면 오랜 시간이 걸리므로 현대인의 '심리'는 과거의 진화적 적응 환경에 대한 적응이라고 주장한다. 조상들이 살던 환경에서 반복적으로 겪은 적응 문제를 해결하기 위해 우리의 마음이 진화했으며, 농업 혁명 혹은 문명 이후의 환경은 과거 환경과 매우 다르므로 현대인의 행동 중 상당수는 더 이상 적응적이지 않다는 것이다. 즉, 현대를 살고 있는 호모 사피엔스의 두개골 내부에는 '석기 시대의 마음'이 들어 있으며(Cosmides & Tooby, 1997: 90), 따라서 현대인의 여러 행동이 보이는 적합도는 뜻밖에도 낮을 수 있다.

마지막으로 본 장에서 중점적으로 다룰 유전자-문화 공진화 이론에서는 호모 사피엔스의 보편적 진화 심리를 인정하면서, 사회적 학습을 통해 전달되는 문화가 그에 미치는 영향에 주목한다. 여기서 말하는 문화는 한 구성원이 다른 구성원으로부터 사회적 학습을 통해 습득한 정보, 믿음, 지식 등을 일컫는 말이다(김준홍, 2014; 리처슨·보이드, 2009). 다시 말해서 문화는 한 개인이 지닌 모든 지식에서 시행착오를 통해 스스로 습득한 지식(개별 학습으로 습득한 지식)과 본능적으로 습득한 지식(유전자에 각인된 행동 지식)을 뺀 나머지에 해당한다.

사회적 학습을 통한 문화의 전달 방식은 유전자의 전달과는 미묘하게 다르다. 일반적으로 유전자는 일생에 한 번 부모에서 자식으로 전달되지만, 문화의 전달은 시시각각 일어난다. 사회적 학습이 수시로 일어나기 때문이다. 또한, 어떤 문화적 변형(cultural variant)은 유전자와 비슷하게 부모에서 자식으로 수직 전수(vertical transmission)되지만, 어떤 문화적 변형은 주로 같은 세대 구성원 간 수평 전수(horizontal transmission)를 통해 전달된다. 부모 이외의 성인에서 다음 세대의 개체로 경사 전수(oblique transmission)가 일어나기도 한다. 그러나 문화도 유전자와 마찬가지로 자연선택의 3대 조건인 변이, 상이한 생존력(경쟁), 유전에 좌우된다(리처슨·보이드, 2009). 그러므로 진화론으로 유전자를 연구하고 모델링하듯이 문화 또한 진화론으로 이해할 수 있다. 이뿐만 아니라 유전자와 문화는 서로의 진화적 역학에 영향을 미친다. 즉, 유전자와 문화는 공진화한다. 유전자는 발달 과정을 통해 사회적 학습 능력 및 학습 경향에 영향을 미치며, 문화는 행동과 인공물로 표현되어 유전자의 개체군 내 확산, 선택 과정에 작용하는 물리적·생태적·사회적 환경에 영향을 미친다.

인간행동생태학과 진화심리학은 문화가 유전자로부터 독립적으로 진화한다는 주장에 다소 회의적인 입장을 취한다. 이들은 사회생물학의 창시자, 에드워드 윌슨의 '문화는 유전자라는 끈에 묶여 있다'(Wilson, 1978: 167)는 유명한 주장에 대체로 동의한다. 반면 공진화 이론은 유전자가 문화에 미치는 영향력을 인정하면서도, 문화가 사회생태학적 환경의 변화를 통해 유전자에 미치는 영향력도 이에 못지않다고 여긴다(리처슨·보이드, 2009; Laland, 2017). 물론 사회적 학습의 정확성은 유전자에 비해 낮지만 문화 진화에는 유전자와 달리 방향성과 일관성이 있으며, 문화의 확산 속도는 유전자보다 훨씬 빠르다(Laland, 2017; Perreault, 2012).

문화가 유전자에 미치는 영향력에 대한 증거로 선택적 일소(selective sweep)를 들 수 있다. 최근 몇만 년 사이에 자연선택으로 인해 집단 내 빈도가 급격히 증가한 유전자, 즉 선택적 일소를 겪은 유전자를 찾아내는 연구가 진행되고 있다(Nielsen et al., 2007; Sabeti et al., 2006; 2007; Tang et al., 2007; Voight et al., 2006; Wang et al., 2006). 인류진화사에서 최근 몇만 년은 호모 사피엔스의 동굴벽화, 세석기, 복합도구, 악기 등의 혁신이 폭발한 시기이자 농업이 시작된 시기로, 그 이전 몇백만 년에 비해 문화 진화의 속도가 특별히 가속화된 시기다. 공진화 이론에서는 이때 공진화를 통해 유전자의 진화 또한 가속화되었다고 보고 있다. 선택적 일소의 대표적 예로 연관비평형(linkage disequilibrium)에 의해 높은 빈도로 발견되는 형질, 인구집단 내 변이 정도가 매우 낮은 유전자

단상형(haplotype) 등이 있다. 아직 해당 유전자의 기능은 불분명하지만, 그 수는 대략 500개에서 많게는 2,000개에 이를 것으로 추정된다. 이는 최근 몇만 년간의 문화적 진화로 인해 유전자 진화가 가속화된 예인지도 모른다(Hawks et al., 2007). 특히 선택적 일소는 단백질을 암호화하는 일반적인 유전자뿐만 아니라 다른 유전자의 전사를 조절하는 상위 조절유전자에서도 일어났다. 이는 수많은 하위 유전자의 기능을 빠른 속도로 변화시킬 수 있다. 또한, 두뇌 성장, 신경 시스템 발달 등 인지나 행동에 관여하는 유전자에서도 선택적 일소의 증거가 발견된다(de Magalhaes & Matsuda, 2012; Williamson et al., 2007). 이는 유전자-문화 공진화가 최근 일어난 수많은 형질의 진화, 특히 인간 정신의 진화에 큰 영향을 미쳤을 가능성을 시사한다.

공진화의 사례로 일련의 인과 과정이 잘 규명된 두 사례를 소개하겠다. 먼저 유당 내성 유전자가 있는데, 이는 비인간 포유류에서는 발견되지 않는다. 왜냐하면 일반적으로 포유류는 어미의 젖을 뗀 후, 유당을 분해할 일이 없기 때문이다. 하지만 인간 사회에서 낙농업이 발달한 이후, 어미의 젖을 떼고 난 다음에도 유당을 분해, 소화하는 형질의 이득이 커졌다. 아마 낙농업이 처음 시작되었을 때는 유당 분해 효소(Lactase)가 낮은 수준으로만 발현해도 그 이득이 상당했을 것이다. 요거트나 치즈 등의 유가공 제품에 들어 있는 유당은 생우유의 1%에 불과하다. 따라서 약간의 유당 분해 효소로도 큰 이점을 누릴 수 있었을 것이다. 유당 분해 효소 지속성(Lactase Persistence, 이하 LP) 유전자는 흔히 단 하나의 돌연변이로 결정된다. 여러 지역에서 나타나는 LP 유전자는 서로 다른 돌연변이에 의해 독립적으로 진화한 것으로 보인다.

LP 유전자를 공진화의 증거라고 볼 수 있는 이유는 무엇일까? 낙농업이 등장한 이후, 유전자의 빈도가 서서히 증가했기 때문이다. 예를 들어 북유럽 낙농업의 기원에 관한 고고학 연구에 따르면, 약 6,000년 전 낙농업이 시작된 것으로 보인다. 그리고 이후부터 LP 유전자의 집단 내 빈도가 증가하기 시작했다(Burger et al., 2007; Holden & Mace, 1997). 낙농업 시작 시기는 소뼈 화석의 분포 양상, 우유 살균용 토기[1]의 연대, 송아지 이빨의 동위원소 분석[2] 등으로 추정했는데, 해당 시기의 인골에서 추출한 DNA에는 유당 내성 유전자가 없었다. 북유럽은 유당 내성 유전자의 빈도가 약 90%로 가장 높은 지역인데, 6,000년 만에 유전자의 빈도가 0%에서 90%까지 증가할 수 있을까? 한 스칸디나비아 집단에서 해당 유전자의 선택 계수(selection coefficient, μ)는 0.09에서 0.19 사이로 추정되며(Bersaglieri et al., 2004), 이 정도 선택 계수라면 6,000년 만에 90%까지 양성 선택될 수 있다.[3] 즉, 낙농업 문화로 인해 유당 내성 유전자의 빈도가 높아진 것이지, 유당 내성 유전자의 진화에 의해 낙농업 문화가 발생한 것은 아닐 것이다.

다른 예로, 화전 농업으로 인한 겸상적혈구(sickle cell) 유전자 빈도의 증가 사례를 들 수 있다. 아프리카 크와(Kwa)족의 화전 농업이 시작된 이후 말라리아 모기의 한 종(*Anopheles gambiae*)이 크게 확산했다. 이는 크와족의 화전 농법으로 인해 물을 흡수할 나무뿌리가 제거됨에 따라 말라리아 모기가 알을 낳을 수 있는 물웅덩이가 많이 생겼기 때문

1 우유를 토기에 넣고 끓여서 살균했을 것이기 때문이다.

2 송아지가 젖을 일찍 떼게 하면 우유 생산량이 늘어날 것이기 때문이며, 그 시점은 동위원소 분석으로 알아낼 수 있다.

3 여기서 0.09라는 선택 계수는 현재 이 유전자가 없는 사람이 100명, 이 유전자를 지닌 사람이 100명이라고 하면, 다음 세대가 되었을 때 유전자가 없는 사람들이 100명이라면 유전자를 지니고 있는 사람은 109명이 될 것이라는 뜻이다. 이러한 차이가 200세대 동안 지속된다면 선택적 일소가 일어날 수 있다.

인데, 이후 말라리아에 저항성을 가진 헤모글로빈 S 대립유전자(HbS)의 집단 내 빈도가 높아지게 되었다(Durham, 1991). 이 유전자를 겸상적혈구 유전자라고도 부르는데, 이 유전자를 갖게 될 경우 적혈구가 낫 모양으로 변형되고 적혈구의 수명이 짧아지므로 빈혈에 시달리게 된다. 또한 모세혈관에서 적혈구가 쉽게 깨지므로 말초 혈관 폐색 등으로 인한 합병증을 앓게 된다. 이처럼 치명적인 유전자임에도 불구하고 개체군 내 빈도가 증가할 수 있었던 이유는 해당 유전자가 말라리아 감염에 대한 저항성을 가지기 때문이다. 이 대립유전자가 두 개 있는, 즉 동형 접합체를 가진 경우 심각한 빈혈증으로 인해 대개 5세 이전에 사망하지만 대립유전자를 하나만 가진, 즉 이형 접합체를 가진 사람은 비교적 가벼운 빈혈증을 앓으며 대개 번식 연령까지 생존할 수 있다. 그런데 이 경우 말라리아 원충이 적혈구 내에서 오래 생존하기 어렵기 때문에 상대적으로 말라리아 감염에 상당한 저항성을 가진다. 따라서 화전 농법이라는 오랜 문화적 관습이 생태적 환경을 바꿈으로써 해당 집단의 특정 유전자 빈도에 영향을 준 것이다. 한편, 화전 농법을 하지 않는 이웃 부족에서는 겸상적혈구증을 유발하는 유전자의 빈도가 매우 낮았다. 즉, 문화적 관습이 유전자의 진화를 촉발시켰다고 볼 수 있는 것이다. 겸상적혈구를 가진 집단의 후손 중 일부는 노예 매매 등을 통해 서인도제도 등으로 이주했다. 이후 미국을 비롯한 서구 사회에서 말라리아 모기가 거의 박멸되면서 겸상적혈구 유전자의 이득/손해 균형이 달라졌고, 이에 따라 북미 대륙에 거주하는 이들의 후손은 여전히 아프리카에서 살아가는 후손보다 겸상적혈구증 대립유전자의 빈도가 낮게 나타난다(Piel et al., 2010).

공진화 이론은 인간행동생태학처럼 집단 간 인간 행동의 다양성에 관심을 가지고 있지만, 그 다양성이 단순히 이질적 환경 때문에 발생한 것이 아니라 유전자와 문화의 공진화 때문에 발생한 것이라고 주장한다. 또한 일부 진화심리학의 가정과 달리, 비인간 동물과 인간을 구분하는 주된 이유는 돌연변이 유전자로 얻은 뛰어난 인지력 혹은 언어 능력 때문만이 아니라 인간의 뛰어난 사회적 학습 능력과 그로 인한 누적적인 문화 축적 때문이라고 추정한다. 인간은 설령 대형 유인원에 비해 개인적 학습 능력(독립적으로 시행착오 등을 통해 문제를 해결하는 능력)이 뛰어나지 않았다 할지라도, 누적된 문화 및 집단 지성의 도움을 받아 지금의 문명을 만들 수 있었을 것이라는 것이다(Henrich, 2017).

마지막으로 공진화 이론은 인간이 유전자, 즉 본성의 진화보다 문화의 진화에 의해 극심한 플라이스토세의 환경 변화에 적응할 수 있었다고 간주한다. 인간은 비인간 동물과 달리 문화를 누적적으로 축적할 수 있고, 정확한 사회적 학습을 할 수 있으므로 문화적 집단 지성을 통해 기후 변화 및 다양한 지리적 환경에 적응할 수 있었다는 것이다. 유전자-문화 공진화 이론의 예측에 따르면 인간은 문화적 축적을 통해 환경 변화에 더 유연하고 신속하게 적응할 수 있었다. 예를 들어 극지방에 적응하려면 주변에서 구할 수 있는 자원으로 이글루 및 방수·방한 용품을 만들 수 있어야 한다. 또한, 바다표범을 사냥하는 도구를 만들어 사냥법을 개발하고, 담수를 구하고, 얼음을 뚫고 나아갈 수 있는 배를 건조할 수 있어야 하는데, 이러한 생존 방법의 집합은 소수의 똑똑한 사람이 한 세대 만에 개발할 수 있는 것이 아니다. 한 가지 염두에 둘 것은 문화가 축적되는 과정에서 종종 부적응적 문화가 확산, 축적될 수도 있다는 것이다. 또한, 특정 문화는 집단의 수준에 따라 적응적일 수도, 부적응적일 수도 있는데, 특히 인간의 '부족적 행동'은 소집단에서는 적응적이지만 상위 집단에서는 부적응적인 경우 중 하나다(리처슨·보이드, 2009).

2. 공진화 이론의 연구 주제

공진화 이론은 다양한 인간 행동 및 사회 제도, 문화 등의 진화에 폭넓게 적용된다. 여기서는 공진화 이론의 대표적 연구 주제로 언어의 계통학적 진화 및 인간 문화의 고유성, 문화적 집단선택에 관해 간략하게 소개하고자 한다.

언어의 계통발생도

진화생물학적 계통발생도는 유전자 혹은 표현형의 비교 연구를 토대로 종 간 근연 관계를 밝혀 내어 계통진화사를 규명한 것이다. 계통발생도 상의 관계도(relatedness)가 높을수록, 즉 공통 조상으로부터 최근에 분기한 경우일수록 두 종을 더 가깝게 배치한다. 대체로 공유 형질이 많을수록 공통 조상으로부터 최근에 종분화가 일어났다고 추정할 수 있다. 이와 비슷한 원리를 이용하여 언어의 계통발생도도 그릴 수 있다(Gray et al., 2007; Pagel, 2009).

언어 진화와 종분화의 가장 큰 차이는 무엇일까? 언어 진화의 경우, 차용어 등 수평적 전달이 상당히 많이 일어난다. 생물의 진화 과정에서도 박테리아의 경우처럼 수평적 유전자 이동이 일어날 수 있으나, 일반적인 현상은 아니다. 수렴 진화 등의 예외가 있지만, 일반적으로 유사 형질을 공유하는 두 종은 같은 조상에서 분기했을 가능성이 높다. 그러나 언어는 비슷한 언어적 구성 요소를 공유하고 있다고 해서 반드시 동일한 모어에서 유래한 것은 아니며, 일부 구성 요소는 수직적 계통이 아예 없을 수도 있다. 인류학자 앨프리드 크로버(Alfred Kroeber)와 고생물학자 스티븐 제이 굴드(Stephen Jay Gould) 등이 이러한 이유로 언어의 진화적 계통을 추정하기 어렵다고 주장하기도 했다(굴드, 2014; Kroeber, 1948).

그러나 적어도 언어의 일부 구성요소에서는 수직적 전달이 강하게 일어난다. 특히 기본 어휘나 문법 형태소는 높은 수준의 보수성을 보인다(김주원, 2004; Embleton, 1986; Gray et al., 2007; Mesoudi, 2011). 따라서 언어의 다른 요소에 비해 시간에 따른 변화가 적고, 타 언어의 영향도 덜 받는 편이다. 이에 반해 기본 어휘를 제외한 총 어휘 목록은 비교적 빠르게 진화하며, 차용어도 많이 나타나는 등 복수의 문화적 역사가 반영될 수 있다. 즉, 언어의 일부 요소는 여러 문화의 것이 유입되어 섞이므로 생물학적 종분화처럼 가지치기를 하듯 진화하지 않지만, 기본 어휘나 문법 형태소에 국한하면 상당히 신뢰할 만한 언어 계통발생도를 구축할 수 있다.

지금까지의 연구에 의하면 농경의 확산과 언어의 확산 및 진화는 평행하여 일어난 것으로 보인다. 인류학자 러셀 그레이(Russell Gray)와 피오나 조던(Fiona Jordan)은 오스트로네시아 77개 언어 간의 스와데시 단어[4] 비교를 통해 언어 계통발생도를 그려 보았다. 그리고 이렇게 구축한 언어의 계통수는 오스트로네시아 원주민이 최초에 타이완에서 시작하여 서태평양 제반의 도서로 이주한 경로와 거의 일치한다는 사실을 확인했다(Gray & Jordan, 2000). 과거 역사언어학 연구에서는 오스트로네시아 언어가 인도네시아에서 전파, 확산되었다고 생각했는데, 이러한 주장은 연구 결과와 잘 맞지 않았다. 스와데시 단어 목록에 기반

4 미국의 언어학자 모리스 스와데시(Morris Swadesh)가 제시한, 모든 언어에서 발견할 수 있는 기본 단어 목록을 말한다. 스와데시 100단어 및 200단어가 제시되었으며, 언어 간의 친족 관계를 밝히는 데 유용하다.

한 언어 계통수는 오스트로네시아인의 타이완 기원 가설과 시기적으로 거의 일치했다(지금으로부터 5,200년 전). 특히 인구집단 이동 과정에서 넓은 해협을 마주함에 따라 언어 분기가 잠시 지연되었다가 원거리 항해가 가능한 선박 건조 기술이 발전하면서 언어도 빠르게 진화했다는 모델(pause and pulse model)도 잘 설명할 수 있었다. 초기 오스트로네시아인은 기존 선박으로 이동할 수 있는 최장 거리의 도서 지역으로 이동하여 정착한 뒤 일시적인 언어 진화 정체를 겪었다. 이후 기술 문화의 발달로 원거리 항해용 선박을 건조하면서 다시 새로운 도서로 이동할 수 있게 되었고, 이와 더불어 언어의 분기도 다시 가속화되었다. 아마 새로운 섬에 정착하면서 기존 인구집단과의 언어적 교류가 중단되고 낯선 환경을 기술할 새로운 단어가 생겨남에 따른 결과일 것이다.

인도-유럽어족의 기원에 관한 오랜 논쟁도 언어의 계통발생도 연구를 통해 해결되고 있다. 인류학자 러셀 그레이와 쿠엔틴 앳킨슨(Quentin Atkinson)은 인도-유럽어족에 속하는 87개 언어의 동족어(cognate)를 분석하여 베이지언 방법으로 계통발생도를 작성했다. 그리고 잘 알려진 역사적 사건을 계통발생도에 반영하여 분기 시점을 보정했다(Gray & Atkinson, 2003). 이에 따르면 최초의 인도-유럽어는 약 7,800년 전에서 9,800년 전 사이에 아나톨리아 지역에서 기원했는데, 이는 해당 지역에서 농업이 시작된 시기와 일치한다.[5] 기존의 가설 중 하나는 약 5,000년 전에서 6,000년 전, 카자흐스탄 지역의 쿠르간(Kurgan) 유목민에서 인도-유럽어족이 기원했다고 가정하고 있었는데, 이는 언어 계통발생도 연구 결과와 부합하지 않았다. 또한, 그레이와

5 고고학적 증거에 따르면 그리스 지역의 농업 확산 시기는 약 8,000년 전에서 9,000년 전으로 추정된다.

앳킨슨의 연구에서 도출된 언어 계통발생도는 전통적 인도-유럽어족 분류와도 잘 맞았다. 이에 따르면 인도-유럽어족의 하위 어족으로 이탈리아어파, 독일어파, 켈트어파가 큰 집단을 이루며, 그리스어와 알바니아어가 가장 일찍 분기했다. 현재는 사어(死語)가 된 토하라어와 히타이트어가 최초의 인도-유럽 고대어에 가장 가까운 언어였는데, 이는 인도-유럽어족의 기원 시기에 근동에서 새로운 유전자의 유입이 있었다는 유전학적 증거와도 일치한다.

인간 문화의 고유성

일반적으로 다윈주의는 인간 행동이나 정신이 비인간 동물의 행동이나 정신의 연장선상에 있다고 가정한다. 심지어 쥐나 초파리도 사회적 학습을 할 수 있으며, 비인간 동물 중 일부는 단순한 수준의 마음 읽기도 가능하다. 어쩌면 비교생물학적 연구를 통해 인간이 가진 사회적 학습이나 마음 읽기 능력의 진화적 기원을 규명할 수 있을지도 모른다. 하지만 최근 여러 연구에 의하면 인간 정신은 너무 복잡해서 단순히 비인간 동물의 정신적 형질의 연장선상에 있다고 간주하기 어렵다 (Laland, 2017). 물론 호미닌 및 근연종과의 비교생물학적 연구는 유용하지만 문법적 언어(즉, 구문론(syntax)을 활용한 언어)나 능동적 지식 전달 등의 형질은 다른 동물에서 잘 관찰되지 않는다. 인간의 고유 형질 중 일부는 비인간 동물이 겪지 않은 독특한 선택압의 산물으로서, 아마도 인류진화사 내내 지속되었을 유전자-문화 공진화의 결과인지도 모른다. 여기서는 인간 문화의 고유성과 관련한 대표적인 연구 주제 두 가지를 소개한다.

첫째, 누적적 문화(cumulative culture)는 인간만 가진 것으로 추정된다(리처슨·보이드, 2009; Dean et al., 2014; Tomasello, 1994). 누적적 문화란 문화 전달이 지속되며 기존 기술 및 지식에 새로운 혁신이 축적되는 형태의 문화를 말하며, 이를 통해 세대를 거듭하면서 문화의 복잡성과 효율성이 증가한다. 인간 사회의 기술 및 지식 체계는 대개 누적적 문화 진화의 산물이다. 예를 들어 양자 역학이나 자동차 기술 등은 기술과 지식의 기나긴 누적을 통해 달성된 결과물이다.

물론 침팬지(Boesch, 1993)와 뉴칼레도니아 까마귀(Hunt & Gray, 2003)에서도 문화의 누적이 일어난다는 잠정적 증거가 있지만 그 속도와 복잡성은 인간 문화에 비견하기 어렵다. 게다가 침팬지와 까마귀의 문화가 누적적이라는 주장에 대한 이견도 많다(Dean et al., 2014). 해당 종의 기술적 문화가 누적성을 보이는 것은 사실이지만, 탁월한 개체에 의해 단숨에 습득되었을 가능성도 있다는 것이다. 예를 들어 약 900년 전부터 돌망치와 모루를 사용하여 견과류를 깨는 침팬지 문화가 나타났다. 초기에 나타난 가공 기술은 현생 침팬지의 기술에 비해서는 원시적이었다. 그러나 침팬지가 사용하는 돌망치와 모루의 발전이 문화적 진화에 의한 것이라고 속단할 수는 없다(Mercader et al., 2002). 탁월한 침팬지 개체가 선조에 의한 문화적 성취의 도움 없이 한 번에 달성한 기술일 수도 있기 때문이다. 진화생물학자 마그누스 엔퀴스트(Magnus Enquist)에 따르면 사회적 학습의 충실도(fidelity, 문화적 전달의 정확성)가 높을수록 해당 문화는 집단 내에서 오랜 기간 유지될 수 있으며, 특정한 충실도의 역치를 넘어서는 순간 집단 내에서 그 문화적 변형이 머무르는 시간은 급격히 증가하게 된다. 비인간 동물의 문화 전달은 집단 내에서 장기간 유지되기 위한 충실도 역치를 넘지 못하는 반면에 인간은 사회적 학습의 충실도가 높아 문화의 지속 기간이 사실상 무한대에 가깝다(Enquist et al., 2011). 그리고 문화의 집단 내 존속 기간이 길어지면, 기존

문화를 바탕으로 한 혁신적 문화가 점점 쌓여 갈 가능성이 높아진다.

둘째, 인간 문화는 내용적 측면에서 비인간 동물의 문화와 크게 다르다. 동물 문화는 주로 식이 관련 기술 및 식이 선호도에 관한 것이며 다른 범주의 문화는 드물다. 기껏해야 특이한 자세로 깍지를 끼고 서로 털 고르기를 해 주거나 콧구멍에 서로의 손가락을 집어넣는 행위 정도다. 특히 사회 규범이나 상징 문화 등은 인간 문화 고유의 특징으로 보인다(Hill et al., 2009; Perry, 2009; Sterelny, 2009).

물론 동물도 관습을 가지며, 관습의 기표와 기의 간 임의성도 나타난다(Boesch, 2003). 예를 들어, 침팬지 사회에서 나뭇잎을 찢는 행동이 가지는 의미는 집단에 따라 다를 수 있다. 마할레(Mahale) 집단에서는 같이 놀고 싶다는 신호지만, 보소우(Bossou) 집단에서는 발정기의 암컷을 유혹하는 신호다.

그러나 이것만으로 인간과 비인간 동물의 관습을 동일 선상에 놓고 볼 수는 없다. 비인간 동물의 경우, 상대의 관습을 인지하지 못하는 것이 단순한 의사소통 실패에 그치지만 인간 사회에서는 규범 준수가 강요되며, 규범 위반은 종종 처벌이나 배척으로 이어진다. 이러한 특징은 집단 내 규범 준수를 강화함에 따라 집단 간 규범 차이를 만든다. 비인간 동물에서도 규범 행동의 목록을 통한 집단 구분이 가능하지만, 인간의 규범 행동은 감정과 상징이 동반된다는 점에서 이와 크게 차별된다. 인간에게 규범 준수는 단지 의사소통의 문제가 아니라, 집단 구성원을 식별하는 표지가 된다. 생물철학자 킴 스티렐니(Kim Sterelny)의 표현을 빌리자면, "인간이 무엇을 하는 것은 그것이 단순히 상황에 맞는 기능적 행동이기 때문이 아니라, 스스로 그것을 해야만 한다고 느끼기 때문이다."(Sterelny, 2009: 290)

문화적 집단선택

인간은 비인간 동물과 달리 친족 및 호혜적 관계에 있는 사람뿐만 아니라, 더 큰 규모에서 협동한다. 인간은 보답을 기대하기 어렵고, 평판을 높일 가능성이 없어도 상대를 돕는 이타적 행동을 한다. 또한, 사회적 수준에서 비인간 동물에서는 찾아보기 어려운 수준의 거대한 공공재를 만들어 낸다. 인간이 보이는 독특한 협력의 특징은 어떻게 진화했을까? 진화심리학에서는 홀로세 이후 수렵채집사회에서 농경사회로의 급격한 전환을 겪으며, 구석기 시대의 친족 이타성 혹은 호혜적 이타성에 기반한 행동 형질이 익명의 비친족에게도 활성화되었기 때문이라고 주장한다. 이에 따르면 중층복합사회에서 일어나는 익명의 대규모 협력은 부적응적 행동이다. 한편, 인간행동생태학에서는 부적응적으로 보이는 이타적 행동의 기저에 사실 간과된 이득이 있을 것이라고 간주한다. 예를 들어 대형 사냥감을 얻은 사냥꾼이 획득한 고기의 대부분을 비친족 집단 구성원에게 공평하게 나눠 주는 이유는 친족 관계에서 나타나는 협력이 오인되어 활성화되었기 때문도 아니고, 향후 사냥에 실패했을 때 동료의 성취를 나눠 받기 위한 것이라는 지연시간 상리공생 논리만으로 설명하기도 어렵다. 인간행동생태학에서는 이러한 이타적 행동이 혼외 관계를 맺거나 동맹을 결성하려는 다른 이유에 의해 발생하는 적응적 행동이라고 간주한다.

반면 공진화 이론에서는 기존의 진화이론에서 협력의 기전이라고 주장한 혈족 선택, 호혜성, 간접 호혜성 등이 작은 집단에서의 협동을 설명해 주기는 하지만, 대규모 집단에서의 비혈족 간 협동은 인간 진화사에서 발생한 다른 기전 때문에 가능하다고 본다. 즉, 집단 간 문화적 규범의 차이에서 비롯된 오랜 문화적 집단 선택 덕분에 비친족 협력이 촉발되었다는 것이다. 물론 생물학적 집단 선택 이론은 집단 간 이주 비율이 50%에 육박하는 상황에서 성립하기 어렵다. 집단 선택 이론에 따른 이타성은 집단 간 이주가 제한된 특수한 상황에서만 일어날 수 있다. 하지만 비인간 동물과 달리 인간의 이타성은 문화적 규범에 의해 나타나는 현상일 가능성이 높다. 문화적 규범은 집단 간 이주에도 불구하고 비교적 공고하게 유지되므로 이주가 일어나도 문화적 규범의 집단 간 변이는 지속된다. 집단 간 문화적 변이가 일어나고, 문화적 규범에 따른 집단의 적합도 차이가 발생하며, 그러한 문화적 규범이 세대를 거쳐 지속된다면 문화적 집단 선택 현상이 일어나 성공적인 집단적 문화 규범이 유지, 확산될 수 있다.

문화적 규범은 다음의 네 가지 측면에서 집단 선택을 강화한다.

첫째, 문화의 진화는 대개 유전자의 진화보다 속도가 빠르다. 또한, 문화의 진화는 집단 동질성을 강화한다(리처슨·보이드, 2009; Henrich, 2004). 우리는 모방의 대상으로 외집단 구성원보다 내집단의 저명한 개체 혹은 다수 개체의 행동을 주로 선택하며 이러한 인지적 경향은 집단 내 유유상종을 강화한다. 만약 집단 내 다수 개체의 행위를 모방한다면, 확률적으로 어떤 집단에서는 협력적 행동이 지배적 문화로 고착되고 다른 집단에서는 이기적 행동이 지배적 문화로 고착될 수 있을 것이다. 따라서 집단별로 어떤 규범이 최종적으로 확산될 것인지는 초기 조건에 따른 우연적이고 무작위적인 과정에 의해 결정될 수 있다(Boyd & Richerson, 2010). 처벌 수준이나 이주 정도, 교섭 경향 등에 따라 각 집단은 이타성 개체와 이기성 개체의 상대적 분율이 이루는 평형상태(Equilibrium)가 서로 다르게 유지될 수 있다. 예를 들어, 사무직 직원은 넥타이를 착용해야 한다는 규범은 실질적 기능이 없지만 서구 문화의 영향을 받아 여러 사회의 규범이 되었다. 유산 상속 문화도 이러한 우연의 결과일 수 있다. 인류학적으로 상속 토지가 부족할 때 자녀 중 일부에게 상속을 집중하는 현상은 잘 알려져 있다. 그러나 장자 상속을 택할 것인지 말자 상속을 택할 것인지 여부는 집단에 따라 다른 경로 의존성을 거쳐 상이한 문화적 규범으로 수렴할 수 있다.

둘째, 문화적 규범은 이타주의자에게 보상을 주고 이기주의자를 처벌하는 손쉬운 수단을 제공한다(Bowles & Gintis, 2011). 인간은 비인간 동물과 달리 언어를 사용하여 타인의 평판을 집단의 다른 구성원에게 손쉽게 전달할 수 있다. 이를테면 이기적 개체에 대한 험담으로 평판을 깎아내리는 것이다. 이러한 상황에서는 설령 이기적 본성을 가진 개체라도 평판 관리 목적의 이타적 행동이 강요된다. 일반적으로 문화적 규범은 거의 모든 사회적 상호작용에 직접적인 영향을 주기 때문에 인간은 종종 다른 이익을 위해 규범을 어길 수는 있어도 규범을 완전히 무시하기는 어렵다(Boyd, 2018). 그러나 인간행동생태학에서는 인간을 규범과 무관하게 자유롭게 행동하는 행위자로 가정하여 모델을 구축하는 경향이 있다.

셋째, 이웃 집단의 성공적 규범을 모방하거나 선택적으로 집단 간 이주를 택하여 이타적 문화 형질의 유유상종 현상을 강화할 수 있다(Boyd & Richerson, 2009). 문화적 집단 선택 이론에서는 생물학적 집단 선택 이론과 달리 부적응적 집단의 완전한 물리적 몰락이 필수적이지 않다. 부적응적 집단의 개체가 적응적 집단으로 이주할 수도 있고, 부적응적 집단의 문화가 이웃 집단의 모방을 통해 바뀌면서 사라질 수도 있다.

넷째, 유전자-문화 공진화로 인해 인간 고유의 학습 편향과 감정 특성이 집단 내 규범 확산에 큰 역할을 했다. 문화적 규범의 존재만으로는 진화적으로 비교적 짧은 시간 안에 문화적 집단 선택이 일어나기 어려웠을 것이다. 여기서 말하는 진화적으로 짧은 시간은 고고학적 유물의 집단 간 변이가 두드러지게 나타나는 약 30만 년 전을 말한다. 아마도 유전자-문화 공진화 및 문화적 집단 선택은 그 이후에 본격적으로 일어났을 것이다.

인간 고유의 학습 편향 및 감정 특성은 지난 수십만 년 동안 유전자-문화 공진화를 통해 자연선택된 것으로 보인다. 이론적인 예상 시나리오는 다음과 같다. 일단 빠른 문화의 진화와 인간의 학습 편향으로 인해 상징적 표지로 구분되는 집단이 발생했고, 자연선택은 그러한 사회적 환경에 적합한 심리(내집단 선호, 외집단 배척 등)를 진화시켰다. 그로 인해 인간은 규범 위반 시 느끼는 죄책감, 집단 내의 다수를 모방하려는 경향, 규범을 내재화하는 심리 등을 가지게 되었다.

아직 인간 행동에서 공진화가 일어났다는 구체적 증거는 없지만 생리적 형질의 공진화 증거는 앞서 언급한 유당 내성 형질이나 겸상적혈구증 등을 비롯하여 제법 많이 연구되었다. 유전자 추출 및 분석 기술이 점차 보편화되고 있으므로 인간 행동에 관한 공진화 연구도 곧 활발하게 진행될 것이다.

마지막으로 집단 단위에서 문화적 규범으로 인한 협동이 일어난 사례로 투르카나족(Turkana)의 가축 습격 사례를 살펴보겠다(Mathew & Boyd, 2011; 2014). 이들은 케냐 북서부에 살고 있으며, 주로 인도혹소, 낙타, 염소 등을 기르는 목축민이다. 부족의 크기는 대략 40여만 명 정도되며, 여러 개의 친족 집단으로 구성된다. 중앙 정부도 없고, 강제력을 가진 지도자도 없다는 점에서 국가 이전의 사회를 반영한다고 할 수 있다. 용감한 구성원 혹은 유목을 위한 적절한 이주 시점과 방향을 제시한 구성원이 리더로 선출되지만, 타인의 행동을 강제하는 권력을 가지지는 않는다.

다른 목축 사회처럼 투르카나족도 집단 간 가축 습격을 자주 행한다. 습격에 참여하는 것은 위험한 일로, 성인 남성 사망 원인 1위가 습격 전쟁으로 인한 사망이다. 습격당 평균 사망률은 1.1%로 상당한 편이지만 비용에 비해 이익은 작다. 많아야 소 10마리 정도를 얻는데, 이러한 이익은 습격 참여 여부와 무관하게 집단의 모든 구성원에게 골고루 분배된다(단 연령 차별은 있다). 습격 부대는 대부분 비친족 구성원으로 엮이며, 부대의 평균 규모는 315명이다. 습격에 불참하거나 습격에서 비겁한 행동을 한 경우, 규범 위반 정도에 따라 크고 작은 처벌이 이루어진다. 겁쟁이는 험담 혹은 벌금, 매질의 대상이 되는데, 처벌의 종류는 동년배 집단의 합의를 통해 결정된다. 매질을 당하는 구성원은 나무에 매달려 같은 동년배 중 한 명에게 매를 맞는다. 이러한 처벌은 습격 참여율을 높임으로써 집단의 생산성 제고에 기여한다. 처벌과 습격의 단위가 친족 집단이 아니라 수백 명으로 이루어진 비친족 부족 집단이라는 것은 문화적 집단 선택의 작용을 강하게 암시한다.

3. 인간 행동 진화 연구에서 공진화 이론의 기여

고인류학자와 고고학자는 인류 진화를 연구할 때 유전자, 뼈, 유물 등의 물적 토대에 의존하거나 유인원과 영장류, 수렵채집사회 등에 대한 비교 행동 연구를 하는 경우가 많다. 하지만 인류 진화사 후반으로 갈수록 문화의 영향이 더 커지므로 문화라는 인자를 고려하지 않는 기존의 연구 방법은 비교적 최근의 인류 진화사를 이해하는 데 상당한 한계가 있다.

해부학적 현대인의 등장과 현대적 행동의 진화

30만 년 전에서 20만 년 전 사이, 해부학적 현대인(Anatomically Modern Human, AMH)이 등장했다. 즉, 호모 사피엔스(*Homo sapiens*)의 진화가 일어났지만, 상당한 기간 동안 동굴벽화, 색소, 매장, 추상적인 미술, 세석기, 악기 등 소위 '인간적인 문화'는 등장하지 않았다. 한참 뒤인 대략 5만 년 전, 갑자기 도구의 복잡성이 증가하며 복잡한 유물이 나타나기 시작했으며, 의례적인 매장, 원재료의 원거리 수송, 집단 규모 증가 등 사회적 삶의 양식도 상당한 변화를 맞았다(Boyd & Silk, 2020). 고인류학에서는 이러한 문화적 복잡성의 증가와 상징적 유물의 등장 같은 인류학적 사건을 일컬어 '정신의 대폭발(Mind's Big Bang)'이라고 부른다.

왜 해부학적 현대인이 등장하고 긴 시간이 흐른 뒤에야 정신의 대폭발이 일어났을까? 리처드 클라인(Richard Klein), 스티븐 핑커(Steven Pinker) 등은 해부학적 현대인이 20만 년 전에 등장했지만, 인간의 인지 기능을 한 단계 도약시킨 돌연변이는 5만 년 전에 나타났다고 주장한다(Klein, 1999; Pinker, 2010). 대표적인 예가 소위 '언어 유전자'로 불리는 FOXP2 유전자인데, 이 유전자에 돌연변이가 발생하면 언어 능력에 문제가 생긴다. 포유류 계통에서 FOXP2 돌연변이는 네 번 발생했는데, 그중 두 번이 인간으로 이어지는 진화적 계통에서 발생했다. 이들은 이러한 양성 선택으로 인해 의사소통 및 언어 구사가 가능해졌다고 주장하지만, 폐의 발달 혹은 정확한 반복 운동 능력 등 다른 이유로 자연선택되었을 수도 있다. 스티븐 핑커는 특정한 환경에 적합한 지능만 진화시킨 비인간 동물과는 달리 인간은 즉흥적 지능(improvisational intelligence)을 진화시켰다고 주장한다. 이러한 지능에 힘입어 스스로 인지적 적소를 만들어 낼 수 있었고, 이러한 과정이 지속되면서 큰 두뇌와 지능을 가지도록 추동했다는 것이다. 여기서 즉흥적 지능이란 새롭게 마주한 생존이나 번식 관련 문제에 대해 각 개체가 즉흥적으로 복합적인 해결책을 고안해 낼 수 있는 지능을 말한다.

한편 공진화 이론에 따르면 인류는 누적적 문화 축적 능력에 힘입어 사회생태환경적 도전에 대한 해결책을 찾아 나갔다(Boyd, 2018; Boyd et al., 2011). 전술한 대로 누적적 문화를 위해서는 높은 충실도로 사회적 학습을 할 수 있어야 하고, 인구 규모가 충분히 커서 집단 지성의 규모가 커질 수 있어야 한다. 즉, 해부학적 현대인이 등장한 직후에는 설령 충실도 높은 학습이 가능해졌다고 해도, 작은 인구 규모로 인해 누적적 문화 축적이 일어나지 않았을 것이다. 유전학적 추정에 따르면 20만 년 전 세계 인구는 많아야 3만 명으로, 규모가 너무 작다. 문화적 정보는 사회적 학습으로만 전달되며, 사회적 학습의 충실도는 다음 세대로 전달되는 유전자의 충실도보다 현저하게 낮다. 따라서 복수의 문화적 계승자가 많아야 지식이 사라지지 않고 충실하게 전달될 수 있다. 또한, 집단 지성은 특히 여러 분야의 전문가 집단 구성원 수에 비례한다. 전문가 집단의 구성원이 충분하면 계승된 문화에 새로운 창조적 혁신이 더해질 가능성이 높아진다(Boyd, 2018; Laland, 2017). 아마도 20만 년 전에서 5만 년 전에 이르는 때에 점차 인구가 증가하며 전문가 집단이 분화되고 집단 지성이 축적되었을 것이다.

인류 진화에서 발견되는 공진화 사례

호모 속의 등장 이후 환경을 이용하는 방식에서 일어난 두 가지 큰 사건은 바로 수렵의 시작, 그리고 가축화와 재배의 시작이다. 식량 획득 방법이 달라지면서 인간 신체에 여러 변화가 나타났는데, 이는 공진화로 잘 설명된다. 즉, 수렵과 경작, 가축화는 문화적 변화이며, 이는 다시 생물학적 변화를 유발했다.

수렵 효율성의 증가와 불의 사용으로 가용 에너지의 양이 증가했다. 고기는 양질의 단백질과 지질을 함유하고 있는 식량이며, 식물처럼 소화를 방해하는 화학물질이 없기 때문에 소화가 잘된다. 불을 사용한 조리는 소화율을 더욱 높였고, 동일한 식량에서 더 많은 열량을 얻을 수 있게 했다. 이러한 가용 에너지 증가로 인해 초기 호모 속의 체구가 커졌고, 두뇌 용량도 늘어났다. 또한, 도구와 불을 사용한 요리는 치아와 소화 기관의 부담을 줄여 주었다. 이에 치아는 작아지고 내장은 짧아졌으며, 여기서 절약한 에너지는 두뇌에 할당되었다. 이러한 공진화 되먹임 과정은 한 차례에서 끝나지 않고 끊임없이 반복되었다. 즉, 효율적 수렵과 불의 사용이 두뇌 크기를 증가시키고, 이것이 다시 더 효율적인 수렵과 더 광범위한 불의 활용을 촉발하는 양성 되먹임(positive feedback)이 지속된 것이다(Laland, 2017; Stout & Hecht, 2017).

농업 혁명 이후, 식단에 변화가 일어났다. 이전 사회가 육류와 과일, 채소에 의존했다면, 농업 혁명 이후에는 육류 소비량이 줄고 탄수화물 섭취량이 증가한 것이다. 인류가 점차 몇 종류의 곡물에 의존한 식이를 시작함에 따라 이전보다 식이의 질은 떨어졌지만, 가용 열량은 증가했다. 곡물은 이유식으로 만들기 쉬웠고, 이것이 젖을 대신하자 출산 터울이 줄어들어 인구가 증가하기 시작했다. 타액의 녹말 소화 작용을 돕는 아밀라아제 유전자(AMY1)를 비롯하여 단백질, 지질, 인산염, 알코올의 대사 작용에 관련되는 유전자가 자연선택되었다(Acuna-Alonzo et al., 2010; Hunemeier et al., 2012; Magalon et al., 2008; Sabbagh et al., 2011). 이뿐만 아니라 높은 인구 밀도, 정주 생활로 인한 기생동물의 번성, 가축을 경유한 인수공통 전염병의 유행 등으로 인해 이전에 비해 감염병 유행이 잦아졌다(1장 참조). 그러자 전염병에 대항하는 유전자가 자연선택되었다(Wang et al., 2006). 어쩌면 겸상적혈구 유전자뿐 아니라, 다종의 혈액형 유전자가 지역적으로 진화한 것은 감염병 유행에 대한 적응인지도 모른다.

4. 앞으로의 발전 방향

지금까지 살펴본 것처럼 공진화 이론은 인류 진화사에서 일어난 환경, 문화, 사회, 유전자 등의 끊임없는 되먹임 작용을 강조한다. 먼저 환경적 변화가 발생하고, 그 변화에 대처하기 위해 문화적 방법이 고안되고, 집단 내 많은 이가 그 방식으로 살아가면서 사회생태적 환경에 다시 변화가 일어나고, 그에 적합한 유전자가 자연선택되는 되먹임이 쉬지 않고 일어났다는 것이다.

그 인과 관계가 명확하게 입증된 사례는 앞서 언급한 겸상적혈구증과 말라리아, 화전 농업의 공진화 사례나 유당 내성과 낙농업의 공진화 등 몇 가지에 지나지 않는다. 하지만 고고학, 고인류학, 유전학 등 관련 분야의 발전과 더불어, 앞으로 공진화 이론도 크게 도약하여 인간 행동의 진화에 관한 우리의 여러 궁금증을 해결할 수 있기 바란다.

3부

휴머니티 연구의 새로운 지평

뇌, 신경, 인지 그리고 행동 다양성

7장

인지

인지적 도구로서의 뇌는 왜, 그리고 어떻게 진화했는가

뇌와 신경, 인지의 진화

좌정원

좌정원_스탠포드대학교 심리학과 박사후 연구원

서울대학교 법학과 학사, 동 대학교 인류학과 석사를 마쳤고, 밴더빌트대학교 로스쿨 법학 석사, 스탠포드대학교 로스쿨 법학 박사를 마쳤다. 뇌 과학 기술의 발전에 따른 윤리적·법적·사회적 이슈를 연구하고 있다.

주요 논문으로 "The spectrum of data sharing policies in neuroimaging data repositories", "Enhancing the developing brain: Tensions between parent, child, and state in the United States" 등이 있다.

1. 서론

진화심리학은 인간의 마음이 오랜 진화 과정을 거치면서 마주한 적응적 문제를 해결하기 위해 선택된 심리 기전 혹은 모듈로 이루어져 있다고 본다. 따라서 마음에 관한 진화적 분석은 인류 진화사에서 지속된 적응적 문제가 어떤 것이었고 이를 해결하기 위해 어떠한 심리 기전 혹은 모듈이 진화해 왔는지에 초점을 둔다. 그리고 이러한 분석을 위해 다양한 생태적 환경에 살고 있는 인간 집단의 비교 연구와 현대인 대상의 행동 연구, 근연종과의 비교 연구 등 다양한 연구 방법을 사용한다.

그런데 인간의 마음 혹은 심리 기전은 근연적으로 두뇌의 생물학적 작용의 산물이라고 할 수 있다. 따라서 인간 정신에 관한 진화적 연구는 초기부터 인간의 뇌가 인지 및 행동 과정과 어떤 관련이 있는지 관심이 깊었다. 예를 들어 진화심리학 연구의 선구자인 리다 코스미데스(Leda Cosmides)와 존 투비(John Tooby)는 진화와 인간 행동의 인과적 연결고리가 심리 기전을 통해 만들어진다고 했다(Cosmides & Tooby, 1992). 자연선택이 행동에 직접적으로 작용하는 것이 아니라 그러한 행동을 유발하는 심리 기전을 만들어 내는 뇌신경학적 기반을 지시하는 유전자에 (혹은 유전자에 대하여) 작용한다고 말이다. 따라서 코스미데스와 투비는 인간 행동의 어떤 측면을 이해하고자 할 때에는 언제나 다음의 네 가지 근본 질문을 던져야 한다고 말했다(Cosmides & Tooby, 1997).

1. 관련 회로가 뇌의 어느 부분에 존재하고 어떻게 작동하는가
2. 이러한 회로에서 어떠한 종류의 정보가 처리되는가
3. 각 회로는 어떠한 정보처리 프로그램들을 구현하는가
4. 각 회로는 어떠한 목적(수렵채집사회의 맥락에서)을 위해 디자인된 것인가

그러나 그동안의 진화심리학에서 인간의 진화된 심리 기전에 관한 신경학적 연구는 상대적으로 적었다. 지난 수십 년간 뇌의 작용과 기능에 관한 연구는 비약적으로 성장했고, 뇌 활동을 감지·조절할 수 있는 새로운 기술이 속속 등장했다. 무엇보다 인지심리학, 생물심리학, 신경과학 등을 포괄하는 통합 학문으로 등장한 인지신경과학(cognitive neuroscience)은 인지와 행동의 신경학적 기반에 관한 이해를 넓히는 데 크게 기여했다. 하지만 대부분의 인지신경학 연구는 진화적 시각이 배제되거나 인간의 인지 혹은 심리 작용이 진화의 산물이라는 매우 일반적 논의만 언급될 뿐, 구체적으로 진화 이론에서 도출한 가설을 검증하여 진화된 심리 기전의 신경학적 기반을 밝히려는 시도는 매우 드물었다. 하지만 기능적으로 특화된 심리 기전 혹은 모듈의 신경학적 구조를 이해하는 것은 인간 행동에 관한 진화적 연구의 핵심 요소다. 최근에는 그동안 등한시되어 왔던 이 영역의 중요성을 재조명하려는 시도가 활발하게 이루어지고 있다. 이 장에서는 이러한 시도의 일환으로 탄생한 진화인지신경과학(evolutionary cognitive neuroscience)이라는 새로운 분야를 소개하고 관련 연구를 살펴보고자 한다.

2. 진화인지신경과학

진화인지신경과학이란 진화심리학과 인지신경과학을 결합한 연구 분야로 진화적 시각에서 인간 인지의 뇌신경학적 기반을 이해하고자 하는 학문이다(Krill et al., 2007). 본 절에서는 진화인지신경과학이 등장한 배경을 개괄할 것이다. 본 학문의 필요성을 이해하기 위해 먼저 인지신경과학에 관해 논의하고, 진화인지신경과학은 어떻게 진화심리학과 인지신경과학에서 간과되어 온 인간 정신 활동의 통합적 이해를 이끄는지 알아보고자 한다.

인지신경과학

인지(cognition)란 사고, 경험, 그리고 감각을 통해 지식과 이해를 획득하는 정신 활동 또는 과정을 의미한다. 그리고 인지신경과학은 인지적 기능이 뇌의 물리적·화학적 활동에서 어떻게 발생하는지 연구하는 학문이다(McClelland, 2001). 뉴런에서 생성된 전기적·화학적 신호가 어떻게 지각이나 기억, 이해, 추론, 문제 해결 등의 인지 과정을 일으키는지, 즉 인지 과정에 관련된 신경 구조와 기능의 탐구가 연구의 초점이다.

정신을 두뇌 작용의 산물로서 이해하려는 시도는 중세로 거슬러 올라간다. 그러나 19세기에서야 뇌가 영역에 따라 서로 다른 기능을 수행한다는 사실을 알게 되었다. 이후 1950년대에 정보처리 모델을 이용하여 정신을 이해하고자 하는 시도가 나타나면서, 그동안 심리학계를 지배하던 행동주의를 넘어 이른바 인지심리학(cognitive psychology) 혹은 인지과학(cognitive science)이 등장한다. 그리고 1980년대에 인지과학의 이론과 두뇌의 작용에 관한 신경학적 실험 연구가 결합되면서 인지신경과학이 탄생했다. 인지신경과학은 그 초기부터 인지심리학과 신경과학 외에도 생물심리학, 신경생물학, 화학, 컴퓨터공학, 언어학, 철학 등 다양한 학문을 아우르는 다학제적 접근을 통해 두뇌와 마음, 그리고 나아가 행동의 관계를 연구해 왔다. 주요 연구 주제로는 주의(attention), 기억(memory), 언어(language), 학습(learning), 사회인지(social cognition), 정서(emotion) 등이 있다.

인지신경과학의 연구 방법

인지신경과학은 신경과학 및 심리학 분야에서 매우 중요한 연구 분야 중 하나로 대두되고 있다. 이러한 급속 성장은 무엇보다도 두뇌의 활동을 보다 빠르고 정확하게 측정할 수 있는 여러 기술의 발전에 힘입었다. 인지 작용의 신경과학적 기반에 관한 다양한 가설을 기술적 혁신을 통해 실험적으로 검증할 수 있게 되었기 때문이다. 인지신경과학의 연구 방법은 뇌 활동을 측정하는 기술, 조절하는 기술, 그리고 신경심리 질환이나 장애 연구 등 크게 셋으로 나누어 볼 수 있다. 그러면 인지신경과학의 발전을 이끈 세 가지 연구 방법을 구체적으로 살펴보도록 하겠다.[1]

뇌 활동을 측정하는 기술

뇌전도(Electroencephalogram, EEG)는 두피에 부착된 작은 전극을 통해 대뇌 신경세포 집단의 전기적 활동에 의한 전위 변화를 파형의 형

1 인지신경과학의 연구 방법은 매우 다양하다. 여기서는 인간 대상 연구에 널리 적용되고 진화인지신경과학 연구에서 주로 사용되는 기술에 초점을 맞추겠다.

태로 측정하는 기술이다(Olejniczak, 2006). 뇌전증(epilepsy) 등 뇌신경질환 및 장애를 진단하는 데 많이 사용된다. 인지신경과학 연구에서는 주로 특정한 감각 혹은 인지적 자극에 대한 반응으로 나타나는 사건 관련 전위(Event-Related Potential, ERP)를 측정하여 자극 처리 과정에 동원되는 뇌신경학적 기전을 밝히는 데 이용한다. 뇌전도를 이용한 사건 관련 전위 측정은 1,000분의 1초 단위의 매우 높은 시간 해상도를 가지지만, 개별 신경세포가 아닌 신경세포 집단의 활동을 측정하기 때문에 상대적으로 공간 해상도가 낮다는 단점이 있다.

뇌자도(Magnetoencephalography, MEG)는 뇌전도와 유사하지만 전위 변화가 아니라 자기력계를 이용해 자기장의 변화를 측정하는 기술이다(Gross, 2019). 뇌전도의 사건 관련 전위에 상응하는 사건 관련 자기장 반응(Event-Related magnetic Field response, ERF)을 측정하여 뇌 내 지각 및 인지 처리 과정을 규명하는 기초 연구에 많이 사용된다. 또한 신경질환 진단 및 신경외과 수술 전 병소 파악 등 임상에서도 다양하게 적용된다. 뇌자도는 뇌전도와 유사한 시간 해상도와 공간 해상도를 가진다.

양전자 방출 단층촬영(Positron Emission Tomography, PET)은 양전자를 방출하는 방사성 동위원소를 입힌 의약품을 혈액 속에 주입하여 체내 물질대사와 국소 화학 성분 분포 및 흡수 등 생리 활동의 변화를 시각적으로 측정하는 기능적 영상 기술이다(Tai & Piccini, 2004). 주입된 방사성 표지 화합물은 두뇌 각 부분이 실시간으로 소모하는 대사량에 따라 분포되는데, 대사 활성화 정도가 높으면 더 많이 축적된다. 따라서 뇌 기능 상태, 뇌 혈류량, 포도당 및 산소대사 상태 등을 측정하는 데 유용하다. 그러나 이 기술은 방사성 물질을 사용하므로 순수 연구 목적의 피험자에게 사용하기 어렵다는 단점이 있다.

기능적 자기공명영상(functional Magnetic Resonance Imaging, fMRI)

은 두뇌 혈류량의 변화를 이용해 신경세포의 활동을 측정하는 기술이다(Glover, 2011). 인지 자극이나 사건에 의해 활성화된 뇌 영역은 그렇지 않은 영역에 비해 산소를 더 많이 소비한다. 따라서 일시적으로 혈액 내 탈산소헤모글로빈(deoxyhemoglobin)이 증가하고, 이에 대응하여 해당 영역으로 급격하게 혈류가 유입되면서 오히려 산소헤모글로빈(oxyhemoglobin)의 비율이 증가하게 된다. 기능적 자기공명영상 기술은 이러한 혈액산소준위의존성(Blood Oxygen Level Dependent)에서 착안한 것으로 탈산소헤모글로빈과 산소헤모글로빈의 자기공명 신호 차이를 이용한다. 산소 분자를 가진 산소헤모글로빈은 자기 민감성(magnetic susceptibility)이 매우 낮은 반자성(diamagnetic)을 띠는 반면, 산소 분자를 가지고 있지 않은 탈산소헤모글로빈은 자기 민감성이 높은 상자성(paramagnetic)을 띤다. 이렇듯 둘은 서로 다른 자기공명 신호를 가지며, 활성화된 두뇌 영역에서는 탈산소헤모글로빈의 농도 변화로 인해 보다 증가된 자기공명 신호가 측정된다. 기능적 자기공명영상 기술이 신경세포의 활동을 직접적으로 측정하는 것은 아니지만, 높은 공간 해상도를 가지며 뇌 심부의 활동까지 측정할 수 있다는 장점이 있다. 그래서 인지신경학 연구에 널리 이용되어 왔으며, 인지 기능의 뇌신경학적 기반을 이해하는 데 큰 기여를 했다. 다만, 혈액 내 탈산소헤모글로빈의 농도 변화는 인지적 자극 후, 몇 초 후에 발생하기 때문에 앞서 소개한 뇌전도나 뇌자도에 비해서는 상대적으로 낮은 시간 해상도를 가진다.

기능적 근적외선 분광법(functional Near Infrared Spectroscopy, fNIS)은 기능적 자기공명영상 기술과 마찬가지로 두뇌 활동의 혈액산소준위의존성에 기반하고 있다. 탈산소헤모글로빈과 산소헤모글로빈이 근적외선 전자기 스펙트럼에서 서로 다른 흡수 계수를 가지는 현상에 착안한 기술이다(Ferrari & Quaresima, 2012). 특정 뇌 부분의 근적외선 빛 반사 정도를 분석하여 산소헤모글로빈과 탈산소헤모글로빈의 상대적 또는 절대적 양을 측정한다. 그러나 빛이 투과할 수 있는 깊이는 매우 얕기 때문에 두피에서 대략 1~1.5cm 깊이까지의 활동만 측정할 수 있다는 단점이 있다.

뇌 활동을 조절하는 기술

지금까지 살펴본 기술은 두뇌의 활동을 측정하는, 다시 말해 인지적 자극이나 사건에 대한 두뇌의 반응을 읽어 내는 기술이다. 하지만 인지신경심리학에서는 두뇌의 활동을 읽어 내는 것을 넘어 억제나 활성을 일으키는 기술도 사용되고 있다. 예를 들어 경두개자기자극술(Transcranial Magnetic Stimulation)은 두피에 근접한 자기 코일을 이용해 강력하고 빠른 자기장의 변화 및 속발하는 전자기 유도로, 특정 뇌 부위에 전류의 흐름을 발생시키는 기술이다. 자기 강도가 셀수록 신경세포 활동을 억제해 일종의 일시적 손상을 일으키며, 자기 자극이 약하면 신경세포 활동을 활성화시킬 수 있다(Walsh & Cowey, 2000). 경두개전기자극술(Transcranial Electrical Stimulation)은 두피에 부착된 전극을 통해 직류 혹은 교류 전기를 직접 가하여 신경세포의 활성을 자극하거나 억제하는 기술이다(Reed & Cohen Kadosh, 2018). 이 두 기술 모두 두뇌의 특정 영역이 어떠한 인지 기능과 연관되어 있는지뿐 아니라 직접적 인과 관계를 추정할 수 있다는 장점을 가진다. 하지만 자극을 뇌 심부까지는 전달할 수 없고, 아직까지 전자기적 자극이 신경세포에 영향을 미치는 것에 대한 구체적 기전이 충분히 밝혀지지 않았기 때문에 앞으로 더 많은 연구가 요구된다.

신경심리 장애 연구

신경심리 장애 연구는 오래전부터 뇌와 마음 그리고 행동의 관계성을 이해하는 데 중요한 역할을 해 왔다. 두뇌에 국소적 손상을 입은 환자의 인지적 기능을 분석하는 것은 해당 영역이 인지 처리 과정에서 어떤 역할을 하는지를 짐작케 한다. 예를 들어 19세기 프랑스의 외과의사이자 신경해부학자, 진화인류학자였던 폴 브로카(Paul Broca)는 말이 느리고 발음이 불명확하며 문법적으로 맞지 않는 문장을 구사하는 환자의 뇌를 사후 부검하여, 공통적으로 좌측 하전두회(left inferior frontal lobe)에 손상이 있음 밝혀냈다. 이 영역이 언어 발화와 관련된다는 연구가 속속 발표되면서 브로카의 이름을 따 '브로카 영역(Broca's area)'이라고 부른다(Broca, 1861). 한편 독일의 정신의학자 카를 베르니케(Carl Wernicke)는 언어 이해 기능에 장애를 가진 환자에 대한 연구를 통해, 이들이 주로 좌측 측두엽의 상측두회(left superior temporal gyrus)에 손상을 입었다는 것을 밝혔다. 이들은 상대의 언어를 이해하지 못하며, 그러한 자신의 상태도 이해하지 못했다. 따라서 언뜻 들으면 유창하게 말하는 것 같지만, 자세히 들으면 지리멸렬하거나 동문서답하며 맥락에 동떨어진 이야기를 했다. 해당 영역은 베르니케의 이름을 따서 '베르니케 영역(Wernicke's area)'이라고 부른다(Wernicke, 1874). 그러나 신경심리 장애 환자에 관한 연구는 이미 일어난 손상을 사후 분석하는 것이므로 연구자가 통제할 수 있는 여지가 적다. 게다가 뇌의 여러 부분은 서로 연결되어 있고, 손상이 두뇌의 특정 영역에만 국한되는 경우는 극히 드물다. 예를 들어 뇌졸중으로 뇌 여러 부위에 손상이 발생하면 해당 기능과 위치를 서로 연결하기가 쉽지 않다(Krill et al., 2007).

진화인지신경과학은 왜 필요한가

진화심리학은 인류가 진화하는 과정에서 인간의 마음이 직면한 적응적 문제를 해결하도록 설계된 일련의 심리 기전으로 이루어져 있다고 보는 시각에서 출발했다. 다양한 심리학 실험과 관찰 및 참여 연구를 통해 짝짓기나 친족 인식, 자식 양육, 이타적 행동, 사회적 인지, 언어 등 여러 적응적 행동이 일어나는 심리 기전에 관한 이론적·경험적 발견들이 축적되어 왔다. 하지만 앞서 말한 대로 전통적인 진화심리학은 심리 기전의 기능 설명에 중점을 두고 있으며, 해당 기능의 신경생리학적 구조에 관한 연구는 상대적으로 적다(Krill et al., 2007). 다시 말해 진화심리학은 인지 처리 과정의 기능에 대해 설명할 수 있지만, 구조에 관한 설명이 부족하다. 따라서 기능과 구조를 서로 대응시키기 어렵다(Krill et al., 2007). 그러나 심리 기전은 뇌 활동의 산물이다. 신경생리학적 기반을 적절하게 설명하지 못한다면 마음의 진화된 본성을 온전히 이해할 수도 없다. 이러한 점에서 뇌의 활동을 측정하고 조절하는 연구 방법을 사용한 인지신경과학 연구는 진화된 심리 기전의 신경생리학적 매개를 밝히기 위해 반드시 필요하다. 궁극적으로는 진화행동과학에서 주로 다루는 심리 기전에 대한 깊이 있는 이해를 도울 것이다.

반면 인지신경과학 연구는 근연 기전, 즉 니콜라스 틴베르헌(Nicolaas Tinbergen)이 제시한 동물 행동에 관한 네 가지 질문 중에서 행동이 뇌와 '어떻게(HOW)' 연결되는가에 치중해 왔다. 이러한 접근은 궁극적 원인(ultimate causation)에 관한 질문, 즉 '왜(WHY)' 특정 행동과 특정 뇌 부위가 연결되는지에 대한 답을 하기 어렵다. 진화 이론은 인지신경과학에서 그동안 간과되던 궁극적 질문을 탐구하기 위한 일종의 지침, 혹은 메타 이론으로서의 역할을 할 수 있다(Krill et al., 2007). 예를 들어 얼굴 매력도 인식의 신경학적 연계에서 성별 간 차이 등, 진화심리학으로부터 파생된 연구 가설을 인지신경과학 연구를 통해 확장시키면 궁극 원인과 근연 원인을 통합하는 성과를 얻을 수 있을 것이다.

다시 말해 진화심리학과 인지신경과학의 이론 및 연구 방법을 통합하면 그동안 각각의 분야에서 부분적으로 이해한 인간의 진화된 마음에 대해 통합적 접근이 가능하다. 이러한 다학제적 융합 연구 분야가 바로 진화인지신경과학이다(Krill et al., 2007; Platek et al., 2007).

3. 진화인지신경과학의 주요 연구 쟁점과 최신 연구 동향

지금까지의 연구는 주로 얼굴 인지와 협력 및 이타성에 초점이 맞추어져 있었다. 그러나 최근에는 진화적 견지에서 공간 인지나 사회 인지, 언어의 신경학적 연계에 관한 흥미로운 연구도 진행되고 있다. 본 절에서는 인간의 두뇌가 어떻게 복잡한 인지 기능을 가지도록 진화했는지 살펴보고, 이어서 진화인지신경과학의 주요 연구 쟁점과 연구 동향을 알아보고자 한다.

두뇌의 진화와 인지

인간, 즉 호모 사피엔스를 다른 동물과 구별 짓는 가장 중요한 특징은 인지 능력이다. 인간은 다른 영장류와 계통 발생적으로 높은 유사성을 가진다. 그러나 정교한 기술을 만들어 내고, 내적 성찰을 하며, 언어를 가지고 상대의 마음을 읽어 내고, 음악이나 미술과 같은 예술적 행위 및 종교 행위를 하는 등의 독특한 인지적 능력은 인간에게서만 찾아볼 수 있다. 이러한 인간의 발달된 인지 능력을 발생시킨 진화적 과정 및 적응적 이점에 관해 지금까지 다양한 가설이 제시되었다.

인간은 다른 영장류에 비해 상대적으로 큰 뇌를 가지고 있다. 체구가 커지면 이에 대응하여 뇌도 커진다. 이는 모든 유기체의 공통 현상이다. 그러나 그 비율은 종마다 다르다. 특정 체구를 가진 동물에 대해 실제 뇌 질량 대 예측 뇌 질량의 비율을 뜻하는 대뇌화지수(Encephalization Quotient, EQ)는 인간(6.5)이 침팬지(2.63)나 개코원숭이(2.83) 등 다른 영장류에 비해 매우 높다(Cairo, 2011). 큰 뇌는 필수 생존 기능 외 다른 기능에 사용될 수 있는 여분의 신경적 용량을 많이 가지고 있다는 의미다(Jerison, 1973). 이뿐 아니라 대략 200만 년 전부터 시작된 대뇌화는 뇌 부위에 따라 불균등하게 일어났다. 특히 신피질(neocortex)의 용적이 다른 영역에 비해 급속하게 증가했다(de Winter & Oxnard, 2001; Finlay & Darlington, 1995). 신경학적 연구에 따르면, 대뇌 신피질은 인지 처리 기능과 매우 밀접한 관련이 있다. 신피질에 집중된 부피의 증가는 인간의 인지 능력 진화에 핵심적 역할을 했다(Sherwood et al., 2008).

신경세포는 대사적으로 매우 많은 에너지를 소모하므로 다른 세포에 비해 상대적으로 성장과 유지에 많은 비용이 든다(Aiello & Wheeler, 1995). 이로 인해 인간은 다른 종에 비해 비의존적 생존이 가능할 때까지 성장하는 데 오랜 시간이 걸린다. 즉, 특정 뇌 영역의 크기는 해당 영역이 생존과 번식에 얼마나 필요한지에 따라 결정된다(Finlay & Darlington, 1995). 그렇다면 신피질이 발달한 이유, 다시 말해 인지 능력이 발달된 뇌가 가지는 진화적 이점은 무엇이었을까?

몇몇 가설은 초기 인류의 생태적 환경이 인지 능력의 진화를 유발한 선택압이었다고 주장한다. 그 예로, 사바나 가설(savannah hypothesis)은 큰 뇌가 아프리카 초원지대의 개활지에서 기민하게 적응하기 위해 진화했다고 가정한다(Dart, 1925). 이 외에도 나무가 많은 환경에 적응하기 위해 진화했다는 가설(arboreal hypothesis)(Clarke & Tobias, 1995)이나 생태적 환경 변화에 유연하게 대응하기 위해 인지 능력이 진화했다는 변동 선택 가설(variability selection hypothesis)도 있다(Potts, 1996; 1998).

하지만 물리적 환경은 인류 진화에 영향을 미친 다양한 환경적 요소 중 하나일 뿐이다. 뇌와 인지 능력의 진화에 관한 또 다른 가설로는, 발달된 인지 능력이 인간 고유의 사회적 환경에 적응하기 위해 선택되었다는 사회적 뇌 가설(social brain hypothesis)이 있다. 사회적 뇌 가설은 커다란 두뇌가 복잡한 사회에서 성공적으로 생존하기 위한 수단이라고 가정한다. 사회적 관계를 형성하고 협력적 방어를 위해 연합을 생성하는 것이 생존에 필수적인 영장류 사회의 특성이고, 그것이 집단 내 다른 구성원들의 행동을 추론해 낼 수 있는 인지적 능력의 적응적 이득을 높였다는 것이다(Dunbar, 1998). 사회적 뇌 가설을 검증하기 위해 여러 경험적 증거가 제시되었다. 로빈 던바(Robin Dunbar)는 사회 집단의 크기를 복잡성의 척도라고 가정하고, 인간을 포함한 영장류 사회 집단의 크기와 신피질의 크기 사이에 의미 있는 상관관계가 있다고 주장했다(Dunbar, 1998; Dunbar & Shultz, 2007). 또한, 영장류 사회 집단의 크기는 편도체(amygdala), 안와전두피질(orbitofrontal cortex), 전측두엽(anterior temporal lobe) 등 대뇌 여러 부분의 회백질 밀도와 상관관계가 있다(Elimari & Lafargue, 2020). fMRI를 이용한 최근의 한 연구에 의하면, 피험자의 대뇌 피질 영역의 구조적 연결성이 피험자 개인의 사회적 네트워크의 크기와 연관이 있는 것으로 나타났다(Hampton et al., 2016).

얼굴 인지

얼굴 인지는 지금까지 진화인지신경과학에서 가장 심도 있게 다뤄져 온 연구 주제다. 인간의 얼굴을 인지하는 기능이 두뇌의 어떤 영역과 연관이 있는지에 대해서는 기존의 인지신경과학에서 많이 연구되었다. 진화인지신경과학에서는 기존 연구 결과를 바탕으로 친족 인지, 성선택 및 양육 투자 등의 진화인류학적 행동 양식과 진화된 얼굴 인지 기전의 신경학적 연계가 어떻게 관련되는지 연구 중이다.

친족 얼굴 인지

친족, 즉 유전적 근연도(genetic relatedness)가 높은 개체의 인지는 진화적으로 매우 중요하다. 윌리엄 해밀턴(William Hamilton)의 포괄적합도(inclusive fitness) 이론에 따르면, 유전자 차원에서 친족에 대한 이타적 행위는 자신의 적합도를 낮추더라도 같은 유전자를 일부 공유하는 대상의 생존과 번식에 기여하기 때문에 진화적으로 유리한 전략이다(Hamilton, 1964a; 1964b). 반면 근친상간(incest)은 자손의 유아 사망률과 치명적인 유전적 돌연변이의 발생 위험을 높이므로 이에 대한 강력한 혐오가 진화했다(Lieberman et al., 2011). 따라서 친족 식별은 친족 대상의 이타적 행동 및 근친상간 회피 행동을 위한 필수적인 적응 기전이다(Hepper, 2011).

친족 인지 단서는 다양하다. 예를 들어 어머니가 동생을 양육하는 모습을 본 경험이나 유년기 공동 거주의 경험 등이 간접적 단서가 될 수 있다(Lieberman et al., 2007). 직접적 친족 인지 단서로는 표현형 합치(phenotype matching)가 있다. 후각이나 청각 신호 등 개체의 표현형 단서를 이용하여 근연도를 판단하는 것이다(Hauber & Sherman, 2001). 인간의 가장 두드러진 표현형 단서는 얼굴의 유사성이다. 우리는 얼굴의 유사성에 기초하여 유전적 거리를 비교적 정확하게 판단할 수 있다. 그리고 얼굴의 유사성에 기반해 투자량을 조정한다. 자신과 닮은 아이에게 더 많은 투자를 하고, 자신과 닮은 성인에게도 친사회적이고 호의적인 반응을 보인다. 이러한 심리학적 연구는 얼굴 인식 기전이 친족 간 이타성을 증진하고 근친상간을 막기 위한 진화적 적응이라는 추정을 뒷받침한다(Heckendorf et al., 2019). 신경학적 차원에서는 자신과 닮은 얼굴을 인지할 때, 이전과 다른 뇌 부위가 활성화된다. 전자에서는 일반적인 얼굴 인식 영역인 하측두엽(inferior temporal lobe)의 방추상회(fusiform gyrus) 외에도 전두엽(frontal lobe)이나 대상엽(cingulate cortex), 두정엽(parietal lobe) 등 자신의 얼굴 인지를 포함한 자기 참조적 처리(self-referential processing) 활동 영역이 활성화된다(Platek et al., 2005).

아이 얼굴 인지에 관한 fMRI 연구는 닮은 얼굴 인식의 신경학적 연계의 성 간 차이를 보여 준다(Platek et al., 2005; Platek et al., 2004). 자신과 닮은 아이 얼굴을 볼 때, 남성은 좌측 전대상피질(left anterior cingulate cortex, left ACC)이 더욱 활성화된다. 이 부위는 억제 능력이나 불확실한 상황에서의 판단 및 주의 처리 기능과 관련 있다. 배란 은폐, 체내 수정, 여성의 부정(infidelity) 등의 이유로 부성 확실성(paternal certainty)은 100%가 될 수 없다. 따라서 남성은 자식의 친자 여부에 따라 적합도가 크게 달라진다(Daly & Wilson, 1998). 좌측 전대상피질(left ACC)의 활성화는 남성이 자신과 닮은 아이 얼굴에 주의를 더 기울인다는 것을 뜻한다. 닮은 아이에 대해서는 부성 불확실성(paternal uncertainty)이 감소되고, 부정적 감정 반응이 억제됨을 시사한다. 따라서 이들 연구에서 나타난 남성 특이적·신경학적 연계는 부성 불확실성이라는 적응 문제에 대응하기 위해 진화한 것이다(Platek et al., 2005; Platek et al., 2004). 그리고 여성 대상 연구에서는 자신과 닮은 아이 얼굴이 대조군에 비해 자기 참조적 처리와 연관된 하전두회(inferior frontal gyrus, IFG)를 활성화시켰다. 이 영역은 감정 조절 등 양육 행위에 중요한 인지 기능과 관련된다(Heckendorf et al., 2016). 반면 마음 이론(Theory of Mind, ToM)이나 사회 인지와 관련된 상측두회 영역은 상대적으로 활성화 정도가 낮았다. 아마도 친자식의 심리 상태나 내적 의도를 추론할 때는 낯선 이의 심리 상태나 의도 추론에 비해 인지적 노력이 덜 드는 것으로 보인다(Heckendorf et al., 2016).

성인 얼굴 인지 연구의 경우, 친족 얼굴과 낯선 얼굴, 친숙한 얼굴 등의 인지 처리와 관련된 신경학적 연구가 진행된 바 있다. 친족 얼굴은 낯선 얼굴에 비해 우두정엽(right parietal lobe) 등 자기 얼굴 인지와 연관된 영역을 활성화시켰고, 친숙한 친구 얼굴과 비교하면 후대상피질(posterior cingulate)과 설상엽(cuneus)을 활성화시켰다(Platek & Kemp, 2009). 이는 친족 식별을 위한 얼굴 인지 모듈에 특화된 신경학적 부분이 진화했다는 예측을 지지한다. 또한, 얼굴에 대한 우호적 인상, 특히 상대가 믿을 만한 대상인지에 관한 신뢰감 수준도 친족 여부에 따라 다른 영역을 활성화시키는 것으로 나타났다(Platek & Hendry, 2019). 앞의 연구와 유사하게 친족 얼굴의 신뢰도는 친구 얼굴과 비교해 자기 참조적 처리와 연관된 영역의 활성화를 증가시켰고, 친구 얼굴의 신뢰도는 친족 얼굴에 비해 측후두회(lateral occipital gyrus) 및 대뇌섬피질(insular cortex) 활성화와 관련이 있었다. 그리고 낯선 얼굴의 신뢰감 정도는 일반적 얼굴 인식 영역인 방추상회 영역의 활성화와만 연관되어 있었다. 이러한 결과로 보아 친족 인지의 중요 단서인 닮은 얼굴에 대한 신뢰감 혹은 친사회적 태도는 자기 참조적 처리 영역에 의해 매개되며, 상대 얼굴이 이들 영역을 활성화시키는 정도는 대상에 대한 신뢰 정도와 관련된다는 것을 시사한다(Platek & Hendry, 2019).

여기서 친족과 친구를 상이하게 처리하는 현상과 관련된 또 하나의 연구를 소개한다. 친족에 대한 사회적 정보 처리와 친구에 대한 사회적 정보 처리는 서로 다른 신경학적 연계를 가지는 것으로 보인다(Wlodarski & Dunbar, 2016). fMRI를 활용한 이 연구에서 피험자는 친족 또는 친구의 동기, 마음 상태, 행동 등과 관련된 여러 문장에 대해 얼마나 동의하는지 판단하도록 주문받았다. 흥미롭게도 친구일 때는 친족을 판단할 때보다 후대상피질, 복내측전전두엽피질(ventromedial prefrontal cortex, vmPFC) 등 자기 참조적 처리나 자전적 기억(autobiographic memory), 사회 인지와 관련된 여러 영역이 더 활성화되었다. 이러한 결과는 누구를 친구로 선택할 것인지에 관한 결정이 동종선호(homophily)에 기반한다는 기존 연구와 부합한다. 또한, 신경학적 차원에서 친족 간 사회적 관계 유지가 친구 관계 유지에 비해 상대적으로 인지적 부하가 적다는 뜻이다. 다시 말해 친구와 친밀함을 유지하는 것은 심도 있는 지난 관계에 관한 개별적 판단 등 인지적 노력을 요하는 반면, 친족과의 관계는 어림짐작법 등 일반적이고 단순한 방식으로 이루어진다. 친족 관계 인지에 특화된 이러한 효율적 기전은 진화적 관점에서 인간이 어떻게 크고 복잡한 사회적 관계를 인지적으로 처리하는지에 대해 부분적 설명을 제공한다(Wlodarski & Dunbar, 2016).

얼굴 매력도 판단

얼굴의 매력도 판단은 성선택 혹은 양육 등 번식 적합도와 관련된 매우 중요한 적응적 기전이다. 성인 얼굴의 매력도는 짝으로서 자질, 즉 건강과 번식력 등을 반영한다. 크고 둥근 눈, 큰 머리, 동그란 얼굴과 빰 같은 영유아의 귀여운 얼굴 특징은 건강과 연령의 척도로 양육 행동을 촉진한다(Golle et al., 2015). 수많은 진화심리학 연구를 통해 매력적인 얼굴은 시각적 주의를 환기하며 오랫동안 기억에 남는다는 사실이 이미 잘 알려져 있다. 신경학적 차원에서도 매력적인 얼굴은 일반적으로 두뇌의 보상 처리를 담당하는 선조체(striatum), 중격의지핵(nucleus accumbens, Nacc), 안와전두피질(orbitofrontal cortex), 복내측전전두엽피질(vmPFC), 설전부(precuneus) 등을 활성화한다(Kou et al., 2020).

성인 얼굴의 매력도 판단에 초점을 맞춘 진화인지신경학적 연구는 성선택 이론에 기반한 진화적 가설과 일치하는 결과를 보여 주었다. 예를 들어 매력적인 이성 얼굴과 그렇지 않은 이성 얼굴에 대한 안와전두피질의 활성화 차이는 남성에서만 발견되었다(Senju & Csibra, 2008). 또한, 매력적인 이성의 얼굴을 볼 때는 사건 관련 전위(ERP)에서 주의 처리와 연관된 신경세포 활동을 보여 주는 후양전위(late positive potential, LPP)가 남성에게서 더 크게 나타났다(Morgan & Kisley, 2014; Zhang et al., 2018). 반면 매력적인 동성 얼굴을 그렇지 않은 동성 얼굴과 비교할 때는 여성에서 후양전위(LPP) 반응이 더 크게 나타났다(Morgan & Kisley, 2014; Zhang et al., 2018). 이는 남성이 짝 선택에서 매력적인 외모를 더 중시하고, 여성은 동성의 매력적인 얼굴, 즉 잠재적 경쟁자의 매력적인 얼굴에 더 많은 주의를 기울인다는 것이다(Hahn et al., 2016). 또한, 가임기 여성은 그렇지 않은 여성에 비해 매력적인 이성 얼굴을 볼 때 더 큰 사건 관련 전위 반응을 보였다. 이는 생리 주기에 따라 이성의 외모에 대한 민감성의 정도가 달라진다는 뜻이다(Zhang et al., 2018).

영유아 얼굴의 매력도를 판단하는 신경학적 연계 역시, 성별에 따른 차이를 보인다. 여성의 선조체, 중격의지핵 및 복내측전전두엽피질(vmPFC)의 활성화 정도는 영유아 얼굴의 매력도에 따라 증가한 반면, 남성에서는 이와 같은 연관성이 발견되지 않았다(Yin et al., 2017). 또한, 영유아 얼굴의 매력도는 남성의 배내측전전두엽피질(dorsomedial prefrontal cortex, dmPFC)의 활성화 정도와 부적 관계를 보였다(Yin et al., 2017). 복내측전전두엽피질은 자기 아이의 얼굴을 보거나 우는 소리를 들을 때 활성화되며, 자신과 닮은 사람에 대한 판단을 내릴 때도 활성화되었다. 반면 배내측전전두엽피질은 자신과 닮지 않은 사람에 대한 판단 행동과 연관되어 있었다. 귀여운 영유아의 얼굴을 보면 여성은 자신 혹은 자신과 닮은 이에 관한 인지 처리 기전을 통해 보상 체계를 활성화시킨다. 반면에 남성은 해당 보상 체계가 활성화되는 것이 아니라, 자신과 닮지 않은 아이를 향한 식별 행동에 관련된 영역이 덜 활성화되는 식으로 반응한다. 이는 양육 태도나 양육 투자의 정도에서 여성과 남성의 서로 다른 적응 전략에 관한 신경학적 연계를 보여 준다.

협력과 이타성

인간 사회에서 협력과 이타성의 진화는 진화심리학의 핵심 연구 주제 중 하나다. 앞서 말한 대로 이타성이란 행위자가 자신의 손해를 감수하면서 타인의 이익을 증진시키는 행위를 일컫는다(Marsh, 2016). 친족 간 이타성은 유전자 관점에서 포괄적합도의 이익을 가져다 주는 적응적 행위다. 하지만 유전적으로 아무 관련이 없는 타인을 위한 이타적 행위가 어떻게 진화할 수 있었는지에 대해서는 많은 논쟁이 있었다(4장 및 5장 참조). 비친족 이타성의 진화를 설명하는 가장 영향력 있는 이론은 호혜적 이타성(reciprocal altruism) 이론이다. 이전에 자신을 도왔거나 미래에 자신을 도울 가능성이 높은 개체에게 이타적 행위를 한다는 것이다(Trivers, 1971). 호혜적 이타성은 인간 사회에서 널리 관찰되지만, 반복적으로 관계 맺거나 긴밀한 상호의존적 관계에 있는, 작은 규모의 닫힌 사회에서 특히 많이 나타난다(5장 참조).

이러한 협력 기반 이타성은 미래의 보상을 기대하면서 자신의 즉각적 이득을 희생하고 타인에게 이로운 행위를 하는 것이다. 신경학적으로 대뇌 보상 체계, 즉 선조체와 복내측전전두엽피질(vmPFC) 등의 활성화와 관련된다(Marsh, 2016). 선조체 내에서 도파민(dopamine)의 분비는 보상에 대한 기대를 강화한다. 반복되는 죄수의 딜레마(iterated prisoner's dilemma) 게임은 상호 협력이 가장 큰 보상을 얻도록 설계되어 있는데, 실제로 게임의 참여자가 협력한 경우 선조체가 더 활성화되며, 다음 번 게임에서 또 협력할 가능성도 선조체의 활성화 정도로 예측할 수 있었다(Marsh, 2016). 또한, 복내측전전두엽피질(vmPFC)의 활성화는 충동 조절과 관련된 세로토닌(serotonin)에 의해 매개된다. 흥미롭게도 뇌 내 세로토닌 수치를 낮추자 죄수의 딜레마 게임에서 협력이 감소되었다. 반대로 세로토닌 수치를 증가시키자 협력이 증가되었다(Tse & Bond, 2002; Wood et al., 2006). 이는 세로토닌에 의한 복내측전전두엽피질의 활성화가 즉각적 보상에 대한 욕구를 억제하고 지연된(더 큰) 보상을 선택할 수 있도록 하여 호혜적 이타성을 증진시킨다는 것을 시사한다.

자신은 손해를 입더라도 사회적 규범을 어긴 대상을 처벌하는 행동도 일종의 이타적 행위라고 할 수 있다. 이러한 이타적 처벌(altruistic punishment)의 신경학적 연계에 대해서도 많은 연구가 진행되었다. 주로 최후통첩 게임(ultimatum game)[2]을 이용하는데, 참여자 대부분은 상

2 최후통첩 게임은 두 명의 참여자가 주어진 돈을 나누어 갖는 게임이다. 한 사람

대적으로 높은 분배 비율(40~50%)을 제안했다. 또한 제안에 응하는 참여자는 불공정한 제안(20~30% 이하)을 거부하는 경향을 보였다(Henrich et al., 2004). 상대가 아무리 낮은 분배 비율을 제안하더라도 받아들이는 편이 전혀 받지 못하는 것보다 이득이지만, 실제로는 그렇게 행동하지 않는다. 그래서 이타적 처벌 행위를 연구할 때 자주 이용되는 게임이다.

기존의 fMRI 연구를 이용한 메타 분석에 따르면 최후통첩 게임에서 공정성과 관련된 규범적 판단은 두 개의 다른 시스템이 함께 작용하여 나타나는 것으로 보인다(Feng et al., 2015). 불공정한 제안에 대해 즉각적인 감정 반응을 일으키는 첫 번째 시스템은 규범 위반의 인지와 관련된 전뇌섬엽(anterior insula), 규범 위반에 대한 부정적 감정을 발생시키는 편도체, 그리고 제안의 주관적 가치 처리와 관련된 내측전전두엽피질(mPFC) 등을 포함한다. 즉, 첫 번째 시스템은 친사회성의 핵심적인 신경학적 기반이다. 두 번째 시스템은 의식적인 심리적 과정을 반영하는데, 첫 번째 시스템의 반사적이고 감정적인 반응을 재평가하고 조절하는 역할을 한다. 우선 배측전대상피질(dorsal anterior cingulate cortex, dACC)에서 불공정한 제안에 대한 즉각적인 부정적 반응과 경제적 이익 사이의 충돌이 감지된다. 그리고 이 충돌은 감정 조절을 담당하는 복외측전전두엽피질(ventrolateral prefrontal cortex, vlPFC)과 배내측전전두엽피질(dmPFC)의 활성화로 이어져, 초기의 부정적 반응을 억제하고 불공정한 제안을 받아들인다. 또는 여러 하위 인지 기능을 제어·조절하는 실행 기능과 관련된 배외측전전두엽피질(dorsolateral prefrontal cortex,

이 돈을 어떠한 비율로 나눌지 제안하면, 상대방은 이를 받아들이거나 거절할 수 있다. 제안을 받아들일 경우에는 그 비율에 따라 돈을 나누어 가지지만, 거절할 경우 두 참여자는 모두 돈을 받지 못한다.

dlPFC)의 활성화를 통해 규범 위반을 처벌하는 행동으로 이어진다.

처벌이 모두 친사회적인 것은 아니다. 우리는 단지 앙심 혹은 복수심으로 악의적 처벌(spiteful punishment)을 하기도 한다(Yamagishi et al., 2017). 제3자 처벌 게임(third-party punishment game)은 자신과 관계없는 두 참여자가 독재자 게임(Dictator Game, DG)[3]을 하는 것을 관찰하고, 원한다면 스스로 비용을 지불하면서 두 참여자의 이익을 감소시킬 수 있는 게임이다. 물론 수수방관하는 편이 가장 이익이지만, 많은 관찰자는 기꺼이 비협력자를 처벌했다. 최후통첩 게임과 제3자 처벌 게임 모두에서 규범 위반을 응징하기 위해 자신의 손해를 감수한 피험자는, 처벌의 기회가 없는 다른 비전략적·사회적 게임에서도 이타적 행위를 하는 경향이 있었다. 하지만 최후통첩 게임에서는 규범 위반자를 처벌해 놓고 제3자 처벌 게임에서는 처벌하지 않은 피험자는 비전략적 사회적 게임에서 이기적으로 행동했다. 따라서 두 번째 집단에 속한 피험자는 최후통첩 게임에서 친사회적 처벌을 한 것이 아니라 타인의 성공을 견제하기 위한 응징으로서의 처벌을 한 것이라고 해석할 수 있다. 이러한 두 가지 처벌 전략(이타적 처벌과 앙심에 의한 처벌)을 구사하는 피험자는 뇌신경학적으로도 차이가 있었다. 앙심에 의한 처벌을 하는 피험자는 이타적 처벌을 하는 피험자에 비해 처벌 행동과 연관된 좌측 미상핵(left caudate nucleus)의 회백질 부피(gray matter volume)가 상대적으로 더 컸다(Yamagishi et al., 2017).

또한, 인간 사회는 집단 내 결속과 집단 간 경쟁이 있다는 점에서

3 독재자 게임은 최후통첩 게임과 같이 한 참여자가 다른 참여자와의 사이에서 주어진 돈을 어떤 비율로 나눌 것인지를 결정하는 것은 동일하나, 다른 참여자에게 이를 거부할 수 있는 기회가 없는 게임이다.

이타적 행위도 집단성에 따라 큰 차이를 보일 것으로 예측할 수 있다(4장 참조). 예를 들어 테스토스테론 수치가 평균 이상인 남성은 최후통첩 게임에서 내집단 구성원에게 관대한 분배 비율을 제안했지만, 경쟁 관계에 있는 외집단 구성원에게는 제안이 공정해도 이를 거절하는 경향을 보였다(Diekhof et al., 2014). 이러한 내집단 중심 이타성(parochial altruism)의 행동적, 그리고 신경학적 연계에 관한 연구에 의하면, 내집단과 외집단의 구성원에 대한 이타적 행동은 개인 성향에 따라 달랐다(Reimers et al., 2017). 축구를 좋아하는 성인 남성을 대상으로 한 이 연구는, 우선 최후통첩 게임을 통해 불공정 제안을 평균 80% 이상 거부한 피험자를 이타주의자로, 그리고 거부율이 그보다 낮았던 피험자를 친자기주의자(pro-selfs)로 분류했다. 이후 추가 최후통첩 게임에서 이타주의자가 제안자로 참여한 경우, 자기 팀을 응원하는 사람에게 친자기주의자에 비해 더 많은 금액을 제시했다. 하지만 이타주의자가 응답자 역할을 할 때는 상대가 내집단에 속하는지 여부와 상관없이 높은 수준의 이타적 처벌 행위를 보였고, 반대로 친자기주의자는 내집단 구성원에 대해 낮은 수준의 이타적 처벌 행위를 보였다. 이는 자기 중심적 전략을 행사하는 개체의 경우, 자기 집단 중심적인 경향도 높다는 것을 의미한다. 그러나 흥미롭게도 최후통첩 게임에 경쟁적 요소, 즉 같은 팀을 응원하는 피험자의 최후통첩 게임 결과를 모두 합산해 라이벌 관계에 있는 팀을 응원하는 피험자의 게임 결과와 비교한 뒤, 우위를 가리게 된다는 조건을 추가한 경우에는 이타주의자도 친자기주의자와 유사하게 이타적 처벌에서 내집단 구성원과 외집단 구성원을 차별했다. 나아가 신경학적 차원에서는 사회적 규범 위반의 인지와 연관된 전뇌섬엽이 특히 내집단 구성원의 불공정한 제안에 반응해 활성화되었다. 좀 더 구체적으로 친자기주의자는 경쟁적 요소가 없는 최후통첩 게임에서 내집단 구성원이 불공정한 제안을 할 경우에 활성화 정도가 증가되었다. 이러한 결과는 자기 집단 중심적인 경향을 보이는 친자기주의자에게 내집단 구성원의 불공정한 제안이 일종의 배신 행위로서, 외집단 구성원의 불공정한 제안에 비해 더 현저한 집단 규범 위반으로 여겨진다는 것을 시사한다. 반면 이타주의자는 경쟁적 게임에서 내집단 구성원이 불공정한 제안을 하면 전뇌섬엽의 활성화 정도가 증가했는데, 이는 소속 집단에 관계없이 공정성이라는 사회 규범을 중시하는 이타주의자가 집단 간 경쟁 상황하에 어쩔 수 없이 내집단 구성원의 불공정한 제안을 받아들이는, 즉 자신의 규범과 행위의 불일치를 반영하는 것으로 보인다.

마지막으로 인간은 종종 손해를 입더라도 아이나 노약자 또는 곤경에 처한 상대를 돕는 등 호혜적 이타성만으로는 설명하기 어려운 행위를 하는데, 이는 일종의 돌봄 기반 이타성으로 이야기할 수 있다. 돌봄 기반 이타성은 생물학적 자식이 아닌 아이를 돌보는 대행 부모 역할(alloparenting)이나 타인의 어려움에 관한 공감적 관심 등에 기반한다. 신경학적으로 주로 양육 행동과 관련된 여러 영역, 즉 옥시토신 수용체를 포함하고 있는 편도체나 선조체 등의 피질하 구조(subcortical structures)에 의해 매개된다(Marsh, 2016). 이 중에서도 편도체는 양육 행동을 증진시키는 것 이외에도 타인의 곤경 인지에 중요한 역할을 한다. 특히 두려움에 떠는 얼굴 표정과 같이 공포와 연관된 단서에 활성화된다. 또한, 상대의 공포에 대한 공감적 반응을 발생시키는 편도체의 활성화 정도는 그에 대한 이타적 반응의 크기와 관련되어 있는 것으로 알려져 있다. 자신과 관련 없는 낯선 이에게 신장을 이식해 준 기증자의 편도체가 사이코패스의 편도체보다 더 크다는 신경해부학적 증거 역시, 편도체가 돌봄 기반 이타성의 핵심적인 신경학적 기반과 관련된다는 사실을 지지한다(Marsh et al., 2014; Yang et al., 2009).

공간 인지

인간 종이 살아가는 물리적 환경은 다차원적 공간으로 이루어져 있으며, 이러한 공간을 인식하고 탐험하는 공간 지각 및 추론 능력(spatial perception and reasoning)은 인간의 생존과 번식에 핵심적인 인지 기능 중 하나다. 공간지각 능력은 크게 대규모 공간지각 능력과 소규모 공간지각 능력으로 나누어 볼 수 있는데, 대규모 공간지각 능력은 공간 탐색(spatial navigation)이나 공간적 방위(spatial orientation)와 같이 넓은 환경에서의 공간 정보에 대한 인지 처리 능력을 의미한다(Yuan et al., 2019). 이와 달리 소규모 공간지각 능력은 이차원 혹은 삼차원의 물체를 단일 시점(single vantage point)에서 심적으로 표상하거나 변형시키는 공간적 시각화(spatial visualization), 혹은 물체의 시각적 요소에 대한 공간적 관계 인지 등의 능력을 뜻한다(Yuan et al., 2019). 인간과 동물의 공간지각 능력에 관한 여러 연구에서 가장 중요한 발견은 이 능력의 성차다. 공간지각 능력의 성차는 여러 다른 인지적 영역의 성차에 비해 매우 일관되고 두드러지게 나타난다.

때로는 공간지각 능력의 성차에 관한 연구에서 상반된 결과가 보고되기도 하나, 메타 분석에 의하면 공간지각 능력은 상대적으로 남성이 더 뛰어났다(Nazareth et al., 2019; Silverman et al., 2007; Yuan et al., 2019). 소규모 공간지각 능력에 초점을 맞춘 메타 분석 연구에 따르면, 심적 회전(mental rotation)이나 공간인지 과제 수행에서 남성이 더 나은 결과를 보였다. 특히 공간인지보다도 심적 회전에서 더 큰 차이를 보였다(Linn, 1985). 소규모 공간지각 능력과 대규모 공간지각 능력에 관한 연구를 종합한 최근의 메타 분석(Yuan et al, 2019)에 의하면, 남성이 두 가지 공간지각 능력 모두에서 여성보다 뛰어났으며, 특히 대규모 공간지각 능력에서 두드러진 차이를 보였다. 시간 제한이 엄격한 실험에서는 성차가 더 커지기도 했다. 또한, 공간지각 능력의 성차는 거주 국가의 국민총소득이나 개인의 사회 경제적 지위와는 큰 관련이 없었지만, 지역에 따라 달랐다(Silverman et al., 2007; Yuan et al., 2019). 아시아보다 유럽이나 미국에서 성차가 더 분명했다. 또한 나이가 들수록(Techentin et al., 2014; Yuan, 2019), 그리고 교육 수준이 높을수록 성차가 더 커지는 경향을 보였다(Yuan, 2019).

진화적 관점에서 이러한 남녀 간 공간지각 능력의 차이를 설명하기 위한 여러 가설이 제시되었다. 수렵채집 이론(hunter-gatherer theory of spatial sex differences) 또는 남성 수렵 가설(male foraging hypothesis)이 가장 잘 알려져 있다. 이 가설에 의하면 공간 인지의 성차는 양적 차이가 아니라 질적 차이이다. 플라이스토세(Pleistocene) 기간 동안 대부분의 남성은 주로 수렵을, 여성은 채집에 치중했다. 따라서 성적 노동 분업이 이러한 질적 차이를 진화적으로 발생시킨 선택압이었다고 주장한다(Silverman & Eals, 1992). 여성은 좁은 영역에서의 물체 인식 및 위치 기억 능력이 발달하고, 남성은 원거리 탐색에 유리한 방향 감각이 발달했다는 것이다. 길 찾기 과제에서 여성은 주요 지형 지물이나 상대적 방향성(좌우앞뒤)을 이용하는 반면 남성은 방위(동서남북) 또는 거리 감각 등을 이용한다거나 여성이 남성에 비해 물체의 위치를 더 잘 기억해낸다는 연구 결과가 수렵채집 가설을 뒷받침하고 있다(Silverman et al., 2007).

이 외에도 공간지각 능력의 성차는 성 간 출생 분산(natal dispersal), 즉 출생지에서 번식지로의 이동 거리 차이에서 발생한다는 분산 가설(dispersal hypothesis), 번식기에 여성이 사망 위험을 낮추기 위해 원거리 이동을 자제하는 현상에 기인한다는 번식력/양육 가설(fertility and parental care hypothesis), 그리고 남성의 뛰어난 공간지각 능력은 성선택의 결과로서 더 많은 짝을 탐색하기 위해 넓은 범위를 이동하거나(range hypothesis), 원거리 전쟁을 하기 위해(warfare hypothesis) 진화했다는 가설 등이 있다(Gur et al., 2007).

공간인지 기능은 성적으로 유사한 신경학적 연계를 가진다. 일단 대규모 공간지각 능력은 남녀 모두, 양쪽 부갑상선회(bilateral parahippocampal gyrus)와 연관이 있었다(Yuan et al., 2019). 하지만 여성은 양쪽 부갑상선회와 양측 렌즈핵(bilateral lentiform nucleus)이 더욱 활성화되었다. 여성의 공간인지 능력이 남성에 비해 떨어짐에도 불구하고 양쪽 부갑상선회 활성화 정도가 더 크다는 것은 여성의 부갑상선회가 남성에 비해 덜 효율적으로 작용한다는 뜻이다. 또한, 렌즈핵은 감정 경험, 특히 부정적 감정의 처리와 긴밀한 연관이 있다. 이 영역이 활성화되었다는 것은 여성이 대규모 공간지각 과제를 수행할 때, 불안감 등 부정적 감정, 다시 말해 공간 불안(spatial anxiety)을 더 경험한다는 것을 시사한다(Yuan et al., 2019). 특히 시간 제한을 부여한 공간지각 과제는 여성에게 큰 압박으로 작용하여 두려움 혹은 불안감을 증가시킬 수 있다.

소규모 공간지각 능력에 관한 연구에서는 남녀 공통으로 양측 중전두회(bilateral middle frontal gyrus), 좌측 하후두회(left inferior occipital gyrus), 좌측 방추상회(left fusiform gyrus), 하전두회(IFG) 및 양측 설전부(bilateral precuneus) 등의 활성화를 보고했다(Yuan et al., 2019). 하지만 여성에게서는 우측 하내회(right subgyral), 좌측 중전두회, 우측 설전부가 더욱 활성화되었다. 우측 하내회의 활성화는 집행 기능과 관련되며, 이는 여성이 공간적 정보를 처리할 때 실행 통제에 더 많은 노력을 기울인다는 것을 의미한다. 그리고 좌측 중전두회나 우측 설전부의 활성화는 물체의 위치를 관찰자 자신의 위치와 비교해 인식하는 공간지각의 자기 중심적 전략(egocentric strategy)과 관계 있다. 소규모 공간지각 과제의 경우는 자기 중심적 전략보다는 물체의 위치를 다른 물체의 위치와 비교해 인식하는 전략(allocentric strategy)이 더 유리하다. 따라서 이러한 신경학적 연계는 여성이 과제에 적절하지 않은 전략을 사용했기 때문에 소규모 공간지각 능력에서 더 낮은 성취도를 보인다는 뜻이다.

사회 인지

복잡한 사회 관계 속에서 타인 혹은 타 집단과 다양한 상호작용을 하며 살아가는 인간에게 있어, 사회적 행동을 가능하게 하는 인지 능력은 진화적으로 매우 중요한 적응적 기전이다. 이러한 사회 인지 기능의 가장 대표적인 것으로 마음 이론과 언어 능력을 들 수 있다. 이들 두 가지 인지 기능에 대해서는 지금까지 수많은 행동 연구 및 심리학적 연구가 진행되었을 뿐 아니라, 신경학적 연계를 밝히기 위한 심층적인 인지신경학적 접근이 이루어져 왔다.

마음 이론

마음 읽기 혹은 마음 이론(theory of mind)은 의도, 목적, 지식, 믿음, 감정, 동기 등 타인의 심리적 상태를 추론하는 능력 혹은 이러한 심리 상태에 조건적으로 민감하게 반응하는 능력을 뜻한다(Tsoukalas, 2018). 다른 영장류도 낮은 수준의 마음 이론을 보이지만, 이 능력은 인간에게서 가장 정교한 형태로 나타난다. 출생 이후부터 점차 발달하여 4세경에 높은 수준의 마음 이론을 형성한다. 예를 들어 인형이 초콜릿을 선반 위에 두고 나간 뒤 실험자가 들어와 새로운 장소로 옮겼을 때, 인형이 다시 돌아와 초콜릿을 어디에서 찾을 것인지를 묻는 '잘못된 신념 과제(false-belief task)'에서 3~4세 미만의 아이 대부분은 실험자가 옮겨 둔 새로운 장소에서 인형이 초콜릿을 찾을 것이라고 답함으로써 마음 이론 적용에 어려움을 보였다.

마음 이론은 시각 피질, 편도체, 전대상피질(ACC), 내측전전두엽피질(mPFC), 상측두엽고랑(superior temporal sulcus) 등의 영역과 관련된다(Santos et al., 2007). 이들 영역 중 일부는 앞서 살펴본 바와 같이 자기 인식 처리의 핵심적 역할을 한다는 점에서, 타인의 심리 상태를 이해하는 것이 신경학적으로는 자기 인식 능력에 기초하고 있음을 시사한다(Northoff & Bermpohl, 2004; Platek et al., 2004). 다시 말해 인간은 자신의 생각과 경험을 이용하여 다른 인간의 마음을 이해하고 예측하고자 한다는 것이다. 또한, 거울 뉴런(mirror neuron)[4]은 타인의 행동을 자신의 관점에서 이해하도록 돕고자 시뮬레이션을 가능하게 하는 것으로 알려져 있는데,[5] 이 거울 뉴런이 상측두엽고랑과 같이 마음 이론과 연관된 지역에 집중적으로 분포한다는 것은, 타인의 심리상태를 추론하는 능력이 자기 인식능력과 깊은 관련이 있음을 뒷받침한다고 하겠다(Focquaert & Platek, 2007).

---

4 거울 뉴런이란, 목적 지향적 행동을 관찰했을 때 특정 뇌 부위의 뉴런이 보이는, 그에 대한 독특한 유형의 반응에 대한 은유적 설명으로 이해하는 것이 바람직하다.

5 생물학적으로 다른 뉴런과 구조 및 기능이 상이한 별도의 거울 뉴런이 존재하는 것은 아니다. 거울 뉴런은 목적 지향적 행동의 관찰을 통한 자극 후에 발생하는 특정 뇌 부위의 뉴런이 보이는 독특한 유형의 반응에 관해 은유적 설명으로 이해하는 것이 바람직하다. 거울 뉴런에 관한 이야기는 잘 알려져 있지만, 그 존재와 역할에 대해서는 여전히 논란이 많다.

또한, 마음 이론에 대해서는 발달 장애를 가진 환자, 특히 자폐 스펙트럼 장애 환자를 대상으로 많은 인지신경학적 연구가 이루어졌다. 자폐 스펙트럼 장애(Autism Spectrum Disorder, ASD)는 의사소통 및 사회적 상호작용에 어려움을 겪는 발달 장애로서, 자폐 스펙트럼 장애 환자의 뇌에서는 마음 이론이 정상적으로 기능하지 못하는 것으로 관찰되었다(Baron-Cohen, 2004). 덧붙이자면 고기능 자폐증(High Functioning Autism, HFA) 등 일부 자폐 스펙트럼 장애 환자의 경우 사회적 상호작용에서는 장애가 있지만 다른 인지적 기능을 수행하는 데에는 정상인과 큰 차이가 없다는 연구 결과가 있다. 이는 사회 인지에 특화된 신경학적 연계가 존재함을 의미하며, 진화심리학의 가장 중요한 전제인 마음의 모듈성(modularity)을 지지하는 중요한 증거다(den Ouden et al., 2005; Ochner et al., 2005; Platek et al., 2004; 2006; Vollm et al., 2006).

언어

언어 능력은 인간을 다른 동물과 구별해 주는 특별한 인지 능력 중 하나다. 인간 진화사를 통해 언어라는 의사소통 체계는 타인과 생각 및 감정을 교류하여 수많은 사회적 상황에서 적응적으로 행동하는 데 중요한 역할을 했다. 영장류 등에서 존재하는 원시적 수준의 의사소통 체계와 달리 정교한 문법 구조 및 발화 능력을 동반한 언어는 다른 인지 능력처럼 큰 뇌에 기반하여 진화한 것으로 보인다. 소리의 결합을 통해 의미 있는 단어를 만들어 내는 단순한 어휘 기반 언어 체계에서 시작해 여러 단어를 조합하는 문법적 언어 체계로 발전해 왔다(Ardila, 2010; 2015).

언어의 신경학적 연계에 대한 초기 연구는 주로 언어 장애 환자의 사후 뇌 부검을 통해 이루어졌는데, 앞서 말한 대로 발화 및 문법과 관련이 있는 좌측 하전두회의 브로카 영역과, 언어의 의미 이해를 담당하는 좌측 상측두회의 베르니케 영역의 발견을 들 수 있다. 이후 다양한 방법을 이용하여 언어 능력과 관련된 두 가지 청각 정보처리 경로, 즉 청각 복측 경로(auditory ventral pathway)와 청각 배측 경로(auditory dorsal pathway)가 존재함을 밝혔다(Poliva, 2016). 청각 복측 경로는 측두엽에 위치한 청각 피질(auditory cortex)을 중측두회(middle temporal gyrus)와 연결하며 하전두회로 이어지는데, 이는 소리의 인지와 문장 이해와 같은 기능을 담당한다. 이와 달리 청각 배측 경로는 청각 피질에서 두정엽을 통해 하전두회로 이어지며, 언어 발화나 독화(lip reading), 단어의 의미에 관한 장단기 기억과 관련된다. 또한, 소위 거울 뉴런은 브로카 영역에 많이 분포되어 있다. 입술의 움직임 관찰이 이 영역을 활성화한다는 연구 결과를 볼 때, 발화 능력은 애초에 발성보다는 얼굴의 움직임이나 몸짓과 같은 신체적 움직임의 인식으로부터 발생했을지 모른다(Rizzolatti & Arbib, 1998).

마지막으로 언어 능력의 유전적 기초에 관한 흥미로운 발견도 있었는데, 3대째 발화 및 언어 장애를 가진 영국의 한 가족에 관한 연구에서 7번 염색체 상에 있는 'forkhead box P2(FOXP2)' 유전자가 정상적 언어 기능에 핵심 역할을 한다는 것이 밝혀졌다. KE 가족이라고 알려진 이 가족 내에서 장애를 가진 구성원은 모두 이 FOXP2 유전자에 점 돌연변이(point mutation)를 가지고 있었다. 이들은 주어진 명사에 대응하는 동사를 마음속으로 생각하도록 하는 등의 과제 수행 시 브로카 영역의 활성화 정도가 낮게 나타났다(Liégeois et al., 2003).

4. 결론과 제언

지금까지의 인지신경과학 연구는 대개 인간의 다양한 인지 기능과 연관이 있는 두뇌의 특정한 국소적 영역을 찾는 데 많은 노력을 기울여 왔다. 위에서 소개한 진화인지신경과학 연구도 이러한 경향에 따라 주로 진화된 심리 기전 혹은 모듈을 개별적 두뇌 영역에 대응하여 이해하려는 시도였다. 하지만 최근에는 두뇌가 단순히 서로 다른 기능을 하는 독립된 영역의 총합이 아니라 상호 연결된 신경 구조의 기능적으로도 조직된 체계라는 시각이 대두되면서, 두뇌의 구조적 영역에 특화되었다는 시각을 넘어 각각의 영역이 어떻게 서로 연결되어 있고, 이 연결 체계 혹은 네트워크가 어떻게 인지 기능을 발생 또는 조절하는지에 대한 관심이 점차 높아지고 있다(Elimari & Lafargue, 2020). 대표적으로 두뇌의 네트워크 연결성에 관한 구조적 설명을 의미하는 커넥톰(connectome) 연구는 바로 이러한 시각에서 두뇌의 기능적 분리와 통합을 함께 다루는데(Leergaard et al., 2012), 두뇌의 기능적 통합은 개별 신경세포, 신경세포 집단, 두뇌 영역과 같은 다양한 층위에서의 연결성을 포함한다.

이러한 네트워크 기반 접근법은 진화된 심리 기전에 관한 깊이 있고 기능적이며 구조적인 신경학적 연계를 밝히는 데에도 큰 기여를 할 수 있을 것이다. 예를 들어 앞서 살펴본 바와 같이 친족 얼굴 인식은 전두엽과 측두엽 등을 포함한 두뇌의 여러 영역과 관련 있는 것으로 알려져 있다. 하지만 네트워크적 관점에서는 이 영역의 활성화가 단순히 동시 발생한 것인지 아니면 친족 인식을 담당하는 기능적 네트워크를 형성하는지, 그리고 만약 기능적 네트워크를 형성하고 있다면 그 네트워크 안에서 각 영역의 역할은 무엇인지, 친족 인식과 관련해 활성화가 억제된 부분이 있다면 이 부분의 기능적 중요성은 무엇인지, 각 영역은 어떻게 서로의 활성화 정도에 영향을 미치는지 등에 관한 구체적이고 흥미로운 질문을 추가로 도출해 낼 수 있을 것이다(Elimari & Lafargue, 2020). 이러한 기능적 연결성은 주로 두뇌의 서로 다른 지역에서 신경생리학적 사건 사이의 통계적 상호의존성 분석을 이용한다. 하지만 두뇌의 연결성을 종합적 차원에서 이해하기 위해서는 기능적 연결성뿐 아니라 이를 매개하는 해부학적 구조, 즉 구조적 연결성을 파악하는 것도 매우 중요하다(Elimari & Lafargue, 2020). 두뇌 피질 영역은 수초화된 신경 섬유 다발인 백질을 통해 서로 연결되어 있는데, 이는 기능적 연결성의 구조적 기반을 제공한다. 구조적 연결성 연구는 주로 물 분자가 신경 섬유 다발에서 특정 확산 방향을 가지는 점에 착안해 백질 회로(circuit)를 시각화하는 확산 텐서 영상(diffusion tensor imaging)(Gong et al., 2009), 또는 신경섬유관의 특정 지역에 직접적인 전기적 자극을 가하여 기능적 연결성을 가지는 두뇌 영역의 구조적 연결성을 일시적으로 마비시키는 두개 내 전기자극술(transcranial direct current stimulation) 등을 통해 이루어진다(Elimari & Lafargue, 2020).

마지막으로 네트워크 기반 접근법은 진화적 관점에서 일반적 지능(general intelligence)을 이해하는 데 도움을 줄 수 있다. 진화심리학은 마음을 일반 목적·정보 처리 체계로 이해했던 이전의 전통 사회과학적 모델과 달리, 인간의 마음을 영역 특화된 심리 기전으로 이루어져 있다고 간주한다. 영역 특이성 기전이 오랜 진화의 과정 속에서 반복적으로 발생했던 적응적 문제를 해결하기 위해 선택된 것이라고 본다. 하지만 오직 영역 특이적 심리 기전만으로는 어떻게 이전에 없던 새로운 적응적 문제를 해결할 수 있는지 설명하기가 어렵기 때문에 영역 특이성과 영역 일반 지능을 결합한 접근이 필요하다는 주장도 있다

(Krill et al., 2007). 진화적 적응 환경에서의 인지적 적응은 영역 특이적이지만, 상대적으로 최근에 경험한 복잡한 사회와 급변하는 환경적 조건하에서의 적응(예를 들어 언어나 정교한 도구 제작, 메타 인지, 미래지향적 인지, 추상적 사고, 사회 인지 등)은 기존의 영역 특이적 적응에 더하여 새로운 문제를 해결하는 일반 지능에 기반한다는 것이다(Elimari & Lafargue, 2020; Krill et al., 2007). 이렇게 뒤늦게 발생한 적응의 신경학적 연계는 두뇌의 여러 영역에 걸쳐 나타나는 경향이 있는데, 이는 영역 간의 연결성 자체가 적응이라는 뜻이다. 따라서 앞으로의 네트워크 분석은 집행 기능이나 인지적 유연성과 같은 일반 지능의 기능적 또는 구조적 연결성을 파악하는 데 핵심적 역할을 할 것이라 기대된다.

8장

행동

인간의 행동은 왜 이렇게 다양한가

행동 다양성의 진화

박한선

박한선_서울대학교 인류학과 조교수

경희대학교 의과대학에서 학사, 동 대학교 대학원에서 석사(분자생물학)를 마쳤고, 호주국립대학교(ANU) 인문사회대(CASS)에서 석사 학위를, 서울대학교 인류학과에서 박사 학위를 받았다. 서울대학교병원 신경정신과 전임의, 서울대학교 비교문화연구소 연구원, 서울대학교 인류학과 강사, 부산대학교 의과대학 진화의학센터 겸임교수 등을 지냈다.

인간 행동 다양성과 개체 차의 진화, 인류계통진화사에서 역기능적 행동 기전의 발현과 지속, 행동면역체계의 감염생태학, 호미닌 병리 현상의 진화의학적 이해 등을 주로 연구하고 있다.

주요 저서로 『감염병 인류』(공저), 『마음으로부터 일곱 발자국』, 『내가 우울한 건 다 오스트랄로피테쿠스 때문이야』, 『인간의 자리』, 『자살 예방의 모든 것』, 『청소년을 위한 진화인류학 에세이』(근간) 등이 있고, 『진화와 인간행동』, 『여성의 진화』, 『센티언스』(근간) 등을 옮겼다.

1. 서론

진화생물학의 주요 목표는 자연에서 발견되는 적응의 형태를 설명하는 것이다. 진화행동과학은 환경에 대한 유기체의 행동적 적응을 연구하는 과학 분야이며, 지금까지는 주로 보편적 적응에 중점을 두었다(Tooby & Cosmides, 1990; 2005).

일반적으로 자연선택이 일어나면 유리한 형질이 점차 개체군에 고정됨에 따라 개인차가 점점 사라진다. 이에 따라 진화행동과학의 분과 중 하나인 진화심리학은 개체 간 형질의 차이가 미미하다고 가정한다(Tooby & Cosmides, 1990). 그러나 경험적으로 알 수 있듯이, 실제로는 그렇지 않다. 개인 간의 성격이나 지능의 차이는 명백하며, 따라서 행동 양상도 서로 다르다.

기존에는 이러한 차이를 무시하거나 유전자의 무작위적 차이에 의한 잡음으로 간주했다. 인간의 행동은 유전자와 환경의 상호작용에 의해 진화하므로, 환경이 일정하다면 행동에 미치는 유전적 변이가 감소하여 표현형이 안정적으로 수렴한다는 것이다(Tooby & Cosmides, 2005; Tooby et al., 2005). 이에 따르면 설령 독특한 행동이 관찰된다고 해도 진화적 분석의 가치는 없다. 그래서 전통적 진화행동과학에서는 성차를 제외한 개체 간 혹은 집단 간 차이를 중요하게 여기지 않았다.

그러나 종으로서의 적응을 개체 수준의 적응으로 내삽할 이유는 없다. 종 내에는 복수의 보편적 적응 시스템이 있을 수 있다. 즉, 집단 및 개체 간 차이가 분명한 신체적 형질과 마찬가지로 행동적 형질도 다형성을 보이며, 이들이 모두 상당한 수준으로 적응적일 수 있다는 것이다(MacDonald, 1995).

실제로 야생 동물에서 관찰되는 표현형의 다형성 수준은 상당히 높다(Bateson et al., 2004). 어두운 환경에서 성장한 메뚜기의 몸이 녹색이 아닌 검은색으로 나타나기도 하고(Burtt, 1951), 성장기의 민물 달팽이는 주변에 물에 존재하는지 아닌지에 따라 모양이 달라지기도 한다(DeWitt et al., 2000). 물론 이러한 다양성은 신체적 형질에 그치지 않는다. 모체의 핥기와 그루밍(licking and grooming)에 따라 자식 쥐의 성체기 생식 행동이 달라지기도 한다(Cameron et al., 2008). 이 같은 개체 간 차이는 단지 잡음으로 간주하기 어렵다.

개체 간 행동 차이(Individual Behavioral Differences) 혹은 행동 다양성(Behavioral Diversity or Ethodiversity)의 진화적 개연성은 다음의 다섯 가지 근거에 기반한다. 첫째, 성격의 개인차는 시간 및 상황, 문화에 따라 안정적으로 나타난다(Ashton & Lee, 2001; McCrae & Costa Jr., 2008; Saucier, 2009). 둘째, 행동 형질은 적합도와 관련된다. 예를 들어 자해 등의 행동이 적합도를 크게 떨어트리고, 양육 등의 행동이 적합도를 크게 향상시킬 것임은 거의 명백하다(Buss & Greiling, 1999; Nettle, 2006; Ozer & Benet-Martinez, 2006). 셋째, 성격은 행동에 관한 높은 예측력을 가진 형질이다. 즉, 최종 표현형으로 발현되는 여러 행동 형질이 적응적이라면 그것과 관련된 다양한 성격도 모두 적응적일 수 있다(Fleeson & Gallagher, 2009). 넷째, 동물의 성격은 인간의 성격과 계통학적 연속성이 있는, 오랜 진화적 기원을 가진 것이다(Gosling, 2001). 다섯째, 성격은 일반적으로 중

등도의 유전성을 보인다(Penke et al., 2007; Plomin et al., 2008).

그러나 개체 간 행동 차이에 관한 진화행동생태학 연구는 여전히 초창기에 머물러 있다. 연구 초기에는 주로 종 특이적 행동이나 상황 특이적 행동에 관한 진화 연구를 하고, 충분한 데이터가 수집된 이후에야 개체 간 차이에 관한 연구를 속행하는 것이 진화동물행동학 연구의 일반적 경향이다. 이는 전체적 뼈대를 확립해야 다양성도 더 분명하게 연구할 수 있기 때문이다. 따라서 연구 초기에는 개체 차이에 큰 관심을 두지 않는다(Davies et al., 2012).

그러나 동물 연구와 달리 인간의 행동에 관해서는 개체 차이에 관한 수많은 경험적 증거가 이미 축적되어 있다. 인류학 연구는 종종 집단 내외의 '다양성'에 관한 것이며, 심리학이나 정신의학 등의 임상적 연구는 대개 개인 간의 '차이'에 관한 것이다. 지금까지 이러한 개체 차를 진화적 패러다임에서 접근한 연구는 흔하지 않았지만, 최근에는 개체 간 행동 변이에 관한 진화적 관심도 점점 커지고 있다. 이러한 접근으로 행동의 보편성과 다양성이라는 이분법적 개념을 진화인류학적 차원에서 통합할 수 있을 것이다. 또한, 이는 의료인류학이나 신경인류학, 진화정신병리학 등 다양한 유관 영역에서 상당한 파급 효과를 미칠 잠재력이 있다(Park, 2014).

행동 다양성 연구는 진화행동과학의 새로운 분야로서, 아직 해당 분야의 연구 범위나 이론적 개념의 틀, 표준적 연구 방법에 관한 합의가 이뤄지지 않았다. 따라서 이 장에서는 편의상 크게 세 절로 나누어 논의할 것이다. 먼저 동물과 인간의 행동 다양성을 분류하는 여러 모델을 진화적 차원에서 개괄한다. 그리고 행동 다양성에 관한 진화유전학적 논쟁과 진화생태학적 논쟁에 관해 자세하게 다루고, 유망한 가설을 제안한다. 또한, 앞으로 개체 간 행동 차이를 연구하고자 하는 이들을 위한 조언 및 국내 연구 사례에 대한 간략한 소개를 제공한다.

2. 행동 다양성 개괄

행동 다양성을 연구하려면, 일단 일련의 행동 집합을 체계적으로 나누어 적절하게 기술할 수 있어야 한다.[1] 이번 절에서는 동물과 인간의 행동 다양성을 기술하는 몇 가지 유용한 모델을 요약, 설명한다.

동물의 행동 다양성 모델

과거에는 동물의 행동 패턴을 주로 대처 유형(coping style)이나 행동 증후군(behavioural syndrome), 기질(temperament) 등으로 일컬었는데, 지금은 동물과 인간 구분 없이 성격(personality)으로도 많이 부른다. 앞서 언급한 대로 최근에는 동물의 행동 다양성에 관한 연구가 많이 진행되고 있으며(Bell, 2007; Dall et al., 2004; Dingemanse & Réale, 2005; Réale et al., 2007), 그중에서도 유전성이 높고, 오래 지속하고, 생애 초기 학습에 좌우되는 행동 다양성이 주로 연구되고 있다(Bell, 2007; Bell & Aubin-Horth, 2010; Clark & Ehlinger, 1987; Dingemanse & Wolf, 2010; Pervin & John, 2008; Stamps, 2007; Webster & Ward, 2011).

동물 연구에서는 흔히 자원 획득과 관련된 행동 다양성을 빈도 의

1 본 장의 전반부는 정신신체의학 편집위원회의 허락을 받아 박한선, 「개체 간 행동 양상 변이의 진화적 모델」, 『정신신체의학』 27권 1호(2019), 1-12쪽의 일부 내용을 본 책에 알맞게 발췌·수정했다.

존적 선택의 관점에서 다룬다(Giraldeau & Caraco, 2018). 예를 들어 생산자(producer)와 약탈자(scrounger) 모델(Barnard & Sibly, 1981), 지도자(leader)와 추종자(follower) 모델(Kurvers et al., 2009), 대담성(boldness)과 소심성(shyness) 모델 등이 있다(Kagan, 1989; 1997). 새로운 자원에 먼저 접근하여 큰 이익을 추구하는 대담한 지도자는 포식이나 기생체 감염의 위험을 감수해야 한다. 반대로 위험을 회피하는 소심한 추종자는 큰 이익을 얻기 어렵지만, 비용도 적게 치른다(Park, 2019e). 종종 대담성을 자극 추구(sensation seeking)로, 소심성을 행동 억제(behavioural inhibition)로 부르기도 한다(Kagan, 1989). 이러한 두 성격의 상대적 분율은 빈도 의존적으로 결정되는 것으로, 생태적 환경에 따라 유연하게 달라질 수 있다(Kagan, 1989; Rödel et al., 2006; Wilson & Stevens, 2005).

이 밖에도 하이에나, 붉은털원숭이, 고릴라 등에서 자기 확신(assertiveness), 흥분성(excitability), 순응성(agreeableness), 사회성(sociability), 호기심(curiosity) 등의 성격 경향이 나타난다는 연구도 있다(Bolig et al., 1992; Gold & Maple, 1994; Gosling, 1998). 일반적으로 동물 연구에서 제안되는 행동 경향은 총 열네 가지 정도로, 사회성(sociability), 확신/공격성(confidence/aggression), 두려움(fearfulness) 등을 평가한 동물 연구가 가장 흔하고, 그 밖에 충동성(impulsivity), 지배성(dominance), 순응성(agreeableness), 과민성(irritability), 호기심(curiosity), 지능(intelligence), 독립성(independence), 활동성(activity), 흥분성(excitability), 불안(anxiousness), 유쾌함(playfulness) 등을 다룬 연구도 있다(Freeman & Gosling, 2010).

동물행동생태학의 행동 다양성 연구는 최근 각광받고 있지만, 제약이 많다. 인간과 달리 자기 보고를 통한 연구가 불가능해서 관찰자가 동물의 행동을 보고 직접 점수를 매기는 방식으로 진행되는데, 신뢰성이 떨어질 수밖에 없다(Freeman & Gosling, 2010). 또한, 동물의 행동은 '의도'를 정확하게 파악하기 어렵고, 일부 예외를 제외하면 동물의 성격을 대개 하나의 스펙트럼으로 분류하여 대립적 관점에서 접근한다. 따라서 이러한 연구 결과를 인간 행동을 설명할 때 그대로 적용하기는 어렵다.

인간의 행동 다양성 모델

인간의 행동 다양성에 관한, 과학적 재현성과 타당성을 인정받는 전통적 모델의 대표는 요인 모델(traits model)이다. 몇 가지 기준에 따라 비슷한 행동 표현형을 하나의 클러스터로 묶어 몇 개의 공통 요인을 찾아내는 것이다. 빅 파이브 모델(Costa Jr. & McCrae, 1976)이나 HEXACO 모델(Ashton & Lee, 2007) 등이 이에 해당한다.

또한, 이러한 요인 모델을 바탕으로 생애사 이론의 관점(2장 및 3장 참조)에서 상위 요인을 간추려 행동 양상을 설명하는 상위 요인 모델이 있다. 여기에는 단 하나의 요인으로 성격을 설명하려는 일반 요인 성격(the general factor of personality, GFP) 모델과 두 개의 상위 요인으로 설명하려는 이(二) 상위 요인 성격(two higher-order factors of personality) 모델이 있다(Digman, 1997; Musek, 2007). 또한, 일반 요인 성격 모델에 방어 수준의 개체 차를 반영한 빠른-느린-방어 모델(Fast-Slow-Defence Model)도 있다(Del Giudice, 2014).

빅 파이브 모델

빅 파이브 모델(Big Five Inventory, BFI)은 행동 형질을 결정하는 여러 측면(facet)을 다섯 차원으로 포괄한다(DeYoung et al., 2007). 각 차원이 가지는 이득과 비용, 그리고 구성 요소와 측면(facets)을 표 8.1에 요약했

표 8.1 빅 파이브 모델의 각 차원이 진화적으로 가지는 이득과 비용

차원	이득	비용	구성 요소	측면(Facets)
외향성 (Extroversion)	지위 상승, 성적 파트너 자원 접근성	사고, 질병, 사회적 갈등의 위험	야망(Ambition) 경쟁심(Competitiveness) 적극성(Assertiveness) 사회성(Sociability) 탐색 경향(Exploratory tendency) 성적 동기(Sexual motivation)	따뜻함 사교성 자신감 활기 자극 추구 긍정적 정서
신경성 (Neuroticism)	위협과 위험에 대한 주의	스트레스 관련 질병, 관계에 미치는 부정적 영향	신체적 위협에 관한 주의(Vigilance to physical threat) 사회적 위협에 관한 주의(Vigilance to social threat) 질병에 관한 인지된 취약성(Perceived vulnerability to disease) 분노의 공격성(Angry hostility)	불안 적대감 우울 자의식 충동성 스트레스 민감성
성실성 (Conscientiousness)	미리 준비한 과제에 관한 계획성 및 관리	완고함, 환경 변화에 대한 적응의 어려움	근면성(Industriousness) 질서 정연함(Orderliness)	능력 질서 책임감 성취 추구 절제 숙고
우호성 (Agreeableness)	협력적 모험 조화로운 동맹	개인적 이득 최대화의 어려움, 사기꾼에 희생당함	마음 이론 처리(ToM processing) 협력성(Cooperativeness) 규준 순응(Norm-following)	신뢰 정직 이타성 순종 겸손 부드러움
경험에 대한 개방성 (Openness to Experience)	창조성	와해되거나 정신증적 사고	지능(Intellect) 상상력(Imagination)	상상 미학 감성 행위 아이디어 가치

다(Denissen & Penke, 2008; DeYoung et al., 2007; Nettle, 2007).

① 외향성

외향성(Extroversion)은 사회적 접촉과 지위 향상을 추구하는 행동상의 차원을 말한다(Ashton et al., 2002; Nettle, 2007). 외향성이 높은 경우, 친사회적 행동을 통해 사회적 지지를 이끌어 내고(Buchanan et al., 2005; Franken et al., 1990), 신체적 활동량이 높으며(Kirkcaldy, 1982), 주변 환경을 적극적으로 개선하려 하고(Chen et al., 1999), 성적 파트너의 수를 늘리는 등(Heaven et al., 2000)의 활동적인 행동 양상을 보인다. 또한, 질병이나 외상, 사고가 잦고(Field et al., 2004; Nettle, 2005), 반사회적 행동을 하거나 범죄를 저지르는 경우도 많다(Ellis, 1987; Park, 2019e; Samuels et al., 2004).

외향성에 따른 손익의 비율은 개체 조건 및 환경 조건에 따라 달라진다. 신체적 자원이 풍부하고 면역 기능이 우수하면 외향성의 이득이 높아지고, 유동적 사회 구조나 잦은 서식지 이동 상황에서도 적합도가 향상된다. 그러나 신체적으로 약하고, 감염에 취약하며, 외모가 불량하면 손해가 커지며, 서식지에 인구가 포화되거나 서식지 이동이 드물어도 적합도가 떨어진다(Nettle, 2006).

케냐 북부에 사는 아리아알족(the Ariaal)은 원래 유목 생활을 했지만, 지금은 정주 생활을 택한 주민도 많다. 한 연구에서는 도파민 수용체와 관련된 DRD4 유전자가 외향성, 유목 생활 등의 행동 형질과 관련된다는 기존 연구에 근거해 아리아알족 남성 중 여전히 유목 생활을 하는 주민과, 정착 생활을 하는 주민의 유전자형과 체질량 지수를 비교했다. 유목민 중에서는 DRD4 7R+ 유전형을 가진 주민의 건강 상태가 더 좋았던 반면, 정착민 중에서는 해당 유전형을 가진 주민의 건강 상태가 더 불량했다(Eisenberg et al., 2008). 물론 그 인과 관계는 불분명하다. 외향적인 주민이 유목 생활을 선택할 가능성도 있지만, 유목 생활이 외향적 개체의 적합도를 높일 가능성도 있기 때문이다(Chen et al., 1999).

② 신경성

신경성(Neuroticism)은 신체적 혹은 정신적 질병과 관련이 깊은 성격 요인이다. 신경성이 높으면 부정적 감정에 시달리며 우울 및 불안 장애를 겪을 확률이 높고(Claridge & Davis, 2001), 일반적으로 신체적 건강 또한 불량하다(Neeleman et al., 2002). 대인 관계의 어려움도 흔하며(Kelly & Conley, 1987), 사회적 고립에 빠지는 경우도 상대적으로 잦다(Kelly & Conley, 1987; Park, 2019e).

신경성 요인은 종종 본인 스스로 불행하게 여기기 때문에 바람직하지 않은 성향으로 간주되지만, 진화적 이득도 분명히 있다. 특히 위험 회피의 이익이 있어(Claridge & Davis, 2001; Mathews et al., 1997), 포식자가 많은 환경에서 유리하다. 실제로 한 어류 연구에 의하면 포식 위험성은 경계 및 주의 행동과 관련된다(Dingemanse et al., 2007; O'Steen et al., 2002).

일반적으로 사회적 도전 상황에서 분노와 공격성이 증가한다(Dingemanse et al., 2007; Nettle, 2007; O'Steen et al., 2002). 경쟁적 환경에서 신경성이 높은 개체는 분노와 공격성을 이용하여 상대를 제압하고 단기적인 목적 지향적 과제에서 높은 성취도를 보일 수 있다(McKenzie et al., 2000; Nettle, 2006; Ross et al., 2001). 이는 물론 장기적인 안정적 관계를 통한 이득과 상쇄 관계를 이룬다.

신경성은 평균적으로 남성보다 여성에서 더 높게 나타나는데(Costa Jr. et al., 2001), 아마도 신체적 위해나 사회적 고립에 의한 비용이 여성에게 더 높기 때문일 것이다(Campbell, 1999; Park, 2019e). 불안은 위험에 처할 가능성을 낮춰 주고, 우울은 자기 검열을 통해 고립 유발 행동을 줄여 줄 수 있다. 이는 여성의 높은 우울장애 및 불안장애 유병률을 설명해 준다.

③ 성실성

성실성(Conscientiousness)은 계획을 세우고 지속적으로 추진하는 경향으로, 수렵채집사회보다는 농경사회, 그리고 산업사회로 갈수록 더 높은 적합도를 보인다(Barrick & Mount, 1991). 스스로 내적 계획과 목표를 고수하므로, 안정적 환경에서 유리한 형질이며 일반적으로 수명도 길다(Friedman et al., 1995; Park, 2019e).

그러나 높은 성실성이 반드시 유리한 것은 아니다. 과도한 성실성은 강박장애와 식이장애 환자에서 흔하게 볼 수 있다(Austin & Deary, 2000; Claridge, 2003). 또한, 엄격한 내적 통제는 유연한 반응을 억제하므로, 돌발적 공격이나 기회주의적 수렵 혹은 습격 등이 잦은 구석기 시대 등의 환경에서는 적합도가 높지 않았을 것이다. 이와 더불어 성실성에 의한 느린 생애사 전략 추구 경향은 잠재적 짝짓기 기회 감소라는 비용 또한 발생시킨다(Park, 2019e; Schmitt, 2004).

④ 우호성

우호성(Agreeableness)은 공감적 능력을 통해 협력을 강화하는 요인으로(Baron-Cohen & Wheelwright, 2004), 우호성이 높으면 대인 간 갈등이 억제되고 장기적 상리 공생이 촉진된다(Caprara et al., 1996; Suls et al., 1998). 성실성과 마찬가지로 현대사회에서 흔히 '착한' 성격으로 불리며 바람직한 형질로 간주된다(Park, 2019e).

그러나 높은 우호성이 반드시 유리한 것은 아니며, 오히려 협력이 작동하지 않는 환경에서는 손해가 커진다(Nettle, 2007). 즉, 사회생태학적 조건과 무관한 협력은 적응적 전략이 아닌 것이다(Axelrod & Hamilton, 1981). 특히 위협적 상황에서 너무 낮은 공격성을 보이며 과도한 손해를 감수하게 되기도 하고(Maynard Smith, 1982), 낮은 보수와 지위도 받아들이며, 지위 추구 경쟁이나 이익 쟁취 경쟁을 자진해서 포기하여 사회적 성취 수준이 낮아지기도 한다(Boudreau et al., 2001; Park, 2019e). 또한, 창조적 능력과 부적 상관관계를 보이는데(King et al., 1996), 이는 과학이나 예술 등의 분야에서 성공 가능성을 낮추는 요인이다. 흥미롭게도 여성은 남성보다 높은 우호성을 보이는데, 이는 협력 행동이 제공하는 성 간 이득 차에 의한 것으로 보이며, 여성의 사회적 지위가 낮은 성격적 이유 중 하나로 추정되기도 한다(Costa Jr. et al., 2001; Schmitt et al., 2008).

⑤ 경험에 대한 개방성

경험에 대한 개방성(Openness to Experience)은 높은 지능과 관련된다(DeYoung et al., 2005). 경험에 대한 높은 개방성은 예술적 창조성과(McCrae, 1987) 사회적·성적 매력으로 이어지며(Miller & Tal, 2007; Nettle, 2006), 많은 성적 파트너를 동원할 수 있게 한다(Haselton & Miller, 2006; Nettle, 2006; Park, 2019e).

하지만 높은 지능이 동반되지 않을 경우, 부적절한 망상에 빠지는 경우가 많고(McCreery & Claridge, 2002), 정신증에 시달리는 경우도 있다(Burch et al., 2006a; Burch et al., 2006b; Green & Williams, 1999; Park, 2019e). 일탈적 사고는 조현형 성격 및 정신증과도 관련되므로(Chen et al., 1999) 경험에 대한 개방성이 과도하면 적합도가 심각하게 감소할 수도 있다(Avila et al., 2001).

HEXACO 모델

앞서 말한 빅 파이브 모델에 정직성-겸손(honesty-humility) 요인을 추가한 것이다(Ashton & Lee, 2007). HEXACO는 순서대로 정직성-겸손(H, Honesty-Humility), 정서성(E, Emotionality), 외향성(X, eXtroversion), 우호성(A, Agreeableness), 성실성(C, Conscientiousness), 경험에 대한 개방성((O, Openness to experience)의 머리글자를 딴 것으로, 성격의 6차원 모델(six-dimensional model of human personality)이라고 한다.

이 모델의 정서성과 우호성은 빅 파이브 모델의 신경성 및 우호성과 약간 다르다. 정서성은 빅 파이브 모델의 신경성과 달리 호전성(hostility)을 포함하지 않는다. 그리고 본 모델의 우호성은 빅 파이브 모델의 우호성과 달리 감상성(sentimentality)을 포함한다(Ashton & Lee, 2007). 특히 정직성-겸손 요인은 낮은 우호성만으로 충분히 반영하기 어려운 비행, 정신병질, 자기 고양(self-enhancement), 자기애, 이기성, 마키아벨리즘, 반사회적 행동 등을 잘 반영한다(Gangestad & Simpson, 1990; Gladden et al., 2009; Glenn et al., 2011). 이에 대해서는 낮은 우호성으로도 설명할 수 있다는 반론(De Raad et al., 2014)과, 독립된 요인으로 간주해야 한다는 주장(Barelds & De Raad, 2015)이 공존한다.

진화적인 면에서 범주 특이성 상황 어포던스(domain-specific situational affordance, DSSA)를 세 층위에서 제시하여 HEXACO 모델과 결합하는 분석 틀이 제안된 바 있다(Reis, 2008).

DSSA에서는 총 세 가지 변이를 가정한다. 상황(환경) 활성 기전(situational activation system), 형질(특성) 활성 기전(trait activation system), 결과 활성 기전(outcome activation system)이 그것이다. 이를 상황, 형질, 결과 활성(Situation, trait, and outcome activation, STOA)이라고 한다(de Vries et al., 2016; Park, 2019e).

즉, 여섯 성격 범주에 따라 각 개체는 특정한 '환경'을 선택하려 하고(Rauthmann, 2011), 그러한 특정 환경은 특정 행동을 유발하며(Lievens et al., 2006), 그러한 행동에 따른 결과는 환경에 따라 다른 평가를 얻는다(Ten Berge & De Raad, 1999). 두 번째와 세 번째 기전은 형질(특성) 활성 이론(trait activation theory, TAT)에 기초한 것이다(Park, 2019e; Tett & Burnett, 2003).

상위 요인 모델

빅 파이브 모델이 제시하는 다섯 요인을 더 적은 수의 상위 요인으로 묶는 모델이다. 단 한 개의 요인을 사용하는 일반 요인 성격 모델(이하 GFP)과 두 개의 요인으로 행동 양상을 설명하려는 이(二) 상위 요인 성격 모델 혹은 빅 투(Big Two) 모델이 제안되었다(DeYoung et al., 2002; Digman, 1997; Musek, 2007).

먼저 빅 투 모델의 경우, α 요인과 β 요인으로 성격을 설명한다. α 요인은 안정성(stability), β 요인은 유연성(plasticity)을 말한다(DeYoung et al., 2002; Digman, 1997). 근연 기전으로 전자는 세로토닌, 후자는 도파민 관련 신경 회로와 연관된다(Colin, 2013). 두 요인이 이른바 진화한 사이버네틱 기전(evolved cybernetic mechanism), 즉 순환적 인과 관계에 의해 목적 의존적 행동(생존 및 번식)을 추동하는 통제 및 의사소통 시스템을 만들었다고 보는 것이다(DeYoung, 2015).

그러나 이 모델은 내적 모순이 많아서 잘 사용되지 않는다. 예를 들어 도파민 체계는 유연성 외에도 목적 지향적 성실성과 깊은 관련이 있고, 세로토닌은 안정성 외에도 외향성과 깊은 관련이 있다. 이처럼 여러 변수를 단 두 개의 요인으로 묶기는 어렵다(Ashton et al., 2009; de Vries et al., 2016; Dragan & Oniszczenko, 2007; Gillihan et al., 2007).

GFP 모델은 모든 성격 요인을 빠른 전략(fast strategy)과 느린 전략(slow strategy)의 연속체로 통합한 것이다. 이는 생애사 이론에 바탕을 둔 것인데, 이에 대해서는 뒤에서 다시 자세하게 다루겠다('행동 양상의 생애사 모델' 항 참조). GFP 모델상의 낮은 점수, 즉 높은 r 요인은 낮은 성실성, 높은 신경성, 낮은 외향성, 낮은 우호성, 낮은 개방성을 반영한다. 반대로 높은 점수, 즉 높은 K 요인은 높은 성실성, 낮은 신경성, 높은 외향성, 높은 우호성, 높은 개방성을 반영한다(Figueredo, Vásquez, et al., 2007).

GFP 모델에 대해서는 비판이 많다. 첫째, 자기 보고의 낮은 신뢰성이다. 일반적으로 높은 K 요인은 사회적으로 바람직한 성격과 관련된다. 따라서 피험자는 실제보다 더 높은 K 요인을 보고하는 응답 편향이 있다(Danay & Ziegler, 2011). 둘째, 사회적으로 중립적 가치를 가진 행동은 비록 생애사 전략과 관련된다고 해도 GFP 요인에서 은폐되는 경향이 있다(Bäckström et al., 2009). 셋째, 생애사 관련 행동 형질은 서로 모순적인 경우가 많다. 예를 들어 외향성이나 개방성은 K 요인으로 간주되므로, 느린 생애사 전략으로 연결되어 자식의 숫자가 적을 것이라 예상되지만 실제로는 자식이 많다(Jokela et al., 2011). 또한, 위험 추구 경향은 보통 빠른 생애사 전략으로 간주되어 r 요인과 연결되지만, 실제로는 외향적이고 개방적인 사람이 위험 추구 행동을 더 적극적으로 시도한다(Vries et al., 2009). 높은 사회성적지수(sociosexuality)는 일반적으로 외향성과 관련이 깊은데, GFP 모델에 따르면 낮은 외향성과 관련된다(Dunkel & Decker, 2010). 이는 단 하나의 요인으로 다양한 차원의 행동을 설명하기 때문에 벌어지는 현상이다. 운동 경기나 콩쿠르 출전 같은 위험 추구 행동과 마약 남용이나 절도 같은 위험 추구 행동은 질적으로 완전히 다른데, 일반 요인 성격 모델은 이를 제대로 반영하지 못한다.

이러한 제한점에 대해서는 아래 생애사 모델에서 자세하게 다루겠다.

행동 양상의 생애사 모델

앞서 언급한 상위 요인 모델의 이론적 배경은 생애사 이론이다. 행동의 개체차가 발생하는 이유는 다차원적이다. 생애사 이론은 유전적 혹은 환경적 요인에 관한 기본적 패러다임으로서 개체차에 관한 진화적 접근을 포괄한다(2장 및 3장 참조). 여기서는 인간 행동의 개인차에 관한 생애사적 접근의 한계, 생애사 이론에 관한 근연 설명의 모순을 논의한다. 그리고 이러한 제한점을 반영한 생애사 행동 이론의 확장 모델(the extended model)과 확장 모델에 방어 모듈을 더한 빠른-느린-방어 모델(fast-slow-defence model)을 소개한다.

① 통상적 생애사 모델의 한계

빠른 생애사 전략과 느린 생애사 전략으로 행동의 개체차를 나누는 모델은 상당히 유용한 통합적 개념에 기반한다. 그러나 단순 패러다임은 행동의 개체차의 일부 현상만 설명해 줄 수 있다(2장 참조). 따라서 생애사 이론의 틀로 행동의 개체차를 설명하는 이른바 생애 속도 증후군(Pace Of Life Syndrome, POLS) 가설은 광범위하고 포괄적이지만, 정확성이 떨어지고 두루뭉술하다는 단점 또한 있다(Del Giudice, 2018).

일단 행동 전략의 성차는 종종 빠른 전략과 느린 전략의 차이와 흡사해 보인다. 그러나 수명의 성차나 베이트만의 원칙에 따른 번식 전략의 차이(Quantity vs Quality)를 생애사 이론으로 모두 설명할 수는 없다. 보통 짝짓기 체계는 수컷의 생애사에 더 큰 영향을 미친다(성장 속도 및 행동, 대사 등). 즉, 수컷의 빠른 생애사 전략은 일부다처 전략과 관련이 많은 반면 암컷의 빠른 생애사 전략은 성체기 기대 수명과 높은 관련성을 보인다. 따라서 생애사 전략과 관련된 표현형의 분포에서 성차를 고려하지 않으면 요인 간 공변성이 왜곡될 수 있다(Tarka et al., 2018).

생애사 전략과 무관한 표현형이 생애사의 개인차에 영향을 미칠 수도 있다. 예를 들어 높은 신체적 매력을 가진 개체는 높은 사회성적지수를 보인다(Lukaszewski et al., 2014; Perilloux et al., 2013). 기회가 많고, 성공률도 높기 때문이다. 따라서 매력적 개체는 빠른 생애사 전략을 구사하는 것 같아도 전반적인 행동 양상은 느린 생애사 전략에 가까울 수 있다(Del Giudice, 2018). 통상적 생애사 이론에 의하면 안정된 초기 환경은 느린 생애사 전략과 공변하지만, 매력적 개체는 안정적 유년기를 보냈다고 해도 높은 사회성적지수를 보일 것이다. 반면 비매력적 개체는 최소한 사회성적지수에 있어서는 느린 생애사 전략을 강요당할 것이다.

사회문화적 요인도 통상적인 생애사 모델의 적용을 어렵게 하는 이유가 된다. 예를 들어 피임 수단의 가용성은 사회성적지수를 높일 수 있다. 이성 접촉 빈도의 사회생태학적 차이(도시 및 농촌 거주, 남녀 공학 여부 등)도 최초 생식 연령에 영향을 미친다. 이는 생애사 이론만으로 설명할 수 없는 층위의 문제다(Del Giudice, 2018). 사회문화적 교란 요인은 성적 행동 전략에 국한되지 않는다. 예를 들어 내전 지역 청소년은 위험 행동을 감수하려는 경향이 높지만, 이는 단지 선택지가 부족해서 벌어지는 현상으로, 빠른 생애사와 관련되지 않을 수 있다. 즉, 내전 지역의 어린이가 수류탄을 가지고 노는 이유는 빠른 생애사 전략에 따른 위험 감수가 아니라, 수류탄 말고는 다른 장난감이 없기 때문이다.

사회경제적 계층도 생애사 모델의 해석을 어렵게 한다. 계급 사회에서 우월한 부와 권력을 가진 일부 계층에게는 더 높은 수준의 사회성적지수 및 위험 추구 행동이 용인된다. 따라서 이들은 빠른 생애사 전략과 느린 생애사 전략을 사실상 '원하는 대로' 혼합하여 구사할 수 있다.

② 생애사 이론 관련 근연 기전의 모순

생애사 이론에 관한 신경발달적 근연 설명은 주로 세로토닌과 도파민, 옥시토신 관련 호르몬 조절 기전에 기반하고 있다. 그러나 대개 잠정적 수준의 가설들로, 아직 결론은 내릴 수 없다.

첫째, 단가 아민(monoamine) 계열의 신경 전달 물질로 생애사적 행동 양상의 개인차를 설명하려는 시도다. 일반적으로 세로토닌 경로와 도파민 경로(mesolimbic-mesocortical 경로에 국한)는 서로 상반된 기능을 가진 것으로 언급된다(Figueredo, Vásquez, et al., 2006). 그래서 각각 느린 생애사 전략, 빠른 생애사 전략과 관련된다는 포괄적 설명이 흔하다. 그러나 실제로는 그리 단순하지 않다. 예를 들어 도파민은 충동성이나 위험 감수, 성욕 등 빠른 전략과 관련되지만, 동시에 근면과 끈기, 야심, 성취 추구 등 느린 전략과도 관련된다. 또한, 충동성은 종종 도파민 증가가 아닌 감소와 관련된다(Del Giudice, 2018; Keltikangas-Järvinen & Salo, 2009).

둘째, 성호르몬의 상대적 수준으로 행동에 관한 생애사 이론의 근연 기전을 설명하려는 시도다. 이는 아주 오랜 역사를 가지고 있으며, 직관적인 접근이지만 행동의 성차를 생애사적 행동 전략의 개인차와 혼동해서는 곤란하다. 테스토스테론을 비롯한 남성호르몬은 남녀 모두에서 빠른 생애사 전략과 관련되지만(짝짓기 증가, 공격성, 위험 추구 등), 여성의 경우 여성호르몬의 증가 역시 비슷한 행동을 유발할 수 있다(Cashdan, 1995). 그러나 남성의 경우 여성호르몬 증가가 빠른 생애사 전략을 유발한다는 연구는 없다. 앞서 말한 대로 여성과 남성의 행동차는 성호르몬의 영향 외에도 체구나 체력 등 조건의 차이, 최적 가임기의 생물학적 차이, 사회생태학적 조건의 차이 등에서도 큰 영향을 받는다.

셋째, 옥시토신은 흔히 느린 생애사 전략과 관련될 것으로 추정한다(Lee et al., 2009; Quintana & Guastella, 2020). 남성의 경우 비교적 분명하게, 높은 옥시토신은 느린 생애사, 낮은 옥시토신 수준은 빠른 생애사와 관련된다. 그러나 여성의 경우, 일관된 결과를 보이지 않는다. 높은 옥시토신 수준을 보이는 여성은 종종 빠른 생애사 전략을 보이며, 불안정 애착이 심하다. 대인 관계의 파국적 종결에 관한 높은 불안 예측은 옥시토신 수준이 높을수록 두드러진다. 또한, 여성 간의 관계적 공격(relational violence) 수준도 높은 옥시토신 수준과 관련된다(Marazziti et al., 2006; Weisman et al., 2013).

넷째, 행동에 관한 생애사 이론을 설명하는 또 다른 근연 설명은 스트레스 반응 시스템(the stress response system)이다. 스트레스는 단기 행동 반응에 중요한 역할을 할 뿐 아니라, 만성적으로 노출될 경우 장기 행동 경향에도 큰 영향을 미친다. 종종 유년기의 스트레스 노출은 빠른 생애 속도 증후군과 관련된다고 간주되지만(Ricklefs & Wikelski, 2002), 실제로는 그렇게 간단하지 않다.

아주 낮은 수준의 스트레스는 오히려 스트레스에 관한 민감한 반응 패턴(sensitive response patterns)을 유발할 수 있다. 소위 '적절한(moderate)' 스트레스는 완충된 반응 패턴(buffered response patterns)을 유발하며, 위험하고 예측하기 어려운 환경 스트레스는 과도 활성화된 스트레스 반응 패턴(vigilant response patterns)을 유발한다. 이런 역설적 스트레스 반응 시스템에 관한 모델을 적응적 보정 모델(the Adaptive Calibrated Model, ACM)이라고 한다(Del Giudice et al., 2011; Ellis et al., 2017). 유년기에 아주 낮은 스트레스와 높은 스트레스 환경이 동일하게 높은 수준의 위험 감수 및 공격성을 유발한다는 모순적 주장은, 진화적 측면에서는 타당한 적응 전략이다.

흥미롭게도 적응적 보정 모델에 의하면 극도의 스트레스에 관한 행동 반응의 성차가 나타날 수도 있다. 트라우마 상황에서 남성은 극도로 과도한 스트레스 민감성(hypervigilance: 난폭한 반응성 공격, 높은 경계 수준, 무모한 위험 감수 등)을 보이지만, 반대로 여성은 극도의 스트레스 둔감성(unemotional bluntness: 해리 반응, 정동 둔마, 수동적 행동 위축 등)을 보일 수 있다(Del Giudice, 2018). 단순한 생애사 모델로는 설명하기 어려운 성차지만, 적응적으로는 타당한 반응이다. 이를 피상적 수준에서 각각 빠른 혹은 느린 전략으로 간주해서는 안 된다.

③ 생애사 확장 모델

생애사 확장 모델(the Extended Model of Life History Theory)은 앞서 설명한 통상적 생애사 모델의 한계를 극복하고, 모델의 모순적 단점을 해결하고자 만들어졌다.

앞서 언급한 대로 인류의 사회생태학적 환경의 복잡성은 생애사 전략의 양상도 분화시켰다. 예를 들어 신체적 지배성과 사회적 명성이라는 이중 지위 체계(dual status hierarchies)의 진화로 인해 인간의 생애사 전략은 동물의 생애사 전략과 비교해 아주 복잡해졌다(Cheng et al., 2010). 빠른 생애사 전략은 사회적 협력과 성실이라는 모순적 행동 패턴을 포섭했고, 느린 생애사 전략은 사회적 고립 및 불성실과 구분하기 어려워졌다. 또한, 계층의 분화로 인한 자원 분포의 불평등은 각 개체의 최적 자원 할당 경향에 영향을 미쳤다(Powers & Lehmann, 2014). 즉, 개체의 가용 자원(신체적 혹은 정신적, 환경적 자원 가용도) 수준이나 종류의 차이로 인해, 서로 다른 생애사 전략이 최적화될 수 있다. 성적 분업이 생애사 전략의 성차를 유발했듯이(Tarka et al., 2018), 다양한 사회적 적소 구성 능력 역시 다양한 개체 간 생애사 전략차를 유발했다. 예를 들어 정신화 추론 능력(mentalistic reasoning)은 구애와 협력, 사회적 지위의 추구 등에 유용한 자질이다. 그러나 고도로 전문화된 기술 계층에서는 상대적으로 기계적 추론 능력(mechanistic reasoning)이 더 중요하므로 환경 변화에 따른 생애사 전략에 민감하게 반응할 필요성이 낮아진다(Del Giudice, 2018). 사회적 역할에 따라 생애사 전략이 달라지는 것이다.

다시 말해 생애사 확장 모델은 인간 사회의 다양한 사회생태학적 환경을 반영하여, 생애사 전략에 관한 복수의 프로파일을 제안하려는 시도다. 통상적 생애사 모델에 사회적 지위 추구 및 기술적 전문성 추구라는 두 차원을 더해 총 네 개의 프로파일을 제안한다(Del Giudice, 2014).

첫째, 적대적/착취적 프로파일(antagonistic/exploitative profile)은 통상적인 빠른 생애사 전략을 말한다. 충동성, 위험 및 자극 추구, 조숙성, 높은 사회성적지수, 낮은 애착, 단기적 목표에 집착하는 경향 등이 포함된다.

둘째, 유혹적/창조적 프로파일(seductive/creative profile)은 통상적인 빠른 생애사 전략의 대안적 프로파일이다(Johnson et al., 2007). 여기서는 정신화 추론 능력을 바탕으로 한 언어 능력, 공감, 상상력, 리더십, 카리스마, 미적 능력 등이 빠른 생애사 전략과 결부되어 발현된다(Del Giudice, 2014). 결과적으로는 상대에 대한 적대적 결과 및 자원 착취가 발생하지만, 직접적인 신체적 공격이나 강제적 짝짓기를 시도하지 않고(Nettle & Clegg, 2006), 기만이나 조작, 연합, 유혹 등의 수단을 사용하여 상대가 자발적으로 따르게 하거나 성적 자원을 공여하도록 한다

(Bereczkei, 2015).

셋째, 친사회적/돌봄 제공 프로파일(prosocial/caregiving profile)은 통상적인 느린 생애사 전략을 말한다. 낮은 충동성, 낮은 위험 및 자극 추구 성향, 만숙성, 낮은 사회성적지수, 안정적 애착, 협력, 정서적 공감, 장기적 목표 추구 경향 등이 포함된다.

넷째, 기술적/생산적 프로파일(skilled/provisioning profile)은 통상적인 느린 생애사 전략의 대안적 프로파일이다(Del Giudice, 2014). 여기서는 기계적 추론 능력을 바탕으로 한 지각 능력, 시공간 추론 능력, 연산 능력 등이 함께 결부되어 발현된다(Del Giudice, 2014). 친밀한 대상이 적고, 고집스러우며, 강박적이고, 사회적으로 고립된 듯 보이지만, 결과적으로는 장기적인 사회적 과업 실현에 기여하며 안정적이고 지속적인 관계(종종 여러 세대로 이어지는)를 형성한다(Kell & Lurie-Luke, 2015). 이들은 일반적으로 낮은 매력으로 인해 번식 적합도가 낮아질 것으로 간주되지만, 친족 집단이나 부모의 짝짓기 보조(중매 등)를 통한 혼인 가능성이 이러한 손해를 보상하는 것으로 추정된다(Spikins, 2009).

④ 빠른-느린-방어 모델

빠른-느린-방어 모델(Fast-Slow-Defence Model, 이하 FSD 모델)은 앞서 언급한 확장 모델을 기반으로, 인간 행동의 개인차 중 극단적 정신 증후군을 설명하는 모델이다. FSD 모델은 다양한 정신 병리를 진화적 맥락에서 크게 세 가지 범주로 나눈다(Del Giudice, 2018). 이는 확장 모델의 네 가지 프로파일에 방어 활성화 차원을 더한 것이다.

FSD 모델은 행동의 개체차에 관한 일반적 설명에도 활용할 수 있지만, 모델의 일차적 목적은 정신 병리의 설명이다. 그래서 FSD 모델의 극단적 스펙트럼에 속하는 행동 프로파일을 각각 F형 장애(F-type disorder), S형 장애(S-type disorder), D형 장애(D-type disorder)라 할 수 있다.[2] F형 장애에서는 반사회적 인격장애, 품행장애, 적대적 반항장애 등이 고전적 프로파일(착취형)에 속하고, 양극성 장애 일부, 주의력 결핍 과잉 행동장애, 식이장애 일부, 조현 스펙트럼 장애, 경계선 인격장애, 자기애적 인격장애 등이 대안적 프로파일(유혹형)에 속한다. S형 장애에서는 식이장애 일부, 양극성 장애 일부, 강박성 인격장애, 강박장애 일부가 고전적 프로파일(친사회형)에 속하고, 자폐 스펙트럼 장애와 강박장애 일부, 주의력 결핍 과잉 행동장애 일부가 대안적 프로파일(기술숙련형)에 속한다(Del Giudice, 2018).

D형 장애, 즉 방어 활성화 장애는 외부 위험에 대한 대처 기전의 과도한 활성화에 의한 것이다(Del Giudice, 2018). 방어 기전 활성화는 부정적 안녕감을 유발하므로 '장애'로 간주되지만, 생존과 번식에는 유리할 수 있다(Haselton et al., 2009). D형 장애는 불편 클러스터(distress cluster)와 두려움 클러스터(fear cluster)로 나뉘며, 전자에는 주요 우울장애와 기분부전증, 범불안장애, 외상 후 스트레스 장애 등이, 후자에는 일부 강박장애와 공포증, 공황장애, 사회 공포증, 회피성 인격장애 등이 속한다(Del Giudice, 2018).

흥미롭게도 느린 전략과 빠른 전략의 극단에서 D형 장애가 더 많이 나타난다(Lienard, 2011). 방어 활성화 장애가 환경적 우호성 혹은 환경적 적대성 스펙트럼에 대응하여 J 커브를 그리는 현상은 왜 S형 장

2 델 쥬디체(Del Giudice)는 강박장애를 D형 강박장애(D-OCD)와 S형 강박장애(S-OCD)로 나누고, 양극성 장애도 F형 양극성 장애(F-BPD)와 S형 양극성 장애(S-BPD)로 나누고 있다. 즉, FSD 모델은 기존의 DSM 체계와 맞지 않으므로 기존 질환과의 정확한 대응은 불가능하며, 설명을 위한 분류 정도로 보는 것이 바람직하다.

애와 F형 장애 모두에서 높은 수준의 불안과 우울, 불편, 두려움 등이 동반되는지 설명해 줄 수 있다. 예를 들어 스트레스가 많은 환경은 자살 행동을 예측하는 확실한 요인이지만, 동시에 스트레스가 아주 적은 환경도 자살 행동을 예측하는 요인이 될 수 있다(McFeeters et al., 2015). FSD 모델에 의하면 낮은 수준의 환경적 스트레스는 F형 장애의 발생 가능성을 낮추는 반면에 S형 장애의 발생 가능성을 높이며 이에 더해 D형 장애의 발생 가능성도 높아진다. 즉, FSD 모델은 느린 전략과 빠른 전략을 각각 '사회적으로 바람직'하거나 '사회적으로 바람직하지 않은' 전략으로 간주하는 통상적 모델에서 더 나아가, 양쪽 모두 높은 방어 활성화 경향을 동반할 때 진화적으로 적응적인 동시에 근연적 수준에서는 병리적인 행동을 유발할 수 있다고 가정한다(Del Giudice, 2018).

FSD 모델은 단선적 생애사 전략에 기반한 행동의 개인차를 정신화 추론 능력과 기계적 추론 능력이라는 요인을 사용하여 네 가지 프로파일로 분류하고, 이에 방어 활성화 수준을 더하여 정교화한 진화적 개념 모델이다(Del Giudice, 2018). 그러나 실증적 검증이 어렵다는 한계가 있고, 이를 입증하기 위해서는 모델을 지지하는 간접적 연구 결과를 수집해야 한다. 또한 동시에 행위자 기반 시뮬레이션을 통해 각 프로파일에 속하는 극단적인 부적응적 행동 증후군이 진화적으로 유지될 수 있는지 여부를 확인하여야 한다. 이와 관련된 국내 시뮬레이션 연구에 대해서는 8.4절에서 간략하게 소개한다.

기타 모델

이 밖에도 인격장애를 5개의 요인(공격성, 정신병질성, 억압성, 부정적 감정성-신경성, 긍정적 감정-외향성 등)으로 설명하거나(Harkness et al., 1995), 18개 혹은 22개의 요인으로 나누어 자세히 설명하는 모델이 있다(Clark,

1990; Livesley et al., 1989).

DSM-IV 다축 시스템은 풍부한 임상적 근거를 바탕으로 한 분류 체계로, 정신장애를 I축상의 임상적 장애와 II축상의 성격장애로 나누었다(American Psychiatric, 2000). I축상의 정신장애는 크게 내현화-외현화 모델(internalizing-externalizing model)로 설명할 수 있다(Kessler et al., 1997; 1999; 2005; Krueger, 1999; Krueger & Markon, 2006; Slade & Watson, 2006). 예를 들어 우울장애는 내현화/정동 장애(internalizing/emotional disorder)로, 약물 남용은 외현화/탈억제 장애(externalizing/disinhibitory disorder)로 분류할 수 있다(Eaton et al., 2013; Goldberg et al., 2009; Krueger & South, 2009). II축은 총 10개의 성격장애를 제시하는데, 크게 특이/괴벽(odd/eccentric) 클러스터-A형 성격, 극화(dramatic) 클러스터-B형 성격, 불안(anxious) 클러스터-C형 성격의 세 클러스터로 나뉜다. 4개 혹은 5개의 요인으로 나누는 경우도 있다(Austin & Deary, 2000; Mulder & Joyce, 1997; Sheets & Craighead, 2007). 이는 정신장애라는 병리적 상태에 관한 분류 체계지만, 일반적인 성격 요인과 스펙트럼상에서 이어질 수 있다(Clark et al., 1994; Hettema et al., 2006).

임상적 상태에 관해 더욱 발전한 분류 체계로, 연구 영역 기준(Research Domain Criteria, RDoC)이 있다. 이는 미국 정신보건원(National Institute of Mental Health, NIMH) 전략 계획 1.4에 따라, "관찰 가능한 행위와 뇌 기능의 차원에 근거한 정신 질환 분류의 새로운 방법을 개발"하기 위해 시행된 프로젝트다(Park & Kang, 2018a; 2018b). 정신 활동을 총 다섯 가지 영역(부정적 동기, 긍정적 동기, 인지, 사회적 과정, 각성/조절)으로 나누고 이를 총 여덟 가지 분석 유닛으로 구분하여 분류한다(NIMH, 2009).

RDoC는 상향식(bottom-up) 연구에 적합한 연구 틀로서 진화적인 하향식(top-down) 방법에는 바로 적용하기 어렵다. 하지만 전체 정신 활동을 과학적으로 구성화하는 방법적 틀로서 이론적 얼개를 추정하는 데 도움을 준다는 장점이 있다(Vaidyanathan & Pacheco, 2017). RDoC는 겉으로 드러나는 임상적인 정신 증상의 양상과 그에 따른 영향에 기반한 것이 아니라, 심층적이고 원초적인 정신 기능에 관한 가설과 이론에 기반한 분류 체계이기 때문이다(Kozak & Cuthbert, 2016; Park & Kang, 2018a).

3. 행동 다양성의 진화적 쟁점

앞서 말한 행동 다양성은 어떻게 나타난 것인지 발달학적 쟁점과 유전학적 쟁점, 생태학적 쟁점으로 나누어 살펴보자.

행동 다양성의 진화발달학적 쟁점

발달적 가소성(developmental plasticity)은 형질의 다형성을 설명하는 잘 알려진 개념이다. 유년기 경험이 성인기 행동에 미치는 영향에 관해서는 콘라트 로렌츠(Konrad Lorenz)부터 니콜라스 틴베르헌(Nikolaas Tinbergen), 존 볼비(John Bowlby) 등으로 이어지며 동물행동학과 애착 이론 등에서 많은 발전이 있었다(Park, 2014).

흔히 발달적 가소성과 행동적 유연성(behavioral flexibility)을 혼동하는데, 발달적 가소성은 유전자와 환경의 상호작용을 통해 발생하는 현상이다. 이는 비가역적이고 지속적이라는 면에서 단순한 행동 유연성과 다르다(West-Eberhard, 2003). 먼저 발달적 가소성에 관해 이야기하고, 이어서 행동적 유연성에 관해 논의하겠다.

발달적 가소성

발달적 가소성은 다음 두 조건이 성립해야만 진화할 수 있다. 첫째, 다양한 환경적 조건에 적합한 최적 표현형이 넓은 범위를 가져야 한다. 만약 최적 표현형의 범위가 아주 좁다면, 집단 전체의 형질은 매우 좁은 스펙트럼을 가질 것이다. 둘째, 유전적으로 완전히 고정된 형질이거나 가변 환경에 따라 무한한 가소성을 보이는 형질이 아니어야 한다. 예를 들어 발달적 자극을 통해 여러 유전적인 잠재적 형질 중 환경에 알맞은 반응 표준(reaction norm)이 결정된다면 행동 다형성이 나타날 수 있다. 이 경우 유전적 고정 형질이나 가변 환경 대응의 행동적 유연성보다, 발달적 가소성을 통해 여러 잠재적 형질 중 하나의 반응 표준을 결정하는 것이 더 효율적이다(Bateson et al., 2004). 사실상 유전형과 표현형, 그리고 환경적 변수의 조합은 무한하다(Suzuki et al., 1986).

발달적 가소성과 반응 표준에 관한 몇 가지 오해가 있다. 첫째, 형질을 유전적 형질과 환경적 형질로 나누는 것이다. 사실 발달적 가소성 이론에서는 두 형질을 구분할 수 없다. 둘째, 행동 형질은 환경의 영향을 많이 받으므로 발달적 가소성으로 다형성을 충분히 설명할 수 있다는 주장이다. 그러나 (상식과 달리) 유전적으로 결정되는 형질의 범위는 발달적 가소성으로 예측할 수 있는 형질 범위보다 훨씬 넓다. 인간뿐 아니라 비인간 동물도 적합도 관련 핵심 형질의 유전적 변이 범위가 상당히 넓다(Houle, 1992). 이에 대해서는 이후에 다시 자세히 다룬다.

즉, 환경은 발달적 가소성에 영향을 미치지만, 발달 스위치의 환경적 임계값은 유전적으로 결정된다. 만약 환경이 일정하여 발달 스위치의 반응 역치가 점점 높아지면, 유전적 순화(genetic assimilation) 혹은 표현형 협량화(phenotypic canalization)가 일어난다(Waddington, 1953). 그러나 환경이 다양하여 발달 스위치의 반응 역치가 점점 낮아지면, 적응적 표현형 가소성 혹은 볼드윈 효과(Baldwin effect)가 나타난다. 후자는 다른 말로 진화의 표현형우선이론(phenotype-first theory of evolution)이라고도 불린다(Weber & Depew, 2003).

예를 들어 새끼를 핥고 털을 고르는 어미의 행동(Licking Grooming, LG)은 새끼의 후속 세대를 향한 돌봄 행동의 수준을 상당한 수준으로 예측할 수 있다. 해당 자극이 자식의 행동을 결정하는 발달 스위치 역치를 초과했기 때문이다(Cameron, Del Corpo, et al., 2008; Cameron, Fish, et al., 2008). 동일한 예로, 사춘기 초기의 부성 부재는 빠른 생애사 전략을 촉진시킨다.[3]

즉, 발달적 가소성은 행동의 다양성을 낳는 요인 중 하나다. 이에 관한 대표적 연구 분야는 출생 순서와 행동 다양성에 관한 연구다. 출생 순서는 가족 내에서 형제자매가 서로 다른 적소를 구성하도록 강요한다(competitive exclusion). 따라서 출생 순서라는 발달적 자극은 상이한 최적 행동 반응을 유발할 수 있다(Jefferson Jr. et al., 1998; Salmon, 2003; Sulloway, 1996). 이러한 출생순서이론(Birth Order Theory)은 뒤에서 설명할 적소 구성(niche construction)이론과 연결된다. 여기서 적소는 출생 순서에 따른 초깃값으로, 맏이는 자신의 적소에서 이득을 최대화하기 위해서 보수적이고 완고한 태도를 취하는 반면 동생은 자신의 적소가 가진 자원량이 적으므로 도전적이고 자유로운 태도를 취한다(Healey & Ellis, 2007).

3 이에 대해서는 반론도 있다. 부성 부재 자체보다는 부성 부재와 관련된 전반적인 열악한 환경에 의한 효과일 수도 있다(Ellis et al., 1999).

행동적 유연성

앞서 논의한 발달적 가소성은 개체의 생애 전체를 통해 유지되는 영구적 형질을 개발한다. 그런데 발달적 가소성이 진화하기 위해서는 앞서 언급한 두 조건 외에도 다음의 네 조건이 전제되어야 한다. 첫째, 생태 환경의 세대 간 가변성이다. 만약 세대 간 가변성이 없다면 종 특이적 고정 행동 패턴이 진화한다(Figueredo, Hammond, et al., 2006). 둘째, 생태 환경의 세대 내 안정성이다. 발달적 가소성을 통해 발달한 행동 형질은 생애 내내 유지되므로 환경이 너무 빠르게 변하면 적응적일 수 없다. 셋째, 생태 환경이 비교적 넓은 공간적 동질성을 띠거나 이질적인 환경이라고 해도 개체의 적소는 평생토록 달라지지 않아야 한다. 개체는 초기 발달 조건에 적합한 환경을 떠나 새로운 이질적 환경으로 이동하지 않아야 한다. 넷째, 비교적 짧은 수명으로서 이는 두 번째 조건과 사실상 같다.

그런데 만약 환경이 세대 내 가변성을 보일 정도로 빠르게 변하거나, 개체가 긴 수명을 통해 생애 중 여러 환경 조건을 경험할 가능성이 높거나, 다양한 생태학적 공간을 자주 이동하는 경우라면, 발달적 가소성보다는 행동적 유연성이 더 적응적인 전략이다.

앞서 말한 대로 행동 다양성에 관한 일반적인 성격 이론은 생애 내내 유지되는 안정적 형질을 가정하면서 상황에 따른 행동의 차이를 오류 분산으로 간주한다(Michel et al., 2004). 만약 그렇다면 유전 혹은 발달적 가소성만이 성격을 결정하는 진화적 기전이 되겠지만 이러한 가정과 달리 개체는 환경에 따라 행동을 자주 변화시킨다(Mischel, 2013). 이는 어떤 행동의 이유가 그 사람 때문인지 그 상황 때문인지에 관한 오랜 논쟁(person-situation debate)을 연상시킨다(Kenrick & Funder, 1988). 그러나 진화적 적응은 하나의 기전을 고집할 이유가 없다.

그러면 행동적 유연성에 의한 행동 다양성은 단지 유연한 학습 능력이나 문화적 전달에 의한 것일까? 그렇지 않다. 인간의 행동은 상황에 따라 가변적이지만(situational behavioral tactics)(Mischel & Shoda, 1995), 그러한 가변성의 역치나 발현 양상 자체는 다시 유전 혹은 발달적 가소성에 의해 지배받는다. 이러한 개념적 틀 아래에서 상황에 따른 행동의 개체차가 보이는 안정적 패턴을 행동 시그니처(behavioral signature)라고 한다. 예를 들어 '가' 개체가 A 상황에서 1번 행동을, B 상황에서 2번 행동을 보인다고 가정해 보자. 반면에 '나' 개체는 A 상황에서 3번 행동을, B 상황에서 1번 행동을 보인다고 하자. 만약 '가' 개체의 행동만 본다면, 1번 행동은 A 상황에 의한 행동적 유연성으로 간주될 것이다. 그러나 A 상황만 본다면, 1번 행동은 '가' 개체와 '나' 개체 간의 차이(유전적 다양성이든 발달적 가소성이든)에 의한 결과로 간주될 것이다. 만약 상황 구분 없이 '가' 개체의 1번 행동과 '나' 개체의 1번 행동만 관찰한다면, 행동의 개체차가 없다고 생각될 것이다. 따라서 상황과 개체를 모두 고려한 행동 시그니처를 반영해야 특정 행동 패턴의 개인차를 이해할 수 있다. 이에 관한 연구는 아직 개념 제시 수준에 그치고 있다(Mischel & Shoda, 1995).

행동 다양성의 진화유전학적 쟁점

지금까지 행동 다양성의 진화발달학적 쟁점을 살펴보았다. 고정 행동 패턴이든 발달적 가소성이든 행동적 유연성이든 오랜 진화계통학적 기원을 벗어날 수는 없으며, 그래서 모든 논의는 다음과 같은 질문으로 수렴한다. 왜 자연선택과 성선택은 종 내 행동의 개체차를 제거하지 못했을까? 여기서는 이를 돌연변이-선택 균형, 유전자 표류와 중립 진화, 균형 선택, 방향성 선택 등으로 나누어 진화유전학적으로 논의할 것이며,[4] 특히 균형 선택과 방향성 선택, 그리고 유전적 다양성과 발달적 가소성의 상호 관계 등에 관해서는 진화생태학적 쟁점을 다룰 때 다시 논의하겠다.

돌연변이-선택 균형

돌연변이-선택 균형이란 변이의 발생률이 높아서 선택압에도 불구하고 일정한 변이가 지속적으로 유지되는 현상이다. 해로운 돌연변이는 정화 선택(purifying selection)을 통해 점차 사라지지만 지속적으로 발생하는 돌연변이에 의해 균형이 유지될 수 있다.

인간은 약 4천만 개의 생식세포 염기마다 1개 정도의 오류가 있으므로 산술적으로 175개의 돌연변이를 가지며, 염기 서열 중 약 2%가 기능적이라고 가정하면 세대마다 3개의 기능적 돌연변이가 생긴다(Nachman & Crowell, 2000). 이는 다른 동물에 비해서 높은 편에 속한다(Eyre-Walker & Keightley, 2007; Keightley & Gaffney, 2003). 돌연변이에 의한 적합도 하락이 아주 낮은 수준으로 나타난다면, 상당한 세대에 걸쳐 돌연변이가 누적될 수 있다. 각 개체는 이전 세대에서 물려받은 수백 개 이상의 약간 해로운 돌연변이와 몇 개의 새로운 돌연변이를 가지는데(Ellegren, 2007), 경미하게 해로운 돌연변이를 포함하면 각 개체는 약 500개의 돌연변이를 가지게 된다(Fay et al., 2001; Sunyaev et al., 2001). 보통

4 본 조의 일부는 박한선, 「개체 간 행동 양상 변이의 진화적 모델」, 『정신신체의학』 27권 1호(2019), 1-12쪽; 박한선, 「자살의 진화인류학적 고찰: 자살은 어떻게 진화할 수 있는가?」, 『신경정신의학』 61권 2호(2022), 63-73쪽에서 일부 내용을 발췌·수정했다.

개체군 집단에서 특정 변이가 1%를 넘으면 돌연변이가 아니라 다형성(polymorphism)이라고 칭한다. 이러한 돌연변이의 지속적인 발생이 행동 다양성을 설명해 줄 수 있을지도 모른다.

만약 행동 형질이 돌연변이-선택 균형으로 유지되고 있다면, 해당 유전자의 평형 빈도(q)는 다음과 같다. 여기서 μ는 돌연변이율(mutation rate)이고, s는 치사도를 뜻한다.

$$q = \sqrt{\frac{\mu}{s}}$$

피셔의 원칙에 의하면 적합도 관련 형질은 낮은 누적적 분산(V_A) 값을 가진다. 그러나 행동 형질은 적합도에 큰 영향을 미칠 뿐 아니라, 다양성도 높다.

한편 유전율(heritability, h_2)은 $V_A/(V_{NA} + V_E)$로 구할 수 있는데,[5] 이를 따르면 V_{NA} 혹은 V_E가 높을 경우 V_A가 높아도 h_2는 낮을 수 있다. 그러나 행동 형질은 유전율이 높다. 이런 혼란을 피하기 위해서 V_A를 형질의 평균값(M)으로 표준화한 누적적 유전 분산 계수(coefficient of additive genetic variation, CV_A)가 도입되었다.

$$CV_A = \left(\frac{\sqrt{V_A}}{M}\right) \times 100$$

이러한 CV_A를 조사하면 형질의 적합도는 누적적 유전 분산 계수(CV_A)와 정적 관계를 보인다(Stirling et al., 2002). 즉, 형질이 다양할수록 적합도가 향상되는 반직관적 현상이 나타나는데, 이는 행동 형질이 주

5 V_{NA}는 비누적적 분산이고 V_E는 환경적 분산이다.

로 다양한 유전자의 좌위와 관련되기 때문이다. 다시 말해 중요한 형질은 다양한 유전자가 관여하는 경향이 많은데, 따라서 해로운 효과를 유발하는 돌연변이라고 해도 여러 좌위에서 결정하는 이러한 형질의 적합도는 소수의 돌연변이에 의해 크게 영향을 받지 않는다는 것이다. 이때 돌연변이는 행동 형질의 다형성을 유발하므로 다양한 돌연변이로 인해 행동 다양성이 나타남에도(높은 CV_A), 각 변이에 의한 개체의 적합도가 유지(high fitness)될 수 있는 것이다. 특히 생애사 형질은 높은 CV_A를 보이는데(Houle, 1992; Hughes & Burleson, 2000), 이를 유역 모델(watershed model)이라고 한다. 큰 강(일정한 적합도)은 넓은 범위의 유역에 있는 수많은 시내(행동 다양성)에 의해 만들어지지만, 시내의 형태나 위치가 변해도 강줄기는 크게 달라지지 않는다는 비유로 이해할 수 있다(Cannon & Keller, 2006).

물론 반론도 있다. 만약 유역 모델이 옳다면, 행동 형질에 있어서 전체 유전자 분산에 비누적적 유전 분산이 미치는 영향을 뜻하는 D_α는 크게 높아질 수 없다. D_α는 V_{NA}를 V_A와 V_{NA}의 합으로 나눈 값으로, 유역 모델에서는 V_A가 높으므로 D_α는 높아지기 어렵다. 그러나 행동 양상과 관련된 D_α 값은 대개 0.5 이상이다(Eaves et al., 1998; Keller et al., 2005). 이는 유역 모델에서 추정하는 것보다 누적적 유전 분산이 작다는 뜻이다.

또한, 유역 모델은 수많은 열성 유전자를 가정한다. 만약 그 가정이 맞다면 근교 약세(inbreeding depression) 혹은 잡종 강세(heterosis)가 나타날 것이다. 그러나 행동 형질에서 이러한 현상의 발생 여부는 불확실하며, 오히려 경험적으로는 행동 형질에 관해 동류 교배(assortative mating)가 일어난다(Lykken & Tellegen, 1993). 즉, 우리는 자신과 비슷한 사회적 태도를 보이는 이성을 짝으로 선호한다. 하지만 타고난 성격에 대해서는 이질적 형질을 가진 짝을 선호한다는 보고도 있다(Figueredo,

Sefcek, et al., 2006).

행동 다양성이 무작위적으로 나타나는 것이 아니라 일관된 경향성을 보인다는 점, 높은 CV_A 및 적합도와의 정적 관계, 비교적 높은 D_α 등을 고려하면 행동 다양성이 단지 제거되지 않은 돌연변이에 의해 지속적으로 발생할 가능성은 거의 없다.

유전자 표류와 중립 진화

중립 진화 이론은 자연선택에 의해 선호되는 대립유전자가 없을 경우, 즉 선택 중립(selective neutrality)의 상황에서 진화가 일어나는 현상을 말한다(Kimura, 1983). 논란이 많지만, 적어도 유전자 자체에 대해서는 유전자 표류(genetic drift)에 의해 중립 진화가 일어나는 것으로 추정된다(Consortium, 2007).

그러나 유전자 표류가 행동 다양성의 진화유전학적 기전으로 작용하기는 어렵다. 중립 진화는 행동 다양성이 미치는 적합도의 영향이 없어야 가능하다. 앞서 언급한 대로 유역 모델에서는 다양한 행동 형질의 적합도 차이가 낮다고 가정하지만, 중립 진화가 발생하려면 거의 무시할 정도로 차이가 없어야 한다. 즉, 선택 계수(selection coefficient)가 유효 집단 크기(*Ne*)의 역수보다 작아야 한다(Jobling et al., 2019). 만약 *Ne*를 약 1만 명으로 가정한다면(Eyre-Walker & Keightley, 2007), 중립 진화에 의한 행동 형질의 다형성은 각 형질이 번식 적합도를 0.01% 이하로 감소시킬 때만 성립할 수 있다. 즉, 해당 형질을 가진 개체의 적합도가 그러한 형질을 가지고 있지 않은 개체의 적합도 99.99~100.01% 범위 내에 포함되어야 한다(Keller & Miller, 2006). 유인원의 경우 *Ne*를 약 1만 명으로 가정하는데(Eyre-Walker & Keightley, 2007), 물론 인간의 경우에는 훨씬 더 크지만 인구가 이토록 크게 증가한 것은 비교적 최근의 일이므로 인간의 경우에도 최소 유효 개체군 크기는 약 1만 명으로 추정된다(Cargill et al., 1999). 횡문화적 편재성 행동은 플라이스토세부터 나타났을 것으로 보이기 때문에(Behar et al., 2008; Underhill et al., 2000), 최근에 급격하게 높아진 *Ne*가 행동 다양성을 설명한다고 보기는 어렵다.

또한, 선택 중립이 일어난다면 V_{NA}는 아주 작을 것이다. 해당 유전자가 다른 유전자와 상호작용하지 않기 때문이다(Merilä & Sheldon, 1999). 반대로 최근에 선택압을 받고 있음에도 집단 내 발현 빈도가 높은 형질이라면 V_{NA} 값이 높을 것이다(Crnokrak & Roff, 1995). V_A는 다른 유전적 요인의 영향을 받지 않으므로 빠른 속도로 선택되거나 제거되지만 V_{NA}는 다른 유전자와 관련되어 있으므로 천천히 제거되기 때문이다. 일반적으로 행동 경향과 관련된 형질은 높은 V_{NA} 값을 보이며(Eaves et al., 1998; Keller et al., 2005), 이를 통해 행동 다양성은 중립 진화에 의해 일어나기 어렵다는 것을 알 수 있다.

그런데 왜 행동 경향은 높은 V_{NA}를 보일까? 일단 행동 경향의 유전성 연구는 흔히 일란성 쌍둥이를 대상으로 진행하는데, 이들은 초기 양육 환경이 비슷하므로 V_{NA}가 실제보다 더 높게 나타날 수 있다. 그러나 유아 초기에 다른 가정에 입양된 일란성 쌍둥이 연구에서도 여전히 V_{NA} 값이 높았음을 고려할 때, 쌍둥이의 행동 유사성에 미치는 초기 양육 환경의 효과는 예상외로 작다(Bouchard Jr. et al., 1990). 물론 초기 환경이 달라도 일란성 쌍둥이는 나이가 같으며, 연령은 행동 경향을 예측하는 확실한 요인이므로 V_{NA} 값이 실제보다 높게 측정될 수 있다(Eaves et al., 1999). 그러나 여러 가지를 고려해 본 결과, 단지 연령이 동일하다고 해서 행동 유사성이 일어나는 것은 아닌 것으로 보인다(Keller et al., 2005).

이러한 점을 모두 종합하면, 행동 경향의 개체 간 변이가 선택 중립에 의해 일어날 가능성은 낮다(Penke et al., 2007).

균형 선택

균형 선택이란 복수의 대립 유전자가 자연선택에 의해 지속되는 현상을 말한다. 이는 유전자 상호 관계 혹은 유전자-환경 상호 관계, 개체 간 상호 관계 등에서 나타나는 진화적 현상이다. 이형 접합체 유리, 부적 빈도 의존적 선택, 적소 특화(혹은 적소 간 길항적 선택), 유전자의 적합도 구성 요소 간의 균형(생존과 번식 상쇄 등), 성비 등이 이에 해당된다.

특정 유전자 A 자체는 적합도를 떨어트리지만, 또 다른 유전자 B와 동반 발현된 경우에는 적합도를 향상시킬 수 있다. 만약 그렇다면 B의 적합도에 따라서 A는 인구집단 내에서 일정 비율을 유지할 수 있을 것이다. 인구집단은 여러 연령의 개체로 구성되어 있는데, 예를 들어 A의 발현이 젊은 연령의 개체에게 손해를 입힌다고 해도, 이와 연관된 B의 발현이 생애 후반기의 개체에게 이득을 제공할 수도 있다. 즉, 이러한 길항적 다면발현(antagonistic pleiotropy) 가설은 유전자 수준의 상쇄 가설이다.

이형 접합체 유리 현상(heterozygote advantage)은 유전자가 이형 접합체를 이룰 때, 표현형이 최적화되는 현상을 말한다. 즉, 해당 유전자가 하위(hypostasis)에 단 하나 있을 때 적합도가 향상되는 현상이다(Huxley et al., 1964; Karlsson, 1974). 비슷한 개념인 초우성(overdominance)은 동형 접합체의 표현형이 과도하게 발현되어 적합도가 떨어지는 현상을 말하며, 일반적으로 유전적 다형성(polymorphism)이다. 저우성(underdominance)은 유전적 고정이나 소멸로 이어진다.

그런데 길항적 다면발현을 통해 안정적 다형성이 일어날 수 있는 조건은 제한적이다. 만약 선택이 약할 경우, 해당 대립유전자는 우성 역전(reversal of dominance)을 보이게 된다. 우성 역전이란, 환경 조건이 유리할 때 각 대립유전자가 동형 접합체가 되거나 환경 조건이 불리할 때 이형 접합체가 되는 것을 말한다. 예를 들어 특정한 유전자 C가 여성에서 발현될 때는 유리하지만 남성에서 발현될 때는 불리하다고 가정해 보자. 그러면 C가 모든 개체에 절반 발현되는 것보다는 성 결정 유전자와 같은 좌위로 이동하는 편이 더 유리하다(Curtsinger et al., 1994; Hedrick, 1999).

특히 환경적 다양성에 의한 다면 발현, 개체 특성이나 생애사적 다면 발현, 성 간 다면 발현 등에 비해 유전자 간 상쇄 관계에 의한 다면 발현은 안정되기 어려울 것으로 보인다. 즉, 길항적 다면 발현은 진화적으로 불안정하다(Roff & Fairbairn, 2007). 따라서 불안정한 유전자는 점점 확산, 고정되어 유전율이 낮아질 것이다. 그러나 실제 행동 형질의 유전율은 상당히 높게 나타나므로(Group of the Psychiatric Genomics Consortium, 2013; Uher, 2009), 길항적 다면 발현으로 설명하기 어렵다.

다시 말해서 대립 유전자의 정적 혹은 부적 효과는 완벽한 균형을 이루기 어렵고, 충분한 기간이 흐르면 고정 혹은 소멸된다(Curtsinger et al., 1994; Prout, 2000). 예를 들어 유년기 지능을 향상시키는 대신 생애 후반기 건강을 악화시키는 ADRB2 유전자는 최근 일어나는 급속한 고령화 등 인구학적 천이로 인해 강한 부적 선택압을 받고 제거되는 중이다(Penke et al., 2010).

특히 전반적 건강 수준(신체적, 정신적, 사회적)은 균형 선택의 결과일 가능성이 낮다(Fink & Penton-Voak, 2002; Keller & Miller, 2006; Thornhill & Møller, 1997). 건강 수준과 대응하여 균형을 이룰 다른 형질을 상상하기 어려우며, 사실 행동 형질과 관련된 정신 건강 전반은 적합도 자체라고 할 수 있다.

만약 오랜 진화사 동안 이형 접합체가 유리했다면 차라리 해당 유전자가 아예 염색체의 동일한 팔로 이동하는 편이 낫고, 그러면 이형 접합체 유리 현상이 사라질 것이다. 게다가 실증적으로 이형 접합체 유리를 통해 균형 선택되는 좌위는 아주 드물게 보고된다(Bubb et al., 2006; Bubb, 2006).

그런데도 불구하고 유전자 수준의 균형 선택이 일어날 수 있을까? 만약 단일 유전자, 즉 높은 V_A를 보이는 형질에 의해 행동 다양성이 유지된다면, 왜 아직도 그러한 유전자를 찾지 못했는지 설명하기 어렵다. 지금까지의 연구에 의하면 행동 형질에 대응하는 다양한 좌위에 관련 단일 염기 다형성(이하 SNP)이 존재함에도 불구하고, 매우 낮은 재현율을 보인다. 즉, 다수의 드문 유전자(multiple rare variants)는 전체 형질의 작은 요인에 대해서만 낮은 설명력을 가지고 있다(Consortium, 2009; Schizophrenia Working Group of the Psychiatric Genomics, 2014; Sullivan et al., 2012; Wang et al., 2010). 이러한 낮은 부적 적합도 효과를 가지는 다수의 유전자가 일정 수준 이상 모인 다유전자성 변이 클러스터(polygenic mutation cluster)에 의해 임상적 증후군이 발생할 때, 비로소 안정적 변이 선택 균형이 일어날 수 있다(common disease/multiple rare variant hypothesis, CD/MRV hypothesis)(Consortium, 2008; Keller & Miller, 2006; Sullivan et al., 2012; Sullivan et al., 2003). 이는 행동 다양성에 대응하여, 높은 효과 크기를 가지는 유전자를 잘 찾지 못하는 이유를 설명할 수 있다.

물론 균형 선택은 대립 유전자 사이에서만 일어나는 것이 아니다. 다양한 개체의 동일 유전자가 시공간 의존적 혹은 빈도 의존적으로 상이한 적합도를 보이면, 전체 유전자풀 내에서 안정적 비율로 다양성이 유지될 수 있다. 이를 적소 특화 혹은 빈도 의존적 균형 선택이라고 한다. 비교적 높은 행동 다양성, 높은 환경 의존적 적합도, 낮은 V_A, 높은

D_α, 낮은 근교 약세 및 잡종 우세, 낮은 동류 교배 경향 등을 모두 감안하면, 다양한 행동적 양상은 적소 특화나 빈도 의존적 균형 선택 혹은 이 두 가지 현상의 합에 의해 유지될 가능성이 있다(Penke et al., 2007). 비록 행동 형질에는 다양한 유전자가 관여하지만, 돌연변이-선택 균형에 비해서는 관련된 유전자 좌위가 일관적이므로 V_A가 낮고, D_α는 비교적 크다(Stirling et al., 2002; Van Oers et al., 2005).

그러면 집단 수준에서 다양한 행동을 보이는 여러 개체 간 균형 선택이 어떻게 일어날 수 있을까? 이에 대해서는 '생태학적 균형 선택'에서 다시 다룬다.

방향성 선택

방향성 선택(directional selection)이란 변이의 적합도 차이로 인해 변이의 분산값이 감소하는 진화적 선택을 말한다. 유전자 이동의 제한이 없다면, 궁극적으로 종 내 모든 개체가 동일한 유전자를 갖도록 진화한다. 즉, 방향성 선택은 행동 다양성보다는 행동 편재성을 설명하는 진화적 과정이다. 따라서 방향성 선택이 일어나는 중이라면, 행동 다양성은 진화적 결과라기 보다는 아직 행동 편재성이 충분히 진화하지 못한 과정적 상황을 반영할 뿐이다.

만약 그렇다면 행동 다양성은 여러 성격 관련 형질에서 병렬적 방향성 선택이 일어날 때 나타나는 과도기적 상태인지도 모른다. 이는 병리적 행동 패턴이 현대사회에서 흔히 관찰되는 이유를 설명해 준다. 홀로세 이후 사회생태학적 환경이 크게 달라짐에 따라 과거 환경에서 적합했던 형질이 제거되고 새로운 형질이 선택되면서 병리적 행동 패턴이 나타난다는 것이다. 이를 불일치 가설(mismatch hypothesis) 혹은 게놈 지연 가설(genome lag hypothesis) 혹은 조상 감수성 모델(The ancestral-susceptibility model)이라고 한다(Di Rienzo & Hudson, 2005). 조상 감수성 모델이란 원시 조상이 살았던 환경이 이후 세대의 흔한 질환(common disease)에 대한 감수성을 높였다는 이론적 틀을 말한다. 실제로 새로운 SNP가 오랜 SNP를 대체하는 비율이 신석기 이후 약 100배 증가했다(Hawks et al., 2007).

혹은 과거에는 이익과 손해가 분명하지 않은 중립적 형질이었는데, 현대사회에서 부적응적 결과가 두드러지게 된 것인지도 모른다(Tooby & Cosmides, 1990). 이렇듯 조상이 살던 환경에서는 표현되지 않던 형질 변이가 새롭게 나타나는 현상을 잠재 유전 변이라고 한다(Gibson & Dworkin, 2004). 앞서 말한 중립 진화 가설에 부적응 모델을 결합한 것이다.

예를 들어 신경성은 사회적 고립에 대한 과도한 불안과 고통을 유발하는데, 과거의 친족중심사회에서는 이러한 반응이 분명하지 않았을 수 있다. 그렇다면 신경성 형질에 따른 손해 대비 이득이 지금보다 높았을 것이다. 플라이스토세에서는 고립감에 관한 다양한 행동 반응이 표류(drift)할 수 있었으나, 이들이 현대사회의 환경 변화와 만나 서로 파열하며 부정적 정신 병리로 나타나는지도 모른다(Niemelä & Dingemanse, 2014). 이를 다른 말로 커패시터 모델(capacitor model)이라고 하는데, 잠재적 형질이 유전적 수준에서 축적(capacitor)되었다가 현대사회의 여러 조건을 만나면서 방출되는 것이라는 설명이다(Le Rouzic & Carlborg, 2008; Moczek, 2007). 이에 따르면 행동 다양성은 탈협량화(decanalization)를 통해 빠른 속도로 제거되고 있다(Flatt, 2005).

그러나 이러한 주장은 논란이 많다. 앞서 8.1절에서 언급한 대로 비인간 동물도 다양한 성격을 보인다. 따라서 홀로세 이전에 행동 다양성이 잠재되어 있었을 가능성은 낮다. 또한, 인간 고유의 환경이 나타난 이후 충분히 긴 시간이 흘렀다. 0.99의 적합도를 보이는 형질은 개체군 집단 내 분율이 단 100세대 만에 50%에서 5%로 감소하며 다음 100세대 내에는 완전히 사라진다(Keller & Miller, 2006). 따라서 신경성 등 일부 행동 관련 형질은 선택 제거되는 중일 수도 있으나, 모든 성격 요인을 방향성 선택으로 설명하기는 어렵다. 방향성 선택을 유발하는 사회생태학적 선택압에 관해서는 아래 '방향성 선택 모델' 부분에서 다시 다룬다.

행동 다양성에 관한 진화생태학적 쟁점

앞서 진화발달적 고찰 및 진화유전학적 고찰을 통해 행동 다양성과 관련한 몇 가지 진화적 가설을 논의했다. 그런데 구체적으로 어떤 사회생태학적 조건이 여러 행동 경향을 선택 혹은 유지, 제거하는 것일까? 여기서는 인간행동생태학의 관점에서 생태학적 균형 선택을 자세하게 논의한다. 또한, 행동 형질의 유전적 다양성과 발달적 가소성의 헤징(hedging) 현상에 대해 다룬다. 그리고 행동 다양성과 관련된 방향성 선택 가설을 간략하게 설명한다.

생태학적 균형 선택

행동생태학적 접근은 행동 표현형의 다양화가 다차원적 복수 적소 환경에서 어떻게 발현되는지 설명할 수 있는 이론적 틀이다. 일반적으로 가설연역법(hypothetico-deductive method, HD)에 입각하여 연구가 진행된다. 특정한 환경 조건에서의 자연선택 과정에 대한 원인적 설명을 탐구하는 방법이다(Fretwell, 1975; Medawar, 1982).

이러한 접근을 통해서 첫째, 계통발생학적 진화 과정을 설명할 수 있고, 둘째, 발달이나 진화적 과정 동안 선택압이 유발하는 변화를 확인할 수 있으며, 셋째, 개인의 성격에 영향을 미치는 다중 선택압을 설명할 수 있다(Park, 2019c). 여기서는 먼저 빠른 적합도 변화를 유발하는 몇 가지 생태학적 요인을 설명하고(Rice & Holland, 1997), 생태학적 적소 분할과 빈도 의존적 선택에 대해 논의한다.

① 균형 선택의 진화적 조건

먼저 균형 선택이 발생하는 다섯 가지 진화적 조건을 요약하면 다음과 같다.

첫째, 종 간 경쟁(interspecific competition)으로, 포식자와 피식자 혹은 숙주와 기생충 간의 공진화적 경쟁을 말한다. 종 간 공진화는 빠른 속도로 진행되기 때문에 특정 형질의 적합도도 빠른 속도로 변화한다. 적대적 공진화 환경에서 특정 형질의 적합도가 상대 종의 형질이나 분포에 따라 크게 달라지기 때문이다. 예를 들어 신경성은 포식자로부터 자신을 보호하고(Claridge & Davis, 2001), 혐오 감염으로부터 개체를 보호하는 역할을 할 수 있다(1장 참조). 포식자나 병원균에 의한 선택압은 매우 강력하므로 이를 피하는 형질은 빠른 속도로 양성 선택된다. 또한 포식자가 주변에 많다면, 높은 외향성의 비용이 크게 높아질 것이며, 주기적으로 감염병이 유행한다면 행동면역계 관련 형질이 일정한 범위 내에서 선택 및 제거되기를 반복할 것이다. 이렇듯 포식자, 그리고 감염병 유행 맥락을 고려하지 않으면, 신경성 혹은 혐오 등의 행동 형질이 존재하는 이유를 짐작하기 어렵게 된다(Curtis et al., 2011).

둘째, 성 길항적 공진화(sexually antagonistic selection)다(Eyer et al., 2019). 특정 형질이 남성과 여성에서 성 길항적으로 선택될 경우, 행동 다양성이 유지될 수 있다. 예를 들어 외향성이나 우호성, 신경성 등은 성차가 상당히 크게 나타난다(Schmitt et al., 2008). 동종 이성 개체에 작용하는 선택압이 다르기 때문이다. 그런데 유전자는 세대마다 재조합되므로 해당 성에 불리한 형질도 지속된다. 예를 들어 신경성이나 우호성은 여성에게 더 이득이 큰 형질인데, 남성에게도 상당한 수준으로 발현된다. 반면에 마키아벨리즘, 나르시즘, 사이코패스 등은 남성에서 유리하지만, 상당수의 여성도 그러한 행동 형질을 보인다(Jonason et al., 2009). 종 내 공진화는 부모-자식 협력이나 비친족 협력 등 다양한 상황에서 적대적으로 일어날 수 있다.

셋째, 음의 빈도 의존적 선택(negative frequency-dependent selection)이다(Brisson, 2018). 이는 특정 행동 전략을 추구하는 개체의 집단 내 분율이 증가하면, 다른 행동 전략을 추구하는 개체의 이득이 상대적으로 커지는 현상을 뜻한다. 예를 들어 빠른 생애사 전략과 느린 생애사 전략은 생태학적 조건에 따른 적응적 전략이지만, 음의 빈도 의존적 선택에 의해서도 영향을 받는다. 만약 모든 개체가 느린 번식 전략을 취한다면, 그 반대의 개체는 번식적 이득을 독차지할 것이다.

넷째, 개체 내 조건 의존적 선택(condition-dependent selection)이다. 개체의 형질은 다양한 유전자에 의해 구성되므로, 해당 형질의 적합도에는 다양한 상위 효과가 작용한다. 성 길항적 선택은 조건 의존적 선택의 특수한 예다. 성은 SRY 유전자가 좌우하므로 성별에 따른 차별적 이득을 가져오는 형질은 SRY 유전자의 상위 효과에 지배를 받는다. 예를 들어 지능이 우수하면 경험에 대한 개방성은 창조성으로 발현되어 적합도를 향상시키지만, 지능이 낮으면 부적절한 망상으로 발현되어 적합도를 하락시킬 수 있다(Nettle & Clegg, 2006).

다섯째, 시간적 혹은 공간적 변이에 의한 균형 선택이다. 특히 공간적 변이는 시간적 변이보다 더 확실한 균형 선택 유발 기전이다

(Hedrick, 1986). 환경의 선택압 차이에 의한 각 유전적 변이의 평균적인 적응적 이점이 공간과 시간에 걸쳐 동일하고, 어떤 유전 변이도 단방향 선택압에 의해 소멸 혹은 고정될 정도로 충분히 오래 영향을 받지 않는 경우, 균형 선택이 일어날 수 있다. 이러한 평형 조건이 지난 1만 년 동안 인간 생태계에서 일어났다(Bürger, 2000; 2005; Roff, 2012; Schneider, 2006; Turelli & Barton, 2004). 인류는 공간적으로 매우 상이한 생태학적 환경에 적응하며 진화했다. 예를 들어 북반구의 인구 증가로 인한 피부 색소 과소 침착이나 동물의 가축화로 인한 유당 내성과 같은 몇 가지 새로운 선택 압력은 확실히 방향성 선택으로 보이지만, 지구 생태계 전체로 이동하면서 선택의 효과가 무효화되었다(Flinn & Alexander, 2007).

특히 이러한 시공간적 균형 선택은 행동 형질에서 두드러지게 나타난다. 예를 들어 동아시아 집단은 빅 파이브 성격 특성에서 신경성 요인의 점수가 가장 높고, 친화성과 성실성, 개방성, 외향성이 가장 낮다. 반대로 아프리카 집단은 친화성과 성실성이 높고, 신경성이 낮은 편이다(Schmitt et al., 2007).

이와 더불어 인간은 단지 환경에 따라 알맞은 행동 양상을 선택하는 것이 아니라, 자신의 행동 양상에 따라 환경을 선택하기도 한다. 즉, 범주 특이성 상황 어포던스(domain-specific situational affordance, DSSA)에서 제시했듯이 성격 특성에 알맞은 환경을 찾거나 환경을 조작한다. 이를 적소 구성(Niche construction)(Laland & Brown, 2006) 혹은 유전형 특이적 서식지 선택(genotype-specific habitat selection)(Hedrick, 2006), 능동적 유전자-환경 상관(active gene-environment correlation)(Knafo & Jaffee, 2013), 경험 유발성 동기(experience-producing drives)(Bouchard Jr. et al., 1990) 등 다양한 이름으로 부른다. 우리는 최대한 자신의 행동 특성에 가장 적합한 선택압에 자신을 노출시키려고 한다. 외향적 인간은 도시로 이주할 것이고, 성실한 인간은 도박판을 얼른 이탈할 것이다. 이동뿐 아니라 주변 환경을 조작하여 적극적으로 알맞은 적소를 만들어 내기도 한다. 물론 적소 구성 능력은 환경적 제약과 다른 개인과의 이해 상충에 의해 항상 어느 정도 제한된다. 따라서 여러 행동 형질은 최적하 적응(suboptimal adaptation)을 보이고, 어쩌면 빅 파이브 모델의 각 요인은 다양한 적소에 적합한 형질로서, 시공간적 모자이크 환경에서 능동적 적소 구성이나 적극적 이주 등에 의해, 평균적으로 동일한 적합도를 보였을 수 있다(John et al., 2008).

아래에서 생태학적 적소 분할과 빈도 의존적 선택에 관해 좀 더 자세하게 논의하겠다.

② 생태학적 적소 분할과 빈도 의존적 선택

생태학적 적소는 단지 유기체 혹은 환경의 절대불변적 특성이 아니라 일종의 어포던스 집합이다. 개체 간 변이의 핵심은 종이 진화하고 개체가 발달한 생태학적 맥락의 관련성 속에서 찾을 수 있다(Figueredo, Brumbach, et al., 2007). 따라서 행동 표현형의 다양성은 다차원적 적소 공간의 다양성과 비례할 것이다. 특히 인간처럼 개체 간 차이가 현저한 종은 분단적 선택압(disruptive selective pressure)을 생성하는 적소 다양성이 광범위하게 일어난다.

변이가 선택적으로 중립이 아니라면, 최적 반응이 넓게 분포할 것이다(Optimal Response Disposition, ORD). 일반적으로 동종 개체는 최적 반응으로 수렴하는 단일 형질을 보이며, 이는 개체 간 변이를 줄이는 구심력으로 작용한다. 그러나 행동 반응 분포의 중앙에서 최적 반응을 보이는 개체는 밀도 의존적 경쟁(density-dependent competition)을 벌이게 된다. 따라서 이상자유분포(Ideal Free Distribution, IFD)에 따라 오히려 최적하 반응을 보이는 개체가 낮은 밀도 덕에 상대적인 적합도 이익을 향유할 수 있다(Figueredo, Vásquez, et al., 2005). 따라서 생태 환경 내의 동종 개체군에는 항상 종 특이적 반응 표준에 살짝 벗어나는 개체가 존재하고, 개체군의 밀도가 높아질수록 이러한 다양성이 점점 증가한다.

다시 말해 개체군 내 빈도 의존적 선택은 주어진 표현형의 적합성이 모집단의 표현형 빈도에 반비례할 때 발생한다. 만약 사회적 적소를 향한 종 내 경쟁이 있고, 해당 적소를 이용하는 데 특화된 행동 표현형이 나타난다면, 해당 표현형의 빈도가 증가하면서 사회적 적소를 둘러싼 경쟁이 함께 증가함에 따라, 음의 빈도 의존적 선택이 발생한다.

일반적으로 성격 이론이나 생애사 이론에서의 차원(dimension)은 생태학적 모델의 다차원적 사회적 공간(multidimensional social space)과 대응한다(Popielarz & McPherson, 1995). 그런데 적소를 차지한 구성원은 해당 적소가 제공하는 가치를 최대한 유지하려는 동기가 있으므로 다른 개체를 향한 경쟁적 배제 행동을 보인다. 따라서 적소의 주변부에 위치한 개체가 중앙에 위치한 개체보다 해당 적소를 더 쉽게 이탈하는 현상이 발생한다. 적소 구성 능력이 있는 개체는 끊임없이 새로운 적소를 생성하고 이는 해당 적소의 생태학적 환경에 알맞은 새로운 적응적 형질을 유도하는 결과를 낳으므로 적소 다양성과 행동 양상의 다양성은 같은 방향으로 증가한다.

적소 다양성은 물리적 선택압, 생물학적 선택압, 사회적 선택압 순으로 복잡성을 더해가며 이를 통해 이른바 적소 하이퍼볼륨(niche hypervolume)이 생성된다. 예를 들어 비인간 동물의 경우에도 종 내 행동 다양성은 주로 사회적 종에서 관찰되며(Figueredo & King, 1995; Figueredo, Sefcek, et al., 2005), 단독 생활을 주로 하는 동물은 행동 다양성의 수준이 높지 않다. 인류의 주요 선택압은 물리적 환경에서 생물학적 환경으로, 다시 사회적 환경으로 천이했다(Flinn et al., 2005). 사회적 선택압이 유발하는 종 내 변이에 의해 다양한 적응적 전략이 발현되며(Buss & Perry, 1992; Buss, 2008; Buss & Greiling, 1999), 이는 다시 더 많은 사회적 적소를 생성하는 효과를 낳았다(MacDonald, 1995; 1998).

예를 들어 농업은 식량 생산의 효율성을 제고하면서 인간의 적소 크기를 전례 없이 증가시켰다(4장 참조). 점점 더 세분화되는 노동 분업, 인구 밀도 증가, 사회적 복잡성 증가 등은 적소 하이퍼볼륨에 영향을 미치는 선택압의 종 내 원천, 즉 전문화된 직업군을 만들어 냈다(Altman & Mesoudi, 2019; Stutz, 2020).

인간 종의 생존과 번식에 미치는 선택압 대부분은 인간이 만들어 낸 것이다. 우리는 타인과의 관계에서 예상되는 이득을 식별하여 최적의 사회적 적소를 스스로 구성한다(Sugiyama & Sugiyama, 2003). 이는 줄달음 사회적 선택(runaway social selection) 현상과 동일한 진화적 과정을 유발한다. 즉, 사회적 자원은 짝짓기 대상으로서의 이성처럼 제한 자원(limited resource)이며, 일종의 사회적 구애(courtship), 즉 관심 추구 행동을 통해 획득된다. 따라서 특별한 사회적 적소를 독점하기 위한 행동의 다양성은, 비록 그러한 행동 양상이 생존에 불리하다고 하더라도(비싼 신호), 그러한 비용과 사회적 관심을 통한 이득의 합이 더 이상 증가하지 않을 때까지 계속 발산한다. 따라서 행동 다양성의 진화를 통한 적소 독점 과정에서 해당 개체는 비싼 신호를 과시하는 동시에 경쟁 개체의 모방을 차단하는 효과를 얻는다.

예를 들어 매우 강박적인 예술가의 행동 양상은 생존에 불리하지만, 한편으로는 모방할 수 없는 비싼 신호로 작동되어 사회적 보상을 독점하도록 이끌 수 있다. 만약 이러한 사회적 진화가 작동한다면, 사회적 환경의 적소 공간은 지속적으로 분할될 것이다. 적소 다양성(niche diversity)과 행동 다양성은 정적 피드백을 통해 마치 유전적 분단 선택처럼 개체 간의 행동 차이를 영속시킬 수 있다

흥미롭게도 적소 분할 현상은 인간의 행동 다양성이 중립 진화에 의해 일어났을 가능성을 배제한다. 집단 유전 이론에 따르면 선택 중립을 보이는 형질의 변이는 집단의 기원으로부터의 거리에 따라 감소한다(the isolation by distance model)(Malécot, 1969; Wright, 1943). 예를 들어 두개골의 여러 변수는 아프리카를 출발점으로 설정한 거리 모델을 통해 전체의 24~34%가 설명된다(von Cramon-Taubadel & Lycett, 2008). 그러나 빅 파이브 성격 모델의 여러 성격 요인은 거리 모델에 따른 이격 효과로 설명되지 않으므로 중립 진화에 의한 다형성으로 설명하기 어렵다. 단 예외적으로 경험에 대한 개방성은 집단 기원에서의 거리와 정적 상관을 보인다(Schmitt et al., 2007).

유전적 다양성과 발달적 가소성의 헤징

앞서 언급한 생태학적 적소 분할은 유전적 다양성을 추동하는 선택압이다. 유전적 다양성은 환경 신호의 신뢰성이 낮을 때, 적응적 결과를 보장할 수 있다(Figueredo, Hammond, et al., 2006; West-Eberhard, 2003). 그러나 국소적 환경에 최적 표현형을 제안하는 믿을 만한 신호가 있다면 적응적 발달 가소성이 유전적 적응보다 더 적합한 형질을 만들 수 있다. 만약 그렇지 않다면, 환경 조건에 따른 최적 형질 값의 예상 분포에 따라 유전적으로 다양한 자손을 낳는 것이 더 유리하다(West-Eberhard, 2003).

그런데 생태학적 신호(cue)는 완벽하게 신뢰할 수도 없고, 완벽하게 무의미하지도 않다(ecological validity coefficients: 0-1)(Figueredo, Hammond, et al., 2006). 따라서 유기체는 유전적 다양성과 발달적 가소성을 모두 진

화시키는 방식으로 두 가지 위험성을 헤징할 것이다. 이러한 위험 헤징을 위한 대표적인 전략이 유성 생식이다. 유성 생식을 통해서 유전적 다양성을 증가시키고, 다음 세대에게 최적 적응을 위한 새로운 발달적 기간을 제공할 수 있다(Hamilton et al., 1990).

만약 유성 생식이 이러한 헤징 전략이라면, 이류 교배(disassortative mating, heterogamy)가 동류 교배(assortative mating, homogamy)보다 유리해진다. 그러나 과도한 이류 교배는 번식력을 가진 자녀를 낳지 못할 위험이 있다. 이로 인해 집단 내에서 배우자 선택에 관한 동류 교배와 이류 교배 경향의 균형이 나타나고, 이러한 균형점은 환경 조건에 따라 달라질 것이다.

일반적으로 외인성 사망 위험이 높은, 불안정하고 예측하기 어려운 환경에서는 느린 생애사 전략이 선택될 수 없다(Charnov & Berrigan, 1993; Ellis et al., 2009; Roff, 2012; Roff et al., 2002; Stearns, 1992). 따라서 가변 인구 밀도는 빠른 생애사 전략을 동반한다. 그리고 빠른 생애사 전략을 취하는 개체는 더 높은 수준의 이류 교배 경향을 보인다. 인류 진화사를 통한 다양한 적소 구성이 만든 높은 수준의 국소적 인구 밀도 변화는 이류 교배를 통해 유전적 다양성을 최대화하는 쪽으로 균형점을 이동시켰을 것이다(West-Eberhard, 1979).

방향성 선택 모델

앞서 말한 대로 최근 일어나고 있는 방향성 선택도 행동 다양성을 유발할 수 있다. 일반 요인 성격 모델(GFP)은 개체의 성격을 생애사 전략이라는 단일 요인으로 설명하는데, 이는 느린 생애사 전략(K 요인)과 관련성이 높다. 또한, 이는 단일 요인이므로 다양한 신체적·정신적 형질과 공변성을 가진다. 이들의 공분산 중 약 47%가 공유된 V_A이며, 14%가 공유된 V_{NA}이다. 즉, K 선택과 신체적·정신적 건강, GFP라는 세 형질이 동일한 방향으로 선택(coadaptation)되고 있다는 주장이다(Penke et al., 2007). 이에 따르면 인간은 점점 K 선택을 보이게 됨에 따라 과거에 비해 더 성실하고, 정서적으로 안정되며, 외향적이고, 순응적이면서, 개방적인 경향을 보이도록 진화하고 있다. 이는 자기 가축화 이론과 더불어 인간의 행동 형질에서 비교적 최근에 방향성 선택이 일어나고 있다는 가설과 일치하는 결과다(Summers & Summers, 2022).

이에 대한 반론으로 GFP는 방법론적 인공물이거나, 사회적으로 바람직한 반응으로 평가 편향이 일어나는 것에 불과하다는 주장이 있다(Konstabel & Virkus, 2006; McCrae et al., 2008; Weiss et al., 2008). 하지만 이는 성격 이론에 관한 비판으로는 타당하나, 진화적으로는 타당한 비판이 아니다. 예를 들어 GFP가 사회적으로 바람직한 형질이라는 것은 그 자체로 적합한 형질이라는 강력한 근거다. GFP를 향한 사회적 선택압이 형성되면, 줄달음 사회적 선택에 의해 해당 형질은 점점 빠른 속도로 선택된다(Figueredo, Sefcek, et al., 2006). 다시 말해 사회적 선호는 GFP의 적합도를 향상시키고, 이는 다시 GFP의 사회적 선호를 강화시킬 수 있다.

4. 행동 다양성 연구의 방향과 국내 연구 사례

유전 혹은 환경 등 단일 조건으로 행동 다양성을 설명하려는 시도는 성공하지 못했고, 앞으로도 그럴 가능성이 높다(Park & Pak, 2015). 앞서 언급한 행동유전학적 연구에 따르면, 성격은 다양한 유전자와 환경의 상호작용을 통해 나타나는 최종 형질이며, 사실상 적합도 자체에 비견

하는 상위 형질이다. 따라서 유전자 연구를 통해 다양한 행동을 결정하는 특정 유전자를 찾아낼 가능성은 낮다. 마찬가지로 환경적 조건에 관한 연구를 통해 행동 다양성을 지배하는 사회적 요인을 찾아낼 가능성도 낮다(Park, 2019d).

3절에서 설명한 몇 가지 진화유전학적 논쟁은 아직 결론이 나지 않았지만, 아마 균형 선택 및 일부 방향성 선택이 인간 종의 행동 다양성에 중요한 역할을 할 것으로 보인다(Park, 2019c). 성격, 즉 행동 패턴은 적소 분할을 통한 분단 선택과 빈도 의존적 선택, 이류 교배를 통한 유전적 다양성과 발달적 가소성에 의한 행동 형질의 다양성 등, 진화적 기전을 통해 다양해지는 방향으로 진행되고 있지만, 동시에 방향성 선택이 일어나고 있을지도 모른다.

그러나 여기서 언급한 접근 방향은 이론적으로 배타적이지 않고, 병렬적 층위에 있지도 않으며, 그저 현실적 연구 방향을 제안한 것이다(Park, 2019a). 아마도 복잡한 물리적·생물학적·사회적 환경에서 특정 행동 형질이 가지는 적응적 이득이나 진화적 상쇄 관계에 관한 행동생태학적 접근이 행동 다양성을 설명해 줄 수 있는 유력한 연구 방향일 것이다.

여기서는 행동의 개체차 연구의 어려움을 개괄하고, 행동생태학적 관점에서 연구의 우선순위를 제안한다. 그리고 앞서 말한 연구 가설을 검증할 수 있는 구체적인 연구 방법으로 행위자 기반 모델링(Agent-Based Modeling, ABM)을 간략하게 언급하고, 이를 활용한 국내 연구 성과를 알기 쉽게 소개하고자 한다.

행동의 개체차 연구의 어려움[6]

인간 정신에 관한 진화인류학적 연구는 매우 어려운데, 그 이유는 다음과 같다.

첫째, 정확한 관찰과 평가가 어렵다(observability)(Park, 2019a). 내적 심리 상태를 정확하게 관찰하고 측정할 방법이 없기 때문이다. 7장에서는 신경심리연구나 실시간 뇌 활성 영상 연구 등을 소개하고 있지만, 그러한 결과는 다시 심리적 개념으로 옮겨야 하는 어려움이 있다. 따라서 관찰 가능한 표현형인 외적 행동 양상으로 연구의 한계를 설정하는 것이 필요하다(Lorenz, 1982; Park, 2019a). 의식이나 의도 등에 관한 자기 보고는 항상 자기 기만의 편향에 빠질 위험이 크다. 인간은 자신의 심리 상태를 내관하는 능력이 있지만, 이러한 능력은 과학적 연구의 피험자가 되기 위해 진화한 것이 아니므로 정확성을 담보할 수 없다. 따라서 행동 연구를 수행하는 데 주관적인 내적 상태를 고려할 필요는 없다(Heller & Milinski, 1979).

둘째, 행동은 상황에 따라 계속 변하므로(plasticity)(DeWitt et al., 1998), 주변 환경에 적응하여 변화하는 행동의 전체적인 양상을 모두 포괄해야 한다. 따라서 결과로 나타나는 행동 양상의 확률적 분포를 연구 대상으로 삼아야 하는 어려움이 있다(Park, 2019a). 이를 극복하기 위해 3절에서 언급한 행동 시그니처를 적용할 수 있지만, 아직은 개념 제안 수준에 그친다. 따라서 연구 초창기에는 상황에 따라 크게 달라

---

6 본 조와 다음 조는 인지과학 편집위원회의 허락을 받아 박한선, 「정신의학의 진화생태학적 연구 시 고려사항」, 『인지과학』 30권 4호(2019), 199-217쪽의 일부 내용을 본 책에 알맞게 발췌, 수정한 것임.

지지 않는 일관된 행동 경향, 즉 성격에 초점을 맞추는 것이 바람직하다. 필자의 이전 논문에서는 이를 성인기에 고착되어 오랜 기간 동안 유지되는, 환경에 대한 가변 행동 반응의 제반 양상으로서의 행동 증후군(behavioral syndrome)이라고 정의했다. 하지만 이는 성격의 심리학적 정의와 거의 일치하므로 성격이라고 해도 무방하다.

셋째, 복잡성(complexity)이 높다(Park, 2019a). 종종 생태학적 접근을 위해 복잡한 행동 양상을 극도의 상황에서 단순한 규칙을 통해 구현되는 최종 결과물로 간주할 수 있지만(Simon, 1969), 반드시 그래야 할 이유는 없다. 여기서 환경이란 빈도와 무관하게 나타나는 독립 변수로서의 매개변수 환경(parametric environment)이 아니라, 인구집단 내 특정 행동과 대안 행동의 빈도에 따른 환경, 즉 의사 결정의 상호 의존성(interdependence of decision)을 가지는 전략 환경(strategic environment)을 말한다(DeWitt et al., 1998). 따라서 연구 초기에는 가급적 단순한 모델로 환원할 수 있는 연구 대상을 선정하는 것이 중요하다.

행동의 개체차 연구의 우선순위

진화행동생태학 연구의 원칙은 사실이라고 생각되는 것의 결과를 탐구하는 모델을 구축하는 것이다(Starfield & Bleloch, 1986). 좋은 연구 모델을 구축하려면 세 가지 조건이 성립되어야 한다(Park, 2019a).

첫째, 실질성(realism)이다(Park, 2019a). 그런데 진화유전학적 데이터는 명확하지 않고(앞의 관련 쟁점 참조), 신경생리학적 근연 설명(7장 참조)은 부분적 설명에 그치고 있다(Park, 2014; Park & Pak, 2015). 호미닌 중추신경계의 계통진화에 관한 지식 부족, 그리고 특정 행동을 유발하는 고정 신경 구조물 간의 연관성에 대한 낮은 이해도로 인해 실질성 높은 근연 진화적 연구를 진행하기가 어렵다(McGuire & Troisi, 1998; Park, 2014).

둘째, 정확성(precision)이다(Park, 2019a). 이를 위해 모델 파라미터부터 정확하게 측정해야 하는데, 행동 양상을 포함한 심리적·정신적 형질은 측정이 어렵다. 예를 들어 공격성을 5점 척도로 평가한다면, 과연 1점과 2점은 어떤 차이가 있는가? 2점은 2배 더 공격적인 것일까? 아니면 상상할 수 있는 최대 수준의 공격성을 100%라고 했을 때, 40%만큼 공격성을 보인다는 뜻일까? 과연 40%의 공격성이라는 말이 무슨 의미인가? 이뿐만 아니라 인지와 정서, 행동 등에 관한 규범적(normative) 범주도 정확한 연구를 어렵게 하는 요인이다(Kingma, 2013). 특히 심차 연구나 협력 연구, 반사회적 행동 연구, 정신장애 연구에 사용되는 수많은 척도는 규범적으로 정의되므로 경험적 연구에 알맞지 않다. 따라서 정량적 정확성 검증을 목표로 하지 않는 진화생태학적 최적 모델 접근이 유용하다(Frank, 1998).

셋째, 일반성(generality)이다(Park, 2019a). 행동의 개체차에 진화적으로 접근하기 위해서는 실질성과 정확성을 희생시키고, 일반성에 우선순위를 두는 것이 바람직하다(Levins, 1966). 구성적 환원주의에 입각한 단순하고 환원적인 모델을 구축하고, 이를 통해서 행동 변이의 다양한 요인을 분석해야 한다(Levins, 1966). 가설적 모델이 정립된 후에는 실제 현상에 적용하면서 실질성을 추구하고, 이후 변수를 다듬으면서 정확성을 높여 갈 수 있을 것이다(Park, 2019a).

행위자 기반 모델링을 활용한 진화생태학적 연구

행위자 기반 모델링(Agent-Based Modelling, 이하 ABM)은 다행위자 시스템(multiagent system)에 기반한 모델 구축 방법을 말한다. 종종 개체 기반 모델링(Individual-Based Modelling, IBM)이라고 하는데, 전자는 의사 결정과 적응적 행동에 초점을 두고 있다면 후자는 개별적 변이와 국소적 관계에 초점을 두고 있다는 점에서 다르지만 본질적 원리는 같다(Railsback, 2012; Wilensky & Rand, 2015). 일반적 모델링처럼 실제 세계의 특정한 측면을 강조하고, 다른 측면을 희생하는 단순화된 방식으로 목적성을 가진 확정적 표상을 구축한다(Starfield et al., 1994).

기존에 널리 활용되던 방정식 기반의 수학적 모델링(Equation-Based Discrete Modelling, 이하 EBM)은 하향식 접근을 택한다. 외부에서 사건을 관찰할 수 있으며, 시스템 수준의 관찰 가능한 정보에 의해 사건이 귀속되고, 사건은 전체 범주에 영향을 미친다는 특징이 있다. 계산과 검증이 용이하다는 장점이 있지만, 생태학적으로 복잡한 현상을 다룰 수 없다는 한계도 있다. 반면에 ABM은 상향식 접근을 택한다. 자율적 의사 결정을 하는 범주를 가정하고, 개별 행위자에게 행동 규칙을 부여할 수 있으며, 각 행위자는 독립적이고 유연하게 기능할 수 있다는 장점이 있다. 복잡한 창발적 현상을 다룰 수 있지만, 막대한 수준의 계산을 실행해야 하고 검증과 검정(verification and validation, V&V)[7]이 난해하다는 단점이 있다(Baldwin et al., 2015). 하지만 1980년대 이후 컴퓨터 기

7 검증과 검정은 비슷한 개념이지만 조금 다르다. 검증(verification)은 모델이 올바르게 만들어졌는지 확인하는 것이고, 검정(validation)은 올바른 모델이 만들어졌는지 확인하는 것이다. 예를 들어 어떤 생태학적 모델의 내부 파라미터가 의도대로 구현되면 검증된 모델이다. 그리고 이러한 모델의 예측이 실세계의 경험적 증거와 부합하면 검정된 모델이다(Augusiak et al., 2014). 그러나 흔히 검증과 검정은 전문 서적의 기술에서도 혼동되며, 국문 번역어에도 검사, 검증, 검정, 타당화, 확인 등 중구난방이다.

술의 발달로 복잡한 병렬적 연산이 가능해진 덕분에 수십 년 전부터 구상만 되고 있던 ABM의 아이디어가 실현되기 시작했다. 즉, ABM은 프로그래밍 언어 및 컴퓨터 하드웨어의 발전과 함께 일어났다(Railsback, 2012).

최초의 ABM은 폰 노이만(von Neumann)의 셀룰러 오토마타(cellular automata)로 거슬러 올라가지만, 행동 연구에 활용된 사례는 1971년 토머스 셸링(Thomas Schelling)의 인종 분리(segregation) 연구가 최초였고, 당시에는 컴퓨터 대신 동전과 모눈종이를 이용하여 연구가 진행되었다(Schelling, 1971). 한편 로버트 액설로드(Robert Axelord)는 죄수의 딜레마 문제를 컴퓨터 기반의 ABM 반복 게임으로 설명했다(Axelrod & Hamilton, 1981). 이후 생태학, 게임 이론, 감염병학, 네트워크 분석, 번식 행동, 행동의 진화, 문화 전파 등 다양한 영역에서 ABM이 활용되고 있다.

ABM은 다음과 같은 몇 가지 특징이 있다. 첫째, 각 행위자를 독특하고 자율적인 독립체로 가정한다. 둘째, 행위자는 서로 관계(행위자 간 상호작용)하며, 국소적 환경과도 관계(행위자-환경 상호작용)한다. 셋째, 행위자는 적응적 행동을 보인다. 행위자를 번식시키면, 적응적 행동의 진화를 관찰할 수 있다. 넷째, 이러한 과정은 행위자의 창발적 행동이나 시스템 층위에서의 창발적 현상을 일으킬 수 있다(Railsback, 2012). 다섯째, 각 행위자는 제한적 합리성을 가진다(Macal & North, 2005). ABM은 횡층위적 모델이므로 창발성(emergence)을 확인하는 데 유리하다. 시스템 층위와 행위자 층위에서 일어나는 일을 모두 관찰할 수 있으며, 특히 기존의 EBM이나 시스템 다이내믹스(System Dynamics, 이하 SD) 모델로 설명하기 어려운 생태학적 혹은 사회문화적 수준의 집단적 행동이나 진화 현상 관찰에 효과적이다(Wilensky & Rand, 2015).

ABM 모델링은 다음과 같은 주기를 따라 진행된다. 구체적으로 문제 설정, 가설 구축(DeAngelis et al., 1994), 패턴 기반의 모델 구조 선택, 모델 구축, 모델 분석 등의 모델링 사이클을 반복하며 만들어 나간다(Railsback, 2012). 특히 행동생태학에서 ABM의 개념적 프레임워크는 종종 ODD 프로토콜(ODD protocol)[8]을 따라 기술되는데, 이 책의 논의 범위를 넘어서므로 생략한다(Grimm et al., 2010).

ABM은 컴퓨터 기반의 프로그래밍 언어를 활용하여 구축된다. 과거에는 범용 프로그래밍 언어를 사용하여 개별 연구자가 구축하곤 했지만, 지금은 다양한 ABM 소프트웨어가 개발되어 있다. 최근 가장 널리 사용되는 프로그래밍 언어는 미국 노스웨스턴대학에서 개발한 Netlogo다. 일반 목적의 ABM 소프트웨어로 사회과학 및 자연과학의 여러 현상을 설명하는 데 유리하다. 현재 버전 6까지 무료로 공개되어 있다(Wilensky & Rand, 2015). 또한, Anylogic도 널리 사용된다. Anylogic 사에서 개발한 상용 프로그램으로, JAVA 언어를 기반으로 만들어진 소프트웨어다(Borshchev, 2013). 일반적 ABM 외에도 이산 사건(discrete event) 시뮬레이션이나 SD 모델을 지원한다는 장점이 있다. 그 외에도 Swarm, Repast, MASON, Ascape, Breve, PS-I 등이 개발된 바 있으나, 주식 시장 분석 등 특수 목적에만 쓰이거나 지금은 널리 쓰이지 않는다.

---

8 ODD란 Overview, Design concepts, Details의 머리글자를 딴 말이다. Overview에는 모델의 목적과 패턴, 범주와 상태 변수, 척도, 프로세스 개괄 및 스케줄링이 포함되고, Design concepts에는 기본 원칙, 창발, 적응, 목적(적합도), 학습, 예측, 지각, 상호 관계, 확률적 추계성, 집단성, 관찰 등이 포함된다. Details에는 초기화, 입력 데이터, 하위 모델이 포함된다(Grimm et al., 2010). 개별 ABM이 이러한 모든 요소를 포함할 필요는 없다.

ABM을 활용한 행동 패턴 다양성 연구의 국내 사례[9]

앞서 FSD 모델에서 논의한 대로, 개체의 높은 방어 활성화 수준은 상황에 관한 부정적 인지, 주관적 불안 감정, 소극적이며 회피적인 행동, 종속적이며 패배적인 대응 전략 등을 유발한다(Sloman & Gilbert, 2000). 그런데 높은 수준의 방어 활성화를 보이는 개체의 집단 내 분율은 상당히 높다(APA, 2013; Uher, 2009). 또한, 방어 활성화 관련 행동 패턴은 높은 유전율을 보이는데(Bertelsen et al., 1977; Domschke & Maron, 2013; Group of the Psychiatric Genomics Consortium et al., 2013; McGuffin et al., 1996; Moreno et al., 2016), 대개 부적응적 수준으로 적합도를 떨어트린다(Uher, 2009).

높은 유병률, 높은 유전율, 낮은 적합도라는 공존하기 어려운 현상의 진화적 역설에 관해, 균형 선택 가설에 입각하여 임계치 정리[10]를 활용한 행위자 기반 시뮬레이션 연구가 발표되었다(그림 8.1 참조)(Park, 2020).

해당 연구에서는 총 1,369개의 패치로 구성된 2차원 시뮬레이션 환경을 설정하고, 각 패치에 불균등한 자원을 배분했다. 각 행위자는 자신이 위치한 패치의 자원량에 관한 정보에 입각하여 이동 여부를 결정하

9 본 조에서 다루는 연구의 자세한 알고리즘 및 파라미터, 코드 등에 관해서는 Park(2020), Park & Pak(2022)에서 확인할 수 있다.

10 임계치 정리(marginal value theorem, MVT)란 패치 형태로 자원이 분포한 환경에서 장기적 획득률을 최대화하는 행동 전략에 관한 수리생물학적 모델이다. 원래 동물의 최적 수렵채집 행동 전략을 설명하기 위한 수학적 모델로 제안되었지만, 인간의 다양한 행동 전략을 설명하는 데도 유용하다(Kelly, 2015). 임계치 모델에 의하면, 개체는 자신이 점유한 서식지의 단위 시간당 자원획득률이 감소하면 새로운 패치를 찾아 떠난다. 그러나 패치 이동은 다른 서식지의 기대 자원량(전체 서식지의 평균 자원획득률)과 이동 비용에 의해 제한된다.

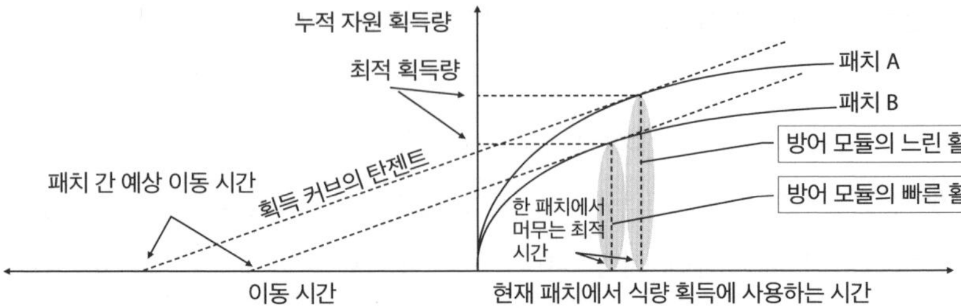

그림 8.1 임계치 정리에 따른 개체별 방어 활성화 수준과 이동 시점[11]

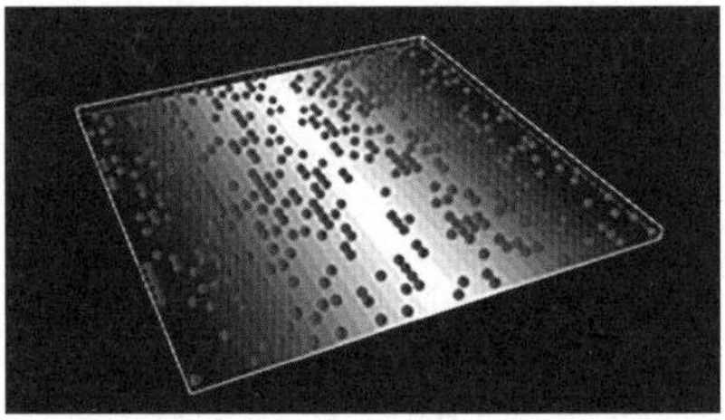

그림 8.2
ABM 연구에 사용된
시뮬레이션 환경 인터페이스

는데, 이때 개체의 방어 활성화 수준에 따라 이동 시점 결정에 가중치가 부여된다. 2차원 환경에서 축적된 자원이 번식에 필요한 임계점을 넘으면 자신과 유사한 방어 활성화 수준을 가진 자식을 낳는다. 모델 알고리즘 및 서브 모델, ODD 프로토콜 등에 대한 설명은 생략한다.

---

11 각 행위자가 해당 패치에 머무르는 시간은 다른 패치로의 이동에 필요한 시간에 따라 달라진다(Charnov, 1976). 그러나 정확한 이동 시간이나 이동할 패치의 예상 자원량은 알 수 없다. 일반적으로 각 개체는 자신이 위치한 패치의 자원량 및 자원 감소 속도에 관한 정보만 정확하게 알 수 있다. 평균에 비해 자원이 적은 패치에서는 상대적으로 이른 이동이 유리하다. 따라서 본 모델에서는 이러한 이동 시점에 미치는 개체의 전략을 방어 활성화 모듈의 다양성으로 가정했다. 높은 방어 활성화를 보이는 개체는 최적 시점보다 늦게, 그리고 낮은 방어 활성화를 보이는 개체는 최적 시점보다 일찍 이동할 것이다(Park, 2019b).

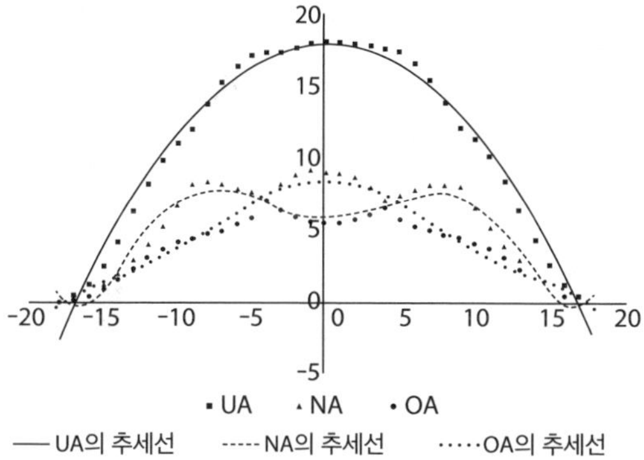

그림 8.3 서식지의 자원량에 따른 방어 활성화 수준이 상이한 인구집단의 분포 경향

UA는 방어 활성화 수준이 낮은 행위자(under-activated defence module), NA는 전체 서식지 차원에서 중립적인 방어 활성화 수준을 보이는 행위자(neutral defence module), OA는 방어 활성화 수준이 높은 행위자(overactivated defence module)를 말한다.

연구 결과의 일부를 요약하면 다음과 같다. 그림 8.3에서 확인할 수 있듯이, 평균적인 방어 활성화 수준을 보이는 개체(NA, ▲로 표시)는 서식지 내 자원 배분에 따라 분포되어 있다. 그러나 낮은 방어 활성화 수준을 보이는 개체(UA, ▪로 표시)는 자원이 많은 패치에 집중되었고, 높은 방어 활성화 수준을 보이는 개체(OA, •로 표시)는 자원이 적은 패치에 집중되었다. 즉, 자원량이 적은 적소에 높은 방어 활성화 수준을 보이는 개체가 특화되고, 자원량이 높은 적소에 낮은 방어 활성화 수준을 보이는 개체가 특화된다는 뜻이다.

만약 사회적 유동성(social mobility)이 달라지면 적소 특화에 의한 행동 다양성에 어떤 영향을 미칠까? 이동 비용이 증가하여 사회적 유동성이 감소하면 방어 활성화 수준이 높은 개체의 분율은 상대적으로 감소하고, 낮은 방어 활성화 수준을 보이는 개체의 분율은 상대적으로 증가했다(그림 8.4 참조)(Park & Pak, 2022). 이는 신석기 혁명 이후 계층화된 불평등 사회에서 높은 방어 활성화 행동 전략의 적합도가 감소하고

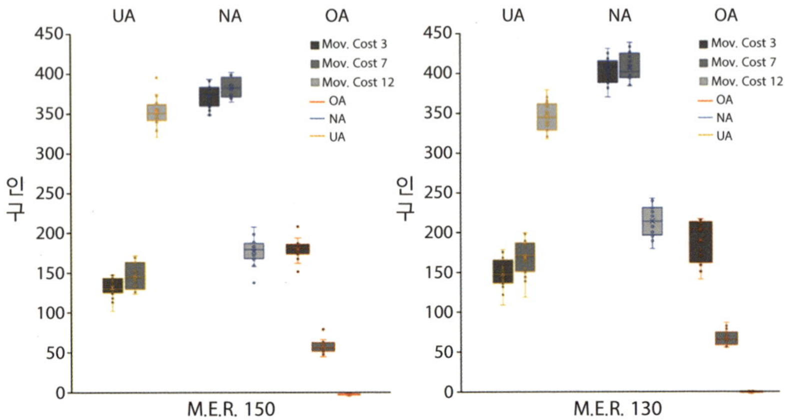

그림 8.4 이동 비용 증가(사회적 유동성 감소)에 따른 각 집단의 분율 변화 비교

M.E.R.은 번식을 위한 최저 에너지량(Minimal Energy for Reproduction), Mov.Cost는 이동 비용(Movement Cost)을 뜻한다. 사회적 계층에 따라 자원이 분배되는 중층 사회에서 이동 비용이 증가하고 번식 비용이 감소하는 상황을 단순화하여 시뮬레이션했다. 흥미롭게도 번식 비용 감소는 낮은 이동 비용 상황에서 높은 방어 활성화 수준을 보이는 개체의 분율을 크게 증가시켰다. 그러나 이동 비용이 증가하면서 높은 방어 활성화 수준을 보이는 개체의 번식력이 가장 많이 감소했다. 즉, 자원량 감소는 특정 형질을 가진 개체의 빠른 생애사 전략과 관련되지만, 너무 심각한 수준의 자원량 감소는 오히려 느린 생애사 전략을 유발할 수 있다(2장 및 3장 참조).

있다는 것(4장 참조), 따라서 방어 활성화 장애가 제거되고 있다는 방향성 선택 가설을 지지하는 증거다.

요컨대 환경 내 자원 분포에 따라 자원이 많은 곳에서는 비교적 낮은 방어 활성화 행동 양상이 적소 특화되고, 자원이 적은 곳에서는 비교적 높은 방어 활성화 행동 양상이 적소 특화된다. 따라서 균등하지 않은 광대한 서식지를 이동하며 살아간 호미닌에게 다양한 방어 활성화 형질이 적소 특화에 의해 진화할 수 있었을 것이다. 또한, 본 장에서는 생략했으나 전체 서식지의 인구가 포화될 경우, 상이한 행동 양상을 보이는 개체의 분율은 음의 빈도 의존적 선택에 의해 조절되었다. 흥미롭게도 불평등 수준(자원의 지리적 분포 차이) 자체보다 다른 적소로의 이동 비용이 증가함에 따라 높은 방어 활성화 형질의 적합도가 상대적으로 낮아졌다. 이는 자유로운 지리적 이산(이상자유분포 모델)이 전제 사회의 제한된 이산(이상전제분포 모델)으로 바뀌면서, 과거 적소 특화에 따라 비교적 적응적이었던 형질의 적합도가 급격하게 떨어졌다는 것을 말한다('조상 감수성 모델', 4장 참조)(Park & Pak, 2022).

5. 결론과 제언

일반적으로 진화 이론에서는 개체 간 차이를 자연선택의 대상으로 간주한다. 이에 따르면 충분한 시간이 흐르면 종 내 다양성은 점점 사라질 것이고, 적응적 변이가 개체군 내로 퍼질 것이다. 진화행동과학에서는 이러한 일반적 입장에 입각하여 종 보편적 행동 특성에 관해 주로 연구해 왔다. 최근까지 진화행동과학은 행동의 개체차(성차를 제외하면)에 대해서는 큰 관심을 가지지 않았다.

그러나 우리에게는 다른 사람의 행동을 주의 깊게 살피고, 행동 양식의 차이에 주목하는 심리적 형질이 있다(Buss, 1991). 행동의 개체차를 평가하는 심리적 모듈이 있다는 것은 인간 종의 행동에 다양한 변이가 존재한다는 증거다.

첫째, 인간 행동의 다양성에 관해서는 이미 인류학이나 정신의학 등에서 오랜 세월 동안 다양한 방식으로 잘 기술해 왔다. 인류학은 그 시작부터 집단 간의 생물학적 혹은 문화적 다양성에 깊은 관심을 가지고 있었고, 정신의학은 개체의 '남다른' 행동에 관한 임상적인 데이터 및 기술 체계를 오래도록 발전시켜 왔다. 축적된 연구 결과에 의하면, 인간의 행동은 분명 다양하다. 둘째, 행동 양상은 상당히 높은 유전성을 보인다. 물론 발달적 자극이나 환경적 신호에 대응하지만, 이러한 대응 기전 자체도 유전되는 등 거의 모든 성격 관련 형질은 유전된다(Plomin et al., 2008). 셋째, 행동의 개체차는 생존과 성장, 번식, 양육 등 적합도에 큰 영향을 미친다(Buss & Greiling, 1999). 따라서 행동 다양성 자체가 진화의 결과라고 할 수 있다.

행동의 개체차를 설명하기 위해 생애사 이론(확장 모델 및 FSD 모델), 비싼 신호 이론(짝 선택 및 사회적 선택), 균형 선택(적소 특화 및 빈도 의존적 선택), 방향성 선택(조상 감수성 모델 등) 등 몇 가지 유용한 이론적 틀을 소개했다. 돌연변이-선택 균형이나 중립 진화 등이 유력한 유전학적 모델은 아니지만, 완전히 배제할 수는 없다. 특히 심각한 정신장애는 돌연변이 부하 모델로, 현대사회에서 새로 나타난 행동 양상은 중립 진화 이론에 기반한 커패시터 모델로 설명할 수 있을지도 모른다.

본 장에서는 생애사 이론에 기반한 행동 다양성 모델 중 FSD 모델에서 제시하는 방어 활성화 형질이 다양한 양상으로 진화할 수 있는지를 행위자 기반 시뮬레이션을 통해 검증한 연구를 소개했다. 행위자 기반 시뮬레이션 기법은 특히 행위자-환경 상호작용 혹은 행위자 간의 행위자 상호작용에 관련된 행동 형질의 균형 선택이나 방향성 선택 현상을 확인하는 데 유용한 연구 방법이다. 최근에는 진화적 행동 형질을 근연적 수준에서 탐구하는 노력이 활발하지만(7장 참조), 아직은 충분한 성과가 없다. 당분간은 가설연역법에 의거한 행동생태학적 연구가 유망할 것이다. ABM은 아직 국내에서 생소한 연구 방법이지만, 충분한 진화인류학 현지 조사 데이터를 확보하기 어려운 국내 현실에서 훌륭한 대안적 연구 방법이 될 수 있다. ABM에 대해서 더 잘 알고 싶은 독자는 유리 윌렌스키(Uri Wilensky)와 윌리엄 랜드(William Rand)의 책이나 스티븐 레일스백(Steven Railsback)의 책을 참고하기 바란다

(Railsback, 2012; Wilensky & Rand, 2015).

여기서는 호미닌의 사회적 적소 구축에 대해 충분히 다루지 못했다. 이는 균형 선택을 통한 행동 다양성 설명에 유용한 개념적 틀이다. 또한, 자기 가축화(self-domestication)도 논의하지 못했는데, 이는 방향성 선택을 통한 행동 다양성 설명에 유용한 신경진화적 개념이다. 이에 관해 더 폭넓은 주제를 탐색하기 원하는 독자는 케빈 랠런드(Kevin Laland)와 브라이언 헤어(Brain Hare)의 논문이나 책을 참고하기 바란다(Hare et al., 2012; Laland et al., 2016; Odling-Smee et al., 2013). 혹은 『영국 왕립학회보 B: 생물학(Philosophical Transactions of the Royal Society B: Biological Sciences)』의 2011년 「인간 적소 구성: 테마 이슈 논문(Human niche construction: papers of a theme issue)」 특집호 366권 1566호를 참고해도 좋다(Kendal, 2011).

행동 다양성에 관한 진화행동과학 연구는 아직 초창기에 있지만 유관 영역(심리학, 인류학, 정신의학 등)에서 축적된 개인차에 관한 데이터와 다양한 이론적 틀을 고려하면, 향후 급속한 발전이 기대되는 영역이다. 개인차에 관한 진화행동과학적 연구는 병리적 행동 양상의 진단과 치료, 예방에 관한 진화의학적 소견을 제시하고, 개체 혹은 집단 갈등에 관한 진화인류학적 견지의 공공 정책을 제안하며, 궁극적으로 다양성에 관한 이해를 통해 인간성의 본질에 더 가까이 다가갈 수 있도록 해 줄 것이다.

나가는 말

인간 행동에 관한 진화 수업을 한 지 올해로 26년이나 되었는데, 그동안 마땅한 국문 교과서 하나 없었다. 이 분야는 연구자도 부족하고, 세상의 관심도 적다. 불행인지 다행인지 진화심리학에 관한 대중적 관심은 비교적 높지만, 짝짓기 심리나 질투, 분노, 범죄 등에 관한 통속적 흥미에 치중되어 있다. 그래서 번역·소개되는 책도 대개 그런 주제에 편중되어 있다.(혹은 정반대로 '행복'과 '힐링'에 대한 책이라든가.)

몇 년 전, 연구실에서 박한선 교수가 번역한 『진화와 인간 행동』(에이도스, 2019)을 펴냈다. 진화행동과학의 다양한 주제를 잘 정리, 요약하고 있어서 학부생 수업에도 요긴하게 활용했다. 하지만 번역서라는 점이 늘 아쉬웠다. 어쩔 수 없는 것이, 교과서를 쓰는 일은 학자의 삶에서 큰 영광이 되지 못하는 일이다. 차라리 아무도 읽지 않을 저널에 논문을 한 편 내는 편이 더 낫다. 안타까운 현실이다. 그래서 학문의 수준이 많이 높아졌음에도 여전히 학생들은 외국어로 된 책을 잡고 씨름한다.

그런 의미에서 국내 연구자로만 구성해서 쓴 최초의 진화행동과학 전문학술서의 출간은 정말 기쁜 일이다. 그동안 바쁜 시간을 내어 고생한 일곱 명의 공저자에게 깊이 감사드린다. 다들 개인적 연구로 바쁜데 흔쾌히 참여해 주어 정말 고마운 마음이다. 책이 널리 사랑받아서 노고가 조금이나마 보답 받기를 바란다. 또한, 출판을 허락해 준 서울대학교출판문화원과 꼼꼼하게 교정과 편집을 도와준 박한선 교수와 유지현 선생에게도 감사를 표한다.

이 책은 생존, 생애사, 번식, 사회, 문화, 종교, 뇌, 행동을 다루는 여덟 장으로 된 작은 학술서로, 아쉽게도 빠진 부분이 많다. 위험 대응, 포식과 피식, 음식 섭취, 이주, 혼인 제도, 성 간 경쟁, 성 내 경쟁, 가족과 친족, 육아와 발달, 폭력, 도덕, 정서와 감정, 노화와 사망, 진화의학, 진화적 공공 정책 등이 앞으로 더 채워져야 할 장이다. 갈 길이 멀다. 2016년에 2판이 출간된 『진화심리학 핸드북』(아카넷, 2021)은 총 52장으로 이루어진 학술서다. 번역서 기준으로 2,000페이지가 훌쩍 넘고, 수십 명의 관련 학자들이 참여한 책이다. 우리도 언젠가 우리 저자만으로 진화행동과학의 모든 영역을 포괄하는 '벽돌책'을 쓸 수 있기를 희망한다.

> "아마도 내가 피할 수 없었을 오류에도 불구하고, 내가 다루고자 감히 나섰던 중요한 문제에 대해 새로운 빛을 던져줄 수 있는 사람들에 의해서 새롭게 다뤄질 때까지는, 이 책이 지식의 진보를 위해 유용한 생각과 논의를 제공할 수 있을 것이다."
>
> \- 장 바티스트 라마르크, 『동물 철학』(1809)•의 마지막 문장

• Jean-Baptiste Lamarck, *Philosophie Zoologique ou exposition des considérations relatives à l'histoire naturelle des animaux* (1809).(이정희 옮김, 『동물 철학』, 지만지, 2021.)

참고문헌

1장

박한선. (2015). “메르스와 전염병 인류학.” 『생명윤리포럼』 4(3): 1-12.

박한선·구형찬. (2021). 『감염병 인류: 균은 어떻게 인류를 변화시켜왔나』. 창비.

이신애·김지혜·현명호. (2009). “한국판 단축형 혐오민감성 척도(K-DS-R) 타당화 연구.” 『한국심리학회지: 건강』 14: 549-561.

존 카트라이트 지음, 박한선 옮김. (2019). 『진화와 인간 행동: 인간의 조건에 대한 다윈주의적 전망』. 에이도스.

Aarøe, L., Osmundsen, M., & Petersen, M. B. (2016). “Distrust as a disease avoidance strategy: Individual differences in disgust sensitivity regulate generalized social trust.” *Frontiers in Psychology*, 7: 1038.

Ackerman, J. M., Huang, J. Y., & Bargh, J. A. (2012). “Evolutionary perspectives on social cognition.” In V. Zeigler-Hill, L. L. M. Welling, & T. K. Shackelford (eds.), *The Handbook of Social Cognition* (pp. 451-473). Springer.

Ackerman, J. M., Tybur, J. M., & Mortensen, C. R. (2018). “Infectious disease and imperfections of self-image.” *Psychological Science*, 29(2): 228-241.

Al-Shawaf, L., & Lewis, D. M. (2013). “Exposed intestines and contaminated cooks: Sex, stress, & satiation predict disgust sensitivity.” *Personality and Individual Differences*, 54(6): 698-702.

Al-Shawaf, L., Conroy-Beam, D., Asao, K., & Buss, D. M. (2016). “Human emotions: An evolutionary psychological perspective.” *Emotion Review*, 8(2): 173-186.

Al-Shawaf, L., Lewis, D. M., & Buss, D. M. (2015). “Disgust and mating strategy.” *Evolution and Human Behavior*, 36(3): 199-205.

Al-Shawaf, L., Lewis, D. M., & Buss, D. M. (2018). “Sex differences in disgust: Why are women more easily disgusted than men?” *Emotion Review*, 10(2): 149-160.

Al-Shawaf, L., Lewis, D. M., Alley, T. R., & Buss, D. M. (2015). “Mating strategy, disgust, and food neophobia.” *Appetite*, 85: 30-35.

Al-Shawaf, L., Lewis, D. M., Ghossainy, M. E., & Buss, D. M. (2019). “Experimentally inducing disgust reduces desire for short-term mating.” *Evolutionary Psychological*

Science, 5(3): 267–275.

Andreasson, A., Wicksell, R. K., Lodin, K., Karshikoff, B., Axelsson, J., & Lekander, M. (2018). "A global measure of sickness behaviour: Development of the sickness questionnaire." *Journal of Health Psychology*, 23(11): 1452–1463.

Andrews, A. R., Crone, T., Cholka, C. B., Cooper, T. V., & Bridges, A. J. (2015). "Correlational and experimental analyses of the relation between disgust and sexual arousal." *Motivation and Emotion*, 39(5): 766–779.

Ashton, M. C., Lee, K., & Paunonen, S. V. (2002). "What is the central feature of extraversion? Social attention versus reward sensitivity." *Journal of Personality and Social Psychology*, 83(1): 245–252.

Aunger, R., & Curtis, V. (2013). "The anatomy of motivation: An evolutionary-ecological approach." *Biological Theory*, 8(1): 49–63.

Babchuk, W. A., Hames, R. B., & Thompson, R. A. (1985). "Sex differences in the recognition of infant facial expressions of emotion: The primary caretaker hypothesis." *Ethology and Sociobiology*, 6(2): 89–101.

Bacon, A. M., & Corr, P. J. (2020). "Behavioral immune system responses to coronavirus: A reinforcement sensitivity theory explanation of conformity, warmth toward others and attitudes toward lockdown." *Front Psychol*, 11: 566237.

Baggaley, R. F., White, R. G., & Boily, M.-C. (2010). "HIV transmission risk through anal intercourse: Systematic review, meta-analysis and implications for HIV prevention." *International Journal of Epidemiology*, 39(4): 1048–1063.

Barash, D., & Lipton, J. E. (1997). *Making Sense of Sex: How Genes and Gender Influence Our Relationships*. Island Press.

Barrett, H. C. (2005). "Adaptations to predators and prey." In D. M. Buss (ed.), *The Handbook of Evolutionary Psychology* (pp. 200–223). Wiley.

Barrett, H. C., & Kurzban, R. (2006). "Modularity in cognition: Framing the debate." *Psychological Review*, 113(3): 628–647.

Barrett, R., Kuzawa, C. W., McDade, T., & Armelagos, G. J. (1998). "Emerging and re-emerging infectious diseases: The third epidemiologic transition." *Annual Review of Anthropology*, 27(1): 247–271.

Ben-Ner, A., Kramer, A., & Levy, O. (2008). "Economic and hypothetical dictator game experiments: Incentive effects at the individual level." *The Journal of Socio-Economics*, 37(5): 1775–1784.

Birmingham, C. L., Su, J., Hlynsky, J. A., Goldner, E. M., & Gao, M. (2005). "The mortality rate from anorexia nervosa." *International Journal of Eating Disorders*, 38(2): 143–146.

Blades, B. S. (2001). *Aurignacian Lithic Economy: Ecological Perspectives from Southwestern France*. Kluwer/Plenum.

Borg, C., & De Jong, P. J. (2012). "Feelings of disgust and disgust-induced avoidance weaken following induced sexual arousal in women." *PLoS One*, 7(9): e44111.

Bouman, A., Heineman, M. J., & Faas, M. M. (2005). "Sex hormones and the immune response in humans." *Human Reproduction Update*, 11(4): 411-423.

Bradley, M. M., Codispoti, M., Sabatinelli, D., & Lang, P. J. (2001). "Emotion and motivation II: Sex differences in picture processing." *Emotion*, 1(3): 300-319.

Brodin, P., & Davis, M. M. (2017). "Human immune system variation." *Nature Reviews Immunology*, 17(1): 21-29.

Buss, D. M. (2005). *The Evolutionary Psychology Handbook*. Wiley.

Buss, D. M., & Hawley, P. H. (2010). *The Evolution of Personality and Individual Differences*. Oxford University Press.

Cacioppo, J. T., Cacioppo, S., Capitanio, J. P., & Cole, S. W. (2015). "The neuroendocrinology of social isolation." *Annual Review of Psychology*, 66: 733-767.

Campbell, A. (1995). "A few good men: Evolutionary psychology and female adolescent aggression." *Ethology and Sociobiology*, 16(2): 99-123.

Case, T. I., Repacholi, B. M., & Stevenson, R. J. (2006). "My baby doesn't smell as bad as yours: The plasticity of disgust." *Evolution and Human Behavior*, 27(5): 357-365.

Chalmin, E., Farges, F., Vignaud, C., Susini, J., Menu, M., & Brown Jr., G. (2007). "Discovery of unusual minerals in Paleolithic black pigments from Lascaux (France) and Ekain (Spain)." *AIP Conference Proceedings*, 882: 220-222.

Christen, Y. (2017). *Sex Differences: Modern Biology and the Unisex Fallacy*. Routledge.

Clay, R., Terrizzi Jr., J. A., & Shook, N. J. (2012). "Individual differences in the behavioral immune system and the emergence of cultural systems." *Social Psychology*, 43(4): 174-184.

Costa Jr., P. T., Terracciano, A., & McCrae, R. R. (2001). "Gender differences in personality traits across cultures: Robust and surprising findings." *Journal of Personality and Social Psychology*, 81(2): 322-331.

Culpepper, P. D., Havlíček, J., Leongómez, J. D., & Roberts, S. C. (2018). "Visually activating pathogen disgust: A new instrument for studying the behavioral immune system." *Frontiers in Psychology*, 9: 1397.

Curno, O., Behnke, J. M., McElligott, A. G., Reader, T., & Barnard, C. J. (2009). "Mothers produce less aggressive sons with altered immunity when there is a threat of disease during pregnancy." *Proceedings of the Royal Society B: Biological Sciences*, 276(1659): 1047-1054.

Curtis, V., & Biran, A. (2001). "Dirt, disgust, and disease: Is hygiene in our genes?" *Perspectives in Biology and Medicine*, 44(1): 17-31.

Curtis, V., Aunger, R., & Rabie, T. (2004). "Evidence that disgust evolved to protect from risk of disease." *Proceedings of the Royal Society B: Biological Sciences*, 271(suppl_4): S131-S133.

Curtis, V., De Barra, M., & Aunger, R. (2011). "Disgust as an adaptive system for disease avoidance behaviour." *Philosophical Transactions of the Royal Society B: Biological Sciences*, 366(1563): 389-401.

Curtis, V. A. (2014). "Infection-avoidance behaviour in humans and other animals." *Trends in Immunology*, 35(10): 457-464.

Daly, M., & Wilson, M. (1988). *Homicide*. Routledge.

Dantzer, R., & Kelley, K. W. (2007). "Twenty years of research on cytokine-induced sickness behavior." *Brain, Behavior, and Immunity*, 21(2): 153-160.

Daruna, J. H. (2012). *Introduction to Psychoneuroimmunology*. Academic Press.

Darwin, C. (1859). *On the Origin of Species by Means of Natural Selection, or the Preservation of Favoured Races in the Struggle for Life*. John Murray.

Davey, G. C., Forster, L., & Mayhew, G. (1993). "Familial resemblances in disgust sensitivity and animal phobias." *Behaviour Research and Therapy*, 31(1): 41-50.

Davies, N. B., Krebs, J. R., & West, S. A. (2012). *Introduction of Behavioral Ecology* (4th ed.). Wiley-Blackwell.

De Barra, M., & Curtis, V. (2012). "Are the pathogens of out-groups really more dangerous?" *Behavioral and Brain Sciences*, 35(2): 85-86.

De Barra, M., Islam, M. S., & Curtis, V. (2014). "Disgust sensitivity is not associated with health in a rural Bangladeshi sample." *PLoS One*, 9(6): e100444.

DeBruine, L. M., Jones, B. C., Tybur, J. M., Lieberman, D., & Griskevicius, V. (2010). "Women's preferences for masculinity in male faces are predicted by pathogen disgust, but not by moral or sexual disgust." *Evolution and Human Behavior*, 31(1): 69-74.

Del Giudice, M., & Gangestad, S. W. (2018). "Rethinking IL-6 and CRP: Why they are more than inflammatory biomarkers, and why it matters." *Brain, Behavior, and Immunity*, 70: 61-75.

Dematte, M. L., Österbauer, R., & Spence, C. (2007). "Olfactory cues modulate facial attractiveness." *Chemical Senses*, 32(6): 603-610.

Denissen, J. J., & Penke, L. (2008). "Motivational individual reaction norms underlying the Five-Factor model of personality: First steps towards a theory-based conceptual framework." *Journal of Research in Personality*, 42(5): 1285-1302.

DeVore, I., & Tooby, J. (1987). "The reconstruction of hominid behavioral evolution through strategic modeling." In W. G. Kinzey (ed.), *The Evolution of Human Behavior: Primate Models* (pp. 183-237). State University of New York Press.

DeYoung, C. G., Quilty, L. C., & Peterson, J. B. (2007). "Between facets and domains: 10 aspects of the Big Five." *Journal of Personality and Social Psychology*, 93(5): 880-896.

Diamond, J. (2013). *Guns, Germs and Steel: A Short History of Everybody for the Last 13,000 Years*. Random House.

Dobyns, H. F. (1993). "Disease transfer at contact." *Annual Review of Anthropology*, 22(1): 273-291.

Draper, P. (1975). "!Kung women: Contrasts in sexual egalitarianism in foraging and sedentary contexts." In R. R. Reiter (ed.), *Toward an Anthropology of Women* (pp. 77-109), Monthly Review Press.

Dugatkin, L. A. (2020). *Principles of Animal Behavior* (4th ed.). University of Chicago Press.

Duncan, L. A., & Schaller, M. (2009). "Prejudicial attitudes toward older adults may be exaggerated when people feel vulnerable to infectious disease: Evidence and implications." *Analyses of Social Issues and Public Policy*, 9(1): 97-115.

Duncan, L. A., Schaller, M., & Park, J. H. (2009). "Perceived vulnerability to disease: Development and validation of a 15-item self-report instrument." *Personality and Individual differences*, 47(6): 541-546.

Ekman, P. (1992). "An argument for basic emotions." *Cognition and Emotion*, 6(3-4): 169-200.

Ekman, P., & Friesen, W. V. (2010). *The Repertoire of Nonverbal Behavior: Categories, Origins, Usage, and Coding*. De Gruyter Mouton.

Ekman, P., & Heider, K. G. (1988). "The universality of a contempt expression: A replication." *Motivation and Emotion*, 12(3): 303-308.

El-Madhun, A. S., Cox, R. J., Søreide, A., Olofsson, J., & Haaheim, L. R. (1998). "Systemic and mucosal immune responses in young children and adults after parenteral influenza vaccination." *The Journal of Infectious Diseases*, 178(4): 933-939.

Eskine, K. J., Kacinik, N. A., & Prinz, J. J. (2011). "A bad taste in the mouth: Gustatory disgust influences moral judgment." *Psychological Science*, 22(3): 295-299.

Esses, V. M., Dovidio, J. F., & Hodson, G. (2002). "Public attitudes toward immigration in the United States and Canada in response to the September 11, 2001 "Attack on America"." *Analyses of Social Issues and Public Policy*, 2(1): 69-85.

Ewald, P. W. (1993). "The evolution of virulence." *Scientific American*, 268(4): 86-93.

Fabrega Jr., H. (1997). "Earliest phases in the evolution of sickness and healing." *Medical*

Anthropology Quarterly, 11(1): 26-55.

Fallon, A. E., & Rozin, P. (1983). "The psychological bases of food rejections by humans." *Ecology of Food and Nutrition*, 13(1): 15-26.

Faulkner, J., Schaller, M., Park, J. H., & Duncan, L. A. (2004). "Evolved disease-avoidance mechanisms and contemporary xenophobic attitudes." *Group Processes & Intergroup Relations*, 7(4): 333-353.

Fessler, D. M. (2001). "Luteal phase immunosuppression and meat eating." *Rivista di Biologia Biology Forum*, 94(3): 403-426.

Fessler, D. M., Eng, S. J., & Navarrete, C. D. (2005). "Elevated disgust sensitivity in the first trimester of pregnancy: Evidence supporting the compensatory prophylaxis hypothesis." *Evolution and Human Behavior*, 26(4): 344-351.

Fessler, D. M., & Navarrete, C. D. (2004). "Third-party attitudes toward sibling incest: Evidence for Westermarck's hypotheses." *Evolution and Human Behavior*, 25(5): 277-294.

Fessler, D. M. T., Clark, J. C., & Clint, E. K. (2015). "Evolutionary psychology and evolutionary anthropology." In D. M. Buss (ed.), *The Handbook of Evolutionary Psychology* (2nd ed., pp. 1029-1046). Wiley.

Fincher, C. L., & Thornhill, R. (2008). "Assortative sociality, limited dispersal, infectious disease and the genesis of the global pattern of religion diversity." *Proceedings of the Royal Society B: Biological Sciences*, 275(1651): 2587-2594.

Fincher, C. L., & Thornhill, R. (2012). "Parasite-stress promotes in-group assortative sociality: The cases of strong family ties and heightened religiosity." *Behavioral and Brain Sciences*, 35(2): 61-79.

Fisher, R. A. (1930). *The Genetical Theory of Natural Selection*. Clarendon Press.

Fiske, A. P. (2002). "Socio-moral emotions motivate action to sustain relationships." *Self and Identity*, 1(2): 169-175.

Fleischman, D. S. (2014). "Women's disgust adaptations." In V. A. Weekes-Shackelford & T. K. Shackelford (eds.), *Evolutionary Perspectives on Human Sexual Psychology and Behavior* (pp. 277-296). Springer.

Fleischman, D. S., & Fessler, D. M. (2011). "Progesterone's effects on the psychology of disease avoidance: Support for the compensatory behavioral prophylaxis hypothesis." *Hormones and Behavior*, 59(2): 271-275.

Fleischman, D. S., Webster, G. D., Judah, G., De Barra, M., Aunger, R., & Curtis, V. A. (2011). "Sensor recorded changes in rates of hand washing with soap in response to the media reports of the H1N1 pandemic in Britain." *BMJ Open*, 1(2): e000127.

Folstad, I., & Karter, A. J. (1992). "Parasites, bright males, and the immunocompetence handicap." *American Naturalist*, 139(3): 603-622.

Friedman, H. S., Tucker, J. S., Schwartz, J. E., Tomlinson-Keasey, C., Martin, L. R., Wingard, D. L., & Criqui, M. H. (1995). "Psychosocial and behavioral predictors of longevity: The aging and death of the "Termites."." *American Psychologist*, 50(2): 69-78.

Gallup, A. C., O'Brien, D. T., White, D. D., & Wilson, D. S. (2009). "Peer victimization in adolescence has different effects on the sexual behavior of male and female college students." *Personality and Individual Differences*, 46(5-6): 611-615.

Gangestad, S. W., & Buss, D. M. (1993). "Pathogen prevalence and human mate preferences." *Ethology and Sociobiology*, 14(2): 89-96.

Gangestad, S. W., & Thornhill, R. (1997). "The evolutionary psychology of extrapair sex: The role of fluctuating asymmetry." *Evolution and Human Behavior*, 18(2): 69-88.

Gangestad, S. W., Haselton, M. G., & Buss, D. M. (2006). "Evolutionary foundations of cultural variation: Evoked culture and mate preferences." *Psychological Inquiry*, 17(2): 75-95.

Geary, D. C. (2000). "Evolution and proximate expression of human paternal investment." *Psychological Bulletin*, 126(1): 55-77.

Gerpott, F. H., Balliet, D., Columbus, S., Molho, C., & de Vries, R. E. (2018). "How do people think about interdependence? A multidimensional model of subjective outcome interdependence." *Journal of Personality and Social Psychology*, 115(4): 716.

Ginsburg, I. H. (1996). "The psychosocial impact of skin disease: An overview." *Dermatologic Clinics*, 14(3): 473-484.

Grammer, K., & Thornhill, R. (1994). "Human (Homo sapiens) facial attractiveness and sexual selection: The role of symmetry and averageness." *Journal of Comparative Psychology*, 108(3): 233-242.

Griskevicius, V., Goldstein, N. J., Mortensen, C. R., Cialdini, R. B., & Kenrick, D. T. (2006). "Going along versus going alone: When fundamental motives facilitate strategic (non) conformity." *Journal of Personality and Social Psychology*, 91(2): 281-294.

Gurven, M., Winking, J., Kaplan, H., Von Rueden, C., & McAllister, L. (2009). "A bioeconomic approach to marriage and the sexual division of labor." *Human Nature*, 20(2): 151-183.

Haberkamp, A., Glombiewski, J. A., Schmidt, F., & Barke, A. (2017). "The DIsgust-RelaTed-Images (DIRTI) database: Validation of a novel standardized set of disgust pictures." *Behaviour Research and Therapy*, 89: 86-94.

Haidt, J., McCauley, C., & Rozin, P. (1994). "Individual differences in sensitivity to disgust: A scale sampling seven domains of disgust elicitors." *Personality and Individual Differences*, 16(5): 701-713.

Hamamura, T., & Park, J. H. (2010). "Regional differences in pathogen prevalence and defensive reactions to the "swine flu" outbreak among East Asians and Westerners." *Evolutionary Psychology*, 8(3): 147470491000800315.

Hamilton, W. D., & Zuk, M. (1982). "Heritable true fitness and bright birds: A role for parasites?" *Science*, 218(4570): 384-387.

Hampson, E., van Anders, S. M., & Mullin, L. I. (2006). "A female advantage in the recognition of emotional facial expressions: Test of an evolutionary hypothesis." *Evolution and Human Behavior*, 27(6): 401-416.

Hansen, J. L., Reed, D. R., Wright, M. J., Martin, N. G., & Breslin, P. A. (2006). "Heritability and genetic covariation of sensitivity to PROP, SOA, quinine HCl, and caffeine." *Chemical Senses*, 31(5): 403-413.

Harper, K., & Armelagos, G. (2010). "The changing disease-scape in the third epidemiological transition." *International Journal of Environmental Research and Public Health*, 7(2): 675-697.

Haselton, M. G., & Buss, D. M. (2000). "Error management theory: A new perspective on biases in cross-sex mind reading." *Journal of Personality and Social Psychology*, 78(1): 81.

Haselton, M. G., Nettle, D., & Murray, D. R. (2015). "The evolution of cognitive bias." In D. M. Buss (ed.), *The Handbook of Evolutionary Psychology* (2nd ed., pp. 1-20). Wiley.

Havlicek, J., Saxton, T. K., Roberts, S. C., Jozifkova, E., Lhota, S., Valentova, J., & Flegr, J. (2008). "He sees, she smells? Male and female reports of sensory reliance in mate choice and non-mate choice contexts." *Personality and Individual Differences*, 45(6): 565-570.

Helzer, E. G., & Pizarro, D. A. (2011). "Dirty liberals! Reminders of physical cleanliness influence moral and political attitudes." *Psychological Science*, 22(4): 517-522.

Herz, R. S. (2011). "PROP taste sensitivity is related to visceral but not moral disgust." *Chemosensory Perception*, 4(3): 72-79.

Hewlett, B. S. (1991). "Demography and childcare in preindustrial societies." *Journal of Anthropological Research*, 47(1): 1-37.

Hewlett, B. S. (1993). *Intimate Fathers: The Nature and Context of Aka Pygmy Paternal Infant Care*. University of Michigan Press.

Hewstone, M., Rubin, M., & Willis, H. (2002). "Intergroup bias." *Annual Review of*

Psychology, 53(1): 575-604.

Hill, K., & Hurtado, A. M. (2017). *Ache Life History: The Ecology and Demography of a Foraging People*. Routledge.

Hobbes, T., & Missner, M. (2016). *Thomas Hobbes: Leviathan (Longman Library of Primary Sources in Philosophy)*. Routledge.

Hoefling, A., Likowski, K. U., Deutsch, R., Häfner, M., Seibt, B., Mühlberger, A., et al. (2009). "When hunger finds no fault with moldy corn: Food deprivation reduces food-related disgust." *Emotion*, 9(1): 50.

Hofer, M. K., Collins, H. K., Whillans, A. V., & Chen, F. S. (2018). "Olfactory cues from romantic partners and strangers influence women's responses to stress." *Journal of Personality and Social Psychology*, 114(1): 1-9.

Horberg, E. J., Oveis, C., Keltner, D., & Cohen, A. B. (2009). "Disgust and the moralization of purity." *Journal of Personality and Social Psychology*, 97(6): 963.

Inbar, Y., Pizarro, D. A., Knobe, J., & Bloom, P. (2009). "Disgust sensitivity predicts intuitive disapproval of gays." *Emotion*, 9(3): 435-439.

Inhorn, M. C., & Brown, P. J. (1990). "The anthropology of infectious disease." *Annual Review of Anthropology*, 19(1): 89-117.

Isbell, L. A., & Young, T. P. (1996). "The evolution of bipedalism in hominids and reduced group size in chimpanzees: Alternative responses to decreasing resource availability." *Journal of Human Evolution*, 30(5): 389-397.

Johnson, A. (1975). "Time allocation in a Machiguenga community." *Ethnology*, 14(3): 301-310.

Jones, B. C., Feinberg, D. R., Watkins, C. D., Fincher, C. L., Little, A. C., & DeBruine, L. M. (2013). "Pathogen disgust predicts women's preferences for masculinity in men's voices, faces, and bodies." *Behavioral Ecology*, 24(2): 373-379.

Karlsson, L. C., Soveri, A., Lewandowsky, S., Karlsson, L., Karlsson, H., Nolvi, S., et al. (2022). "The behavioral immune system and vaccination intentions during the coronavirus pandemic." *Personality and Individual Differences*, 185: 111295.

Kavaliers, M., Choleris, E., & Pfaff, D. W. (2005). "Recognition and avoidance of the odors of parasitized conspecifics and predators: Differential genomic correlates." *Neuroscience & Biobehavioral Reviews*, 29(8): 1347-1359.

Kavaliers, M., & Colwell, D. D. (1995). "Discrimination by female mice between the odours of parasitized and non-parasitized males." *Proceedings of the Royal Society B: Biological Sciences*, 261(1360): 31-35.

Kelly, E. L., & Conley, J. J. (1987). "Personality and compatibility: A prospective analysis of marital stability and marital satisfaction." *Journal of Personality and Social*

Psychology, 52(1): 27.

Kiesecker, J. M., & Skelly, D. K. (2000). "Choice of oviposition site by gray treefrogs: The role of potential parasitic infection." *Ecology*, 81(10): 2939-2943.

Kiesecker, J. M., Skelly, D. K., Beard, K. H., & Preisser, E. (1999). "Behavioral reduction of infection risk." *Proceedings of the National Academy of Sciences*, 96(16): 9165-9168.

Kret, M. E., & De Gelder, B. (2012). "A review on sex differences in processing emotional signals." *Neuropsychologia*, 50(7): 1211-1221.

Kupfer, T. R., & Tybur, J. M. (2017). "Pathogen disgust and interpersonal personality." *Personality and Individual Differences*, 116: 379-384.

Kurzban, R., & Leary, M. R. (2001). "Evolutionary origins of stigmatization: The functions of social exclusion." *Psychological Bulletin*, 127(2): 187.

Lee, A. J., Brooks, R. C., Potter, K. J., & Zietsch, B. P. (2015). "Pathogen disgust sensitivity and resource scarcity are associated with mate preference for different waist-to-hip ratios, shoulder-to-hip ratios, and body mass index." *Evolution and Human Behavior*, 36(6): 480-488.

Lee, D. H., & Anderson, A. K. (2017). "Reading what the mind thinks from how the eye sees." *Psychological Science*, 28(4): 494-503.

Lee, D. H., Mirza, R., Flanagan, J. G., & Anderson, A. K. (2014). "Optical origins of opposing facial expression actions." *Psychological Science*, 25(3): 745-752.

Letendre, K., Fincher, C. L., & Thornhill, R. (2010). "Does infectious disease cause global variation in the frequency of intrastate armed conflict and civil war?" *Biological Reviews*, 85(3): 669-683.

Li, N. P., van Vugt, M., & Colarelli, S. M. (2018). "The evolutionary mismatch hypothesis: Implications for psychological science." *Current Directions in Psychological Science*, 27(1): 38-44.

Lieberman, D., Tooby, J., & Cosmides, L. (2003). "Does morality have a biological basis? An empirical test of the factors governing moral sentiments relating to incest." *Proceedings of the Royal Society B: Biological Sciences*, 270(1517): 819-826.

Lieberoth, A., Lin, S.-Y., Stöckli, S., Han, H., Kowal, M., Gelpi, R., et al. (2021). "Stress and worry in the 2020 coronavirus pandemic: relationships to trust and compliance with preventive measures across 48 countries in the COVIDiSTRESS global survey." *Royal Society Open Science*, 8(2): 200589.

Lima, S. L., & Dill, L. M. (1990). "Behavioral decisions made under the risk of predation: A review and prospectus." *Canadian Journal of Zoology*, 68(4): 619-640.

Linnell, J. D., Kovtun, E., & Rouart, I. (2021). "Wolf attacks on humans: An update for

2002-2020." Norwegian Institute for Nature Research (NINA).

Little, A. C., DeBruine, L. M., & Jones, B. C. (2011). "Exposure to visual cues of pathogen contagion changes preferences for masculinity and symmetry in opposite-sex faces." *Proceedings of the Royal Society B: Biological Sciences*, 278(1714): 2032-2039.

Liuzza, M. T., Lindholm, T., Hawley, C., Sendén, M. G., Ekström, I., Olsson, M. J., et al. (2017). "The body odor disgust scale (BODS): Development and validation of a novel olfactory disgust assessment." *Chemical Senses*, 42(6): 499-508.

Liuzza, M. T., Lindholm, T., Hawley, C. B., Gustafsson Sendén, M., Ekström, I., Olsson, M. J., & Olofsson, J. K. (2018). "Body odour disgust sensitivity predicts authoritarian attitudes." *Royal Society Open Science*, 5(2): 171091.

Locey, K. J., & Lennon, J. T. (2016). "Scaling laws predict global microbial diversity." *Proceedings of the National Academy of Sciences*, 113(21): 5970-5975.

Loewenstein, G., & Lerner, J. S. (2003). "The role of affect in decision making." In R. J. Davidson, K. R. Scherer, & H. H. Goldsmith (eds.), *Handbook of Affective Sciences* (pp. 619-642). Oxford University Press.

Low, K. E. (2006). "Presenting the self, the social body, and the olfactory: Managing smells in everyday life experiences." *Sociological Perspectives*, 49(4): 607-631.

Lukaszewski, A. W., & von Rueden, C. R. (2015). "The extraversion continuum in evolutionary perspective: A review of recent theory and evidence." *Personality and Individual Differences*, 77: 186-192.

MacMurray, J., Comings, D. E., & Napolioni, V. (2014). "The gene-immune-behavioral pathway: Gamma-interferon (IFN-γ) simultaneously coordinates susceptibility to infectious disease and harm avoidance behaviors." *Brain, Behavior, and Immunity*, 35: 169-175.

Mahmut, M. K., Stevenson, R. J., & Stephen, I. (2019). "Do women love their partner's smell? Exploring women's preferences for and identification of male partner and non-partner body odor." *Physiology & Behavior*, 210: 112517.

Makhanova, A., Plant, E. A., & Maner, J. K. (2021). "Capturing fluctuations in pathogen avoidance: The situational pathogen avoidance scale." *Evolutionary Psychological Science*, 7(1): 21-38.

Matthews, L. J., & Butler, P. M. (2011). "Novelty-seeking DRD4 polymorphisms are associated with human migration distance out-of-Africa after controlling for neutral population gene structure." *American Journal of Physical Anthropology*, 145(3): 382-389.

McCusker, R. H., & Kelley, K. W. (2013). "Immune-neural connections: How the immune system's response to infectious agents influences behavior." *Journal of Experimental Biology*, 216(1): 84-98.

McKibbin, W. F., Shackelford, T. K., Miner, E. J., Bates, V. M., & Liddle, J. R. (2011). "Individual differences in women's rape avoidance behaviors." *Archives of Sexual Behavior*, 40(2): 343-349.

Milinski, M., & Bakker, T. C. (1990). "Female sticklebacks use male coloration in mate choice and hence avoid parasitized males." *Nature*, 344(6264): 330-333.

Miller, S. L., & Maner, J. K. (2012). "Overperceiving disease cues: the basic cognition of the behavioral immune system." *Journal of Personality and Social Psychology*, 102(6): 1198.

Montagne, B., Kessels, R. P., Frigerio, E., de Haan, E. H., & Perrett, D. I. (2005). "Sex differences in the perception of affective facial expressions: Do men really lack emotional sensitivity?" *Cognitive Processing*, 6(2): 136-141.

Mortensen, C. R., Becker, D. V., Ackerman, J. M., Neuberg, S. L., & Kenrick, D. T. (2010). "Infection breeds reticence: The effects of disease salience on self-perceptions of personality and behavioral avoidance tendencies." *Psychological Science*, 21(3): 440-447.

Mulkens, S. A., de Jong, P. J., & Merckelbach, H. (1996). "Disgust and spider phobia." *Journal of Abnormal Psychology*, 105(3): 464.

Murdock, G. P., & Provost, C. (1973). "Factors in the division of labor by sex: A cross-cultural analysis." *Ethnology*, 12(2): 203-225.

Murray, D. R. (2014). "Direct and indirect implications of pathogen prevalence for scientific and technological innovation." *Journal of Cross-Cultural Psychology*, 45(6): 971-985.

Murray, D. R., Gildersleeve, K. A., Fales, M. R., & Haselton, M. G. (2017). "MHC homozygosity is associated with fast sexual strategies in women." *Adaptive Human Behavior and Physiology*, 3: 101-117.

Murray, D. R., Haselton, M. G., Fales, M., & Cole, S. W. (2019). "Falling in love is associated with immune system gene regulation." *Psychoneuroendocrinology*, 100: 120-126.

Murray, D. R., Jones, D. N., & Schaller, M. (2013). "Perceived threat of infectious disease and its implications for sexual attitudes." *Personality and Individual Differences*, 54(1): 103-108.

Murray, D. R., Prokosch, M. L., & Airington, Z. (2019). "PsychoBehavioroimmunology: Connecting the behavioral immune system to its physiological foundations." *Frontiers in Psychology*, 10: 200.

Murray, D. R., & Schaller, M. (2012). "Threat(s) and conformity deconstructed: Perceived threat of infectious disease and its implications for conformist attitudes and behavior." *European Journal of Social Psychology*, 42(2): 180-188.

Murray, D. R., & Schaller, M. (2016). "The behavioral immune system: Implications for social cognition, social interaction, and social influence." In M. Zanna & J. Olson (eds.), *Advances in Experimental Social Psychology* (Vol. 53, pp. 75-129). Elsevier.

Murray, D. R., Trudeau, R., & Schaller, M. (2011). "On the origins of cultural differences in conformity: Four tests of the pathogen prevalence hypothesis." *Personality and Social Psychology Bulletin*, 37(3): 318-329.

Napolioni, V., Murray, D. R., Comings, D. E., Peters, W. R., Gade-Andavolu, R., & MacMurray, J. (2014). "Interaction between infectious diseases and personality traits: ACP1* C as a potential mediator." *Infection, Genetics and Evolution*, 26: 267-273.

Navarrete, C. D., & Fessler, D. M. (2003). "Meat is good to taboo: Dietary proscriptions as a product of the interaction of psychological mechanisms and social processes." *Journal of Cognition and Culture*, 3(1): 1-40.

Navarrete, C. D., & Fessler, D. M. (2006). "Disease avoidance and ethnocentrism: The effects of disease vulnerability and disgust sensitivity on intergroup attitudes." *Evolution and Human Behavior*, 27(4): 270-282.

Navarrete, C. D., Fessler, D. M., & Eng, S. J. (2007). "Elevated ethnocentrism in the first trimester of pregnancy." *Evolution and Human Behavior*, 28(1): 60-65.

Neeleman, J., Sytema, S., & Wadsworth, M. (2002). "Propensity to psychiatric and somatic ill-health: Evidence from a birth cohort." *Psychological Medicine*, 32(5): 793-803.

Nesse, R. M. (2005). "Natural selection and the regulation of defenses: A signal detection analysis of the smoke detector principle." *Evolution and Human Behavior*, 26(1): 88-105.

Nettle, D. (2005). "An evolutionary approach to the extraversion continuum." *Evolution and Human Behavior*, 26(4): 363-373.

Nettle, D. (2006). "The evolution of personality variation in humans and other animals." *American Psychologist*, 61(6): 622-631.

Nettle, D. (2007). *Personality: What Makes You the Way You Are*. Oxford University Press.

Nettle, D. (2009). "Ecological influences on human behavioural diversity: A review of recent findings." *Trends in Ecology & Evolution*, 24(11): 618-624.

Neuberg, S. L., Kenrick, D. T., & Schaller, M. (2011). "Human threat management systems: Self-protection and disease avoidance." *Neuroscience & Biobehavioral*

Reviews, 35(4): 1042-1051.

Newell, D. G., Koopmans, M., Verhoef, L., Duizer, E., Aidara-Kane, A., Sprong, H., et al. (2010). "Food-borne diseases — the challenges of 20 years ago still persist while new ones continue to emerge." *International Journal of Food Microbiology*, 139: S3-S15.

Nussinson, R., Mentser, S., & Rosenberg, N. (2018). "Sensitivity to deviance and to dissimilarity: Basic cognitive processes under activation of the behavioral immune system." *Evolutionary Psychology*, 16(4): 1474704918813433.

O'Shea, K. J., DeBruine, L. M., & Jones, B. C. (2019). "Further evidence for associations between short-term mating strategy and sexual disgust." *Personality and Individual Differences*, 138: 333-335.

Oaten, M., Stevenson, R. J., & Case, T. I. (2009). "Disgust as a disease-avoidance mechanism." *Psychological Bulletin*, 135(2): 303-321.

Oaten, M., Stevenson, R. J., & Case, T. I. (2011). "Disease avoidance as a functional basis for stigmatization." *Philosophical Transactions of the Royal Society B: Biological Sciences*, 366(1583): 3433-3452.

Olatunji, B. O., Haidt, J., McKay, D., & David, B. (2008). "Core, animal reminder, and contamination disgust: Three kinds of disgust with distinct personality, behavioral, physiological, and clinical correlates." *Journal of Research in Personality*, 42(5): 1243-1259.

Olatunji, B. O., Williams, N. L., Tolin, D. F., Abramowitz, J. S., Sawchuk, C. N., Lohr, J. M., & Elwood, L. S. (2007). "The Disgust Scale: item analysis, factor structure, and suggestions for refinement." *Psychological Assessment*, 19(3): 281-297.

Olsson, M. J., Lundström, J. N., Kimball, B. A., Gordon, A. R., Karshikoff, B., Hosseini, N., et al. (2014). "The scent of disease: Human body odor contains an early chemosensory cue of sickness." *Psychological Science*, 25(3): 817-823.

Our World in Data. (2022). Daily new confirmed COVID-19 deaths per million people.

Park, J. H., Faulkner, J., & Schaller, M. (2003). "Evolved disease-avoidance processes and contemporary anti-social behavior: Prejudicial attitudes and avoidance of people with physical disabilities." *Journal of Nonverbal Behavior*, 27(2): 65-87.

Park, J. H., Schaller, M., & Crandall, C. S. (2007). "Pathogen-avoidance mechanisms and the stigmatization of obese people." *Evolution and Human Behavior*, 28(6): 410-414.

Pennell, L. M., Galligan, C. L., & Fish, E. N. (2012). "Sex affects immunity." *Journal of Autoimmunity*, 38(2-3): J282-J291.

Phillips, M. L., Senior, C., Fahy, T., & David, A. S. (1998). "Disgust-the forgotten emotion of psychiatry." *The British Journal of Psychiatry*, 172(5): 373-375.

Pinker, S. (2004). *The Blank Slate: The Modern Denial of Human Nature*. Penguin Putnam.

Pirages, D. (2005). "From limits to growth to ecological security." In D. Pirages & K. Cousins (eds.), *From Resource Scarcity to Ecological Security: Exploring New Limits to Growth* (pp. 1-20). MIT Press.

Pollet, T. V., Tybur, J. M., Frankenhuis, W. E., & Rickard, I. J. (2014). "What can cross-cultural correlations teach us about human nature?" *Human Nature*, 25(3): 410-429.

Porzig-Drummond, R., Stevenson, R., Case, T., & Oaten, M. (2009). "Can the emotion of disgust be harnessed to promote hand hygiene? Experimental and field-based tests." *Social Science & Medicine*, 68(6): 1006-1012.

Prawira, B., Pratama, A. J., Bella, A., & Nuraini, S. (2022). "The role of behavioural immune system and belief in COVID-19 misinformation on COVID-19 protective behaviours in Indonesia." *Journal of Health Psychology*, 27(12): 2729-2743.

Prokop, P., & Fančovičová, J. (2016). "Mothers are less disgust sensitive than childless females." *Personality and Individual Differences*, 96: 65-69.

Prokop, P., Usak, M., & Fančovičová, J. (2010). "Risk of parasite transmission influences perceived vulnerability to disease and perceived danger of disease-relevant animals." *Behavioural Processes*, 85(1): 52-57.

Prokosch, M. L., Airington, Z., & Murray, D. R. (2021). "Investigating the relationship between olfactory acuity, disgust, and mating strategies." *Evolution and Human Behavior*, 42(2): 113-120.

Regenbogen, C., Axelsson, J., Lasselin, J., Porada, D. K., Sundelin, T., Peter, M. G., et al. (2017). "Behavioral and neural correlates to multisensory detection of sick humans." *Proceedings of the National Academy of Sciences*, 114(24): 6400-6405.

Rhodes, G. (2006). "The evolutionary psychology of facial beauty." *Annual Review of Psychology*, 57: 199-226.

Rotter, N. G., & Rotter, G. S. (1988). "Sex differences in the encoding and decoding of negative facial emotions." *Journal of Nonverbal Behavior*, 12(2): 139-148.

Rottman, J. (2014). "Evolution, development, and the emergence of disgust." *Evolutionary Psychology*, 12(2): 147470491401200209.

Rozin, P. (1986). "One-trial acquired likes and dislikes in humans: Disgust as a US, food predominance, and negative learning predominance." *Learning and Motivation*, 17(2): 180-189.

Rozin, P., & Fallon, A. E. (1987). "A perspective on disgust." *Psychological Review*, 94(1): 23-41.

Rozin, P., Haidt, J., & Fincher, K. (2009). "From oral to moral." *Science*, 323(5918):

1179-1180.

Rozin, P., & Millman, L. (1987). "Family environment, not heredity, accounts for family resemblances in food preferences and attitudes: A twin study." *Appetite*, 8(2): 125-134.

Rozin, P., Fallon, A., & Mandell, R. (1984). "Family resemblance in attitudes to foods." *Developmental Psychology*, 20(2): 309-314.

Rozin, P., Haidt, J., & McCauley, C. (2008). "Disgust." In L. F. Barrett, M. Lewis, & J. M. Haviland-Jones (eds.), *Handbook of Emotions* (3rd ed., pp. 757-776). Guliford Press.

Rozin, P., Lowery, L., & Ebert, R. (1994). "Varieties of disgust faces and the structure of disgust." *Journal of Personality and Social Psychology*, 66(5): 870-881.

Rozin, P., Haidt, J., McCauley, C., Dunlop, L., & Ashmore, M. (1999). "Individual differences in disgust sensitivity: Comparisons and evaluations of paper-and-pencil versus behavioral measures." *Journal of Research in Personality*, 33(3): 330-351.

Ryan, S., Oaten, M., Stevenson, R. J., & Case, T. I. (2012). "Facial disfigurement is treated like an infectious disease." *Evolution and Human Behavior*, 33(6): 639-646.

Samuels, J., Bienvenu, O. J., Cullen, B., Costa Jr., P. T., Eaton, W. W., & Nestadt, G. (2004). "Personality dimensions and criminal arrest." *Comprehensive Psychiatry*, 45(4): 275-280.

Sawada, N., Auger, E., & Lydon, J. E. (2018). "Activation of the behavioral immune system: Putting the brakes on affiliation." *Personality and Social Psychology Bulletin*, 44(2): 224-237.

Schaller, M. (2006). "Parasites, behavioral defenses, and the social psychological mechanisms through which cultures are evoked." *Psychological Inquiry*, 17(2): 96-101.

Schaller, M. (2011). "The behavioural immune system and the psychology of human sociality." *Philosophical Transactions of the Royal Society B: Biological Sciences*, 366(1583): 3418-3426.

Schaller, M. (2015). "The behavioral immune system." In D. M. Buss (ed.), *The Handbook of Evolutionary Psychology* (2nd ed., pp. 206-224). Wiley.

Schaller, M., & Duncan, L. (2007). "The behavioral immune system: Its evolution and social psychological implications." In J. P. Forgas, M. G. Haselton, & W. von Hippel (eds.), *Evolution and the Social Mind: Evolutionary Psychology and Social Cognition* (pp. 293-307). Psychology Press.[Google Scholar].

Schaller, M., & Murray, D. R. (2008). "Pathogens, personality, and culture: Disease prevalence predicts worldwide variability in sociosexuality, extraversion, and openness to experience." *Journal of Personality and Social Psychology*, 95(1): 212-221.

Schaller, M., & Murray, D. R. (2011). "Infectious disease and the creation of culture." In M. J. Gelfand, C.-Y. Chiu, & Y.-Y. Hong (eds.), *Advances in Culture and Psychology* (pp. 99-151). Oxford University Press.

Schaller, M., & Murray, D. R. (2020). "Pathogens, personality, and culture." In A. T. Church (ed.), *The Praeger Handbook of Personality Across Cultures* (Vol. 3, pp. 87-116). Praeger.

Schaller, M., & Neuberg, S. L. (2012). "Danger, disease, and the nature of prejudice(s)." In M. Zanna & J. Olson (eds.) *Advances in Experimental Social Psychology* (Vol. 46, pp. 1-54). Elsevier.

Schaller, M., & Park, J. H. (2011). "The behavioral immune system (and why it matters)." *Current Directions in Psychological Science*, 20(2): 99-103.

Schaller, M., Park, J. H., & Mueller, A. (2003). "Fear of the dark: Interactive effects of beliefs about danger and ambient darkness on ethnic stereotypes." *Personality and Social Psychology Bulletin*, 29(5): 637-649.

Schaller, M., Miller, G. E., Gervais, W. M., Yager, S., & Chen, E. (2010). "Mere visual perception of other people's disease symptoms facilitates a more aggressive immune response." *Psychological Science*, 21(5): 649-652.

Schienle, A., Schäfer, A., Stark, R., Walter, B., & Vaitl, D. (2005). "Gender differences in the processing of disgust-and fear-inducing pictures: An fMRI study." *Neuroreport*, 16(3): 277-280.

Schnall, S., Haidt, J., Clore, G. L., & Jordan, A. H. (2008). "Disgust as embodied moral judgment." *Personality and Social Psychology Bulletin*, 34(8): 1096-1109.

Schrock, J. M., Snodgrass, J. J., & Sugiyama, L. S. (2020). "Lassitude: The emotion of being sick." *Evolution and Human Behavior*, 41(1): 44-57.

Schröder, J., Kahlke, V., Staubach, K.-H., Zabel, P., & Stüber, F. (1998). "Gender differences in human sepsis." *Archives of Surgery*, 133(11): 1200-1205.

Schulenburg, H., & Müller, S. (2004). "Natural variation in the response of *Caenorhabditis elegans* towards *Bacillus thuringiensis*." *Parasitology*, 128(4): 433-443.

Schuurs, A., & Verheul, H. (1990). "Effects of gender and sex steroids on the immune response." *Journal of Steroid Biochemistry*, 35(2): 157-172.

Scott, J. C. (2017). *Against the Grain*. Yale University Press.

Sear, R., & Mace, R. (2008). "Who keeps children alive? A review of the effects of kin on child survival." *Evolution and Human Behavior*, 29(1): 1-18.

Segerstrom, S. C., & Segerstrom, S. (2012). *The Oxford Handbook of Psychoneuroimmunology*. Oxford University Press.

Sell, A., Tooby, J., & Cosmides, L. (2009). "Formidability and the logic of human anger." *Proceedings of the National Academy of Sciences*, 106(35): 15073-15078.

Sergeant, M. J., Davies, M. N., Dickins, T. E., & Griffiths, M. D. (2005). "The self-reported importance of olfaction during human mate choice." *Sexualities, Evolution & Gender*, 7(3): 199-213.

Seth, P., Lang, D. L., DiClemente, R. J., Braxton, N. D., Crosby, R. A., Brown, L. K., et al. (2011). "Gender differences in sexual risk behaviours and sexually transmissible infections among adolescents in mental health treatment." *Sexual Health*, 9(3): 240-246.

Sevi, B. (2019). "Brief report: Tinder users are risk takers and have low sexual disgust sensitivity." *Evolutionary Psychological Science*, 5(1): 104-108.

Sevi, B., Aral, T., & Eskenazi, T. (2018). "Exploring the hook-up app: Low sexual disgust and high sociosexuality predict motivation to use Tinder for casual sex." *Personality and Individual Differences*, 133: 17-20.

Shackelford, T. K., & Larsen, R. J. (1997). "Facial asymmetry as an indicator of psychological, emotional, and physiological distress." *Journal of Personality and Social Psychology*, 72(2): 456-466.

Shakhar, K. (2019). "The Inclusive Behavioral Immune System." *Frontiers in Psychology*, 10: 1004.

Shakhar, K., & Shakhar, G. (2015). "Why do we feel sick when infected—can altruism play a role?" *PLoS Biology*, 13(10): e1002276.

Sherlock, J. M., Zietsch, B. P., Tybur, J. M., & Jern, P. (2016). "The quantitative genetics of disgust sensitivity." *Emotion*, 16(1): 43-51.

Shirasu, M., & Touhara, K. (2011). "The scent of disease: Volatile organic compounds of the human body related to disease and disorder." *The Journal of Biochemistry*, 150(3): 257-266.

Shook, N. J., Sevi, B., Lee, J., Oosterhoff, B., & Fitzgerald, H. N. (2020). "Disease avoidance in the time of COVID-19: The behavioral immune system is associated with concern and preventative health behaviors." *PLoS One*, 15(8): e0238015.

Silk, J. B. (2007). "The adaptive value of sociality in mammalian groups." *Philosophical Transactions of the Royal Society B: Biological Sciences*, 362(1480): 539-559.

Silverman, I., Choi, J., & Peters, M. (2007). "The hunter-gatherer theory of sex differences in spatial abilities: Data from 40 countries." *Archives of Sexual Behavior*, 36(2): 261-268.

Skolnick, A. J., & Dzokoto, V. A. (2013). "Disgust and contamination: A cross-national comparison of Ghana and the United States." *Frontiers in Psychology*, 4: 91.

Sperber, D. (1994). "The modularity of thought and the epidemiology of representations." In L. A. Hirschfeld & S. A. Gelman (eds.), *Mapping the Mind: Domain Specificity in Cognition and Culture* (pp. 39-67). Cambridge University Press.

Sprengelmeyer, R., Young, A., Pundt, I., Sprengelmeyer, A., Calder, A., Berrios, G., et al. (1997). "Disgust implicated in obsessive-compulsive disorder." *Proceedings of the Royal Society B: Biological Sciences*, 264(1389): 1767-1773.

Sprengelmeyer, R., Young, A. W., Calder, A. J., Karnat, A., Lange, H., Hömberg, V., et al. (1996). "Loss of disgust: Perception of faces and emotions in Huntington's disease." *Brain*, 119(5): 1647-1665.

Stevenson, R. J. (2010). "An initial evaluation of the functions of human olfaction." *Chemical Senses*, 35(1): 3-20.

Stevenson, R. J., & Repacholi, B. M. (2005). "Does the source of an interpersonal odour affect disgust? A disease risk model and its alternatives." *European Journal of Social Psychology*, 35(3): 375-401.

Stevenson, R. J., Case, T. I., & Oaten, M. J. (2009). "Frequency and recency of infection and their relationship with disgust and contamination sensitivity." *Evolution and Human Behavior*, 30(5): 363-368.

Stevenson, R. J., Case, T. I., & Oaten, M. J. (2011). "Effect of self-reported sexual arousal on responses to sex-related and non-sex-related disgust cues." *Archives of Sexual Behavior*, 40(1): 79-85.

Stevenson, R. J., Hodgson, D., Oaten, M. J., Barouei, J., & Case, T. I. (2011). "The effect of disgust on oral immune function." *Psychophysiology*, 48(7): 900-907.

Stevenson, R. J., Hodgson, D., Oaten, M. J., Moussavi, M., Langberg, R., Case, T. I., & Barouei, J. (2012). "Disgust elevates core body temperature and up-regulates certain oral immune markers." *Brain, Behavior, and Immunity*, 26(7): 1160-1168.

Stevenson, R. J., Oaten, M. J., Case, T. I., Repacholi, B. M., & Wagland, P. (2010). "Children's response to adult disgust elicitors: Development and acquisition." *Developmental Psychology*, 46(1): 165.

Strain, D. (2011). "8.7 million: A new estimate for all the complex species on Earth." *Science*, 333(6046): 1083.

Susskind, J. M., Lee, D. H., Cusi, A., Feiman, R., Grabski, W., & Anderson, A. K. (2008). "Expressing fear enhances sensory acquisition." *Nature Neuroscience*, 11(7): 843-850.

Szymkow, A., Frankowska, N., & Galasinska, K. (2021). "Testing the disgust-based mechanism of homonegative attitudes in the context of the COVID-19 pandemic." *Frontiers in Psychology*, 12: 647881.

Szymkow, A., Frankowska, N., & Gałasińska, K. (2021). "Social distancing from foreign individuals as a disease-avoidance mechanism: Testing the assumptions of the behavioral immune system theory during the COVID-19 pandemic." *Social Psychological Bulletin*, 16(3): 1-28.

Tang-Martinez, Z. (2010). "'Bateman's principles: Original experiment and modern data for and against." In M. D. Bread & J. Moore (eds.), *Encyclopedia of Animal Behavior I* (pp. 166-176). Elsevier.

Terrizzi Jr., J. A., Shook, N. J., & McDaniel, M. A. (2013). "The behavioral immune system and social conservatism: A meta-analysis." *Evolution and Human Behavior*, 34(2): 99-108.

Terrizzi Jr., J. A., Shook, N. J., & Ventis, W. L. (2012). "Religious conservatism: An evolutionarily evoked disease-avoidance strategy." *Religion, Brain & Behavior*, 2(2): 105-120.

Thornhill, R., & Fincher, C. L. (2014). "The parasite-stress theory of sociality, the behavioral immune system, and human social and cognitive uniqueness." *Evolutionary Behavioral Sciences*, 8(4): 257-264.

Thornhill, R., & Gangestad, S. W. (1993). "Human facial beauty." *Human Nature*, 4(3): 237-269.

Thornhill, R., Fincher, C. L., & Aran, D. (2009). "Parasites, democratization, and the liberalization of values across contemporary countries." *Biological Reviews*, 84(1): 113-131.

Tolin, D. F., Woods, C. M., & Abramowitz, J. S. (2006). "Disgust sensitivity and obsessive-compulsive symptoms in a non-clinical sample." *Journal of Behavior Therapy and Experimental Psychiatry*, 37(1): 30-40.

Troisi, A. (2020). "Fear of COVID-19: Insights from evolutionary behavioral science." *Clinical Neuropsychiatry*, 17(2): 72-75.

Troop, N. A., Treasure, J. L., & Serpell, L. (2002). "A further exploration of disgust in eating disorders." *European Eating Disorders Review*, 10(3): 218-226.

Tybur, J. M., & de Vries, R. E. (2013). "Disgust sensitivity and the HEXACO model of personality." *Personality and Individual Differences*, 55(6): 660-665.

Tybur, J. M., & Gangestad, S. W. (2011). "Mate preferences and infectious disease: Theoretical considerations and evidence in humans." *Philosophical Transactions of the Royal Society B: Biological Sciences*, 366(1583): 3375-3388.

Tybur, J. M., Bryan, A. D., Lieberman, D., Hooper, A. E. C., & Merriman, L. A.

(2011). "Sex differences and sex similarities in disgust sensitivity." *Personality and Individual Differences*, 51(3): 343-348.

Tybur, J. M., Bryan, A. D., Magnan, R. E., & Hooper, A. E. C. (2011). "Smells like safe sex: Olfactory pathogen primes increase intentions to use condoms." *Psychological Science*, 22(4): 478-480.

Tybur, J. M., Çınar, Ç., Karinen, A. K., & Perone, P. (2018). "Why do people vary in disgust?" *Philosophical Transactions of the Royal Society B: Biological Sciences*, 373(1751): 20170204.

Tybur, J. M., Inbar, Y., Güler, E., & Molho, C. (2015). "Is the relationship between pathogen avoidance and ideological conservatism explained by sexual strategies?" *Evolution and Human Behavior*, 36(6): 489-497.

Tybur, J. M., Laakasuo, M., Ruff, J., & Klauke, F. (2016). "How pathogen cues shape impressions of foods: The omnivore's dilemma and functionally specialized conditioning." *Evolution and Human Behavior*, 37(5): 376-386.

Tybur, J. M., Lieberman, D., & Griskevicius, V. (2009). "Microbes, mating, and morality: Individual differences in three functional domains of disgust." *Journal of Personality and Social Psychology*, 97(1): 103-122.

Tybur, J. M., Lieberman, D., Kurzban, R., & DeScioli, P. (2013). "Disgust: Evolved function and structure." *Psychological Review*, 120(1): 65-84.

Van Leeuwen, F., Park, J. H., Koenig, B. L., & Graham, J. (2012). "Regional variation in pathogen prevalence predicts endorsement of group-focused moral concerns." *Evolution and Human Behavior*, 33(5): 429-437.

VanderWaal, K. L., Obanda, V., Omondi, G. P., McCowan, B., Wang, H., Fushing, H., & Isbell, L. A. (2016). "The "strength of weak ties" and helminth parasitism in giraffe social networks." *Behavioral Ecology*, 27(4): 1190-1197.

Walboomers, J. M., Jacobs, M. V., Manos, M. M., Bosch, F. X., Kummer, J. A., Shah, K. V., et al. (1999). "Human papillomavirus is a necessary cause of invasive cervical cancer worldwide." *The Journal of Pathology*, 189(1): 12-19.

Wheatley, T., & Haidt, J. (2005). "Hypnotic disgust makes moral judgments more severe." *Psychological Science*, 16(10): 780-784.

White, T. L., & Cunningham, C. (2017). "Sexual preference and the self-reported role of olfaction in mate selection." *Chemosensory Perception*, 10(1): 31-41.

Wolfe, N. D., Dunavan, C. P., & Diamond, J. (2007). "Origins of major human infectious diseases." *Nature*, 447(7142): 279-283.

Wood, W., & Eagly, A. H. (2002). "A cross-cultural analysis of the behavior of women and men: Implications for the origins of sex differences." *Psychological Bulletin*, 128

(5): 699-727.
Wu, B.-P., & Chang, L. (2012). "The social impact of pathogen threat: How disease salience influences conformity." *Personality and Individual Differences*, 53(1): 50-54.
Young, S. G., Sacco, D. F., & Hugenberg, K. (2011). "Vulnerability to disease is associated with a domain-specific preference for symmetrical faces relative to symmetrical non-face stimuli." *European Journal of Social Psychology*, 41(5): 558-563.
Zahavi, A. (1975). "Mate selection — a selection for a handicap." *Journal of Theoretical Biology*, 53(1): 205-214.
Zald, D. H., & Pardo, J. V. (1997). "Emotion, olfaction, and the human amygdala: amygdala activation during aversive olfactory stimulation." *Proceedings of the National Academy of Sciences*, 94(8): 4119-4124.
Żelaźniewicz, A., Borkowska, B., Nowak, J., & Pawłowski, B. (2016). "The progesterone level, leukocyte count and disgust sensitivity across the menstrual cycle." *Physiology & Behavior*, 161: 60-65.
Zietsch, B. P. (2016). "Individual differences as the output of evolved calibration mechanisms: does the theory make sense in view of empirical observations?" *Current Opinion in Psychology*, 7: 71-75.
Zumla, A., Bates, M., & Maeurer, M. (2014). "Pregnancy and infection." *New England Journal of Medicine*, 371(11): 1076.

2장

전중환. (2012). "현대 사회의 저출산에 대한 진화적 분석." 『한국심리학회지: 문화 및 사회문제』 18(1): 97-110.
Abrams, E. T., & Miller, E. M. (2011). "The roles of the immune system in women's reproduction: Evolutionary constraints and life history trade-offs." *American Journal of Physical Anthropology*, 146(S53): 134-154.
Akter, S., Jesmin, S., Rahman, M. M., Islam, M. M., Khatun, M. T., Yamaguchi, N., et al. (2013). "Higher gravidity and parity are associated with increased prevalence of metabolic syndrome among rural Bangladeshi women." *PLoS One*, 8(8): e68319.
Altmann, J., Gesquiere, L., Galbany, J., Onyango, P. O., & Alberts, S. C. (2010). "Life history context of reproductive aging in a wild primate model." *Annals of the New York Academy of Sciences*, 1204(1): 127-138.
Alvergne, A., & Lummaa, V. (2014). "Ecological variation in wealth-fertility relationships in Mongolia: The 'central theoretical problem of sociobiology' not a problem after all?" *Proceedings of the Royal Society B: Biological Sciences*, 281(1796): 20141733.

Ananth, C. V., & Chauhan, S. P. (2012). "Epidemiology of twinning in developed countries." *Seminars in Perinatology*, 36(3): 156-161.

Aubret, F., Bonnet, X., Shine, R., & Maumelat, S. (2003). "Clutch size manipulation, hatching success and offspring phenotype in the ball python(Python regius)." *Biological Journal of the Linnean Society*, 78(2): 263-272.

Barclay, K., Keenan, K., Grundy, E., Kolk, M., & Myrskylä, M. (2016). "Reproductive history and post-reproductive mortality: A sibling comparison analysis using Swedish register data." *Social Science and Medicine*, 82-92.

Bauer, J. H., & Helfand, S. L. (2011). "The genetics of dietary modulation of lifespan." In T. Flatt & A. Heyland (eds.), *Mechanisms of Life History Evolution: The Genetics and Physiology of Life History Traits and Trade-Offs* (pp. 180-192). Oxford University Press.

Beise, J., & Voland, E. (2002). "Effect of producing sons on maternal longevity in premodern populations." *Science*, 298(5592): 317.

Bell, G. (1980). "The costs of reproduction and their consequences." *American Naturalist*, 116(1): 45-76.

Blomquist, G. E. (2009). "Trade-off between age of first reproduction and survival in a female primate." *Biology Letters*, 5(3): 339-342.

Bogin, B. (2009). "Childhood, adolescence, and longevity: A multilevel model of the evolution of reserve capacity in human life history." *American Journal of Human Biology*, 21(4): 567-577.

Bogin, B., Bragg, J., & Kuzawa, C. (2014). "Humans are not cooperative breeders but practice biocultural reproduction." *Annals of Human Biology*, 41(4): 368-380.

Bøhler, E., & Bergström, S. (1995). "Subsequent pregnancy affects morbidity of previous child." *Journal of Biosocial Science*, 27(4): 431-442.

Bolund, E. (2020). "The challenge of measuring trade-offs in human life history research." *Evolution and Human Behavior*, 41(6): 502-512.

Boone, J. L., & Kessler, K. L. (1999). "More status or more children? Social status, fertility reduction, and long-term fitness." *Evolution and Human Behavior*, 20(4): 257-277.

Borgerhoff Mulder, M., (1988). "Reproductive success of three Kipsigis cohorts." In T. H. Clutton-Brock (ed.), *Reproductive Success* (pp. 419-435). University of Chicago Press.

Borgerhoff Mulder, M. (1998). "The demographic transition: Are we any closer to an evolutionary explanation?" *Trends in Ecology & Evolution*, 13(7): 266-270.

Borgerhoff Mulder, M. (2000). "Optimizing offspring: The quantity-quality tradeoff in agropastoral Kipsigis." *Evolution and Human Behavior*, 21(6): 391-410.

Boyd, R., & Richerson, P. J. (1988). *Culture and the Evolutionary Process*. University of Chicago press.

Briga, M., Griffin, R. M., Berger, V., Pettay, J. E., & Lummaa, V. (2017). "What have humans done for evolutionary biology? Contributions from genes to populations." *Proceedings of the Royal Society B: Biological Sciences*, 284(1866): 20171164.

Carey, J. R. (2003). *Longevity: The Biology and Demography of Life Span*. Princeton University Press.

Cesarini, D., Lindqvist, E., & Wallace, B. (2007). "Maternal longevity and the sex of offspring in pre-industrial Sweden." *Annals of Human Biology*, 34(5): 535-546.

Cesarini, D., Lindqvist, E., & Wallace, B. (2009). "Is there an adverse effect of sons on maternal longevity?" *Proceedings of the Royal Society B: Biological Sciences*, 276(1664): 2081-2084.

Charnov, E. L., & Berrigan, D. (1993). "Why do female primates have such long lifespans and so few babies? Or life in the slow lane." *Evolutionary Anthropology: Issues, News, and Reviews*, 1(6): 191-194.

Charnov, E. L., & Ernest, S. K. M. (2006). "The offspring-size/clutch-size trade-off in mammals." *American Naturalist*, 167(4): 578-582.

Christiansen, S. G. (2014). "The impact of children's sex composition on parents' mortality." *BMC Public Health*, 14(1): 989.

Clutton-Brock, T. H., Albon, S. D., & Guinness, F. E. (1989). "Fitness costs of gestation and lactation in wild mammals." *Nature*, 337(6204): 260-262.

Colleran, H. (2016). "The cultural evolution of fertility decline." *Philosophical Transactions of the Royal Society B: Biological Sciences*, 371(1692): 20150152.

Corder, K., Winpenny, E. M., Foubister, C., Guagliano, J. M., Hartwig, X. M., Love, R., et al. (2020). "Becoming a parent: A systematic review and meta-analysis of changes in BMI, diet, and physical activity." *Obesity Reviews*, 21(4): e12959.

Creanza, N., Kolodny, O., & Feldman, M. W. (2017). "Cultural evolutionary theory: How culture evolves and why it matters." *Proceedings of the National Academy of Sciences*, 114(30): 7782-7789.

Doblhammer, G. (2000). "Reproductive history and mortality later in life: A comparative study of England and Wales and Austria." *Population Studies*, 54(2): 169-176.

Doblhammer, G., & Oeppen, J. (2003). "Reproduction and longevity among the British peerage: The effect of frailty and health selection." *Proceedings of the Royal Society B: Biological Sciences*, 270(1524): 1541-1547.

Dufour, D. L., & Sauther, M. L. (2002). "Comparative and evolutionary dimensions of the energetics of human pregnancy and lactation." *American Journal of Human Biology*, 14(5): 584-602.

Dunsworth, H. M. (2020). "Expanding the evolutionary explanations for sex differences in the human skeleton." *Evolutionary Anthropology: Issues, News, and Reviews*, 29(3): 108-116.

Einiö, E., Nisén, J., & Martikainen, P. (2015). "Is young fatherhood causally related to midlife mortality? A sibling fixed-effect study in Finland." *Journal of Epidemiology and Community Health*, 69(11): 1077-1082.

Ellis, B. J., Figueredo, A. J., Brumbach, B. H., & Schlomer, G. L. (2009). "Fundamental dimensions of environmental risk." *Human Nature*, 20(2): 204-268.

Ellison, P. T. (2001). *Reproductive Ecology and Human Evolution*. Transaction Publishers.

Ellison, P. T. (2017). "Endocrinology, energetics, and human life history: A synthetic model." *Hormones and Behavior*, 91: 97-106.

Engelman, M., Agree, E. M., Yount, K. M., & Bishai, D.(2010). "Parity and parents' health in later life: The gendered case of Ismailia, Egypt." *Population Studies*, 64(2): 165-178.

Erickson, J. D., & Bjerkedal, T. (1978). "Interpregnancy interval: Association with birth weight, stillbirth, and neonatal death." *Journal of Epidemiology and Community Health*, 32(2): 124-130.

Fisher, R. A. (1930). *The Genetical Theory of Natural Selection*. The Clarendon Press.

Foster, C. (2000). "The limits to low fertility: A biosocial approach." *Population and Development Review*, 26(2): 209-234.

Fotso, J. C., Cleland, J., Mberu, B., Mutua, M., & Elungata, P. (2013). "Birth spacing and child mortality: An analysis of prospective data from the Nairobi urban health and demographic surveillance system." *Journal of Biosocial Science*, 45(6): 779-798.

Frankenhuis, W. E., & Nettle, D. (2020). "Current debates in human life history research." *Evolution and Human Behavior*, 41(6): 469-473.

Gage, T. B., & DeWitte, S. (2009). "What do we know about the agricultural demographic transition?" *Current Anthropology*, 50(5): 649-655.

Gagnon, A., Smith, K. R., Tremblay, M., Vézina, H., Paré, P.-P., & Desjardins, B. (2009). "Is there a trade-off between fertility and longevity? A comparative study of women from three large historical databases accounting for mortality selection." *American Journal of Human Biology*, 21(4): 533-540.

Galdikas, B. M. F., & Wood, J. W. (1990). "Birth spacing patterns in humans and apes." *American Journal of Physical Anthropology*, 83(2): 185-191.

Galipaud, M., & Kokko, H. (2020). "Sex, senescence, sources and sinks." *Functional*

Ecology, 34(1): 55-64.
Gettler, L. T., McDade, T. W., Agustin, S. S., Feranil, A. B., & Kuzawa, C. W. (2014). "Testosterone, immune function, and life history transitions in filipino males(Homo sapiens)." *International Journal of Primatology*, 35(3-4): 787-804.
Gettler, L. T., Ryan, C. P., Eisenberg, D. T., Rzhetskaya, M., Hayes, M. G., Feranil, A. B., et al. (2017). "The role of testosterone in coordinating male life history strategies: The moderating effects of the androgen receptor CAG repeat polymorphism." *Hormones and Behavior*, 87: 164-175.
Gibson, M. A., & Mace, R. (2003). "Strong mothers bear more sons in rural Ethiopia." *Proceedings of the Royal Society B: Biological Sciences*, 270(suppl_1): S108-S109.
Goodman, A., Koupil, I., & Lawson, D. W. (2012). "Low fertility increases descendant socioeconomic position but reduces long-term fitness in a modern post-industrial society." *Proceedings of the Royal Society B: Biological Sciences*, 279(1746): 4342-4351.
Gray, P. B., & Anderson, K. G. (2012). *Fatherhood: Evolution and Human Paternal Behavior* (Reprint edition). Harvard University Press.
Gray, P. B., McHale, T. S., & Carré, J. M. (2017). "A review of human male field studies of hormones and behavioral reproductive effort." *Hormones and Behavior*, 91: 52-67.
Grundy, E. (2009). "Women's fertility and mortality in late mid life: A comparison of three contemporary populations." *American Journal of Human Biology*, 21(4): 541-547.
Grundy, E., & Kravdal, Ø. (2014). "Do short birth intervals have long-term implications for parental health? Results from analyses of complete cohort Norwegian register data." *Journal of Epidemiology and Community Health*, 68(10): 958-964.
Grundy, E., & Tomassini, C. (2005). "Fertility history and health in later life: A record linkage study in England and Wales." *Social Science & Medicine*, 61(1): 217-228.
Gunderson, E. P., Jacobs Jr., D. R., Chiang, V., Lewis, C. E., Tsai, A., Quesenberry Jr., C. P., & Sidney, S. (2009). "Childbearing is associated with higher incidence of the metabolic syndrome among women of reproductive age controlling for measurements before pregnancy: The CARDIA study." *American Journal of Obstetrics and Gynecology*, 201(2): 177.e1-9.
Hamel, S., Gaillard, J.-M., Yoccoz, N. G., Loison, A., Bonenfant, C., & Descamps, S. (2010). "Fitness costs of reproduction depend on life speed: Empirical evidence from mammalian populations." *Ecology Letters*, 13(7): 915-935.
Hardy, I. C. W., Griffiths, N. T., & Godfray, H. C. J. (1992). "Clutch size in a parasitoid wasp: A manipulation experiment." *Journal of Animal Ecology*, 61(1): 121-129.
Harknett, K., Billari, F. C., & Medalia, C. (2014). "Do family support environments

influence fertility? Evidence from 20 European countries." *European Journal of Population*, 30(1): 1-33.

Harrell, C. J., Smith, K. R., & Mineau, G. P. (2008). "Are girls good and boys bad for parental longevity?" *Human Nature*, 19(1): 56-69.

Harshman, L. G., & Zera, A. J. (2007). "The cost of reproduction: The devil in the details." *Trends in Ecology & Evolution*, 22(2): 80-86.

Hawkes, K., & Paine, R. R.(eds.). (2006). *The Evolution of Human Life History* (illustrated edition). School for Advanced Research Press.

Hayward, A. D., Nenko, I., & Lummaa, V. (2015). "Early-life reproduction is associated with increased mortality risk but enhanced lifetime fitness in pre-industrial humans." *Proceedings of the Royal Society B: Biological Sciences*, 282(1804): 20143053.

Healy, K., Ezard, T. H. G., Jones, O. R., Salguero-Gómez, R., & Buckley, Y. M. (2019). "Animal life history is shaped by the pace of life and the distribution of age-specific mortality and reproduction." *Nature Ecology & Evolution*, 3(8): 1217-1224.

Helle, S. (2018). "Accounting for measurement error in human life history trade-offs using structural equation modeling." *American Journal of Human Biology*, 30(2): e23075.

Helle, S., Lummaa, V., & Jokela, J. (2002). "Sons reduced maternal longevity in preindustrial humans." *Science*, 296(5570): 1085-1085.

Helle, S., Lummaa, V., & Jokela, J. (2004). "Accelerated immunosenescence in preindustrial twin mothers." *Proceedings of the National Academy of Sciences*, 101(33): 12391-12396.

Henretta, J. C. (2007). "Early childbearing, marital status, and women's health and mortality after age 50." *Journal of Health and Social Behavior*, 48(3): 254-266.

Henrich, J. (2015). *The Secret of Our Success*. Princeton University Press.

Hill, K., & Hurtado, M. (1995). *Ache Life History: The Ecology and Demography of a Foraging People*. Routledge.

Hill, K., & Kaplan, H. (1999). "Life history traits in humans: Theory and empirical studies." *Annual Review of Anthropology*, 28: 397-430.

Hill, S. E., & Reeve, H. K. (2005). "Low fertility in humans as the evolutionary outcome of snowballing resource games." *Behavioral Ecology*, 16(2): 398-402.

Hobcraft, J., McDonald, J. W., & Rutstein, S. (1983). "Child-spacing effects on infant and early child mortality." *Population Index*, 49(4): 585-618.

Hobcraft, J. N., McDonald, J. W., & Rutstein, S. O. (1985). "Demographic determinants of infant and early child mortality: A comparative analysis." *Population Studies*, 39(3): 363-385.

Högnäs, R. S., Roelfs, D. J., Shor, E., Moore C., & Reece, T. (2017). "J-curve? A meta-analysis and meta-regression of parity and parental mortality." *Population Research and Policy Review*, 36: 273-308.

Hrdy, S. B. (2009). *Mothers and others: The Evolutionary Origins of Mutual Understanding*. Harvard University Press.

Hurt, L. S., Ronsmans, C., & Quigley, M. (2006). "Does the number of sons born affect long-term mortality of parents? A cohort study in rural Bangladesh." *Proceedings of the Royal Society B: Biological Sciences*, 273(1583): 149-155.

Hurt, L. S., Ronsmans, C., & Thomas, S. L. (2006). "The effect of number of births on women's mortality: Systematic review of the evidence for women who have completed their childbearing." *Population Studies*, 60(1): 55-71.

Isler, K., & van Schaik, C. P. (2012). "How our ancestors broke through the gray ceiling: Comparative evidence for cooperative breeding in early homo." *Current Anthropology*, 53(S6): S453-S465.

Jasienska, G. (2013). *The Fragile Wisdom: An Evolutionary View on Women's Biology and Health*. Harvard University Press.

Jasienska, G. (2020). "Costs of reproduction and ageing in the human female." *Philosophical Transactions of the Royal Society B: Biological Sciences*, 375(1811): 20190615.

Jasienska, G., Nenko, I., & Jasienski, M. (2006). "Daughters increase longevity of fathers, but daughters and sons equally reduce longevity of mothers." *American Journal of Human Biology*, 18(3): 422-425.

Jasienska, G., Bribiescas, R. G., Furberg, A.-S., Helle, S., & Núñez-de la Mora, A. (2017). "Human reproduction and health: An evolutionary perspective." *The Lancet*, 390(10093): 510-520.

Kapahi, P., Kaeberlein, M., & Hansen, M. (2017). "Dietary restriction and lifespan: Lessons from invertebrate models." *Ageing Research Reviews*, 39: 3-14.

Kaplan, H. (1996). "A theory of fertility and parental investment in traditional and modern human societies." *American Journal of Physical Anthropology*, 101(S23): 91-135.

Kaplan, H., Hill, K., Lancaster, J., & Hurtado, A. M. (2000). "A theory of human life history evolution: Diet, intelligence, and longevity." *Evolutionary Anthropology Issues News and Reviews*, 9(4): 156-185.

Kaplan, H., Lancaster, J. B., Johnson, S. E., & Bock, J. A. (1995). "Does observed fertility maximize fitness among New Mexican men?" *Human Nature*, 6(4): 325-360.

Kaplan, H., Lancaster, J. B., Tucker, W. T., & Anderson, K. G. (2002). "Evolutionary approach to below replacement fertility." *American Journal of Human Biology*, 14(2): 233-256.

Karlsson, M. K., Ahlborg, H., & Karlsson, C. (2005). "Female reproductive history and the skeleton-a review." *BJOG: An International Journal of Obstetrics & Gynaecology*, 112(7): 851-856.

Ketterson, E. D., & Nolan Jr., V. (1992). "Hormones and life histories: An integrative approach." *American Naturalist*, S33-S62.

Kirkwood, T. B. (1977). "Evolution of ageing." *Nature*, 270(5635): 301-304.

Knott, C. D. (2001). "Female reproductive ecology of the apes: Implications for human evolution." In P. T. Ellison (ed.), *Reproductive Ecology and Human Evolution*(pp. 429-463). Routledge.

Koivula, M., Koskela, E., Mappes, T., & Oksanen, T. A. (2003). "Cost of reproduction in the wild: Manipulation of reproductive effort in the bank vole." *Ecology*, 84(2): 398-405.

Kraft, T. S., Venkataraman, V. V., Wallace, I. J., Crittenden, A. N., Holowka, N. B., Stieglitz, J., et al. (2021). "The energetics of uniquely human subsistence strategies." *Science*, 374(6575).

Kunz, T. H., & Orrell, K. S. (2004). "Energy costs of reproduction." In C. J. Cleveland (ed.), *Encyclopedia of Energy* (pp. 423-442). Elsevier.

Lack, D. (1947). "The significance of clutch-size." *Ibis*, 89(2): 302-352.

Laland, K. N., & Brown, G. R. (2006). "Niche construction, human behavior, and the adaptive-lag hypothesis." *Evolutionary Anthropology: Issues, News, and Reviews*, 15(3): 95-104.

Lao, X. Q., Thomas, G. N., Jiang, C. Q., Zhang, W. S., Yin, P., Schooling, M., et al. (2006). "Parity and the metabolic syndrome in older Chinese women: The Guangzhou biobank cohort study." *Clinical Endocrinology*, 65(4): 460-469.

Law, R. (1979). "Optimal life histories under age-specific predation." *American Naturalist*, 114(3): 399-417.

Lawn, R. B., Sallis, H. M., Wootton, R. E., Taylor, A. E., Demange, P., Fraser, A., et al. (2020). "The effects of age at menarche and first sexual intercourse on reproductive and behavioural outcomes: A Mendelian randomization study." *PLoS One*, 15(6): e0234488.

Lawson, D. W., & Borgerhoff Mulder, M. (2016). "The offspring quantity-quality trade-off and human fertility variation." *Philosophical Transactions of the Royal Society B*, 371(1692): 20150145.

Lawson, D. W., & Mace, R. (2010). "Optimizing modern family size: Trade-offs between fertility and the economic costs of reproduction." *Human Nature*, 21(1): 39-61.

Lawson, D. W., Alvergne, A., & Gibson, M. A. (2012). "The life-history trade-off between fertility and child survival." *Proceedings of the Royal Society B*, 279(1748): 4755-4764.

Lee, D. S., Ruiz-Lambides, A., & Higham, J. P. (2019). "Higher offspring mortality with short inter-birth intervals in free-ranging rhesus macaques." *Proceedings of the National Academy of Sciences*, 116(13): 6057-6062.

Lee, E. N., Choe, S. Y., Choi, E. H., & Lee, M. J. (2019). "Effects of parity and breast feeding duration on the risk of osteoporosis in postmenopausal Korean women: A systematic review and meta-analysis." *Journal of Menopausal Medicine*, 25(2): 100-107.

Lee, R. D. (2003). "The demographic transition: Three centuries of fundamental change." *Journal of Economic Perspectives*, 17(4): 167-190.

Lee, R. D., & Reher, D. S. (2011). "Introduction: The landscape of demographic transition and its aftermath." *Population and Development Review*, 37(s1): 1-7.

Lee, Y., Lee, H. N., Kim, S. J., Koo, J., Lee, K. E., & Shin, J. E. (2018). "Higher parity and risk of metabolic syndrome in Korean postmenopausal women: Korea national health and nutrition examination survey 2010-2012." *Journal of Obstetrics and Gynaecology Research*, 44(11): 2045-2052.

Low, B. S. (2015). *Why Sex Matters: A Darwinian Look at Human Behavior-Revised Edition*. Princeton University Press.

Low, B. S., Simon, C. S., & Anderson, K. G. (2003). "The biodemography of modern women: Tradeoffs when resources become limiting." In J. L. Rodgers & H.-P. Kohler (eds.), *The Biodemography of Human Reproduction and Fertility* (pp. 105-134), Springer Science & Business Media.

Luci-Greulich, A., & Thévenon, O. (2014). "Does economic advancement 'cause' a re-increase in fertility? An empirical analysis for OECD countries (1960-2007)." *European Journal of Population*, 30(2): 187-221.

Lummaa, V. (2007). "Life-history theory, reproduction and longevity in humans." In R. Dunbar & L. Barrett (eds.), *Oxford Handbook of Evolutionary Psychology* (pp. 397-414). Oxford University Press.

MacArthur, R. H., & Wilson, E. O. (1967). *The Theory of Island Biogeography*. Princeton University Press.

Mace, R. (1998). "The co-evolution of human fertility and wealth inheritance strategies." *Philosophical Transactions of the Royal Society B: Biological Sciences*, 353(1367): 389-

397.
Mace, R. (2000). "Evolutionary ecology of human life history." *Animal behaviour*, 59(1): 1-10.
Mace, R. (2007). "The Evolutionary Ecology of Human Family Size." In R. Dunbar & L. Barrett (eds.), *Oxford Handbook of Evolutionary Psychology* (pp. 383-396). Oxford University Press.
Maney, D. L. (2020). "The challenge hypothesis: Triumphs and caveats." *Hormones and Behavior*, 123: 104663.
Mathot, K. J., & Frankenhuis, W. E. (2018). "Models of pace-of-life syndromes(POLS): A systematic review." *Behavioral Ecology and Sociobiology*, 72(3): 41.
Maynard Smith, J. (1958). "The effects of temperature and of egg-laying on the longevity of Drosophila subobscura." *Journal of Experimental Biology*, 35: 832-842.
McAllister, L. S., Pepper, G. V., Virgo, S., & Coall, D. A. (2016). "The evolved psychological mechanisms of fertility motivation: Hunting for causation in a sea of correlation." *Philosophical Transactions of the Royal Society B: Biological Sciences*, 371 (1692):20150151.
McArdle, P. F., Pollin, T. I., O'Connell, J. R., Sorkin, J. D., Agarwala, R., Schäffer, A. A., et al. (2006). "Does having children extend life span? A genealogical study of parity and longevity in the amish." *The Journals of Gerontology: Series A*, 61(2): 190-195.
McDade, T. W. (2003). "Life history theory and the immune system: Steps toward a human ecological immunology." *American Journal of Physical Anthropology*, 122(S37): 100-125.
Mcnamara, J. M., & Houston, A. (2006). "State and value: A perspective from behavioural ecology." In J. CK. Wells, S. Strickland, & K. Laland (eds.), *Social Information Transmission and Human Biology* (pp. 59-88). Taylor & Francis Group.
Meij, J. J., Van Bodegom, D., Ziem, J. B., Amankwa, J., Polderman, A. M., Kirkwood, T. B. L., et al. (2009). "Quality-quantity trade-off of human offspring under adverse environmental conditions." *Journal of Evolutionary Biology*, 22(5): 1014-1023.
Melamed, N., Yogev, Y., & Glezerman, M. (2010). "Fetal gender and pregnancy outcome." *The Journal of Maternal-Fetal & Neonatal Medicine*, 23(4): 338-344.
Molitoris, J., Barclay, K., & Kolk, M. (2019). "When and where birth spacing matters for child survival: An international comparison using the DHS." *Demography*, 56(4): 1349-1370.
Muehlenbein, M. P., & Bribiescas, R. G. (2005). "Testosterone-mediated immune

functions and male life histories." *American Journal of Human Biology*, 17(5): 527-558.

Myrskylä, M., Kohler, H.-P., & Billari, F. C. (2009). "Advances in development reverse fertility declines." *Nature*, 460(7256): 741-743.

Næss, Ø., Mortensen, L. H., Vikanes, Å., & Smith, G. D. (2017). "Offspring sex and parental health and mortality." *Scientific Reports*, 7(1): 5285.

Nesse, R. M., & Williams, G. C. (2012). *Why We Get Sick: The New Science of Darwinian Medicine*. Vintage.

Nettle, D. (2010). "Why are there social gradients in preventative health behavior? A perspective from behavioral ecology." *PLoS One*, 5(10): e13371.

Nettle, D., & Frankenhuis, W. E. (2019). "The evolution of life-history theory: A bibliometric analysis of an interdisciplinary research area." *Proceedings of the Royal Society B*, 286(1899): 20190040.

Nettle, D., & Frankenhuis, W. E. (2020). "Life-history theory in psychology and evolutionary biology: One research programme or two?" *Philosophical Transactions of the Royal Society B: Biological Sciences*, 375(1803): 20190490.

Oksanen, T. A., Koskela, E., & Mappes, T. (2002). "Hormonal manipulation of offspring number: Maternal effort and reproductive costs." *Evolution*, 56(7): 1530-1537.

Page, A. E., Sylvain Viguier, Dyble, M., Smith, D., Chaudhary, N., Salali, G. D., Thompson, J., et al. (2016). "Reproductive trade-offs in extant hunter-gatherers suggest adaptive mechanism for the Neolithic expansion." *Proceedings of the National Academy of Sciences*, 113(17): 4694-4699.

Parker, G. A., & Smith, J. M. (1990). "Optimality theory in evolutionary biology." *Nature*, 348(6296): 27-33.

Partridge, L., Gems, D., & Withers, D. J. (2005). "Sex and death: What is the connection?" *Cell*, 120(4): 461-472.

Pennington, R., & Harpending, H. (1988). "Fitness and fertility among Kalahari !Kung." *American Journal of Physical Anthropology*, 77(3): 303-319.

Pereira, M. E., & Fairbanks, L. A. (2002). *Juvenile Primates: Life History, Development, and Behavior*. University of Chicago Press.

Pettay, J. E., Kruuk, L. E. B., Jokela, J., & Lummaa, V. (2005). "Heritability and genetic constraints of life-history trait evolution in preindustrial humans." *Proceedings of the National Academy of Sciences*, 102(8): 2838-2843.

Pettifor, R. A., Perrins, C. M., & McCleery, R. H. (1988). "Individual optimization of clutch size in great tits." *Nature*, 336(6195): 160-162.

Pianka, E. R.(1970). "On *r*- and *K*-selection." *American Naturalist*, 104(940): 592-597.

Pongou, R., Shapiro, D., & Tenikue, M. (2019). "Mortality convergence of twins and singletons in sub-Saharan Africa." *Demographic Research*, 41: 1047-1058.

Pontzer, H., Brown, M. H., Raichlen, D. A., Dunsworth, H., Hare, B., Walker, K., et al. (2016). "Metabolic acceleration and the evolution of human brain size and life history." *Nature*, 533(7603): 390-392.

Prentice, A. M., & Prentice, A. (1988). "Energy costs of lactation." *Annual Review of Nutrition*, 8(1): 63-79.

Preston, S. H. (1978). *The Effects of Infant and Child Mortality on Fertility*. Academic Press.

Promislow, D. E. L., & Harvey, P. H. (1990). "Living fast and dying young: A comparative analysis of life-history variation among mammals." *Journal of Zoology*, 220(3): 417-437.

Rasa, A., Vogel, C., & Voland, E. (1989). *Sociobiology of Sexual and Reproductive Strategies*. Chapman and Hall.

Reznick, D. (1985). "Costs of reproduction: An evaluation of the empirical evidence." *Oikos*, 257-267.

Reznick, D., Bryant, M. J., & Bashey, F. (2002). "r-and K-selection revisited: The role of population regulation in life-history evolution." *Ecology*, 83(6): 1509-1520.

Reznick, D., Nunney, L., & Tessier, A. (2000). "Big houses, big cars, superfleas and the costs of reproduction." *Trends in Ecology & Evolution*, 15(10): 421-425.

Richerson, P. J., & Boyd, R. (2020). "The human life history is adapted to exploit the adaptive advantages of culture." *Philosophical Transactions of the Royal Society B: Biological Sciences*, 375(1803): 20190498.

Rickard, I. J., Russell, A. F., & Lummaa, V. (2007). "Producing sons reduces lifetime reproductive success of subsequent offspring in pre-industrial Finns." *Proceedings of the Royal Society B: Biological Sciences*, 274(1628): 2981-2988.

Ricklefs, R. E. (2000). "Lack, skutch, and moreau: The early development of life-history thinking." *The Condor*, 102(1): 3-8.

Roff, D. A. (2002). *Life History Evolution*. Sinauer Associattes.

Rogers, A. R. (2007). "Evolutionary economics of human reproduction." In D. J. Penn & I. Mysterud (eds.), *Evolutionary Perspectives on Environmental Problems* (pp. 202-218). Routledge.

Rotkirch, A. (2007). "All that she wants is a (nother) baby'? Longing for children as a fertility incentive of growing importance." *Journal of Evolutionary Psychology*, 5(1): 89-104.

Rotkirch, A., Basten, S., Väisänen, H., & Jokela, M. (2011). "Baby longing and men's reproductive motivation." *Vienna Yearbook of Population Research*, 9: 283-306.

Rushton, J. P. (1985). "Differential K theory: The sociobiology of individual and group differences." *Personality and Individual Differences*, 6(4): 441-452.

Schultz, T. P. (1997). "Demand for children in low income countries." In M. R. Rosenzweig & O. Stark (eds.), *Handbook of Population and Family Economics* (Vol. 1, pp. 349-430). Elsevier.

Sear, R. (2010). "Height and reproductive success." In U. J. Frey, C. Störmer, & K. P. Willführ (eds.), *Homo Novus-A Human Without Illusions*(pp. 127-143). Springer.

Sear, R. (2015). "Evolutionary contributions to the study of human fertility." *Population Studies*, 69(sup1): S39-S55.

Sear, R. (2020). "Do human 'life history strategies' exist?" *Evolution and Human Behavior*, 41(6): 513-526.

Sear, R., Sheppard, P., & Coall, D. A. (2019). "Cross-cultural evidence does not support universal acceleration of puberty in father-absent households." *Philosophical Transactions of the Royal Society B: Biological Sciences*, 374(1770): 20180124.

Shenk, M. K., Kaplan, H. S., & Hooper, P. L. (2016). "Status competition, inequality, and fertility: Implications for the demographic transition." *Philosophical Transactions of the Royal Society B: Biological Sciences*, 371(1692): 20150150.

Smith, C. C., & Fretwell, S. D. (1974). "The optimal balance between size and number of offspring." *American Naturalist*, 108(962): 499-506.

Smith, K. R., Mineau, G. P., & Bean, L. L. (2002). "Fertility and post-reproductive longevity." *Social Biology*, 49(3-4): 185-205.

Song, S. Y., Kim, Y., Park, H., Kim, Y. J., Kang, W., & Kim, E. Y. (2017). "Effect of parity on bone mineral density: A systematic review and meta-analysis." *Bone*, 101: 70-76.

Stearns, S. C. (1992). *The Evolution of Life Histories*. Oxford University Press.

Stearns, S. C. (2000). "Life history evolution: Successes, limitations, and prospects." *Naturwissenschaften*, 87(11): 476-486.

Stearns, S. C., Allal, N., & Mace, R. (2008). "Life history theory and human development." In C. Crawford & D. Krebs (eds.), *Foundations of Evolutionary Psychology* (pp. 47-69). Psychology Press.

Stearns, S. C., & Rodrigues, A. M. M. (2020). "On the use of 'life history theory' in evolutionary psychology." *Evolution and Human Behavior*, 41(6): 474-485.

Strassmann, B. I., & Gillespie, B. (2002). "Life-history theory, fertility and reproductive success in humans." *Proceedings of the Royal Society B: Biological Sciences*, 269(1491): 553-562.

Stulp, G., & Barrett, L. (2016). "Evolutionary perspectives on human height variation."

Biological Reviews, 91(1): 206-234.

Stulp, G., Verhulst, S., Pollet, T. V., & Buunk, A. P. (2012). "The effect of female height on reproductive success is negative in western populations, but more variable in non-western populations." *American Journal of Human Biology*, 24(4): 486-494.

Swenson, I. (1978). "Early childhood survivorship related to the subsequent interpregnancy interval and outcome of the subsequent pregnancy." *Journal of Tropical Pediatrics*, 24(3): 103-106.

Tavecchia, G., Coulson, T., Morgan, B. J. T., Pemberton, J. M., Pilkington, J. C., Gulland, F. M. D., et al. (2005). "Predictors of reproductive cost in female Soay sheep." *Journal of Animal Ecology*, 74(2): 201-213.

Testa, M. R. (2014). "On the positive correlation between education and fertility intentions in Europe: Individual-and country-level evidence." *Advances in Life Course Research*, 21: 28-42.

Thomas, M. G., Shanley, D. P., Houston, A. I., McNamara, J. M., Mace, R., & Kirkwood, T. B. L. (2015). "A dynamic framework for the study of optimal birth intervals reveals the importance of sibling competition and mortality risks." *Journal of Evolutionary Biology*, 28(4): 885-895.

Thomas, F., Teriokhin, A. T., Renaud, F., De Meeûs, T., & Guégan, J. F. (2000). "Human longevity at the cost of reproductive success: Evidence from global data." *Journal of Evolutionary Biology*, 13(3): 409-414.

Thompson, M. E., Muller, M. N., Sabbi, K., Machanda, Z. P., Otali, E., & Wrangham, R. W. (2016). "Faster reproductive rates trade off against offspring growth in wild chimpanzees." *Proceedings of the National Academy of Sciences*, 113(28): 7780-7785.

Trevathan, W., Smith, E. O., & McKenna, J. J. (2008). *Evolutionary Medicine and Health: New Perspectives*. Oxford University Press.

Valeggia, C., & Ellison, P. T. (2009). "Interactions between metabolic and reproductive functions in the resumption of postpartum fecundity." *American Journal of Human Biology*, 21(4): 559-566.

Van de Putte, B., Matthijs, K., & Vlietinck, R. (2004). "A social component in the negative effect of sons on maternal longevity in pre-industrial humans." *Journal of Biosocial Science*, 36(3): 289-297.

van Noordwijk, A. J., & de Jong, G. (1986). "Acquisition and allocation of resources: Their influence on variation in life history tactics." *American Naturalist*, 128(1): 137-142.

Walker, R., Hill, K., Burger, O., & Hurtado, A. M. (2006). "Life in the slow lane revisited: Ontogenetic separation between chimpanzees and humans." *American*

Journal of Physical Anthropology, 129(4): 577-583.
Wang, Q., Huang, Q., Zeng, Y., Liang, J.-J, Liu, S.-Y, Gu, X., et al. (2016). "Parity and osteoporotic fracture risk in postmenopausal women: A dose-response meta-analysis of prospective studies." *Osteoporosis International*, 27(1): 319-330.
Wells, J. C. K., & Stock, J. T. (2020). "Life history transitions at the origins of agriculture: A model for understanding how niche construction impacts human growth, demography and health." *Frontiers in Endocrinology*, 11: 325.
Westendorp, R. G. J., & Kirkwood, T. B. L. (1998). "Human longevity at the cost of reproductive success." *Nature*, 396(6713): 743-746.
Williams, G. C. (1957). "Pleiotropy, natural selection, and the evolution of senescence." *Evolution*, 11(4): 398-411.
Williams, G. C. (1966). "Natural selection, the costs of reproduction, and a refinement of Lack's principle." *American Naturalist*, 100(916): 687-690.
Wilson, A. J., & Nussey, D. H. (2010). "What is individual quality? An evolutionary perspective." *Trends in Ecology & Evolution*, 25(4): 207-214.
Wingfield, J. C., Hegner, R. E., Dufty Jr., A. M., & Ball, G. F.(1990). "The "challenge hypothesis": Theoretical implications for patterns of testosterone secretion, mating systems, and breeding strategies." *American Naturalist*, 136(6): 829-846.
Wood, J. W. (1994). *Dynamics of Human Reproduction: Biology, Biometry, Demography*. Routledge.
Young, E. S., Frankenhuis, W. E., & Ellis, B. J.(2020). "Theory and measurement of environmental unpredictability." *Evolution and Human Behavior*, 41(6): 550-556.
Zera, A. J., & Harshman, L. G. (2001). "The physiology of life history trade-offs in animals." *Annual Review of Ecology and Systematics*, 32: 95-126.
Zera, A. J., Harshman, L. G., & Williams, T. D. (2007). "Evolutionary endocrinology: The developing synthesis between endocrinology and evolutionary genetics." *Annual Review of Ecology, Evolution, and Systematics*, 38: 793-817.

3장

고우림·조영태·차영재·장대익. (2020). "한국 합계출산율의 결정 요인으로서의 인구 밀도." 『사회과학 담론과 정책』 13(2): 129-153.
김현식·김지연. (2012). "부모동거가 첫째, 자식 출산에 미치는 영향." 『보건사회연구』 32(3): 5-32.
배호중·한창근·양은모. (2017). "친정과의 거리와 자식출산: 2000년 이후 혼인가구를 대상으로." 『보건사회연구』 37(2): 5-40.
오지혜. (2020). "조부모의 사회경제적 자원이 부모의 첫째아 출산에 미치는 영향."

『보건사회연구』 40(1): 361-393.

Adair, L. E. (2013). "Fertility decision making: To what extent do adaptations, social pressures, and individual differences influence plans to have a child?" Doctoral dissertation. Kansas State University.

Ajzen, I., & Klobas, J. (2013). "Fertility intentions: An approach based on the theory of planned behavior." *Demographic Research*, 29: 203-232.

Alvergne, A., Jokela, M., & Lummaa, V. (2010). "Personality and reproductive success in a high-fertility human population." *Proceedings of the National Academy of Sciences*, 107: 11745-11750.

Angeles L. (2009). "Demographic transitions: Analyzing the effects of mortality on fertility." *Journal of Population Economics*, 23: 99-120.

Balbo, N., & Mills, M. (2011). "The influence of the family network on the realisation of fertility intentions." *Vienna Yearbook of Population Research*, 9: 179-205.

Becker, G. S. (1992). "Fertility and the economy." *Journal of Population Economics*, 5(3): 185-201.

Belsky, J., Steinberg, L., & Draper, P. (1991). "Childhood experience, interpersonal development, and reproductive strategy: An evolutionary theory of socialization." *Child Development*, 62(4): 647-670.

Bereczkei, T. (1993). "*r*-selected reproductive strategies among Hungarian Gipsies: A preliminary analysis." *Ethology and Sociobiology*, 14(2): 71-88.

Berman, P. W. (1980). "Are women more responsive than men to the young? A review of developmental and situational variables." *Psychological Bulletin*, 88(3): 668-695.

Bernardi, L., & Klärner, A. (2014). "Social networks and fertility." *Demographic Research*, 30(1): 641-670.

Billari, F. C. (2015). "Integrating macro-and micro-level approaches in the explanation of population change." *Population Studies*, 69(sup1): S11-S20.

Billari, F. C., Philipov, D., & Testa, M. R. (2009). "Attitudes, norms and perceived behavioural control: Explaining fertility intentions in Bulgaria." *European Journal of Population/Revue européenne de Démographie*, 25(4): 439-465.

Bock, J. (2002). "Introduction: Evolutionary theory and the search for a unified theory of fertility." *American Journal of Human Biology*, 14(2): 145-148.

Boyd, R., & Richerson, P. J. (2005). *The Origin and Evolution of Cultures*. Oxford University Press.

Brase G. L., & Brase S. L. (2012). "Emotional regulation of fertility decision making: What is the nature and structure of 'baby fever'?" *Emotion*, 12: 1141-1154.

Bribiescas, R. G. (2001). "Reproductive ecology and life history of the human male."

Yearbook of Physical Anthropology, 44: 148-176.

Bribiescas, R. G. (2006). "On the evolution, life history, and proximate mechanisms of human male reproductive senescence." *Evolutionary Anthropology*, 15(4): 132-141.

Bulatao, R. A.(1981). "Values and disvalues of children in successive childbearing decisions." *Demography*, 18(1): 1-25.

Chapman, S. N., Tanskanen, A. O., & Danielsbacka, M. (2021). "Predictors of grandparental investment." In T. K. Shackelford & V. A. Weeks-Shackelford (eds.), *Encyclopedia of Evolutionary Psychological Science* (pp. 6109-6113). Springer.

Chapman, S. N., Lahdenperä, M., Pettay, J. E., Lynch, R. F., & Lummaa, V. (2021). "Offspring fertility and grandchild survival enhanced by maternal grandmothers in a pre-industrial human society." *Scientific Reports*, 11(1): 1-10.

Chasiotis, A., Bender, M., & Hofer, J. (2014). "Childhood context explains cultural variance in implicit parenting motivation: Results from two studies with six samples from Cameroon, Costa Rica, Germany, and PR China." *Evolutionary Psychology*, 12(2): 147470491401200203.

Chasiotis, A., Hofer, J., & Campos, D. (2007). "When does liking children lead to parenthood? Younger siblings, implicit prosocial power motivation, and explicit love for children predict parenthood across cultures." *Journal of Cultural and Evolutionary Psychology*, 4(2): 95-123.

Chipman, A., & Morrison, E. (2013). "The impact of sex ratio and economic status on local birth rates." *Biology Letters*, 9: 20130027.

Chipman, A., & Morrison, E. (2014). "Family planning: Fertility and parenting ideals in urban adolescents." *Archives of Sexual Behavior*, 44: 695-703.

Chisholm, J. S., Ellison, P. T., Evans, J., Lee, P. C., Lieberman, L. S., Pavlik, Z., et al. (1993). "Death, hope, and sex: Life-history theory and the development of reproductive strategies." *Current Anthropology*, 34(1): 1-24.

Chisholm, J. S., Quinlivan, J. A., Petersen, R. W., & Coall, D. A. (2005). "Early stress predicts age at menarche and first birth, adult attachment, and expected lifespan." *Human Nature*, 16(3): 233-265.

Clay, D. C., & Johnson, N. E. (1992). "Size of farm or size of family: which comes first?" *Population Studies*, 46(3): 491-505.

Clutterbuck, S., Adams, J., & Nettle, D. (2014). "Childhood adversity accelerates intended reproductive timing in adolescent girls without increasing interest in infants." *PLoS One*, 9: e85013.

Coall, D. A., & Chisholm, J. S. (2003). "Evolutionary perspectives on pregnancy: Maternal age at menarche and infant birth weight." *Social Science & Medicine*,

57(10): 1771-1781.

Coall, D. A., & Hertwig, R. (2010). "Grandparental investment: Past, present, and future." *Behavioral and Brain Sciences*, 33(1): 1-59.

Coall, D. A., Hilbrand, S., Sear, R., & Hertwig, R. (2018). "Interdisciplinary perspectives on grandparental investment: A journey towards causality." *Contemporary Social Science*, 13(2): 159-174.

Colleran, H. (2016). "The cultural evolution of fertility decline." *Philosophical Transactions of the Royal Society B: Biological Sciences*, 371(1692): 20150152.

Dahlberg, J. (2013). "Family influence in fertility: A longitudinal analysis of sibling correlations in first birth risk and completed fertility among Swedish men and women." *Demographic Research*, 29: 233-246.

Draper, P., & Hames, R. (2000). "Birth order, sibling investment, and fertility among Ju/'Hoansi(!Kung)." *Human Nature*, 11(2): 117-156.

Draper, P., & Harpending, H. (1982). "Father absence and reproductive strategy: An evolutionary perspective." *Journal of Anthropological Research*, 38(3): 255-273.

Dunkel, C., Mathes, E., & Decker, M. (2010). "Behavioral flexibility in life history strategies: The role of life expectancy." *Journal of Social, Evolutionary, and Cultural Psychology*, 4(2): 51-61.

East, P. L., Felice, M. E., & Morgan, M. C. (1993). "Sisters' and girlfriends' sexual and childbearing behavior: Effects on early adolescent girls' sexual outcomes." *Journal of Marriage and the Family*, 55(4): 953-963.

Emmott, E. H., Myers, S., & Page, A. E. (2021). "Who cares for women with children? Crossing the bridge between disciplines." *Philosophical Transactions of the Royal Society B: Biological Sciences*, 376(1827): 20200019.

Feldman, S. S., Nash, S. C., & Cutrona, C. (1977). "The influence of age and sex on responsiveness to babies." *Developmental Psychology*, 13(6): 675-676.

Fletcher, G. J., Simpson, J. A., Campbell, L., & Overall, N. C. (2015). "Pair-bonding, romantic love, and evolution: The curious case of Homo sapiens." *Perspectives on Psychological Science*, 10(1): 20-36.

Fox, J., Willführ, K., Gagnon, A., Dillon, L., & Voland, E. (2017). "The consequences of sibling formation on survival and reproductive success across different ecological contexts: A comparison of the historical Krummhörn and Quebec populations." *The History of the Family*, 22(2-3): 364-423.

Fritsche, I., Jonas, E., Fischer, P., Koranyi, N., Berger, N., & Fleischmann, B. (2007). "Mortality salience and the desire for offspring." *Journal of Experimental Social Psychology*, 43: 753-762.

Frodi, A. M., & Lamb, M. E. (1978). "Sex differences in responsiveness to infants: A developmental study of psychophysiological and behavioral responses." *Child Development*, 49(4): 1182–1188.

Geary, D. C. (2000). "Evolution and proximate expression of human paternal investment." *Psychological Bulletin*, 126(1): 55–77.

Geronimus, A. T. (1996). "What teen mothers know." *Human Nature*, 7(4): 323–352.

Goldberg, S., Blumberg, S. L., & Kriger, A. (1982). "Menarche and interest in infants: Biological and social influences." *Child Development*, 53(6): 1544–1550.

Gordon, D. S. (2021). "Extrinsic and existential mortality risk in reproductive decision-making: Examining the effects COVID-19 experiences and climate change beliefs." *Frontiers in Psychology*, 12: 2294.

Griskevicius, V., Delton, A. W., Robertson, T. E., & Tybur, J. M. (2011). "Environmental contingency in life history strategies: The influence of mortality and socioeconomic status on reproductive timing." *Journal of Personality and Social Psychology*, 100: 241–254.

Guttentag, M., & Secord, P. F. (1983). *Too Many Women?: The Sex Ratio Question*. SAGE Publications, Incorporated.

Hacker, J. D., Helgertz, J., Nelson, M. A., & Roberts, E. (2021). "The influence of kin proximity on the reproductive success of American couples, 1900–1910." *Demography*, 58(6): 2337–2364.

Hamilton, W. D. (1964). "The genetical evolution of social behaviour. II." *Journal of Theoretical Biology*, 7(1): 17–52.

Hawkes, K., O'Connell, J. F., & Blurton Jones, N. G. (1997). "Hadza women's time allocation, offspring provisioning, and the evolution of long postmenopausal life spans." *Current Anthropology*, 38(4): 551–577.

Hawkes, K., O'Connell, J. F., Blurton Jones, N. G., Alvarez, H., & Charnov, E. L. (1998). "Grandmothering, menopause, and the evolution of human life histories." *Proceedings of the National Academy of Sciences*, 95(3): 1336–1339.

Hayford, S. R., & Morgan, S. P. (2008). "Religiosity and fertility in the United States: The role of fertility intentions." *Social Forces*, 86(3): 1163–1188.

Hill, S. E., & DelPriore, D. J. (2013). "(Not) Bringing up baby: The effects of jealousy on the desire to have and invest in children." *Personality and Social Psychology Bulletin*, 39(2): 206-218.

Hobcraft, J., & Kiernan, K. (1995). "Becoming a parent in Europe." In *Evolution or Revolution in European Population: European Population Conference, Milano, 4-8 Sept., 1995* (Vol. 1, pp. 27–61), Franco Angeli.

Hobcraft, J. N. (2003). "Reflections on demographic, evolutionary, and genetic approaches to the study of human reproductive behavior." In K. W. Wachter & R. A. Bulatao (eds.), *Offspring: Human Fertility Behavior in Biodemographic Perspective* (pp. 336–357). National Academies Press.

Hrdy, S. B. (1999). *Mother Nature: A History of Mothers, Infants, and Natural Selection*. Pantheon Books.

Hrdy, S. B. (2009). *Mothers and Others: The Evolutionary Origins of Mutual Understanding*. Harvard University Press.

Huber, S., Zahourek, P., & Martin, F. (2017). "Living with own or husband's mother in the household is associated with lower number of children: A cross-cultural analysis." *Royal Society Open Science*, 4(10): 170544.

Jokela, M. (2009). "Personality predicts migration within and between US states." *Journal of Research in Personality*, 43(1): 79–83.

Jokela, M., & Keltikangas-Järvinen, L. (2009). "Adolescent leadership and adulthood fertility: Revisiting the 'central theoretical problem of human sociobiology'." *Journal of Personality*, 77(1): 213–230.

Jokela, M., Kivimäki, M., Elovainio, M., & Keltikangas-Järvinen, L. (2009). "Personality and having children: A two-way relationship." *Journal of Personality and Social Psychology*, 96(1): 218–230.

Jones, N. B. (1986). "Bushman birth spacing: A test for optimal interbirth intervals." *Ethology and Sociobiology*, 7(2): 91–105.

Kaplan, H. (1996). "A theory of fertility and parental investment in traditional and modern human societies." *American Journal of Physical Anthropology*, 101(S23): 91–135.

Kaplan, H., Hill, K., Lancaster, J., & Hurtado, A. M. (2000). "A theory of human life history evolution: Diet, intelligence, and longevity." *Evolutionary Anthropology: Issues, News, and Reviews*, 9(4): 156–185.

Klindworth, H., & Voland, E. (1995). "How did the Krummhörn elite males achieve above-average reproductive success?" *Human Nature*, 6(3): 221–240.

Kotte, M., & Ludwig, V. (2011). "Intergenerational transmission of fertility intentions and behaviour in Germany: The role of contagion." *Vienna Yearbook of Population Research*, 9(1): 207–226.

Kristin, S., & Sear, R. (2013). "Kin influences on fertility in Thailand: Effects and mechanisms." *Evolution and Human Behavior*, 34(2): 130–138.

Lainiala L, Miettinen A. (2014). "Skewed marriage markets and sex ratios of Finnish people in their twenties." *Finnish Yearbook of Population Research*, 48: 51–63.

Lawson, D. W., & Borgerhoff Mulder, M. (2016). "The offspring quantity-quality trade-off and human fertility variation." *Philosophical Transactions of the Royal Society B: Biological Sciences*, 371(1692): 20150145.

Lawson, D. W., & Mace, R. (2010). "Optimizing modern family size: Trade-offs between fertility and the economic costs of reproduction." *Human Nature*, 21(1): 39-61.

Li, N. P., Lim A. J. Y., Tsai, M.-H., & O, J. (2015). "Too materialistic to get married and have children?" *PLoS One*, 10: e0126543.

Li, N. P., Patel, L., Balliet, D., Tov, W., & Scollon, C. N. (2011). "The incompatibility of materialism and the desire for children: Psychological insights into the fertility discrepancy among modern countries." *Social Indicators Research*, 101(3): 391-404.

Lichter, D. T., Anderson, R. N., & Hayward, M. D. (1995). "Marriage markets and marital choice." *Journal of Family Issues*, 16(4): 412-431.

Liu, J., & Lummaa, V. (2019). "Whether to have a second child or not? An integrative approach to women's reproductive decision-making in current China." *Evolution and Human Behavior*, 40(2): 194-203.

Low, B. S., Hazel, A., Parker, N., & Welch, K. B. (2008). "Influences on women's reproductive lives: Unexpected ecological underpinnings." *Cross-Cultural Research*, 42(3): 201-219.

Low, B. S., Parker, N., Hazel, A., & Welch, K. B. (2013). "Life expectancy, fertility, and women's lives: a life-history perspective." *Cross-Cultural Research*, 47(2): 198-225.

Lutz, W., Testa, M. R., & Penn, D. J. (2006). "Population density is a key factor in declining human fertility." *Population and Environment*, 28(2): 69-81.

Lynch, R., Lummaa, V., Briga, M., Chapman, S. N., & Loehr, J. (2020). "Child volunteers in a women's paramilitary organization in World War II have accelerated reproductive schedules." *Nature Communications*, 11(1): 1-10.

Mace, R. (1996). "Biased parental investment and reproductive success in Gabbra pastoralists." *Behavioral Ecology and Sociobiology*, 38(2): 75-81.

Mace R. (1998). "The coevolution of human fertilityand wealth inheritance strategies." *Philosophical Transactions of the Royal Society B: Biological Sciences,* 353(1367): 389-397.

Mace, R. (2000). "Evolutionary ecology of human life history." *Animal Behaviour*, 59(1): 1-10.

Maestripieri, D., & Roney, J. (2006). "Evolutionary developmental psychology: Contributions from comparative research with nonhuman primates." *Developmental Review,* 26: 120-137.

Maestripieri, D., Roney, J. R., DeBias, N., Durante, K. M., & Spaepen, G. M. (2004). "Father absence, menarche and interest in infants among adolescent girls." *Developmental Science*, 7: 560-566.

Mathews, P., & Sear, R. (2008). "Life after death: An investigation into how mortality perceptions influence fertility preferences using evidence from an internet-based experiment." *Evolutionary Psychology*, 6: 155-172.

McAllister, L. S., Pepper, G. V., Virgo, S., & Coall, D. A. (2016). "The evolved psychological mechanisms of fertility motivation: Hunting for causation in a sea of correlation." *Philosophical Transactions of the Royal Society B: Biological Sciences*, 371(1692): 20150151.

Miller, W. B. (1994). "Childbearing motivations, desires, and intentions: A theoretical framework." *Genetic, Social, and General Psychology Monographs*, 120(2): 223-258.

Miller, W. B. (2011). "Comparing the TPB and the TDIB framework." *Vienna Yearbook of Population Research*, 9: 19-29.

Miller, W. B., & Pasta, D. J. (1995). "Behavioral intentions: Which ones predict fertility behavior in married couples?" *Journal of Applied Social Psychology*, 25(6): 530-555.

Morgan, S. P. (2001). "Should fertility intentions inform fertility forecasts." Proceedings of US Census Bureau Conference: The Direction of Fertility in the United States.

Morgan, S. P., & King, R. B. (2001). "Why have children in the 21st century? Biological predisposition, social coercion, rational choice." *European Journal of Population/Revue Européenne de Démographie*, 17(1): 3-20.

Moss, J. H., & Maner, J. K. (2016). "Biased sex ratios influence fundamental aspects of human mating." *Personality and Social Psychology Bulletin*, 42(1): 72-80.

Moya, C., Snopkowski, K., & Sear, R. (2016). "What do men want? Re-examining whether men benefit from higher fertility than is optimal for women." *Philosophical Transactions of the Royal Society B: Biological Sciences*, 371(1692): 20150149.

Mulder, M. B. (1998). "Brothers and sisters." *Human Nature*, 9(2): 119-161.

Mulder, M. B. (2000). "Optimizing offspring: The quantity-quality tradeoff in agropastoral Kipsigis." *Evolution and Human Behavior*, 21(6): 391-410.

Murphy, M., & Wang, D. (2001). "Family-level continuities in childbearing in low-fertility societies." *European Journal of Population*, 17(1): 75-96.

Nettle, D. (2005). "An evolutionary approach to the extraversion continuum." *Evolution and Human Behavior*, 26(4): 363-373.

Nettle, D. (2006). "The evolution of personality variation in humans and other animals." *American Psychologist*, 61(6): 622-631.

Nettle, D. (2010). “Dying young and living fast: Variation in life history across English neighborhoods.” *Behavioral Ecology*, 21(2): 387-395.

Nettle, D., Coall, D. A., & Dickins, T. E.(2011). “Early-life conditions and age at first pregnancy in British women.” *Proceedings of the Royal Society B: Biological Sciences*, 278(1712): 1721-1727.

Nettle, D., Frankenhuis, W., & Rickard, I. (2012). “The adaptive basis of psychosocial acceleration.” *Developmental Psychology*, 48(3): 718-721.

Newson, L., Postmes, T., Lea, S. E., & Webley, P. (2005). “Whyare modern families small? Toward an evolutionary and cultural explanation for the demographic transition.” *Personality and Social Psychology Review*, 9(4): 360-375.

Newson, L., Postmes, T., Lea, S. E. G., Webley, P., Richerson, P. J., & McElreath, R. (2007). “Influences on communicationabout reproduction: The cultural evolution of low fertility.” *Evolution and Human Behavior*, 28(3): 199-210.

Nobles, J., Frankenberg, E., & Thomas, D. (2015). “The effects of mortality on fertility: Population dynamics after a natural disaster.” *Demography*, 52: 15-38.

Park, S. M., Cho, S. I., & Choi, M. K. (2010). “The effect of paternal investment on female fertility intention in South Korea.” *Evolution and Human Behavior*, 31(6): 447-452.

Pedersen, F. A. (1991). “Secular trends in human sex ratios.” *Human Nature*, 2(3): 271-291.

Pepper, G. V., & Nettle, D. (2013). “Death and the time of your life: Experiences of close bereavement are associated with steeper financial future discounting and earlier reproduction.” *Evolution and Human Behavior*, 34: 433-439.

Philipov, D. (2009). “The effect of competing intentions and behaviour on short-term childbearing intentions and subsequent childbearing.” *European Journal of Population/Revue Européenne de Démographie*, 25(4): 525-548.

Placek, C. D., & Quinlan, R. J. (2012). “Adolescent fertility and risky environments: A population-level perspective across the lifespan.” *Proceedings of the Royal Society B: Biological Sciences*, 279(1744): 4003-4008.

Pluzhnikov, A., Nolan, D. K., Tan, Z., McPeek, M. S., & Ober, C. (2007). “Correlation of intergenerational family sizes suggests a genetic component of reproductive fitness.” *American Journal of Human Genetics*, 81(1): 165-169.

Quinlan, R. J. (2010). “Extrinsic mortality effects on reproductive strategies in a Caribbean community.” *Human Nature*, 21: 124-139.

Rholes, W. R., Simpson, J. A., Blakely, B. S., Lanigan, L., & Allen, E. A. (1997). “Adult attachment styles, the desire to have children, and working models of parenthood.”

Journal of Personality, 65: 357-385.

Richerson, P. J., & Boyd, R. (2005). *Not by Genes Alone: How Culture Transformed Human Evolution*. University of Chicago Press.

Rijken, A. J., & Thomson, E. (2011). "Partners' relationship quality and childbearing." *Social Science Research*, 40(2): 485-497.

Rodgers, J. L., St John, C. A., & Coleman, R. (2005). "Did fertility go up after the Oklahoma City bombing? An analysis of births in metropolitan counties in Oklahoma, 1990-1999." *Demography*, 42(4): 675-692.

Rotkirch, A. (2007). "'All that she wants is a(nother) baby'? Longing for children as a fertility incentive of growing importance." *Journal of Evolutionary Psychology*, 5: 89-104.

Rotkirch, A., Basten, S., Väisänen, H., & Jokela, M. (2011). "Baby longing and men's reproductive motivation." *Vienna Yearbook of Population Research*, 9: 283-306.

Schaffnit, S. B., & Sear, R. (2017). "Support for new mothers and fertility in the United Kingdom: Not all support is equal in the decision to have a second child." *Population Studies*, 71(3): 345-361.

Sear, R. (2015). "Evolutionary contributions to the study of human fertility." *Population Studies*, 69(sup1): S39-S55.

Sear, R. (2018). "Family and fertility: Does kin help influence women's fertility, and how does this vary worldwide?" *Population Horizons*, 14(1): 18-34.

Sear, R., & Coall, D. (2011). "How much does family matter? Cooperative breeding and the demographic transition." *Population and Development Review*, 37: 81-112.

Sear, R., & Dickins, T. E. (2010). "The generation game is the cooperation game(commentary)." *Behavioral and Brain Sciences*, 33: 34-35.

Sear, R., & Mace, R. (2008). "Who keeps children alive? A review of the effects of kin on child survival." *Evolution and Human Behavior*, 29(1): 1-18.

Sear, R., Lawson, D. W., Kaplan, H., & Shenk, M. K. (2016). "Understanding variation in human fertility: What can we learn from evolutionary demography?" *Philosophical Transactions of the Royal Society B: Biological Sciences*, 371(1692): 20150144.

Sear, R., Sheppard, P., & Coall, D. A. (2019). "Cross-cultural evidence does not support universal acceleration of puberty in father-absent households." *Philosophical Transactions of the Royal Society B: Biological Sciences*, 374(1770): 20180124.

Sefcek, J. A., Brumbach, B. H., Vasquez, G., & Miller, G. F. (2007). "The evolutionary psychology of human mate choice: How ecology, genes, fertility, and fashion influence mating strategies." *Journal of Psychology & Human Sexuality*, 18(2-3):

125–182.

Shackelford, T., & Goetz, A. (2009). "Sexual conflict in humans: Evolutionary consequences of asymmetric parental investment and paternity uncertainty." *Animal Biology*, 59(4): 449–456.

Shaver, J. H., Sibley, C. G., Sosis, R., Galbraith, D., & Bulbulia, J. (2019). "Alloparenting and religious fertility: A test of the religious alloparenting hypothesis." *Evolution and Human Behavior*, 40(3): 315–324.

Skirbekk, V., & Blekesaune, M. (2014). "Personality traits increasingly important for male fertility: Evidence from Norway." *European Journal of Personality*, 28(6): 521–529.

Sng, O., & Ackerman, J. M. (2020). "Too many people, women, men? The psychological effects of population density and sex ratio." *Current Opinion in Psychology*, 32: 38–42.

Sng, O., Neuberg, S. L., Varnum, M. E., & Kenrick, D. T. (2017). "The crowded life is a slow life: Population density and life history strategy." *Journal of Personality and Social Psychology*, 112(5): 736.

South, S. J. (1988). "Sex ratios, economic power, and women's roles: A theoretical extension and empirical test." *Journal of Marriage and the Family*, 50(1): 19–31.

Stone, E. A. (2019). "Does mate scarcity affect marital choice and family formation? The evidence for new and classic formulations of sex ratio theory." *Marriage & Family Review*, 55(5): 403–422.

Straits, B. C. (1985). "Factors influencing college women's responses to fertility decision-making vignettes." *Journal of Marriage and the Family*, 47(3): 585–596.

Strassmann, B. I., & Garrard, W. M. (2011). "Alternatives to the grandmother hypothesis." *Human Nature*, 22(1): 201–222.

Stulp, G., & Barrett, L. (2015). "Fertility theory: Theory of life history evolution." In J. D. Wright (ed.), *International Encyclopedia of the Social and Behavioral Sciences* (2nd ed., pp. 40–45). Elsevier.

Trivers, R. L. (1974). "Parent-offspring conflict." *Integrative and Comparative Biology*, 14(1): 249–264.

Trivers, R. L., & Willard, D. E. (1973). "Natural selection of parental ability to vary the sex ratio of offspring." *Science*, 179(4068): 90–92.

Turke, P. W. (1989). "Evolution and the demand for children." *Population and Development Review*, 15(1): 61–90.

Voland, E. (1998). "Evolutionary ecology of human reproduction." *Annual Review of Anthropology*, 27: 347–374.

Voland, E., & Dunbar, R. I. (1995). "Resource competition and reproduction." *Human Nature*, 6(1): 33-49.

Waynforth D. (2012). "Grandparental investment and reproductive decisions in the longitudinal 1970 British cohort study." *Proceedings of the Royal Society B: Biological Sciences,* 279(1731): 1155-1160.

Webster, G. D., Graber, J. A., Gesselman, A. N., Crosier, B. S., & Schember, T. O. (2014). "A life history theory of father absence and menarche: A meta-analysis." *Evolutionary Psychology*, 12(2): 147470491401200202.

Wei, S. J., & Zhang, X. (2011). "The competitive saving motive: Evidence from rising sex ratios and savings rates in China." *Journal of Political Economy*, 119(3): 511-564.

Wei, S. J., Zhang, X., & Liu, Y. (2012). "Status competition and housing prices." *National Bureau of Economic Research Working Paper* No. 18000.

Weitzman, A., Barber, J. S., Heinze, J., & Zimmerman, M. (2021). "How nearby homicides affect young women's pregnancy desires: Evidence from a quasi-experiment." *Demography*, 58(3): 927-950.

Wilson, E. K., & Koo, H. P. (2006). "The relationship context: Its effects on low-income women's desire for a baby." *Journal of Marriage and Family,* 68(5): 1326-1340.

Wilson, M., & Daly, M. (1997). "Life expectancy, economic inequality, homicide, and reproductive timing in Chicago neighbourhoods." *British Medical Journal*, 314: 1271

Wisman, A., & Goldenberg, J. L. (2005). "From the grave to the cradle: Evidence that mortality salience engenders a desire for offspring." *Journal of Personality and Social Psychology,* 89(1): 46-61.

Yong, J. C., Li, N. P., Jonason, P. K., & Tan, Y. W. (2019). "East Asian low marriage and birth rates: The role of life history strategy, culture, and social status affordance." *Personality and Individual Differences*, 141: 127-132.

Zhou, X., Lei, Q., Marley, S. C., & Chen, J. (2009). "Existential function of babies: Babies as a buffer of death-related anxiety." *Asian Journal of Social Psychology,* 12(1): 40-46.

Zhou, X., Liu, J., Chen, C., & Yu, Z. (2008). "Do children transcend death? An examination of the terror management function of offspring." *Scandinavian Journal of Psychology,* 49(5): 413-418.

4장

Allee, W. C. (1931). *Animal Aggregations: A Study in General Sociology*. University of Chicago Press.

Alvard, M. S., & Nolin, D. A. (2002). "Rousseau's whale hunt? Coordination among big-game hunters." *Current Anthropology*, 43(4): 533-559.

Anyamba, A., & Tucker, C. J. (2005). "Analysis of Sahelian vegetation dynamics using NOAA-AVHRR NDVI data from 1981-2003." *Journal of Arid Environments*, 63(3): 596-614.

Bates, D. G. (2001). *Human Adaptive Strategies: Ecology, Culture, and Politics* (2nd ed.). Allyn & Bacon.

Bell, A. V., & Winterhalder, B. (2014). "The population ecology of despotism." *Human Nature*, 25(1): 121-135.

Binford, L. R. (2001). *Constructing Frames of Reference: An Analytical Method for Archaeological Theory Building Using Ethnographic and Environmental Data Sets.* University of California Press.

Bird, D. W., & Bliege Bird, R. (2010). "Competing to be leaderless: Food sharing and magnanimity among Martu Aborigines." In K. J. Vaughn, J. W. Earkens, & J. Kantner (eds.), *The Evolution of Leadership: Transitions in Decision Making from Small-Scale to Middle-Range Societies* (pp. 21-49). School for Advanced Research Press.

Bliege Bird, R., & Bird, D. W. (1997). "Delayed reciprocity and tolerated theft: The behavioral ecology of food-sharing strategies." *Current Anthropology*, 38(1): 49-78.

Bliege Bird, R., & Codding, B. F. (2022). "Promise and peril of ecological and evolutionary modelling using cross-cultural datasets." *Nature Ecology & Evolution*, 6(1): 6-8.

Bliege Bird, R., & Smith, E. (2005). "Signaling theory, strategic interaction, and symbolic capital." *Current Anthropology*, 46(2): 221-248.

Boehm, C. (1999). *Hierarchy in the Forest*. Harvard University Press.

Boehm, C., Barclay, H. B., Dentan, R. K., Dupre, M. C., Hill, J. D., Kent, S., et al. (1993). "Egalitarian behavior and reverse dominance hierarchy [and comments and reply]." *Current Anthropology*, 34(3): 227-254.

Borgerhoff Mulder, M., Bowles, S., Hertz, T., Bell, A., Beise, J., Clark, G., et al. (2009). "Intergenerational wealth transmission and the dynamics of inequality in small-scale societies." *Science*, 326(5953): 682-688.

Borgerhoff Mulder, M., Fazzio, I., Irons, W., McElreath, R. L., Bowles, S., Bell, A., et al. (2010). "Pastoralism and wealth inequality: Revisiting an old question." *Current Anthropology*, 51(1): 35-48.

Bowles, S., Smith, E. A., & Borgerhoff Mulder, M. (2010). "The emergence and persistence of inequality in premodern societies: Introduction to the special section." *Current Anthropology*, 51(1): 7-17.

Buston, P. M., & Zink, A. G. (2009). "Reproductive skew and the evolution of conflict resolution: A synthesis of transactional and tug-of-war models." *Behavioral Ecology*, 20(3): 672-684.

Carneiro, R. L. (1970). "A theory of the origin of the state: Traditional theories of state origins are considered and rejected in favor of a new ecological hypothesis." *Science*, 169(3947): 733-738.

Chapais, B. (2009). *Primeval Kinship: How Pair-Bonding Gave Birth to Human Society*. Harvard University Press.

Cheng, J. T., & Tracy, J. L. (2014). "Toward a unified science of hierarchy: Dominance and prestige are two fundamental pathways to human social rank." In J. T. Cheng, J. L. Tracy, & C. Anderson (eds.), *The Psychology of Social Status* (pp. 3-27). Springer.

Codding, B. F., Parker, A. K., & Jones, T. L. (2019). "Territorial behavior among Western North American foragers: Allee effects, within group cooperation, and between group conflict." *Quaternary International*, 518: 31-40.

Davies, N. B., & Houston, A. I. (1984). "Territory economics." In J. R. Krebs & N. B. Davies (eds.), *Behavioural Ecology: An Evolutionary Approach* (pp. 148-169). Wiley.

Dyson-Hudson, R., & Smith, E. A. (1978). "Human territoriality: An ecological reassessment." *American Anthropologist*, 80(1): 21-41.

Einarsson, Á. (2015). "Viking age fences and early settlement dynamics in Iceland." *Journal of the North Atlantic*, 27: 1-21.

Engelmann, J. M., Herrmann, E., & Tomasello, M. (2012). "Five-year olds, but not chimpanzees, attempt to manage their reputations." *PLoS One*, 7(10): e48433.

Fitzhugh, B. (2003). "The evolution of complex hunter-gatherers." In B. Fitzhugh (ed.), *The Evolution of Complex Hunter-Gatherers* (pp. 1-10). Springer.

Flannery, K., & Marcus, J. (2012). *The Creation of Inequality: How Our Prehistoric Ancestors Set the Stage for Monarchy, Slavery, and Empire*. Harvard University Press.

Fratkin, E., & Roth, E. A. (1990). "Drought and economic differentiation among Ariaal pastoralists of Kenya." *Human Ecology*, 18(4): 385-402.

Fretwell, S. D., & Lucas, H. L. (1969). "On territorial behavior and other factors influencing habitat distribution in birds." *Acta Biotheoretica*, 19(1): 45-52.

Garfield, Z. H., & Hagen, E. H. (2020). "Investigating evolutionary models of leadership among recently settled Ethiopian hunter-gatherers." *The Leadership Quarterly*, 31(2): 101290.

Gavrilets, S., & Fortunato, L. (2014). "A solution to the collective action problem in between-group conflict with within-group inequality." *Nature Communications*,

5(1): 1-11.

Gintis, H., Van Schaik, C., & Boehm, C. (2015). "Zoon politikon: The evolutionary origins of human political systems." *Current Anthropology*, 56(3): 327-353.

Glowacki, L., & von Rueden, C. (2015). "Leadership solves collective action problems in small-scale societies." *Philosophical Transactions of the Royal Society B: Biological Sciences*, 370(1683): 20150010.

Grant, J. W. (1993). "Whether or not to defend? The influence of resource distribution." *Marine and Freshwater Behaviour and Physiology*, 23(1-4): 137-153.

Gurven, M., Borgerhoff Mulder, M., Hooper, P. L., Kaplan, H., Quinlan, R., Sear, R., et al. (2010). "Domestication alone does not lead to inequality: Intergenerational wealth transmission among horticulturalists." *Current Anthropology*, 51(1): 49-64.

Hawkes, K., O'Connell, J. F., & Blurton Jones, N. (2018). "Hunter-gatherer studies and human evolution: A very selective review." *American Journal of Physical Anthropology*, 165(4): 777-800.

Hawkes, K., O'Connell, J. F., & Jones, N. B. (2001). "Hadza meat sharing." *Evolution and Human Behavior*, 22(2): 113-142.

Haynie, H. J., Kavanagh, P. H., Jordan, F. M., Ember, C. R., Gray, R. D., Greenhill, S. J., et al. (2021). "Pathways to social inequality." *Evolutionary Human Sciences*, 3: e35.

Henrich, J., & Gil-White, F. J. (2001). "The evolution of prestige: Freely conferred deference as a mechanism for enhancing the benefits of cultural transmission." *Evolution and Human Behavior*, 22(3): 165-196.

Kaplan, H. (1996). "A theory of fertility and parental investment in traditional and modern human societies." *American Journal of Physical Anthropology*, 101(S23): 91-135.

Kaplan, H., Hill, K., Lancaster, J., & Hurtado, A. M. (2000). "A theory of human life history evolution: Diet, intelligence, and longevity." *Evolutionary Anthropology: Issues, News, and Reviews*, 9(4): 156-185.

Kennett, D. J., Winterhalder, B., Bartruff, J., & Erlandson, J. M. (2009). "An ecological model for the emergence of institutionalized social hierarchies on California's Northern Channel Islands." In S. Shennan (ed.), *Pattern and Process in Cultural Evolution* (pp. 297-314). University of California Press.

Krupenye, C., & Hare, B. (2018). "Bonobos prefer individuals that hinder others over those that help." *Current Biology*, 28(2): 280-286.

Lattimore, O. (1951). *Inner Asian Frontiers of China*. Capitol Publishing Company.

Lee, R. B. (1988). "Reflections on primitive communism." In T. Ingold, D. Riches, & J. Woodburn (eds.), *Hunters and Gatherers* Vol. I: *History, Evolution and Social*

Change (pp. 252-268). Routledge.

Mattison, S. M., Smith, E. A., Shenk, M. K., & Cochrane, E. E. (2016). "The evolution of inequality." *Evolutionary Anthropology: Issues, News, and Reviews*, 25(4): 184-199.

Moritz, M., Hamilton, I. M., Chen, Y. J., & Scholte, P. (2014). "Mobile pastoralists in the Logone floodplain distribute themselves in an ideal free distribution." *Current Anthropology*, 55(1): 115-122.

Olson, M. (1965). *The Logic of Collective Action*. Harvard University Press.

Prufer, K. M., Thompson, A. E., Meredith, C. R., Culleton, B. J., Jordan, J. M., Ebert, C. E., et al. (2017). "The Classic Period Maya transition from an ideal free to an ideal despotic settlement system at the polity of Uxbenká." *Journal of Anthropological Archaeology*, 45: 53-68.

Robinson, S., Kerven, C., Behnke, R., Kushenov, K., & Milner-Gulland, E. J. (2017). "Pastoralists as optimal foragers? Reoccupation and site selection in the deserts of post-Soviet Kazakhstan." *Human Ecology*, 45(1): 5-21.

Rousseau, J. J. (1999). "A discourse on a subject proposed by the Academy of Dijon: What is the origin of inequality among men, and is it authorised by natural law?" In J. J. Rousseau (ed.), *Discourse on the Origin of Inequality* (pp. 26-54). Oxford University Press.

Sassaman, K. E. (2004). "Complex hunter-gatherers in evolution and history: A North American perspective." *Journal of Archaeological Research*, 12(3): 227-280.

Schneider, H. K. (1979). *Livestock and Equality in East Africa: The Economic Basis for Social Structure*. Indiana University Press.

Shenk, M. K., Borgerhoff Mulder, M., Beise, J., Clark, G., Irons, W., Leonetti, D., et al. (2010). "Intergenerational wealth transmission among agriculturalists: Foundations of agrarian inequality." *Current Anthropology*, 51(1): 65-83.

Sigmund, K., & Nowak, M. A. (1999). "Evolutionary game theory." *Current Biology*, 9(14): R503-R505.

Slingerland, E., Atkinson, Q. D., Ember, C. R., Sheehan, O., Muthukrishna, M., Bulbulia, J., & Gray, R. D. (2020). "Coding culture: Challenges and recommendations for comparative cultural databases." *Evolutionary Human Sciences*, 2: e29.

Smith, E. A., & Choi, J. K. (2007). "The emergence of inequality in small-scale societies: Simple scenarios and agent-based simulations." In T. A. Kohler & S. E. van der Leeuw (eds.), *The Model-Based Archaeology of Socionatural Systems* (pp. 105-199). School for Advanced Research Press.

Smith, E. A., & Codding, B. F. (2021). "Ecological variation and institutionalized inequality in hunter-gatherer societies." *Proceedings of the National Academy of*

Sciences, 118(13): e2016134118.

Smith, E. A., Bowles, S., Hertz, T., Mulder, M. B., Shenk, M. K., & Gurven, M. (2010a). "Intergenerational wealth transmission and inequality in premodern societies." *Current Anthropology*, 51(1): 119-126.

Smith, E. A., Hill, K., Marlowe, F. W., Nolin, D., Wiessner, P., Gurven, M., et al. (2010b). "Wealth transmission and inequality among hunter-gatherers." *Current Anthropology*, 51(1): 19-34.

Sutherland, W. J. (1996). *From Individual Behaviour to Population Ecology*. Oxford University Press.

UNDP. (2009). "Human Development Report 2009." http://hdrstats.undp.org/en/indicators/161.html.

von Rueden, C. (2020). "Making and unmaking egalitarianism in small-scale human societies." *Current Opinion in Psychology*, 33: 167-171.

von Rueden, C., Gavrilets, S., & Glowacki, L. (2015). "Solving the puzzle of collective action through inter-individual differences." *Philosophical Transactions of the Royal Society B: Biological Sciences*, 370(1683): 20150002.

von Rueden, C., Gurven, M., & Kaplan, H. (2011). "Why do men seek status? Fitness payoffs to dominance and prestige." *Proceedings of the Royal Society B: Biological Sciences*, 278(1715): 2223-2232.

von Rueden, C. R., Redhead, D., O'Gorman, R., Kaplan, H., & Gurven, M. (2019). "The dynamics of men's cooperation and social status in a small-scale society." *Proceedings of the Royal Society B: Biological Sciences*, 286(1908): 20191367.

Weitzel, E. M., & Codding, B. F. (2022). "The ideal distribution model and archaeological settlement patterning." *Environmental Archaeology*, 27(4): 349-356.

Wengrow, D., & Graeber, D. (2015). "Farewell to the 'childhood of man': Ritual, seasonality, and the origins of inequality." *Journal of the Royal Anthropological Institute*, 21(3): 597-619.

Willems, E. P., Hellriegel, B., & van Schaik, C. P. (2013). "The collective action problem in primate territory economics." *Proceedings of the Royal Society B: Biological Sciences*, 280(1759): 20130081.

Winterhalder, B., & Smith, E. A. (2000). "Analyzing adaptive strategies: Human behavioral ecology at twenty-five." *Evolutionary Anthropology*, 9(2): 51-72.

Winterhalder, B., Kennett, D. J., Grote, M. N., & Bartruff, J. (2010). "Ideal free settlement of California's northern Channel Islands." *Journal of Anthropological Archaeology*, 29(4): 469-490.

5장

구형찬. (2017). “민속신앙의 인지적 기반에 관한 연구: 강우의례를 중심으로.” 서울대학교 박사학위논문.

구형찬. (2021). “팬데믹 상황의 종교적 도덕성에 대한 진화인지적 시론.” 『종교문화비평』 40: 77-106.

구형찬. (2022). “인지종교학의 관점에서 보는 포스트 코로나 시대의 한국종교.” 『종교연구』 82(1): 9-36.

박한선·구형찬. (2021). 『감염병 인류: 균은 어떻게 인류를 변화시켜왔나』. 창비.

배희정. (2021). “한국인구집단에서 종교 점화가 독재자게임 의사결정에 미치는 영향.” 서울대학교 석사학위논문.

심형준. (2018). “한국 기독교 민속신앙론은 어떻게 가능한가?: 인지종교학의 관점이 말해주는 것.” 『종교문화비평』 33: 90-130.

심형준. (2021). “종교와 사회성의 진화에 관한 최근 연구의 주요 쟁점과 종교학 분야에의 시사점.” 『종교연구』 81(3): 7-48.

장대익·이민섭. (2018). “역겨움의 도덕적 지위에 관하여.” 『철학연구』 122: 51-84.

최종성. (2002). 『조선조 무속 국행의례 연구』. 일지사.

Ahmed, A., & Hammarstedt, M. (2011). “The effect of subtle religious representations on cooperation.” *International Journal of Social Economics,* 38(11): 900-910.

Ahmed, A., & Salas, O. (2011). “Implicit influences of christian religious representations on dictator and prisoner’s dilemma game decisions.” *The Journal of Socio-Economics,* 40: 242-246.

Alcorta, C., & Sosis, R. (2005). “Ritual, emotion, and sacred symbols: The evolution of religion as an adaptive complex.” *Human Nature,* 16: 323-359.

Alcorta, C., & Sosis, R. (2006). “Why ritual works: A rejection of the by-product hypothesis.” *Behavioral and Brain Sciences,* 29: 613-614.

Alexander, R. D. (1987). *The Biology of Moral Systems*. Aldine de Gruyter.

Andrews, P. W., Gangestad, S. W., & Matthews, D. (2002). “Adaptationism: How to carry out an exaptationist program.” *Behavioral and Brain Sciences,* 25: 489-553.

Astuti, R., Solomon, G. E. A., Carey, S., Ingold, T., & Miller, P. H. (2004). “Constraints on conceptual development: A case study of the acquisition of folkbiological and folksociological knowledge in Madagascar.” *Monographs of the Society for Research in Child Development,* 69(3): 1-135.

Atkinson, Q. D., & Bourrat, P. (2011). “Beliefs about God, the afterlife and morality support the role of supernatural policing in human cooperation.” *Evolution and Human Behavior,* 32: 41-49.

Atkinson, Q. D., & Whitehouse, H. (2011). “The cultural morphospace of ritual form:

Examining modes of religiosity cross-culturally." *Evolution and Human Behavior*, 32(1): 50-62.

Atran, S. (2002). *In Gods We Trust: The Evolutionary Landscape of Religion*. Oxford University Press.

Atran, S., & Norenzayan, A. (2004). "Religion's evolutionary landscape: Counterintuition, commitment, compassion, communion." *Behavioral and Brain Sciences*, 27(6): 713-730.

Axelrod, R. (1984). *The Evolution of Cooperation*. Basic Books.

Balafoutas, L., Grechenig, K., & Nikiforakis, N. (2014). "Third-party punishment and counter-punishment in one-shot interactions." *Economic Letters*, 122: 308-310.

Barclay, P. (2015). "Reputation." In D. M. Buss (ed.), *The Handbook of Evolutionary Psychology* (2nd ed., Vol. 2, pp. 810-828). Wiley.

Barkow, J. H., Cosmides, L., & Tooby, J.(eds.). (1992). *The Adapted Mind: Evolutionary Psychology and the Generation of Culture*. Oxford University Press.

Baron-Cohen, S., Wheelwright, S., Skinner, R., Martin, J., & Clubley, E. (2001). "The autism-spectrum quotient(AQ): Evidence from Asperger syndrome/high-functioning autism, males and females, scientists and mathematicians." *Journal of Autism and Developmental Disorders*, 31: 5-17.

Barrett, J. L. (2000). "Exploring the natural foundations of religion." *Trends in Cognitive Sciences*, 4: 29-34.

Barrett, J. L. (2004). *Why Would Anyone Believe in God?* AltaMira Press.

Barrett, J. L. (2008). "Coding and qualifying counterintuitiveness in religious concepts: Theoretical and methodological reflections." *Method and Theory in the Study of Religion*, 20(4): 308-338.

Bateson, M., Callow, L., Holmes, J. R., Redmond Roche, M. L. & Nettle, D. (2013). "Do images of 'watching eyes' induce behaviour that is more pro-social or more normative? A field experiment on littering." *PLoS One*, 8(12): e82055, doi:10.1371/journal.pone.0082055

Bateson, M., Nettle, D., & Roberts, G. (2006). "Cues of being watched enhance cooperation in a real-world setting." *Biology Letters*, 2(3): 412-414.

Baumard, N., & Boyer, P. (2013). "Explaining moral religions." *Trends in Cognitive Sciences*, 17(6): 1-9.

Baumard, N., André, J., & Sperber, D. (2013). "A mutualistic approach to morality: The evolution of fairness by partner choice." *Behavioral and Brain Sciences*, 36(1): 59-122.

Bell, C. (1997). *Ritual: Perspectives and Dimensions*. Oxford University Press.

Bell, D. (2015). "Fathering, rituals, and mating: Exploring paternal stability and sexual strategies in early religious practices." In D. J. Slone & J. A. Van Slyke (eds.), *The Attraction of Religion: A New Evolutionary Psychology of Religion* (pp. 93-110). Bloomsbury.

Benedict, R. (1935). *Patterns of Culture*. Routledge and Kegan Paul.

Bering, J. (2010). "Atheism in only skin deep: Geertz and Markusson rely mistakenly on socio-demographic data as meaningful indicators of underlying cognition." *Religion,* 40: 166-168.

Bering, J. M. (2006). "The folk psychology of souls." *Behavioral Brain Sciences,* 29: 453-462.

Bering, J. M., McLeod, K., & Shackelford, T. K. (2005). "Reasoning about dead agents reveals possible adaptive trends." *Human Nature,* 16(4): 360-381.

Berniūnas, R., Dranseika, V., & Tserendamba, D. (2020). "Between karma and Buddha: Prosocial behavior among Mongolians in an anonymous economic game." *The International Journal for the Psychology of Religion,* 30(2): 142-160.

Bjorklund, D. F., & Pellegrini, A. D. (2002). *The Origins of Human Nature: Evolutionary Developmental Psychology*. American Psychological Association.

Botero, C. A., Gardner, B., Kirby, K. R., Bulbulia, J., Gavin, M. C., & Gray, R. D. (2014). "The ecology of religious beliefs." *Proceedings of the National Academy of Sciences,* 111(47): 16784-16789.

Boyd, R., & Richerson, P. J. (1985). *Culture and Evolutionary Process*. University of Chicago Press.

Boyd, R., & Richerson, P. J. (2005). *The Origin and Evolution of Cultures*. Oxford University Press.

Boyer, P. (1994). *The Naturalness of Religious Ideas: A Cognitive Theory of Religion*. University of California Press.

Boyer, P. (2000). "Functional origins of religious concepts: Ontological and strategic selection in evolved minds." *Journal of the Royal Anthropological Institute*, 6(2): 195-214.

Boyer, P. (2001). *Religion Explained: The Evolutionary Origins of Religious Thought*. Basic Books.

Boyer, P. (2003). "Religious thought and behaviour as by-products of brain function." *Trends in Cognitive Sciences*, 7(3): 119-124.

Boyer, P. (2010). *The Fracture of An Illusion: Science and the Dissolution of Religion*. Vandenhoeck & Ruprecht.

Boyer, P., & Barrett, H. C. (2015). "Intuitive ontologies and domain specificity."

In D. M. Buss (ed.), *The Handbook of Evolutionary Psychology* (2nd ed., Vol. 1, pp. 168–180). John Wiley & Sons, Inc.

Boyer, P., & Bergstrom, B. (2008). "Evolutionary perspectives on religion." *Annual Review of Anthropology*, 37: 111–130.

Boyer, P., & Liénard, P. (2006). "Why ritualized behavior? Precaution systems and action parsing in developmental, pathological and cultural rituals." *Behavioral and Brain Sciences*, 29: 595–650.

Boyer, P., & Ramble, C. (2001). "Cognitive templates for religious concepts: Cross-cultural evidence for recall of counter-intuitive representations." *Cognitive Science*, 25: 535–564.

Boyer, P., & Wertsch, J. V.(eds.). (2009). *Memory in Mind and Culture*. Cambridge University Press.

Bulbulia, J. (2004). "Religious costs as adaptations that signal altruistic intention." *Evolution and Cognition*, 10: 19–38.

Bulbulia, J., & Mahoney, A. (2008). "Religious solidarity: The hand grenade experiment." *Journal of Cognition and Culture*, 8: 295–320.

Bulbulia, J., Shaver, J., Greaves, L., Sosis, R., & Sibley, C. G. (2015). "Religion and parental cooperation: An empirical test of Slone's sexual signaling model." In D. J., Slone & J. A. Van Slyke (eds.), *The Attraction of Religion: A New Evolutionary Psychology of Religion* (pp. 29–62). Bloomsbury.

Bulbulia, J., Sosis, R., Harris, E., Genet, R., Genet, C., & Wyman, K. (eds.). (2008). *The Evolution of Religion: Studies, Theories, & Critiques*. Collins Foundation Press.

Buss, D. M. (2009). "How can evolutionary psychology successfully explain personaity and individual differences?" *Perspectives on Psychological Sciences*, 4(4): 359–366.

Cavalli-Sforza, L. L., & Feldman, M. W. (1981). *Cultural Transmission and Evolution: A Quantitative Approach*. Princeton University Press.

Chudek, M., & Henrich, J. (2011). "Culture-gene coevolution, norm-psychology and the emergence of human prosociality." *Trends in Cognitive Sciences*, 15: 218–226.

Chudek, M., Zhao, W., & Henrich, J. (2013). "Culture-gene coevolution, large-scale cooperation and the shaping of human social psychology." In R. Joyce, K. Sterelny & B. Calcott (eds.), *Signaling, Commitment, and Emotion* (pp. 425–457). MIT Press.

Cosmides, L., & Tooby, J. (1992). "Cognitive adaptations for social exchange." In J. H. Barkow, L. Cosmides, & J. Tooby (eds.), *The Adapted Mind: Evolutionary Psychology and the Generation of Culture* (pp. 163–228). Oxford University Press.

D'Aquili, E. G., Laughlin, C. D., & McManus, J. (1979). *The Spectrum of Ritual:*

A Biogenetic Structural Analysis. Columbia University Press.

Darley, J. M., & Batson, C. D. (1973). "From Jerusalem to Jericho: A study of situational and dispositional variables in helping behavior." *Journal of Personality and Social Psychology*, 27(1): 100-108.

Darwin, C. (1871). *Descent of Man, and Selection in Relation to Sex*. Appleton.

Davies, N. B., Krebs, J. R., & West, S. A. (2012). *An Introduction to Behavioural Ecology* (4th ed.). Wiley.

Dawkins, R. (1976). *The Selfish Gene*. Oxford University Press.

Dawkins, R. (2006). *The God Delusion*. A Mariner Book.

De Cruz, H., & De Smedt, J. (2015). *A Natural History of Natural Theology: The Cognitive Science of Theology and Philosophy of Religion*. MIT Press.

Dean, T. (2012). "Evolution and moral diversity." *Baltic International Yearbook of Cognition, Logic and Communication*, 7: 1-16.

Dennett, D. C. (2006). *Breaking the Spell: Religion as a Natural Phenomenon*. Penguin Books.

Dennett, D. C. (2010). "The new replicators." In M. Pagel (ed.), *Encyclopedia of Evolution* (pp. E83-E92). Oxford University Press.

Douglas, M. (1966). *Purity and Danger: An Analysis of the Concepts of Pollution and Taboo*. Routledge.

Dow, J. (2008). "Is religion an evolutionary adaptation?" *Journal of Artificial Societies and Social Simulation*, 11(2): 2.

Dulaney, S., & Fiske, A. P. (1994). "Cultural rituals and obsessive-compulsive disorder: Is there a common psychological mechanism?" *Ethos*, 22(3): 243-283.

Durham, W. (1991). *Coevolution: Genes, Culture and Human Diversity*. Stanford University Press.

Durkheim, E. ([1912] 1995). *The Elementary Forms of Religious Life* (translated by K. E. Fields). The Free Press.

Epley, N., & Waytz, A. (2010). "Mind perception." In S. T. Fiske, D. T. Gilbert, & G. Lindzey (eds.), *Handbook of Social Psychology* (pp. 498-541). John Wiley & Sons, Inc.

Evans, J. St. B. T., & Stanovich, K. E. (2013). "Dual-process theories of higher cognition: Advancing the debate." *Perspectives on Psychological Science*, 8(3): 223-241.

Fischer, R. & Xygalatas, D. (2014). "Extreme rituals as social technologies." *Journal of Cognition and Culture*, 14(5): 345-355.

Fiske, A. P., & Haslam, N. (1997). "Is obsessive-compulsive disorder a pathology of the human disposition to perform socially meaningful rituals? Evidence of similar content." *Journal of Nervous & Mental Disease*, 185(4): 211-222.

Fodor, J. A. (1983). *The Modularity of Mind: An Essay on Faculty Psychology*. MIT Press.

Foster, D. J., Weigand, D. A., & Baines, D. (2006). "The effect of removing superstitious behavior and introducing a pre-performance routine on basketball free-throw performance." *Journal of Applied Sport Psychology*, 18(2): 167-171.

Frith, U., & Frith, C. D. (2003). "Development and neurophysiology of mentalizing." *Philosophical Transactions of the Royal Society B: Biological Sciences*, 358: 459-473.

Geertz, A. W. (ed.). (2013). *Origins of Religion, Cognition and Culture*. Acumen.

Gernsbacher, M. A., & Yergeau, M. (2019). "Empirical failures of the claim that autistic people lack a theory of mind." *Archives of Scientific Psychology*, 7(1): 102-118.

Gigerenzer, G. (2007). *Gut Feelings: The Intelligence of the Unconscious*. Viking Press.

Gould, S. J., & Lewontin, R. C. (1979). "The spandrels of San Marco and the panglossian paradigm: A critique of the adaptationist programme." *Proceedings of the Royal Society of London*, 205(1161): 581-598.

Gould, S. J., & Vrba, E. (1982). "Exaptation: A missing term in the science of form." *Paleobiology*, 8: 4-15.

Grafen, A. (1990). "Biological signals as handicaps." *Journal of Theoretical Biology*, 144(4): 517-546.

Graham, J., Haidt, J., & Nosek, B. A. (2009). "Liberals and conservatives rely on different sets of moral foundations." *Journal of Personality and Social Psychology*, 96: 1029-1046.

Graham, J., Nosek, B. A., & Haidt, J. (2012). "The moral stereotypes of liberals and conservatives: Exaggeration of differences across the political spectrum." *PLoS One*, 7(12): e50092.

Graham, J., Haidt, J., Koleva, S., Motyl, M., Iyer, R., Wojcik, S., & Ditto, P. H. (2013). "Moral foundations theory: The pragmatic validity of moral pluralism." *Advances in Experimental Social Psychology*, 47: 55-130.

Guthrie, S. (1980). "A cognitive theory of religion." *Current Anthropology*, 21(2): 181-203.

Guthrie, S. (1993). *Faces in the Clouds: A New Theory of Religion*. Oxford University Press.

Haidt, J. (2001). "The emotional dog and its rational tail: A social intuitionist approach to moral judgment." *Psychological Review*, 108(4): 814-834.

Haidt, J. (2012). *The Righteous Mind: Why Good People Are Divided by Politics and Religion*. Pantheon.

Haley, K. J., & Fessler, D. M. T. (2005). "Nobody's watching? Subtle cues affect generosity in an anonymous economic game." *Evolution and Human Behavior*, 26:

245–256.
Hamer, D. (2004). *The God Gene: How Faith is Hardwired into Our Genes*. Anchor Books.
Hamilton, W. D. (1964). "The evolution of social behavior." *Journal of Theoretical Biology*, 7: 1–52.
Hatfield, G., & Pittman, H. (eds.). (2013). *Evolution of Mind, Brain, and Culture*. University of Pennsylvania Museum of Archeology and Anthropology.
Hauser, M. D. (2006). *Moral Minds*. HarperCollins.
Henrich, J. (2009). "The evolution of costly displays, cooperation and religion: Credibility enhancing displays and their implications for cultural evolution." *Evolution and Human Behavior*, 30(4): 244–260.
Henrich, J. (2015). *The Secret of Our Success: How Culture Is Driving Human Evolution, Domesticating Our Species, and Making Us Smarter*. Princeton University Press.
Henrich, J., & Boyd, R. (2001). "Why people punish defectors: Weak conformist transmission can stabilize costly enforcement of norms in cooperative dilemmas." *Journal of Theoretical Biology*, 208(1): 79–89.
Henrich, J., Heine, S. J., & Norenzayan, A. (2010). "The weirdest people in the world?" *Behavioral and Brain Science*, 33(2–3): 61–135.
Herrmann, P. A., Legare, C. H., Harris, P. L., & Whitehouse, H. (2013). "Stick to the script: The effect of witnessing multiple actors on children's imitation." *Cognition*, 129: 536–543.
Hobson, N. M., Schroeder, J., Risen, J. L., Xygalatas, D., & Inzlicht, M. (2018). "The psychology of rituals: An integrative review and process-based framework." *Personality and Social Psychology Review*, 22(3): 260–284.
Hume, D. ([1757] 1993). *Dialogues and The Natural History of Religion* (edited by J. C. A. Gaskin). Oxford University Press.
Idinopulos, T. A., & Wilson, B. C. (eds.). (1998). *What is Religion?: Origins, Definitions, and Explanations*. Brill.
Idinopulos, T. A., & Yonan, E. A. (eds.). (1994). *Religion and Reductionism*. E. J. Brill.
Irons, W. (2001). "Religion as a hard-to-fake sign of commitment." In R. Nesse (ed.), *Evolution and the Capacity for Commitment* (pp. 290–309). Russell Sage Foundation.
James, W. ([1902] 1958). *The Varieties of Religious Experience: A Study in Human Nature*. A Mentor Book.
Jensen, J. S. (2014). *What is Religion?* Acumen.
Johnson, D. D. P. (2005). "God's punishment and public goods: A test of the supernatural punishment hypothesis in 186 world cultures." *Human Nature*, 16: 410–446.

Johnson, D., & Bering, J. (2006). "Hand of God, mind of man: Punishment and cognition in the evolution of cooperation" *Evoltionary Psychology*, 4: 219–233.

Johnson, D., & Krüger, O. (2004). "The good of wrath: Supernatural punishment and the evolution of cooperation." *Political Theology*, 5: 159–176.

Kaiser, M. K., Jonides, J., & Alexander, J. (1986). "Intuitive reasoning about abstract and familiar physics poblems."*Memory and Cognition*, 14: 308–312.

Kant, I. ([1785] 1993). *Grounding for the Metaphysics of Morals* (translated by J. W. Ellington). Hackett.

Kapitány, R., & Nielsen, M. (2016). "The ritual stance and the precaution system: The role of goal-demotion and opacity in ritual and everyday actions." *Religion, Brain & Behavior*, 7: 27–42.

Kapitány, R., Kavanagh, C. & Whitehouse, H. (2020). "Ritual morphospace revisited: The form, function and factor structure of ritual practice." *Philosophical Transactions of the Royal Society B: Biological Sciences*, 375(1805): 20190436.

Kaufmann, E. (2010). *Shall the Religious Inherit the Earth? Demography and Politics in the Twenty-first Century*. Profile Books.

Kirkpatrick, L. A. (2006). "Religion is not an adaptation." In P. McNamara (ed.), *Where Man and God Meet: How Brain and Evolutionary Studies Alter Our Understanding of Religion. Vol. 1: Evolution, Genes, and the Religious Brain* (pp. 173–193). Praeger.

Koenig, H., King, D., & Carson, V. B. (2012). *Handbook of Religion and Health*. Oxford University Press.

Korkmaz, B. (2011). "Theory of mind and neurodevelopmental disorders of childhood." *Pediatric Research*, 69: 101–108.

Krebs, D. (1998). "The evolution of moral behavior." In C. Crawford & D. Krebs (eds.), *Handbook of Evolutionary Psychology: Ideas, Issues, and Applications* (pp. 337–368). Erlbaum.

Krebs, D. (2005). "The evolution of morality." In D. M. Buss (ed.), *The Handbook of Evolutionary Psychology* (pp. 747–771). Wiley.

Kurzban, R. (2010). *Why Everyone(else) is a Hypocrite: Evolution and the Modular Mind*. Princeton University Press.

Kurzban, R., & DeScioli, P. (2013). "Adaptationist punishment in humans." *Journal of Bioeconomics*, 15: 269–279.

Laland, K. N., & Brown, G. R. (2002). *Sense and Nonsense: Evolutionary Perspectives on Human Behaviour*. Oxford University Press.

Lang, M., Purzycki, B. G., Apicella, C. L., Atkinson, Q. D., Bolyanatz, A., Cohen, E., et al. (2019). "Moralizing gods, impartiality and religious parochialism across

15 societies." *Proceedings of the Royal Society B: Biological Sciences*, 286(1898): 20190202.

Lanman, J. A. (2012). "The importance of religious displays for belief acquisition and secularization." *Journal of Contemporary Religion*, 27(1): 49-65.

Laurin, K., Shariff, A. F., Henrich, J., & Kay, A. C. (2012). "Outsourcing punishment to God: Beliefs in divine control reduce earthly punishment." *Proceedings of the Royal Society B: Biological Sciences*, 279: 3273-3281.

Lawson, E. T., & McCauley, R. N. (1990). *Rethinking Religion: Connecting Cognition and Culture*. Cambridge University Press.

Legare, C. H., & Souza, A. (2012). "Evaluating ritual efficacy: Evidence from the supernatural." *Cognition*, 124: 1-15.

Legare, C. H., & Souza, A. (2014). "Searching for control: Priming randomness increases the evaluation of ritual efficacy." *Cognitive Science*, 38(1): 152-161.

Legare, C. H., & Watson-Jones, R. (2015). "The evolution and ontogeny of ritual." In D. Buss (ed.), *The Handbook of Evolutionary Psychology* (2nd ed., Vol. 2, pp. 829-847). Wiley.

Leslie, A. M. (1991). "The theory of mind impairment in autism: Evidence for a modular mechanism of development?" In A. Whiten (ed.), *Natural Theories of Mind: Evolution, Development and Simulation of Everyday Mindreading* (pp. 63-78). Basil Blackwell.

Leslie, C. (ed.). (1960). *Anthropology of Folk Religion*. Vintage Books.

Lewis, I. M. (1971). *Ecstatic Religion: A Study of Shamanism and Spirit Possession*. Routledge.

Liénard, P., & Boyer, P. (2006). "Whence collective rituals? A cultural selection model of ritualized behaviour." *American Anthropologist*, 108(4): 814-827.

Lindenfors, P., & Svensson, J. (2021). "Evolutionary explanations for religion: An interdisciplinary critical review." *Research Ideas and Outcomes*, 7: e66132.

Marett, R. R. (1900). "Pre-animistic religion." *Folklore*, 11(2): 162-184.

Marlowe, F. W. (2010). *The Hadza: Hunter-gatherers of Tanzania*. University of California Press.

Marshall, L. (1962). "!Kung bushman religious beliefs." *Africa: Journal of the International African Institute*, 32: 221-252.

Masuzawa, T. (2005). *The Invention of World Religions: Or, How European Universalism Was Preserved in the Language of Pluralism*. University of Chicago Press.

Maynard-Smith, J. (1982). *Evolution and the Theory of Games*. Cambridge University Press.

Mayr, E. (1982). *The Growth of Biological Thought: Diversity, Evolution, and Inheritance.* Belknap Press.

McCauley, R. N. (2011). *Why Religion Is Natural and Science Is Not.* Oxford University Press.

McCauley, R. N., & Lawson, E. T. (2002). *Bringing Ritual to Mind: Psychological Foundation of Cultural Forms.* Cambridge University Press.

McCutcheon, R. T. (1997). *Manufacturing Religion: The Discourse on Sui Generis Religion and the Politics of Nostalgia.* Oxford University Press.

McKay, R., & Whitehouse, H. (2015), "Religion and morality." *Psychological Bulletin,* 141(2): 447-473.

McNeill, W. H. (1995). *Keeping Together in Time.* Harvard University Press.

Mikhail, J. (2007). "Universal moral grammar: Theory, evidence and the future." *Trends in Cognitive Sciences,* 11: 143-152.

Miller, G. F. (2001). *The Mating Mind: How Sexual Choice Shaped the Evolutiion of Human Nature.* Anchor Books.

Miyatake, S., & Higuchi, M. (2017). "Does religious priming increase the prosocial behaviour of a Japanese sample in an anonymous economic game?" *Asian Journal of Social Psychology,* 20: 54-59.

Murray, E. A., Wise, S. P., & Graham, K. S. (2017). *The Evolution of Memory Systems: Ancestors, Anatomy, and Adaptations.* Oxford University Press.

Nesse, R. (1999). "Evolution of commitment and the origins of religion." *Science and Spirit,* 10: 32-36.

Nettle, D., Harper, Z., Kidson, A., Stone, R., Penton-Voak, I. S., & Bateson, M.(2013). "The watching eyes effect in the dictator game: It's not how much you give, It's being seen to give something." *Evolution and Human Behavior,* 34(1): 35-40.

Newberg, A., & Waldman, M. R. (2006). *Born to Believe: God., Science, and the Origin of Ordinary and Extraordinary Beliefs.* The Free Press.

Nikiforakis, N. (2008). "Punishment and counter-punishment in public good games: Can we really govern ourselves?" *Journal of Public Economics,* 92: 91-112.

Nordin, A. (2015). "Indirect reciprocity and reputation managementin religious morality relating to conceptsof supernatural agents." *Journal for the Cognitive Science of Religion,* 3(2): 125-153.

Norenzayan, A. (2013). *Big Gods: How Religion Transformed Cooperation and Conflict.* Princeton University.

Norenzayan, A. (2015). "The origins of religion." In D. M. Buss (ed.), *The Handbook of Evolutionary Psychology* (2nd ed., Vol. 2, pp. 848-866). Wiley.

Norenzayan, A., & Shariff, A. (2008). "The origin and evolution of religious prosociality." *Science*, 322: 58-62.

Norenzayan, A., Henrich, J. & Slingerland, E. (2013). "Religious prosociality: A synthesis." In P. Richerson & M.Christiansen (eds.), *Cultural Evolution: Society, Technology, Language, and Religion* (pp. 365-380). MIT Press.

Nye, M. (2003). *Religion: The Basics*. Routledge.

Piazza, J., Bering, J. M., & Ingram, G. (2011). "'Princess Alice is watching you': Children's belief in an invisible person inhibits cheating." *Journal of Experimental Child Psychology*, 109: 311-320.

Pinker, S. (2002). *The Blank Slate: The Modern Denial of Human Nature*. Viking.

Pinker, S. (2016). "The false allure of group selection." In D. M. Buss (ed.), *The Handbook of Evolutionary Psychology* (2nd ed., Vol. 2, pp. 867-880). Wiley.

Porubanova-Norquist, M., Shaw, D. J., & Xygalatas, D. (2013). "Minimal-counterintuitiveness revisited: Effects of cultural and ontological violations on concept memorability." *Journal for the Cognitive Science of Religion*, 1(2): 181-192.

Povinelli, D. J., & Preuss, T. M. (1995). "Theory of mind: Evolutionary history of a cognitive specialization." *Trends in Neurosciences*, 18(9): 418-424.

Premack, D., & Woodruff, G. (1978). "Does the chimpanzee have a theory of mind?" *Behavioral and Brain Sciences*, 1(4): 515-526.

Primiano, L. N. (1995). "Vernacular religion and the search for method in religious folklife." *Western Folklore*, 54(1): 37-56.

Purzycki, B. G. (2011). "Tyvan Cher Eezi and the sociological constraints of supernatural agents' minds." *Religion, Brain & Behavior*, 1: 31-45.

Purzycki, B. G., Apicella, C., Atkinson, Q. D., Cohen, E., McNamara, R. A., Willard, A. K., et al. (2016). "Moralistic gods, supernatural punishment and the expansion of human sociality." *Nature*, 530(7590): 327-330.

Purzycki, B. G., & Sosis, R. (2009). "The religious system as adaptive: Cognitive flexibility, public displays, and acceptance." In E. Voland & W. Schiefenhövel (eds.), *The Biological Evolution of Religious Mind and Behavior* (pp. 243-256). Springer.

Pylyshyn, Z. W. (1978). "When is attribution of beliefs justified?" *Behavior and Brain Science*, 1(4): 592-593.

Pyysiäinen, I. (2004). *Magic, Miracles, and Religion: A Scientist's Perspective*. AltaMira Press.

Pyysiäinen, I. (2006). "Amazing grace: Religion and the evolution of the human mind." In P. McNamara (ed.), *Where God and Science Meet: How Brain and Evolutionary Studies Alter our Understanding of Religion* (Vol. I, pp. 209-226). Praeger.

Pyysiäinen, I. (2009). *Supernatural Agents: Why We Believe in Souls, Gods, and Buddhas.* Oxford University Press.

Pyysiäinen, I., & Hauser, M. (2010). "The origins of religion: Evolved adaptation or by-product?" *Trends in Cognitive Sciences*, 14(3): 104-109.

Ramachandran, V. S., & Blakeslee, S. (1998). *Phantoms in the Brain: Probing the Mysteries of the Human Mind.* HarperCollins Publishers.

Rapoport, J. L. (1990). "Obsessive compulsive disorder and basal ganglia dysfunction." *Psychological Medicine*, 20(3): 465-469.

Rapoport, J. L. (1991). "Recent advances in obsessive-compulsive disorder." *Neuropsychopharmacology*, 5(1): 1-10.

Rappaport, R. (1999). *Ritual and Religion in the Making of Humanity.* Cambridge University Press.

Rendell, L., Fogarty, L., Hoppitt, W. J. E., Morgan, T. J. H., Webster, M. M., & Laland, K. N. (2011). "Cognitive culture: Theoretical and empirical insights into social learning strategies." *Trends in Cognitive Sciences*, 15(2): 68-76.

Richerson, P. J., & Newson L. (2008). "Is religion adaptive? Yes, no, neutral, but mostly, we don't know." In J. Bulbulia, R. Sosis, E. Harris, R. Genet, C. Genet, & K. Wyman (eds.), *The Evolution of Religion: Studies, Theories, and Critiques* (pp. 100-117). Collins Foundation Press.

Richerson, P. J., & Boyd, R. (2005). *Not By Genes Alone: How Culture Transformed Human Evolution.* University of Chicago Press.

Ridley, M. (1993). *The Red Queen: Sex and the Evolution of Human Nature.* Penguin Books.

Robinson, P. H., & Kurzban, R. (2007). "Concordance and conflict in intuitions of justice." *Minnesota Law Review*, 91: 1829-1907.

Rossano, M. (2012). "The essential role of ritual in the transmission and reinforcement of social norms." *Psychological Bulletin*, 138(3): 529-549.

Rozin, P., Lowery, L., Imada, S., & Haidt, J. (1999). "The CAD triad hypothesis: A mapping between three moral emotions (contempt, anger, disgust) and three moral codes (community, autonomy, divinity)." *Journal of Personality and Social Psychology*, 76(4): 574-586.

Rundus, D. (1971). "Analysis of rehearsal process in free recall." *Journal of Experimental Psychology*, 89(1): 63-77.

Sanderson, S. K. (2008). "Adaptation, evolution, and religion." *Religion*, 38: 141-156.

Sax, W., Quack, J., & Weinhold, J (eds.). (2010). *The Problem of Ritual Efficacy.* Oxford University Press.

Saxena, S., Brody, A. L., Maidment, K. M. Smith, E. C., Zohrabi, N., Katz, E. et al. (2004). "Cerebral glucose metabolism in obsessive-compulsive hoarding." *American Journal of Psychiatry*, 161(6): 1038-1048.

Saxena, S., Brody, A. L., Schwartz, J. M., & Baxter, L. R. (1998). "Neuroimaging and frontal-subcortical circuitry in obsessive-compulsive disorder." *The British Journal of Psychiatry*, 173(Suppl 35): 26-37.

Schaller, M. (2011). "The behavioural immune system and the psychology of human sociality." *Philosophical Transactions of the Royal Society B: Biological Sciences*, 366(1583): 3418-3426.

Schaller, M., & Park, J. H. (2011). "The behavioral immune system (and why it matters)." *Current Directions in Psychological Science*, 20(2): 99-103.

Schein, C., & Gray, K. (2018). "The theory of dyadic morality: Reinventing moral judgment by redefining harm." *Personality and Social Psychology Review*, 22(1): 32-70.

Seabright, P. (2004). *The Company of Strangers: A Natural History of Economic Life*. Princeton University Press.

Shariff , A., & Norenzayan, A. (2007). "God is watching you: Priming God concepts increases prosocial behavior in an anonymous economic game." *Psychological Science*, 18: 803-809.

Shariff, A. F., & Rhemtulla, M. (2012). "Divergent effects of beliefs in heaven and hell on national crime rates." *PLoS One*, 7: e39048.

Shariff, A. F., Willard, A. K., Andersen, T., & Norenzayan, A. (2016). "Religious priming: A meta-analysis with a focus on prosociality." *Personality and Social Psychology Review* 20(1): 27-48.

Sinnott-Armstrong, W. (2006). "Consequentialism." *Stanford Encyclopedia of Philosophy*. Retrieved from http://plato.stanford.edu/entries/consequentialism/.

Slone, D. J. (2004). *Theological Incorrectness: Why Religious People Believe What They Shouldn't*. Oxford University Press.

Slone, D. J. (ed.). (2006). *Religion and Cognition: A Reader*. Equinox.

Slone, D. J. (2008). "The attraction of religion: A sexual selectionist account." In J. Bulbulia, R. Sosis, E. Harris, R. Genet, C. Genet, & K. Wyman (eds.), *The Evolution of Reigion: Studies, Theories, & Critiques* (pp. 181-187). Collins Foundation Press.

Slone, D. J., & Van Slyke, J. A. (eds.). (2015). *The Attraction of Religion: A New Evolutionary Psychology of Religion*. Bloomsbury.

Smith, A. C. T. (2014). *Thinking about Religion: Extending the Cognitive Science of Religion*. Palgrave Macmillan.

Smith, J. Z. (1982). *Imagining Religion: From Babylon to Jonestown*. University of Chicago Press.

Smith, J. Z. (2004). *Relating Religion: Essays in the Study of Religion*. University of Chicago Press.

Smith, W. C. (1963). *The Meaning and End of Religion: A New Approach to the Religious Traditions of Mankind*. Macmillan.

Sosis, R. (2000). "Religion and intra-group cooperation: Preliminary results of a comparative analysis of utopian communities." *Cross-Cultural Research*, 34: 70-87.

Sosis, R. (2003). "Why aren't we all hutterites? Costly-signaling theory and religious behavior." *Human Nature*, 14: 91-127.

Sosis, R. (2005). "Does religion promote trust? The role of signaling, reputation, and punishment." *Interdisciplinary Journal of Research on Religion*, 1: 1-30.

Sosis, R. (2009). "The adaptationist-byproduct debate on the evolution of religion: Five misunderstandings of the adaptationist program." *Journal of Cognition and Culture*, 9: 315-332.

Sosis, R., & Alcorta, C. (2003). "Signaling, solidarity, and the sacred: The evolution of religious behavior." *Evolutionary Anthropology*, 12: 264-274.

Sosis, R., & Alcorta, C. (2004). "Is religion adaptive?" *Behavioral and Brain Sciences*, 27: 749-750.

Spelke, E. S. (1994). "Initial knowledge: Six suggestions." *Cognition*, 50: 431-445.

Spelke, E. S. (2000). "Core knowledge." *American Psychologist*, 55(11): 1233-1243.

Spencer, H. (1898). *The Principles of Sociology* (3 vols). D. Appleton and Company.

Sperber, D. (1975). *Rethinking Symbolism*. Cambridge University Press.

Sperber, D. (1994). "The modularity of thought and the epidemiology of representations." In L. A. Hirschfeld & S. A. Gelman (eds.), *Mapping the Mind: Domain Specificity in Cognition and Culture* (pp. 39-67). Cambridge University Press.

Sperber, D. (1996). *Explaining Culture: A Naturalistic Approach*. Blackwell.

Sperber, D. (ed.). (2000). *Metarepresentations: A Multidisciplinary Perspective*. Oxford University Press.

Sperber, D., & Baumard, N. (2012). "Moral reputation: An evolutionary and cognitive perspective." *Mind & Language*, 27(5): 495-518.

Sprong, M., Schothorst, P., Vos. E., Hox, J., & van Engeland, H. (2007). "Theory of mind in schizophrenia: Meta-analysis." *The British Journal of Psychiatry*, 191: 5-13.

Sunstein, C. (2005). "Moral Heuristics." *Behavioral and Brain Sciences*, 28: 531-543.

Tajfel, H. (1978). *Differentiation between Social Group*. Academic Press.

Tajfel, H. (1982). *Social Identity and Intergroup Relations*. Cambridge University Press.

Tambiah, S. J. (1979). *A Performative Approach to Ritual*. The British Academy.

Taverna, A. S., Waxman, S. R., Medin, D. L., & Peralta, O. A. (2012). “Core folkbiological concepts: New evidence from Wichi children and adults.” *Journal of Cognition and Culture*, 12(3-4): 339-358.

Taves, A. (2009). *Religious Experience Reconsidered: A Building-Block Approach to the Study of Religion and Other Special Things*. Princeton University Press.

Taylor, M. (2001). *Imaginary Companions and the Children Who Create Them*. Oxford University Press.

Tomasello, M. (2016). *A Natural History of Human Morality*. Harvard University Press.

Trigg, R., & Barrett, J. L. (eds.). (2014). *The Roots of Religion: Exploring the Cognitive Science of Religion*. Ashgate.

Trivers, R. L. (1971). “The evolution of reciprocal altruism.” *Quarterly Review of Biology*, 46: 35-57.

Tulving, E. (1962). “Subjective organization in free recall of ‘unrelated’ words.” *Psychological Review*, 69(4): 344-354.

Turiel, E. (1983). *The Development of Social Knowledge: Morality and Convention*. Cambridge University Press.

Turiel, E. (1998). “The Development of Morality.” In W. Damon (ed.), *Handbook of Child Psychology* (5th ed., Vol. 3, pp. 789-857). Wiley.

Turner, J. C., & Reynolds, K. J. (2001). “The social identity perspective in intergroup relations: Theories, themes and controversies.” In R. Brown & S. Gaertner (eds.), *Blackwell Handbook of Social Psychology: Intergroup Processes* (pp. 133-152). Blackwell.

Turner, V. W. (1974). *Dramas, Fields, and Metaphors: Symbolic Action in Human Society*. Cornell University Press.

Tylor, E. (1871). *Primitive Culture: Research into the Development of Mythology, Philosophy, Religion, Art, and Custum*. J. P. Putnam’s Sons.

Upal, M. A. (2010). “An alternative account of the minimal counterintuitiveness effect.” *Cognitive System Research*, 11(2): 194-203.

Upal, M. A., Gonce, L. O., Tweney, R. D., & Slone, D. J. (2007). “Contextualizing counterintuitiveness: How context affects comprehension and memorability of counterintuitive concepts.” *Cognitive Science*, 31(3): 415-439.

Van Slyke, J. A. (2011). *The Cognitive Science of Religion*. Ashgate Publishing.

Van Slyke, J. A. (2015). “Why don’t abstinence education programs work? (and other puzzles): Exploring causal variables in sexual selectionist theories of religion.” In D. J. Slone, & J. A. Van Slyke (eds.). *The Attraction of Religion: A New Evolutionary*

Psychology of Religion (pp. 11–28). Bloomsbury.
Vrijhof, P. H., & Waardenburg, J., (eds.). (1979). *Official and Popular Religion: Analysis of a Theme for Religious Studies*. Mouton Publishers.
Watts, F., & Turner, L. (eds.). (2014). *Evolution, Religion and Cognitive Science: Critical and Constructive Essays*. Oxford University Press.
Watts, J., Greenhill, S. J., Atkinson, Q. D., Currie, T. E., Bulbulia, J., & Gray, R. D. (2015). "Broad supernatural punishment but not moralizing high gods precede the evolution of political complexity in Austronesia." *Proceedings of the Royal Society B: Biological Sciences*, 282(1804): 20142556.
Weber, M. (1930). *The Protestant Ethic and the Spirit of Capitalism*. George Allen and Unwin.
Weber, M. (1947). *The Theory of Social and Economic Organization*. Oxford University Press.
Wegner, D., & Gray, K. (2016). *The Mind Club: Who Thinks, What Feels, and Why it Matters*. Viking.
Whitehouse, H. (1995). *Inside the Cult: Religious Innovation and Transmission in Papua New Guinea*. Oxford University Press.
Whitehouse, H. (2000). *Arguments and Icons: Divergent Modes of Religiosity*. Oxford University Press.
Whitehouse, H. (2004). *Modes of Religiosity: A Cognitive Theory of Religious Transmission*. AltaMira Press.
Whitehouse, H. (2021). *The Ritual Animal: Imitation and Cohesion in the Evolution of Social Complexity*. Oxford University Press.
Whitehouse, H., & Laidlaw, J. (eds.). (2007). *Religion, Anthropology, and Cognitive Science*. Carolina Academic Press.
Williams, G. (1966). *Adaptation and Natural Selection*. Princeton University Press.
Williams, G. (1989). "A sociobiological expansion of evolution and ethics." In J. Paradis & G. Williams (eds.), *Evolution and Ethics* (pp. 179–214). Princeton University Press.
Wilson, D. S. (2002). *Darwin's Cathedral: Evolution, Religion, and the Nature of Society*. University of Chicago Press.
Wilson, E. O. (1978). *On Human Nature*. Harvard University Press.
Wilson, R. A., & Keil, F. C. (eds.). (1999). *The MIT Encyclopedia of the Cognitive Sciences*. MIT Press.
Wiltermuth, S. S., & Heath, C. (2009). "Synchrony and cooperation." *Psychological Science*, 20: 1–5.

Wood, L. A., Harrison, R. A., Lucas, A. J., McGuigan, N., Burdett, E. R. R., & Whiten, A. (2016). "'Model age-based' and 'copy when uncertain' biases in children's social learning of a novel task." *Journal of Experimental Child Psychology*, 150: 272-284.

Xygalatas, D., & McCorkle Jr. W. W. (eds.). (2013). *Mental Culture: Classical social Theory and the Cognitive Science of Religion*. Acumen.

Xygalatas, D., Mitkidis, P., Fischer, R., Reddish, P., Skewes, J., Geertz, A. W., et al. (2013). "Extreme rituals promote prosociality." *Psychological Science*, 24(8): 1602-1605.

Yilmaz, O., & Bahçekapili, H. G. (2016). "Supernatural and secular monitors promote human cooperation only if they remind of punishment." *Evolution and Human Behavior*, 37: 79-84.

Zahavi, A. (1977). "The cost of honesty (further remarks on the handicap principle)." *Journal of Theoretical Biology*, 67(3): 603-605.

Zhong, C., Bohns, V., & Gino, F. (2010). "Good lamps are the best police: Darkness increases dishonesty and self-interested behavior." *Psychological Science*, 21(3): 311-314.

6장

김주원. (2004). "한국어의 계통." 『공학교육』 11(3): 94-97.

김준홍. (2009). "역자 서론." 피터 리처슨·로버트 보이드 지음, 김준홍 옮김. 『유전자만이 아니다: 문화는 어떻게 인간 진화의 경로를 바꾸었는가』. 이음.

김준홍. (2014). "동물의 "문화"와 인간 문화의 고유성." 『한국문화인류학』 47(1): 289-316.

김준홍. (2015). "인간의 협동을 어떻게 설명할 것인가: 문화적 집단 선택론을 중심으로." 『한국문화인류학』 48(1): 3-38.

김준홍. (2019). "문화가 인간의 적응에서 갖는 중요성." 『철학·사상·문화』 29: 119-138.

김준홍·강남욱. (2019). "한국어의 기원 탐구를 위한 문화계통수 연구 방법의 설계와 적용에 대한 시론." 『어문론집』 80: 357-385.

스티븐 제이 굴드 지음, 김동광 옮김. (2014). 『힘내라 브론토사우루스』. 현암사.

피터 리처슨·로버트 보이드 지음, 김준홍 옮김. (2009). 『유전자만이 아니다: 문화는 어떻게 인간 진화의 경로를 바꾸었는가』. 이음.

Acuna-Alonzo, V., Flores-Dorantes, T., Kruit, J. K., Villarreal-Molina, T., Arellano-Campos, O., Hunemeier, T., et al. (2010). "A functional ABCA1 gene variant is associated with low HDL-cholesterol levels and shows evidence of positive selection in Native Americans." *Human Molecular Genetics*, 19: 2877-2885.

Bersaglieri, T., Sabeti, P. C., Patterson, N., Vanderploeg, T., Schaffner, S. F., Drake, J. A., et al. (2004). "Genetic signatures of strong recent positive selection at the lactase gene." *American Journal of Human Genetics*, 74: 1111-1120.

Boesch, C. (1993). "Towards a new image of culture in wild chimpanzees." *Behavioral and Brain Science*, 16: 514-515.

Boesch, C. (2003). "Is culture a golden barrier between human and chimpanzee?" *Evolutionary Anthropology*, 12: 26-32.

Borgerhoff Mulder, M. (1991). "Human behavioural ecology." In J. R. Krebs & N. B. Davies (eds.), *Behavioural Ecology: An Evolutionary Approach* (3rd ed., pp. 69-98). Blackwell Scientific Publications.

Bowles, S., & Gintis, H. (2011). *A Cooperative Species: Human Reciprocity and Its Evolution*. Princeton University Press.

Boyd R. (2018). *A Different Kind of Animal: How Culture Transformed Our Species*. Princeton University Press.

Boyd, R., & Richerson. P. (2009). "Culture and the evolution of human cooperation." *Philosophical Transactions of the Royal Society B*, 364: 3281-3288.

Boyd, R., & Richerson. P. (2010). "Transmission coupling mechanisms: Cultural group selection." *Philosophical Transactions of the Royal Society B*, 365: 3787-3795.

Boyd, R., Richerson, P., & Henrich, J. (2011). "The cultural niche: Why social learning is essential for human adaptation." *Proceedings of the National Academy of Sciences*, 108: 10918-10925.

Boyd, R., & Silk. J. (2020). *How Humans Evolved* (9th ed.). W. W. Norton & Company.

Burger, J., Kirchner, M., Bramanti, B., Haak, W., & Thomas, M. G. (2007). "Absence of the lactase-persistence associated allele in early Neolithic Europeans." *Proceedings of the National Academy of Sciences*, 104: 3736-3741.

Cosmides, L., & Tooby, J. (1997). "The multimodular nature of human intelligence." In A. Schiebel & J. W. Schopf (eds.), *The Origin and Evolution of Intelligence* (pp. 71-101). Jones & Bartlett Learning.

de Magalhaes, J. P., & Matsuda, A. (2012). "Genome-wide patterns of genetic distances reveal candidate loci contributing to human population-specific traits." *Annals of Human Genetics*, 76: 142-158.

Dean, L. G., Vale, G., Laland, K. N., Flynn, E., & Kendal, R. L. (2014). "Human cumulative culture: A comparative perspective." *Biological Reviews*, 89: 284-301.

Durham, W. H. (1991). *Coevolution: Genes, Culture, and Human Diversity*. Stanford University Press.

Embleton, S. M. (1986). *Statistics in Historial Linguistics*. Brockmeyer.

Enquist, M., Ghirlanda, S., & Eriksson, K. (2011). "Modelling the evolution and diversity of cumulative culture." *Philosophical Transactions of the Royal Society B: Biological Sciences*, 366: 412-423.

Gray, R. D., & Atkinson, Q. D. (2003). "Language-tree divergence times support the Anatolian theory of Indo-European origin." *Nature*, 426(6965): 435-439.

Gray, R. D., Greenhill, S. J., & Ross, R. M. (2007), "The pleasures and perils of Darwinizing culture (with Phylogenies)." *Biological Theory*, 2(4): 360-375.

Gray, R. D., & Jordan, F. M. (2000). "Language trees support the express-train sequence of Austronesian expansion." *Nature*, 405: 1052-1055.

Hawks, J., Wang, E. T., Cochran, G. M., Harpending, H. C., & Moyzis, R. K. (2007). "Recent acceleration of human adaptive evolution." *Proceedings of the National Academy of Sciences*, 104: 20753-20758.

Henrich, J. (2004). "Cultural group selection, coevolutionary processes and large-scale cooperation." *Journal of Economic Behavior and Organization*, 53: 3-35.

Henrich, J. (2017). *The Secret of Our Success: How Culture Is Driving Human Evolution, Domesticating Our Species, and Making Us Smarter*. Princeton University Press.

Hill, K., Barton, M., & Hurtado, A. M. (2009). "The emergence of human uniqueness: Characters underlying behavioral modernity." *Evolutionary Anthropology*, 18: 174-187.

Holden, C., & Mace, R. (1997). "Phylogenetic analysis of the evolution of lactose digestion in adults." *Human Biology*, 69: 605-628.

Hunemeier, T., Amorim, C. E. G., Azevedo, S., Contini, V., Acuna-Alonzo, V., Rothhammer, F., et al. (2012). "Evolutionary responses to a constructed niche: Ancient Mesoamericans as a model of gene-culture coevolution." *PLoS One*, 7: e38862.

Hunt, G. R., & Gray, R. (2003). "Diversification and cumulative evolution in New Caledonian crow tool manufacture." *Proceedings of Royal Society B: Biological Sciences*, 270: 867-874.

Klein, R. G. (1999). *The Human Career* (2nd ed.). University of Chicago Press.

Kroeber, A. (1948). *Anthropology*. Harcourt, Brace and Co.

Laland, K. N. (2017). *Darwin's Unfinished Symphony: How Culture Made The Human Mind*. Princeton University Press.

Magalon, H., Patin, E., Austerlitz, F., Hegay, T., Aldashev, A., Quintana-Murci, L., & Heyer, E. (2008). "Population genetic diversity of the NAT2 gene supports a role of acetylation in human adaptation to farming in Central Asia." *European Journal of Human Genetics*, 16: 243-251.

Mathew, S., & Boyd, R. (2011). "Punishment sustains large scale cooperation in prestate warfare." *Proceedings of the National Academy of Sciences*, 108: 11375-11380.

Mathew, S., & Boyd, R. (2014). "The cost of cowardice: Punitive sentiments towards free riders in Turkana raids." *Evolution and Human Behavior*, 35(1): 58-64.

Mercader J., Panger, M., & Boesch, C. (2002). "Excavation of a chimpanzee stone tool site in the African rain forest." *Science*, 296(5572): 1452-1455.

Mesoudi, A. (2011). *Cultural Evolution: How Darwinian Theory Can Explain Human Culture & Synthesize The Social Science*. University of Chicago Press.

Myles, S., Hradetzky, E., Engelken, J., Lao, O., Nürnberg, P., Trent, R. J., et al. (2007). "Identification of a candidate genetic variant for the high prevalence of type II diabetes in Polynesians." *European Journal of Human Genetics*, 15: 584-589.

Nielsen, R., Hellmann, I., Hubisz, M., Bustamante, C., & Clark, A. G. (2007). "Recent and ongoing selection in the human genome." *Nature Reviews Genetics*, 8: 857-868.

Pagel, M. (2009), "Human language as a culturally transmitted replicator." *Nature Reviews Genetics*, 10: 405-415.

Perreault, C. (2012). "The pace of cultural evolution." *PLoS One*, 7(9): e45150.

Perry, S. (2009). "Are nonhuman primates likely to exhibit cultural capacities like those of humans?" In K. N. Laland & B. G. Galef (eds.), *The Question of Animal Culture* (pp. 247-268). Harvard University Press.

Piel, F. B., Patil, A. P., Howes, R. E., Nyangiri, O. A., Gething, P. W., Williams, T. N., et al. (2010). "Global distribution of the sickle cell gene and geographical confirmation of the malaria hypothesis." *Nature Communications*, 1: 104.

Pinker, S. (2010). "The cognitive niche: Coevolution of intelligence, sociality and language." *Proceedings of the National Academy of Sciences*, 107: 8993-8999.

Sabbagh, A., Darlu, P., Crouau-Roy, B., & Poloni, E. S. (2011). "Arylamine N-acetyltransferase2 NAT2 genetic diversity and traditional subsistence: A worldwide population survey." *PLoS One*, 6: e18507.

Sabeti, P. C., Schaffner, S. F., Fry, B., Lohmueller, J., Varilly, P., Shamovsky, O., et al. (2006). "Positive natural selection in the human lineage." *Science*, 312(5780): 1614-1620.

Sabeti, P. C., Varilly, P., Fry, B., Lohmueller, J., Hostetter, E., Cotsapas, C., et al. (2007). "Genome-wide detection and characterization of positive selection in human populations." *Nature*, 449: 913-918.

Sterelny, K. (2009). "Peacekeeping in the culture wars." In K. N. Laland & B. G. Galef (eds.), *The Question of Animal Culture* (pp. 208-304). Harvard University Press.

Stout, D., & Hecht, E. E. (2017). "The evolutionary neuroscience of cumulative culture." *Proceedings of the National Academy of Sciences*, 114(30): 7861-7868.

Tang, K., Thornton, K. R., & Stoneking, M. (2007). "A new approach for using genome scans to detect recent positive selection in the human genome." *PLoS Biology*, 5:

e171.
Tomasello, M. (1994). “The question of chimpanzee culture.” In R. Wrangham, W. McGrew, F. de Waal, & P. Heltne (eds.), *Chimpanzee Cultures* (pp. 301–317). Harvard University Press.
Tooby, J., & Cosmides, L. (1992). “The psychological foundations of culture.” In J. Barkow, L. Cosmides, & J. Tooby (eds.), *The Adapted Mind: Evolutionary Psychology and the Generation of Culture* (pp. 19–136). Oxford University Press.
Voight, B. F., Kudaravalli, S., Wen, X., & Pritchard, J. K. (2006). “A map of recent positive selection in the human genome.” *PLoS Biology*, 4: e72.
Wang, E. T., Kodama, G., Baldi, P., & Moyzis, R. K. (2006). “Global landscape of recent inferred Darwinian selection for Homo sapiens.” *Proceedings of the National Academy of Sciences*, 103: 135–140.
Williamson, S. H., Hubisz, M. J., Clark, A. G., Payseur, B. A., Bustamante, C. D., & Nielsen, R. (2007). “Localizing recent adaptive evolution in the human genome.” *PLoS Genetics*, 3: e90.
Wilson, E. O. (1978). *On Human Nature*. Harvard University Press.

7장

Aiello, L. C., & Wheeler, P. (1995). “The expensive–tissue hypothesis: The brain and the digestive system in human and primate evolution.” *Current Anthropology*, 36(2): 199–221.
Ardila, A. (2010) “Origins of the language: Correlations between brain evolution and language development.” In S. M. Platek & T. K. Shackelford (eds.), *Foundations in Evolutionary Cognitive Neuroscience* (pp. 153–174). Cambridge University Press.
Ardila, A. (2015). “A proposed neurological interpretation of language evolution.” *Behavioural Neurology*, 2015: 872487.
Barkow, J., Cosmides, L., & Tooby, J. (1992). *The Adapted Mind: Evolutionary Psychology and the Generation of Culture*. Oxford University Press.
Baron–Cohen, S. (2004). “The cognitive neuroscience of autism.” *Journal of Neurology, Neurosurgery, and Psychiatry*, 75: 945–948.
Baron–Cohen, S., & Wheelwright, S. (2004). “The empathy quotient: An investigation of adults with asperger syndrome or high functioning autism, and normal sex differences.” *Journal of Autism and Developmental Disorders*, 34(2): 164–175.
Baron–Cohen, S., Wheelwright, S., Skinner, R., Martin, J., & Clubley, E. (2001). “The autism–spectrum quotient(AQ): Evidence from Asperger syndrome/high–functioning autism, males and females, scientists and mathematicians.” *Journal of*

Autism and Developmental Disorders, 31: 5-17.

Broca, P. (1861). "Remarques sur le siége de la faculté du langage articulé, suivies d'une observation d'aphémie(perte de la parole)." *Bulletin et Mémoires de la Société anatomique de Paris*, 6: 330-357.

Cairo, O. (2011). "External measures of cognition." *Frontiers in Human Neuroscience*, 5: 108.

Clarke, R. J., & Tobias, P. V. (1995). "Sterkfontein member 2 foot bones of the oldest South African hominid." *Science*, 269(5223): 521-524.

Cosmides, L., & Tooby, J. (1997). *Evolutionary Psychology: A Primer*. Center for Evolutionary Psychology.

Daly, M., & Wilson, M. (1998). "The evolutionary social psychology of family violence." In C. B. Crawford & D. L. Krebs (eds.), *Handbook of Evolutionary Psychology: Ideas, Issues, and Applications* (pp. 431-456). Lawrence Erlbaum Associates Publishers.

Dart, R. A. (1925). "Australopithecus africanus The Man-Ape of South Africa." *Nature*, 115(2884): 195-199.

de Winter, W., & Oxnard, C. E. (2001). "Evolutionary radiations and convergences in the structural organization of mammalian brains." *Nature*, 409(6821): 710-714.

den Ouden, H. E. M., Frith, U., Frith, C., & Blakemore, S. J. (2005). "Thinking about intentions." *NeuroImage*, 28: 787-796.

Diekhof, E. K., Wittmer, S., Reimers, L., (2014). "Does competition really bring out the worst? Testosterone, social distance and inter-male competition shape parochial altruism in human males." *PLoS One*, 9: e98977.

Dunbar, R. I. (1998). "The social brain hypothesis." *Evolutionary Anthropology*, 6: 178-190.

Dunbar, R. I., & Shultz, S. (2007). "Understanding primate brain evolution." *Philosophical Transactions of the Royal Society B: Biological Sciences*, 362(1480): 649-658.

Elimari, N., & Lafargue, G. (2020). "Network neuroscience and the adapted mind: Rethinking the role of network theories in evolutionary psychology." *Frontiers in Psychology*, 11: 545632.

Feng, C., Luo, Y. J., & Krueger, F. (2015). "Neural signatures of fairness-related normative decision making in the ultimatum game: A coordinate-based meta-analysis." *Human Brain Mapping*, 36(2): 591-602.

Ferrari, M., & Quaresima, V. (2012). "A brief review on the history of human functional near-infrared spectroscopy(fNIRS) development and fields of application." *NeuroImage, 63*(2): 921-935.

Finlay, B. L., & Darlington, R. B. (1995). "Linked regularities in the development and evolution of mammalian brains." *Science*, 268(5217): 1578-1584.

Focquaert, F. & Platek, S. M. (2007). "Social cognition and the evolution of self-awarness." In S. M. Platek, J. P. Keenan, & T. K. Shackelford (eds.), *Evolutionary Cognitive Neuroscience* (pp. 433-456). MIT Press.

Glover, G. H. (2011). "Overview of functional magnetic resonance imaging." *Neurosurgery Clinics of North America, 22*(2): 133-139.

Golle, J., Probst, F., Mast, F. W., & Lobmaier, J. S. (2015). "Preference for cute infants does not depend on their ethnicity or species: Evidence from hypothetical adoption and donation paradigms." *PLoS One*, 10(4): e0121554.

Gong, G., He, Y., Concha, L., Lebel, C., Gross, D. W., Evans, A. C., et al. (2009). "Mapping anatomical connectivity patterns of human cerebral cortex using in vivo diffusion tensor imaging tractography." *Cerebral Cortex*, 19(3): 524-536.

Gross, J. (2019). "Magnetoencephalography in cognitive neuroscience: A primer." *Neuron*, 104(2): 189-204.

Gur, R. C., Levin, S. L., Irani, F., Panyavin, I. S., Thomson, J. W., & Platek, S. M. (2007). "The evolution of sex differences in spatial cognition." In S. M. Platek, J. P. Keenan, & T. K. Shackelford (eds.), *Evolutionary Cognitive Neuroscience* (pp. 433-456). MIT Press.

Hahn, A. C., Symons, L. A., Kredel, T., Hanson, K., Hodgson, L., Schiavone, L., et al. (2016). "Early and late event-related potentials are modulated by infant and adult faces of high and low attractiveness." *Society of Neuroscience*, 11(2): 207-220.

Hamilton, W. D. (1964a). "The genetical evolution of social behavior. I." *Journal of Theoretical Biology*, 7: 1-16.

Hamilton, W. D. (1964b). "The genetical evolution of social behavior. II." *Journal of Theoretical Biology*, 7: 17-52.

Hampton, W. H., Unger, A., Von Der Heide, R. J., & Olson, I. R. (2016). "Neural connections foster social connections: a diffusion-weighted imaging study of social networks." *Social Cognitive Affective Neuroscience*, 11(5): 721-727.

Hauber, M. E., & Sherman, P. W. (2001). "Self-referent phenotype matching: Theoretical considerations and empirical evidence." *Trends in Neuroscience*, 24(10): 609-616.

Heckendorf, E., Huffmeijer, R., Bakermans-Kranenburg, M. J., & van IJzendoorn, M. H. (2016). "Neural processing of familiar and unfamiliar children's faces: Effects of experienced love withdrawal, but no effects of neutral and threatening priming." *Frontiers in Human Neuroscience*, 10: 231.

Heckendorf, E., Bakermans-Kranenburg, M. J., van IJzendoorn, M. H., Voorthuis, A., & Huffmeijer, R. (2019). "Brain activity and love-withdrawal moderate effects of suggested kinship on negative appraisals." *Evolutionary Behavioral Sciences,* 13: 16-30.

Henrich, J., Boyd, R., Bowles, S., Camerer, C., Fehr, E., & Gintis, H. (2004). *Foundations of human sociality: Economic experiments and ethnographic evidence from fifteen small-scale societies.* Oxford University Press.

Hepper, P. (2011). "Kin recognition." In C. Salmon & T. K. Shackleford (eds.), *The Oxford Handbook of Evolutionary Family Psychology* (pp. 211-229). Oxford University Press.

Jerison, H. J. (1973). *Evolution of the Brain and Intelligence.* Academic Press.

Kou, H., Xie, Q., & Bi, T. (2020). "Mechanisms for the cognitive processing of attractiveness in adult and infant faces: From the evolutionary perspective." *Frontiers in Psychology*, 11: 436.

Krill, A. L., Platek, S. M., Goetz, A. T., & Shackelford, T. K. (2007). "Where evolutionary psychology meets cognitive neuroscience: A précis to evolutionary cognitive neuroscience." *Evolutionary Psychology*, 5(1): 147470490700500114.

Leergaard, T., Hilgetag, C., & Sporns, O. (2012). "Mapping the connectome: Multi-level analysis of brain connectivity." *Frontiers in Neuroinformatics*, 6: 14.

Lieberman, D., Fessler, D. M., & Smith, A. (2011). "The relationship between familial resemblance and sexual attraction: an update on Westermarck, Freud, and the incest taboo." *Personality and Social Psychology Bulletin,* 37(9): 1229-1232.

Lieberman, D., Tooby, J., & Cosmides, L. (2007). "The architecture of human kin detection." *Nature*, 445(7129): 727-731.

Liégeois, F., Baldeweg, T., Connelly, A., Gadian, D. G., Mishkin, M., & Vargha-Khadem, F. (2003). "Language fMRI abnormalities associated with FOXP2 gene mutation." *Nature Neuroscience*, 6: 1230-1237.

Linn, M. C. (1985). "Emergence and characterization of sex differences in spatial ability: A meta-analysis." *Child Development*, 56: 1479-1498.

Marsh, A. A. (2016). "Neural, cognitive, and evolutionary foundations of human altruism." *Wiley Interdisciplinary Reviews: Cognitive Science*, 7(1): 59-71.

Marsh, A. A., Stoycos, S. A., Brethel-Haurwitz, K. M., Robinson, P., & Cardinale, E. M. (2014). "Neural and cognitive characteristics of extraordinary altruists." *Proceedings of the National Academy of Sciences*, 111: 15036-15041.

McClelland, J. L. (2001). "Cognitive neuroscience." In N. J. Smelser & P. B. Baltes (eds.), *International Encyclopedia of the Social & Behavioral Sciences* (pp. 2133-2140).

Elsevier Ltd.

Morgan, L. K., & Kisley M. A. (2014). "The effects of facial attractiveness and perceiver's mate value on adaptive allocation of central processing resources." *Evolution and Human Behavior*, 35(2): 96-102.

Nazareth, A., Huang, X., Voyer, D., & Newcombe, N. (2019). "A meta-analysis of sex differences in human navigation skills." *Psychonomic Bulletin & Review*, 26(5): 1503-1528.

Nitsche, M. A., & Paulus, W. (2011). "Transcranial direct current stimulation-update 2011." *Restorative Neurology and Neuroscience,* 29(6): 463-492.

Northoff, G., & Bermpohl, F. (2004). "Cortical midline structures and the self." *Trends in Cognitive Sciences*, 8: 102-107.

Ochsner, K. N., Beer, J. S., Robertson, E. R., Cooper, J. C., Grabieli, J. D. E., Kihlstrom, et al. (2005). "The neural correlates of direct and reflected self-knowledge." *NeuroImage*, 28: 797-814.

Olejniczak, P. (2006). "Neurophysiologic Basis of EEG." *Journal of Clinical Neurophysiology*, 23(3): 186-189.

Platek, S. M., & Hendry, J. C. (2019). "Medial cortical structures mediate implicit trustworthiness judgments about kin faces, but not familiar faces: A brief report." *Psych*, 1(1): 482-490.

Platek, S. M., & Kemp, S. M. (2009). "Is family special to the brain? An event-related fMRI study of familiar, familial, and self-face recognition." *Neuropsychologia*, 47(3): 849-858.

Platek, S. M., Keenan, J. P., & Mohamed, F. B. (2005). "Sex differences in the neural correlates of child facial resemblance: An event-related fMRI study." *NeuroImage*, 25(4): 1336-1344.

Platek, S. M., Keenan, J. P., & Shackelford, T. K. (eds.). (2007). *Evolutionary Cognitive Neuroscience*. MIT Press.

Platek, S. M., Loughead, J. W., Gur, R. C., Busch, S. Ruparel, K. Phend, N., et al. (2006). "Neural substrates for functionally discriminating self-face from personally familiar faces." *Human Brain Mapping*, 27: 91-98.

Platek, S. M., Raines, D. M., Gallup Jr., G. G., Mohamed, F. B., Thomson, J. W., Myers, T. E., et al. (2004). "Reactions to children's faces: Males are still more affected by resemblance than females are, and so are their brains." *Evolution and Human Behavior*, 25(6): 394-405.

Poliva, O. (2016). "From mimicry to language: A neuroanatomically based evolutionary model of the emergence of vocal language." *Frontiers in Neuroscience*, 10: 307.

Potts, R. (1996). “Evolution and climate variability.” *Science*, 273(5277): 922-923.

Potts, R. (1998). “Environmental hypotheses of hominin evolution.” *American Journal of Physical Anthropology*, Suppl 27: 93-136.

Reed, T., & Cohen Kadosh, R. (2018). “Transcranial electrical stimulation(tES) mechanisms and its effects on cortical excitability and connectivity.” *Journal of Inherited Metabolic Disease*, 46(6): 1123-1130.

Reimers, L., Buchel, C., & Diekhof, E. K. (2017). “Neural substrates of male parochial altruism are modulated by testosterone and behavioral strategy.” *NeuroImage*, 156: 265-276.

Rizzolatti, G., & Arbib, M. A. (1998). “Language within our grasp.” *Trends in Cognitive Sciences*, 21: 188-194.

Santos, L. R., Flombaum, J. I., & Phillips, W. (2007). “The Evolution of human mindreading: Primate can inform social cognitive neuroscience.” In S. M. Platek, J. P. Keenan, & T. K. Shackelford (eds.), *Evolutionary Cognitive Neuroscience* (pp. 433-456). MIT Press.

Senju, A., & Csibra, G. (2008). “Gaze following in human infants depends on communicative signals.” *Current Biology*, 18(9): 668-671.

Sherwood, C. C., Subiaul, F., & Zawidzki, T. W. (2008). “A natural history of the human mind: Tracing evolutionary changes in brain and cognition.” *Journal of Anatomy*, 212(4): 426-454.

Silverman, I., & Eals, M. (1992). “Sex differences in spatial abilities: Evolutionary theory and data.” In J. H. Barkow, L. Cosmides, & J. Tooby (eds.), *The Adapted Mind: Evolutionary Psychology and the Generation of Culture* (pp. 531-549). Oxford University Press.

Silverman, I., Choi, J., & Peters, M. (2007). “The hunter-gatherer theory of sex differences in spatial abilities: Data from 40 countries.” *Archives of Sexual Behavior*, 36(2): 261-268.

Tai, Y. F., & Piccini, P. (2004). “Applications of positron emission tomography(PET) in neurology.” *Journal of Neurology, Neurosurgery, and Psychiatry*, 75(5): 669-676.

Techentin, C., Voyer, D., & Voyer, S. D. (2014). “Spatial abilities and aging: A meta-analysis.” *Experimental Aging Research*, 40: 395-425.

Tinbergen, N. (1963). “On aims and methods of ethology.” *Zeitschrift fur Tierpsychologie*, 20: 410-433.

Trivers, R. L. (1971). “The evolution of reciprocal altruism.” *Quarterly Review of Biology*, 46(1): 35-57.

Tse, W. S., & Bond, A. J. (2002). “Serotonergic intervention affects both social dominance and affiliative behaviour." *Psychopharmacology*, 161(3): 324–330.

Tsoukalas, I. (2018). "Theory of mind: Towards an evolutionary theory." *Evolutionary Psychological Science*, 4(1): 38–66.

Vollm, B., Richardson, P., McKie, S., Elliot, R., Deakin, J. F. W., & Anderson, I. M. (2006). "Serotonergic modulation of neuronal responses to behavioral inhibition and reinforcing stimuli: An fMRI study in healthy volunteers." *European Journal of Neuroscience*, 23: 552–560.

Walsh, V., & Cowey, A. (2000). "Transcranial magnetic stimulation and cognitive neuroscience." *Nature Reviews Neuroscience*, 1(1): 73–80.

Wernicke, C. (1874). *Der Aphasiche Symptomencomplex*. Cohn and Weigert.

Wlodarski, R., & Dunbar, R. I. (2016). "When BOLD is thicker than water: Processing social information about kin and friends at different levels of the social network." *Social Cognitive and Affective Neuroscience*, 11(12): 1952–1960.

Wood, R. M., Rilling, J. K., Sanfey, A. G., Bhagwagar, Z., & Rogers, R. D. (2006). "Effects of tryptophan depletion on the performance of an iterated Prisoner's Dilemma game in healthy adults." *Neuropsychopharmacology*, 31: 1075–1084.

Yamagishi, T., Li, Y., Fermin, A. S. R., Kanai, R., Takagishi, H., Matsumoto, Y., et al. (2017). "Behavioural differences and neural substrates of altruistic and spiteful punishment." *Scientific Reports*, 7(1): 14654.

Yang, Y., Raine, A., Narr, K. L., Colletti, P., & Toga, A. W. (2009). "Localization of deformations within the amygdala in individuals with psychopathy." *Archives of General Psychiatry*, 66: 986–994.

Yin, L., Fan, M., Lin, L., Sun, D., & Wang, Z. (2017). "Attractiveness modulates neural processing of infant faces differently in males and females." *Frontiers in Human Neuroscience*, 11: 551.

Yuan, L., Kong, F., Luo, Y., Zeng, S., Lan, J., & You, X. (2019). "Gender differences in large-scale and small-scale spatial ability: A systematic review based on behavioral and neuroimaging research." *Frontiers in Behavioral Neuroscience*, 13: 128.

Zhang, S., Wang, H., & Guo, Q. (2018). "Sex and physiological cycles affect the automatic perception of attractive opposite-sex faces: A visual mismatch negativity study." *Evolutionary Psychology*, 16(4): 1474704918812140.

8장

Altman, A., & Mesoudi, A. (2019). "Understanding agriculture within the frameworks of cumulative cultural evolution, gene-culture co-evolution, and cultural niche construction." *Human Ecology*, 47(4): 483–497.

APA. (2000). *Diagnostic and Statistical Manual of Mental Disorders: DSM-IV-TR*. American Psychiatric Publishing, Inc.

APA. (2013). *The Diagnostic and Statistical Manual of Mental Disorders: DSM 5*." American Psychiatric Association. http://www.riss.kr/link?id=M13187707.

Ashton, M. C., & Lee, K. (2001). "A theoretical basis for the major dimensions of personality." *European Journal of Personality*, 15(5): 327-353.

Ashton, M. C., & Lee, K. (2007). "Empirical, theoretical, and practical advantages of the HEXACO model of personality structure." *Personality and Social Psychology Review*, 11(2): 150-166.

Ashton, M. C., Lee, K., Goldberg, L. R., & de Vries, R. E. (2009). "Higher order factors of personality: Do they exist?" *Personality and Social Psychology Review*, 13(2): 79-91.

Ashton, M. C., Lee, K., & Paunonen, S. V. (2002). "What is the central feature of extraversion? Social attention versus reward sensitivity." *Journal of Personality and Social Psychology*, 83(1): 245-252.

Augusiak, J., Van den Brink, P. J., & Grimm, V. (2014). "Merging validation and evaluation of ecological models to 'evaludation': A review of terminology and a practical approach." *Ecological Modelling*, 280: 117-128.

Austin, E. J., & Deary, I. J. (2000). "The 'four As': A common framework for normal and abnormal personality?" *Personality and Individual Differences*, 28(5): 977-995.

Avila, M., Thaker, G., & Adami, H. (2001). "Genetic epidemiology and schizophrenia: A study of reproductive fitness." *Schizophrenia Research*, 47(2): 233-241.

Axelrod, R., & Hamilton, W. D. (1981). "The evolution of cooperation." *Science*, 211(4489): 1390-1396.

Bäckström, M., Björklund, F., & Larsson, M. R. (2009). "Five-factor inventories have a major general factor related to social desirability which can be reduced by framing items neutrally." *Journal of Research in Personality*, 43(3): 335-344.

Baldwin, W., Sauser, B., & Cloutier, R. (2015). "Simulation approaches for system of systems: Events-based versus agent based modeling." *Procedia Computer Science*, 44: 363-372.

Barelds, D. P., & De Raad, B. (2015). "The role of word-categories in trait-taxonomy: Evidence from the Dutch personality taxonomy." *International Journal of Personality Psychology*, 1(1): 15-25.

Barnard, C. J., & Sibly, R. M. (1981). "Producers and scroungers: A general model and its application to captive flocks of house sparrows." *Animal Behaviour*, 29(2): 543-550.

Baron-Cohen, S., & Wheelwright, S. (2004). "The empathy quotient: An investigation of adults with asperger syndrome or high functioning autism, and normal sex differences." *Journal of Autism and Developmental Disorders*, 34(2): 163-175.

Barrick, M. R., & Mount, M. K. (1991). "The Big Five personality dimensions and job performance: A meta-analysis." *Personnel Psychology*, 44(1): 1-26.

Bateson, P., Barker, D., Clutton-Brock, T., Deb, D., D'Udine, B., Foley, R. A., et al. (2004). "Developmental plasticity and human health." *Nature*, 430(6998): 419-421.

Behar, D. M., Villems, R., Soodyall, H., Blue-Smith, J., Pereira, L., Metspalu, E., et al. (2008). "The dawn of human matrilineal diversity." *The American Journal of Human Genetics*, 82(5): 1130-1140.

Bell, A. M. (2007). "Future directions in behavioural syndromes research." *Proceedings of the Royal Society B: Biological Sciences*, 274(1611): 755-761.

Bell, A. M., & Aubin-Horth, N. (2010). "What can whole genome expression data tell us about the ecology and evolution of personality?" *Philosophical Transactions of the Royal Society B: Biological Sciences*, 365(1560): 4001-4012.

Bereczkei, T. (2015). "The manipulative skill: Cognitive devices and their neural correlates underlying Machiavellian's decision making." *Brain and Cognition*, 99: 24-31.

Bertelsen, A., Harvald, B., & Hauge, M. (1977). "A Danish twin study of manic-depressive disorders." *British Journal of Psychiatry*, 130(4): 330-351.

Bolig, R., Price, C. S., O'Neill, P. L., & Suomi, S. J. (1992). "Subjective assessment of reactivity level and personality traits of rhesus monkeys." *International Journal of Primatology*, 13(3): 287-306.

Borshchev, A. (2013). *The Big Book of Simulation Modeling: Multimethod Modeling with AnyLogic 6*. AnyLogic North America.

Bouchard Jr., T. J., Lykken, D. T., McGue, M., Segal, N. L., & Tellegen, A. (1990). "Sources of human psychological differences: The Minnesota study of twins reared apart." *Science*, 250(4978): 223-228.

Boudreau, J. W., Boswell, W. R., & Judge, T. A. (2001). "Effects of personality on executive career success in the United States and Europe." *Journal of Vocational Behavior*, 58(1): 53-81.

Brisson, D. (2018). "Negative frequency-dependent selection is frequently confounding." *Frontiers in Ecology and Evolution*, 6.

Bubb, K. L. (2006). "The role of balancing selection in maintenance of natural genetic variation." Doctoral dissertation. University of Washington.

Bubb, K., Bovee, D., Buckley, D., Haugen, E., Kibukawa, M., Paddock, M., et al. (2006).

"Scan of human genome reveals no new loci under ancient balancing selection." *Genetics*, 173(4): 2165–2177.

Buchanan, T., Johnson, J. A., & Goldberg, L. R. (2005). "Implementing a five-factor personality inventory for use on the internet." *European Journal of Psychological Assessment*, 21(2): 115–127.

Burch, G. S. J., Hemsley, D. R., Pavelis, C., & Corr, P. J. (2006a). "Personality, creativity and latent inhibition." *European Journal of Personality*, 20(2): 107–122.

Burch, G. S. J., Pavelis, C., Hemsley, D. R., & Corr, P. J. (2006b). "Schizotypy and creativity in visual artists." *British Journal of Psychology*, 97(2): 177–190.

Bürger, R. (2000). *The Mathematical Theory of Selection, Recombination, and Mutation*. John Wiley & Sons.

Bürger, R. (2005). "A multilocus analysis of intraspecific competition and stabilizing selection on a quantitative trait." *Journal of Mathematical Biology*, 50(4): 355–396.

Burtt, E. (1951). "The ability of adult grasshoppers to change colour on burnt ground." *Physiological Entomology*, 26(4–6): 45–48.

Buss, A. H., & Perry, M. (1992). "Personality processes and individual differences." *Journal of Personality and Social Psychology*, 63(3): 4S9.

Buss, D. M. (1991). "Evolutionary personality psychology." *Annual Review of Psychology*, 42(1): 459–491.

Buss, D. M. (2008). "Human nature and individual differences." In O. P. John, R. W. Robins, & L. A. Pervin (eds.), *Handbook of Personality: Theory and Research* (pp. 29–60). Guiford Press.

Buss, D. M., & Greiling, H. (1999). "Adaptive individual differences." *Journal of Personality*, 67(2): 209–243.

Cameron, N. M., Fish, E. W., & Meaney, M. J. (2008). "Maternal influences on the sexual behavior and reproductive success of the female rat." *Hormones and Behavior*, 54(1): 178–184.

Cameron, N. M., Del Corpo, A., Diorio, J., McAllister, K., Sharma, S., & Meaney, M. J. (2008). "Maternal programming of sexual behavior and hypothalamic-pituitary-gonadal function in the female rat." *PLoS One*, 3(5): e2210.

Campbell, A. (1999). "Staying alive: Evolution, culture, and women's intrasexual aggression." *Behavioral and Brain Sciences*, 22(2): 203–214.

Cannon, T. D., & Keller, M. C. (2006). "Endophenotypes in the genetic analyses of mental disorders." *Annual Review of Clinical Psychology*, 2: 267–290.

Caprara, G. V., Barbaranelli, C., & Zimbardo, P. G. (1996). "Understanding the complexity of human aggression: Affective, cognitive, and social dimensions of individual differences in propensity toward aggression." *European Journal of Personality*, 10(2): 133-155.

Cargill, M., Altshuler, D., Ireland, J., Sklar, P., Ardlie, K., Patil, N., et al. (1999). "Characterization of single-nucleotide polymorphisms in coding regions of human genes." *Nature Genetics*, 22(3): 231-238.

Cashdan, E. (1995). "Hormones, sex, and status in women." *Hormones and Behavior*, 29(3): 354-366.

Charnov, E. L. (1976). "Optimal foraging, the marginal value theorem." *Theoretical Population Biology*, 9(2): 129-136.

Charnov, E. L., & Berrigan, D. (1993). "Why do female primates have such long lifespans and so few babies? Or life in the slow lane." *Evolutionary Anthropology: Issues, News, and Reviews*, 1(6): 191-194.

Chen, C., Burton, M., Greenberger, E., & Dmitrieva, J. (1999). "Population migration and the variation of dopamine D4 receptor (DRD4) allele frequencies around the globe." *Evolution and Human Behavior*, 20(5): 309-324.

Cheng, J. T., Tracy, J. L., & Henrich, J. (2010). "Pride, personality, and the evolutionary foundations of human social status." *Evolution and Human Behavior*, 31(5): 334-347.

Claridge, G. (2003). *Personality and Psychological Disorders*. Oxford University Press.

Claridge, G., & Davis, C. (2001). "What's the use of neuroticism?" *Personality and Individual Differences*, 31(3): 383-400.

Clark, A. B., & Ehlinger, T. J. (1987). "Pattern and adaptation in individual behavioral differences." In P. P. G. Bateson & P. H. Klopfer (eds.), *Perspectives in Ethology* (pp. 1-47). Springer.

Clark, L. A. (1990). "Toward a consensual set of symptom clusters for assessment of personality disorder." *Advances in Personality Assessment*, 8: 243-266.

Clark, L. A., Watson, D., & Mineka, S. (1994). "Temperament, personality, and the mood and anxiety disorders." *Journal of Abnormal Psychology*, 103(1): 103-116.

Colin, G. D. (2013). "The neuromodulator of exploration: A unifying theory of the role of dopamine in personality." *Frontiers in Human Neuroscience*, 7: 762.

Consortium, E. P. (2007). "Identification and analysis of functional elements in 1% of the human genome by the ENCODE pilot project." *Nature*, 447(7146): 799-816.

Consortium, I. S. (2008). "Rare chromosomal deletions and duplications increase risk of schizophrenia." *Nature*, 455(7210): 237-241.

Consortium, I. S. (2009). "Common polygenic variation contributes to risk of schizophrenia that overlaps with bipolar disorder." *Nature*, 460(7256): 748-752.

Costa Jr., P. T., & McCrae, R. R. (1976). "Age differences in personality structure: A cluster analytic approach." *Journal of Gerontology*, 31(5): 564-570.

Costa Jr., P. T., Terracciano, A., & McCrae, R. R. (2001). "Gender differences in personality traits across cultures: Robust and surprising findings." *Journal of Personality and Social Psychology*, 81(2): 322-331.

Crnokrak, P., & Roff, D. A. (1995). "Dominance variance: Associations with selection and fitness." *Heredity*, 75(5): 530-540.

Curtis, V., De Barra, M., & Aunger, R. (2011). "Disgust as an adaptive system for disease avoidance behaviour." *Philosophical Transactions of the Royal Society B: Biological Sciences*, 366(1563): 389-401.

Curtsinger, J. W., Service, P. M., & Prout, T. (1994). "Antagonistic pleiotropy, reversal of dominance, and genetic polymorphism." *American Naturalist*, 144(2): 210-228.

Dall, S. R., Houston, A. I., & McNamara, J. M. (2004). "The behavioural ecology of personality: Consistent individual differences from an adaptive perspective." *Ecology Letters*, 7(8): 734-739.

Danay, E., & Ziegler, M. (2011). "Is there really a single factor of personality? A multirater approach to the apex of personality." *Journal of Research in Personality*, 45(6): 560-567.

Davies, N. B., Krebs, J. R., & West, S. A. (2012). *An Introduction to Behavioural Ecology*. John Wiley & Sons.

De Raad, B., Barelds, D. P. H., Timmerman, M. E., De Roover, K., Mlačić, B., & Church, A. T. (2014). "Towards a pan-cultural personality structure: Input from 11 psycholexical studies." *European Journal of Personality*, 28(5): 497-510.

de Vries, R. E., Tybur, J. M., Pollet, T. V., & van Vugt, M. (2016). "Evolution, situational affordances, and the HEXACO model of personality." *Evolution and Human Behavior*, 37(5): 407-421.

DeAngelis, D., Rose, K., & Huston, M. (1994). *Individual-Oriented Approaches to Modeling Ecological Populations and Communities*. Springer.

Del Giudice, M. (2014). "An evolutionary life history framework for psychopathology." *Psychological Inquiry*, 25(3-4): 261-300.

Del Giudice, M. (2018). *Evolutionary Psychopathology: A Unified Approach*. Oxford University Press.

Del Giudice, M., Ellis, B. J., & Shirtcliff, E. A. (2011). "The adaptive calibration model of stress responsivity." *Neuroscience & Biobehavioral Reviews*, 35(7): 1562-1592.

Denissen, J. J., & Penke, L. (2008). "Motivational individual reaction norms underlying the Five-Factor model of personality: First steps towards a theory-based conceptual framework." *Journal of research in personality*, 42(5): 1285–1302.

DeWitt, T. J., Robinson, B. W., & Wilson, D. S. (2000). "Functional diversity among predators of a freshwater snail imposes an adaptive trade-off for shell morphology." *Evolutionary Ecology Research*, 2(2): 129–148.

DeWitt, T. J., Sih, A., & Wilson, D. S. (1998). "Costs and limits of phenotypic plasticity." *Trends in Ecology & Evolution*, 13(2): 77–81.

DeYoung, C. G. (2015). "Cybernetic Big Five theory." *Journal of Research in Personality*, 56: 33–58.

DeYoung, C. G., Peterson, J. B., & Higgins, D. M. (2002). "Higher-order factors of the Big Five predict conformity: Are there neuroses of health?" *Personality and Individual Differences*, 33(4): 533–552.

DeYoung, C. G., Peterson, J. B., & Higgins, D. M. (2005). "Sources of openness/intellect: Cognitive and neuropsychological correlates of the fifth factor of personality." *Journal of Personality*, 73(4): 825–858.

DeYoung, C. G., Quilty, L. C., & Peterson, J. B. (2007). "Between facets and domains: 10 aspects of the Big Five." *Journal of Personality and Social Psychology*, 93(5): 880–896.

Di Rienzo, A., & Hudson, R. R. (2005). "An evolutionary framework for common diseases: The ancestral-susceptibility model." *Trends in Genetics*, 21(11): 596–601.

Digman, J. M. (1997). "Higher-order factors of the Big Five." *Journal of Personality and Social Psychology*, 73(6): 1246–1256.

Dingemanse, N. J., & Réale, D. (2005). "Natural selection and animal personality." *Behaviour*, 142(9–10): 1159–1184.

Dingemanse, N. J., & Wolf, M. (2010). "Recent models for adaptive personality differences: A review." *Philosophical Transactions of the Royal Society B: Biological Sciences*, 365(1560): 3947–3958.

Dingemanse, N. J., Wright, J., Kazem, A. J., Thomas, D. K., Hickling, R., & Dawnay, N. (2007). "Behavioural syndromes differ predictably between 12 populations of three-spined stickleback." *Journal of Animal Ecology*, 76(6): 1128–1138.

Domschke, K., & Maron, E. (2013). "Genetic factors in anxiety disorders." *Modern Trends in Pharmacopsychiatry*, 29: 24–46.

Dragan, W. Ł., & Oniszczenko, W. (2007). "An association between dopamine D4 receptor and transporter gene polymorphisms and personality traits, assessed using NEO-FFI in a Polish female population." *Personality and Individual Differences*, 43(3): 531–540.

Dunkel, C. S., & Decker, M. (2010). "Convergent validity of measures of life-history strategy." *Personality and Individual Differences*, 48(5): 681–684.

Eaton, N. R., Krueger, R. F., Markon, K. E., Keyes, K. M., Skodol, A. E., Wall, M., et al. (2013). "The structure and predictive validity of the internalizing disorders." *Journal of Abnormal Psychology*, 122(1): 86-92.

Eaves, L., Heath, A., Martin, N., Maes, H., Neale, M., Kendler, K., et al. (1999). "Comparing the biological and cultural inheritance of personality and social attitudes in the Virginia 30,000 study of twins and their relatives." *Twin Research and Human Genetics*, 2(2): 62-80.

Eaves, L. J., Heath, A. C., Neale, M. C., Hewitt, J. K., & Martin, N. G. (1998). "Sex differences and non-additivity in the effects of genes on personality." *Twin Research and Human Genetics*, 1(3): 131-137.

Eisenberg, D. T., Campbell, B., Gray, P. B., & Sorenson, M. D. (2008). "Dopamine receptor genetic polymorphisms and body composition in undernourished pastoralists: An exploration of nutrition indices among nomadic and recently settled Ariaal men of northern Kenya." *BMC Evolutionary Biology*, 8(1): 1-12.

Ellegren, H. (2007). "Characteristics, causes and evolutionary consequences of male-biased mutation." *Proceedings of the Royal Society B: Biological Sciences*, 274(1606): 1-10.

Ellis, B. J., Figueredo, A. J., Brumbach, B. H., & Schlomer, G. L. (2009). "Fundamental dimensions of environmental risk." *Human Nature*, 20(2): 204-268.

Ellis, B. J., McFadyen-Ketchum, S., Dodge, K. A., Pettit, G. S., & Bates, J. E. (1999). "Quality of early family relationships and individual differences in the timing of pubertal maturation in girls: A longitudinal test of an evolutionary model." *Journal of Personality and Social Psychology*, 77(2): 387-401.

Ellis, B. J., Oldehinkel, A. J., & Nederhof, E. (2017). "The adaptive calibration model of stress responsivity: An empirical test in the Tracking Adolescents' Individual Lives Survey study." *Development and Psychopathology*, 29(3): 1001-1021.

Ellis, L. (1987). "Relationships of criminality and psychopathy with eight other apparent behavioral manifestations of sub-optimal arousal." *Personality and Individual Differences*, 8(6): 905-925.

Eyer, P.-A., Blumenfeld, A. J., & Vargo, E. L. (2019). "Sexually antagonistic selection promotes genetic divergence between males and females in an ant." *Proceedings of the National Academy of Sciences*, 116(48): 24157-24163.

Eyre-Walker, A., & Keightley, P. D. (2007). "The distribution of fitness effects of new mutations." *Nature Reviews Genetics*, 8(8): 610-618.

Fay, J. C., Wyckoff, G. J., & Wu, C.-I. (2001). "Positive and negative selection on the human genome." *Genetics*, 158(3): 1227-1234.

Field, C. A., & Keefe, G. (2004). "Behavioral and psychological risk factors for traumatic injury." *Journal of Emergency Medicine*, 26(1): 27-35.

Figueredo, A., & King, J. (1995). "The evolution of individual differences." Paper presented at Jane Goodall Institute ChimpanZoo Annual Conference, Tucson, Arizona.

Figueredo, A. J., Hammond, K. R., & McKiernan, E. C. (2006). "A Brunswikian evolutionary developmental theory of preparedness and plasticity." *Intelligence*, 34(2): 211-227.

Figueredo, A. J., Sefcek, J. A., & Jones, D. N. (2006). "The ideal romantic partner personality." *Personality and Individual Differences*, 41(3): 431-441.

Figueredo, A. J., Vásquez, G., Brumbach, B. H., & Schneider, S. M. R. (2007). "The K-factor, Covitality, and personality." *Human Nature*, 18(1): 47-73.

Figueredo, A. J., Brumbach, B. H., Jones, D. N., Sefcek, J. A., Vásquez, G., & Jacobs, W. J. (2007). "Ecological constraints on mating tactics." In G. Geher & G. Miller (eds.), *Mating Intelligence: Sex, Relationships and the Mind's Reproductive System* (pp. 335-361). Psychology Press.

Figueredo, A. J., Sefcek, J. A., Vasquez, G., Brumbach, B. H., King, J. E., & Jacobs, W. J. (2005). "Evolutionary personality psychology." In D. M. Buss (ed.), *Handbook of Evolutionary Psychology* (pp. 851-877). Wiley.

Figueredo, A. J., Vásquez, G., Brumbach, B. H., Schneider, S. M., Sefcek, J. A., Tal, I. R., et al. (2006). "Consilience and life history theory: From genes to brain to reproductive strategy." *Developmental Review*, 26(2): 243-275.

Figueredo, A. J., Vásquez, G., Brumbach, B. H., Sefcek, J. A., Kirsner, B. R., & Jacobs, W. J. (2005). "The K-factor: Individual differences in life history strategy." *Personality and Individual Differences*, 39(8): 1349-1360.

Fink, B., & Penton-Voak, I. (2002). "Evolutionary psychology of facial attractiveness." *Current Directions in Psychological Science*, 11(5): 154-158.

Flatt, T. (2005). "The evolutionary genetics of canalization." *The Quarterly Review of Biology*, 80(3): 287-316.

Fleeson, W., & Gallagher, P. (2009). "The implications of Big Five standing for the distribution of trait manifestation in behavior: Fifteen experience-sampling studies and a meta-analysis." *Journal of Personality and Social Psychology*, 97(6): 1097-1114.

Flinn, M. V., & Alexander, R. D. (2007). "Runaway social selection in human evolution." In S. W. Gangestad & J. A. Simpson (eds.), *The Evolution of Mind: Fundamental Questions and Controversies* (pp. 249-255). Guilford Press.

Flinn, M. V., Geary, D. C., & Ward, C. V. (2005). "Ecological dominance, social competition, and coalitionary arms races: Why humans evolved extraordinary intelligence." *Evolution and Human Behavior*, 26(1): 10–46.

Frank, S. A. (1998). *Foundations of Social Evolution*. Princeton University Press.

Franken, R. E., Gibson, K. J., & Mohan, P. (1990). "Sensation seeking and disclosure to close and casual friends." *Personality and Individual Differences*, 11(8): 829–832.

Freeman, H. D., & Gosling, S. D. (2010). "Personality in nonhuman primates: A review and evaluation of past research." *American Journal of Primatology*, 72(8): 653–671.

Fretwell, S. D. (1975). "The impact of Robert MacArthur on ecology." *Annual Review of Ecology and Systematics*, 6(1): 1–13.

Friedman, H. S., Tucker, J. S., Schwartz, J. E., Martin, L. R., Tomlinson-Keasey, C., Wingard, D. L., & Criqui, M. H. (1995). "Childhood conscientiousness and longevity: Health behaviors and cause of death." *Journal of Personality and Social Psychology*, 68(4): 696–703.

Gangestad, S. W., & Simpson, J. A. (1990). "Toward an evolutionary history of female sociosexual variation." *Journal of Personality*, 58(1): 69–96.

Gibson, G., & Dworkin, I. (2004). "Uncovering cryptic genetic variation." *Nature Reviews Genetics*, 5(9): 681–690.

Gillihan, S. J., Farah, M. J., Sankoorikal, G. M. V., Breland, J., & Brodkin, E. S. (2007). "Association between serotonin transporter genotype and extraversion." *Psychiatric Genetics*, 17(6): 351–354.

Giraldeau, L.-A., & Caraco, T. (2018). *Social Foraging Theory*. Princeton University Press.

Gladden, P. R., Figueredo, A. J., & Jacobs, W. J. (2009). "Life history strategy, psychopathic attitudes, personality, and general intelligence." *Personality and Individual Differences*, 46(3): 270–275.

Glenn, A. L., Kurzban, R., & Raine, A. (2011). "Evolutionary theory and psychopathy." *Aggression and Violent Behavior*, 16(5): 371–380.

Gold, K. C., & Maple, T. L. (1994). "Personality assessment in the gorilla and its utility as a management tool." *Zoo Biology*, 13(5): 509–522.

Goldberg, D., Krueger, R., Andrews, G., & Hobbs, M. (2009). "Emotional disorders: Cluster 4 of the proposed meta-structure for DSM-V and ICD-11." *Psychological Medicine*, 39(12): 2043–2059.

Gosling, S. D. (1998). "Personality dimensions in spotted hyenas (Crocuta crocuta)." *Journal of Comparative Psychology*, 112(2): 107–118.

Gosling, S. D. (2001). "From mice to men: What can we learn about personality from animal research?" *Psychological Bulletin*, 127(1): 45–86.

Green, M. J., & Williams, L. M. (1999). "Schizotypy and creativity as effects of reduced cognitive inhibition." *Personality and Individual Differences*, 27(2): 263-276.

Grimm, V., Berger, U., DeAngelis, D. L., Polhill, J. G., Giske, J., & Railsback, S. F. (2010). "The ODD protocol: A review and first update." *Ecological Modelling*, 221(23): 2760-2768.

Group of the Psychiatric Genomics Consortium. (2013). "Identification of risk loci with shared effects on five major psychiatric disorders: a genome-wide analysis." *Lancet*, 381(9875): 1371-1379.

Hamilton, W. D., Axelrod, R., & Tanese, R. (1990). "Sexual reproduction as an adaptation to resist parasites (a review)." *Proceedings of the National Academy of Sciences*, 87(9): 3566-3573.

Hare, B., Wobber, V., & Wrangham, R. (2012). "The self-domestication hypothesis: Evolution of bonobo psychology is due to selection against aggression." *Animal Behaviour*, 83(3): 573-585.

Harkness, A. R., McNulty, J. L., & Ben-Porath, Y. S. (1995). "The Personality Psychopathology Five (PSY-5): Constructs and MMPI-2 scales." *Psychological Assessment*, 7(1): 104-114.

Haselton, M., & Miller, G. (2006). "Women's fertility across the cycle increases the short-term attractiveness of creative intelligence." *An Interdisciplinary Biosocial Perspective*, 17(1): 50-73.

Haselton, M. G., Bryant, G. A., Wilke, A., Frederick, D. A., Galperin, A., Frankenhuis, W. E., et al. (2009). "Adaptive rationality: An evolutionary perspective on cognitive bias." *Social Cognition*, 27(5): 733-763.

Hawks, J., Wang, E. T., Cochran, G. M., Harpending, H. C., & Moyzis, R. K. (2007). "Recent acceleration of human adaptive evolution." *Proceedings of the National Academy of Sciences*, 104(52): 20753-20758.

Healey, M. D., & Ellis, B. J. (2007). "Birth order, conscientiousness, and openness to experience: Tests of the family-niche model of personality using a within-family methodology." *Evolution and Human Behavior*, 28(1): 55-59.

Heaven, P. C. L., Fitzpatrick, J., Craig, F. L., Kelly, P., & Sebar, G. (2000). "Five personality factors and sex: Preliminary findings." *Personality and Individual Differences*, 28(6): 1133-1141.

Hedrick, P. W. (1986). "Genetic polymorphism in heterogeneous environments: A decade later." *Annual Review of Ecology and Systematics*, 17(1): 535-566.

Hedrick, P. W. (1999). "Antagonistic pleiotropy and genetic polymorphism: A perspective." *Heredity*, 82(2): 126-133.

Hedrick, P. W. (2006). "Genetic polymorphism in heterogeneous environments: The age of genomics." *Annual Review of Ecology, Evolution, and Systematics*, 37: 67–93.

Heller, R., & Milinski, M. (1979). "Optimal foraging of sticklebacks on swarming prey." *Animal Behaviour*, 27: 1127–1141.

Hettema, J. M., Neale, M. C., Myers, J. M., Prescott, C. A., & Kendler, K. S. (2006). "A population-based twin study of the relationship between neuroticism and internalizing disorders." *American Journal of Psychiatry*, 163(5): 857–864.

Houle, D. (1992). "Comparing evolvability and variability of quantitative traits." *Genetics*, 130(1): 195–204.

Hughes, K. A., & Burleson, M. H. (2000). "Evolutionary causes of genetic variation in fertility and other fitness components." In J. L. Rodgers, D. C. Rowe, & W. B. Miller (eds.), *Genetic Influences on Human Fertility and Sexuality* (pp. 7–33). Springer.

Huxley, J., Mayr, E., Osmond, H., & Hoffer, A. (1964). "Schizophrenia as a genetic morphism." *Nature*, 204: 220–221.

Jefferson Jr., T., Herbst, J. H., & McCrae, R. R. (1998). "Associations between birth order and personality traits: Evidence from self-reports and observer ratings." *Journal of Research in Personality*, 32(4): 498–509.

Jobling, M. A., Hurles, M., & Tyler-Smith, C. (2019). *Human Evolutionary Genetics: Origins, Peoples and Disease*. Garland Science.

John, O. P., Naumann, L. P., & Soto, C. J. (2008). "Paradigm shift to the integrative Big Five trait taxonomy: History, measurement, and conceptual issues." In O. P. John, R. W. Robins, & L. A. Pervin (eds.), *Handbook of Personality: Theory and Research* (pp. 114–158). Guilford Press.

Johnson, R. T., Burk, J. A., & Kirkpatrick, L. A. (2007). "Dominance and prestige as differential predictors of aggression and testosterone levels in men." *Evolution and Human Behavior*, 28(5): 345–351.

Jokela, M., Alvergne, A., Pollet, T. V., & Lummaa, V. (2011). "Reproductive behavior and personality traits of the Five Factor Model." *European Journal of Personality*, 25(6): 487–500.

Jonason, P. K., Li, N. P., Webster, G. D., & Schmitt, D. P. (2009). "The dark triad: Facilitating a short-term mating strategy in men." *European Journal of Personality*, 23(1): 5–18.

Kagan, J. (1989). "The concept of behavioral inhibition to the unfamiliar." In J. S. Reznick (ed.), *Perspectives on Behavioral Inhibition* (pp. 1–23). University of Chicago Press.

Kagan, J. (1997). "Temperament and the reactions to unfamiliarity." *Child Development*, 68(1): 139-143.

Karlsson, J. L. (1974). "Inheritance of schizophrenia." *Acta Psychiatrica Scandinavica. Supplementum*, 247: 1-116.

Keightley, P. D., & Gaffney, D. J. (2003). "Functional constraints and frequency of deleterious mutations in noncoding DNA of rodents." *Proceedings of the National Academy of Sciences*, 100(23): 13402-13406.

Kell, D. B., & Lurie-Luke, E. (2015). "The virtue of innovation: Innovation through the lenses of biological evolution." *Journal of the Royal Society Interface*, 12(103): 20141183.

Keller, M. C., Coventry, W. L., Heath, A. C., & Martin, N. G. (2005). "Widespread evidence for non-additive genetic variation in Cloninger's and Eysenck's personality dimensions using a twin plus sibling design." *Behavior Genetics*, 35(6): 707.

Keller, M. C., & Miller, G. (2006). "Resolving the paradox of common, harmful, heritable mental disorders: Which evolutionary genetic models work best?" *Behavioral and Brain Sciences*, 29(4): 385-404.

Kelly, E. L., & Conley, J. J. (1987). "Personality and compatibility: A prospective analysis of marital stability and marital satisfaction." *Journal of Personality and Social Psychology*, 52(1): 27-40.

Kelly, R. L. (2015). *The Lifeways of Hunter-Gathers: The Foraging Spectrum*. Sahoi Pyungnon Publishing.

Keltikangas-Järvinen, L., & Salo, J. (2009). "Dopamine and serotonin systems modify environmental effects on human behavior: A review." *Scandinavian Journal of Psychology*, 50(6): 574-582.

Kendal, J., Tehrani, J. J., & Odling-Smee, J. (2011). "Human niche construction in interdisciplinary focus." *Philosophical Transactions of the Royal Society B: Biological Sciences*, 366(1566): 785-792.

Kenrick, D. T., & Funder, D. C. (1988). "Profiting from controversy: Lessons from the person-situation debate." *American Psychologist*, 43(1): 23-34.

Kessler, R. C., Berglund, P., Demler, O., Jin, R., Merikangas, K. R., & Walters, E. E. (2005). "Lifetime prevalence and age-of-onset distributions of DSM-IV disorders in the National Comorbidity Survey Replication." *Archives of General Psychiatry*, 62(6): 593-602.

Kessler, R. C., Borges, G., & Walters, E. E. (1999). "Prevalence of and risk factors for lifetime suicide attempts in the National Comorbidity Survey." *Archives of General*

Psychiatry, 56(7): 617-626.

Kessler, R. C., Davis, C. G., & Kendler, K. S. (1997). "Childhood adversity and adult psychiatric disorder in the US National Comorbidity Survey." *Psychological Medicine*, 27(5): 1101-1119.

Kimura, M. (1983). *The Neutral Theory of Molecular Evolution*. Cambridge University Press.

King, L. A., Walker, L. M., & Broyles, S. J. (1996). "Creativity and the five-factor model." *Journal of Research in Personality*, 30(2): 189-203.

Kingma, E. (2013). "Naturalist accounts of mental disorder." In K. W. M. Fulford (ed.), *The Oxford Handbook of Philosophy and Psychiatry* (pp. 363-384). Oxford University Press.

Kirkcaldy, B. D. (1982). "Personality profiles at various levels of athletic participation." *Personality and Individual Differences*, 3(3): 321-326.

Knafo, A., & Jaffee, S. R. (2013). "Gene-environment correlation in developmental psychopathology." *Development and Psychopathology*, 25(1): 1-6.

Konstabel, K., & Virkus, A. (2006). "How similar are the conceptual and empirical structures of personality traits?" *European Journal of Personality*, 20(5): 337-353.

Kozak, M. J., & Cuthbert, B. N. (2016). "The NIMH research domain criteria initiative: Background, issues, and pragmatics." *Psychophysiology*, 53(3): 286-297.

Krueger, R., & South, S. (2009). "Externalizing disorders: Cluster 5 of the proposed meta-structure for DSM-V and ICD-11." *Psychological Medicine*, 39(12): 2061-2070.

Krueger, R. F. (1999). "The structure of common mental disorders." *Archives of General Psychiatry*, 56(10): 921-926.

Krueger, R. F., & Markon, K. E. (2006). "Reinterpreting comorbidity: A model-based approach to understanding and classifying psychopathology." *Annual Review of Clinical Psychology*, 2: 111-133.

Kurvers, R. H., Eijkelenkamp, B., van Oers, K., van Lith, B., van Wieren, S. E., Ydenberg, R. C., & Prins, H. H. (2009). "Personality differences explain leadership in barnacle geese." *Animal Behaviour*, 78(2): 447-453.

Laland, K., Matthews, B., & Feldman, M. W. (2016). "An introduction to niche construction theory." *Evolutionary Ecology*, 30(2): 191-202.

Laland, K. N., & Brown, G. R. (2006). "Niche construction, human behavior, and the adaptive-lag hypothesis." *Evolutionary Anthropology: Issues, News, and Reviews*, 15(3): 95-104.

Le Rouzic, A., & Carlborg, Ö. (2008). "Evolutionary potential of hidden genetic variation." *Trends in Ecology & Evolution*, 23(1): 33-37.

Lee, R., Ferris, C., Van de Kar, L., & Coccaro, E. F. (2009). "Cerebrospinal fluid oxytocin, life history of aggression, and personality disorder." *Psychoneuroendocrinology*, 34(10): 1567-1573.

Levins, R. (1966). "The strategy of model building in population biology." *American Scientist*, 54(4): 421-431.

Lienard, P. (2011). "Life stages and risk-avoidance: Status- and context-sensitivity in precaution systems." *Neuroscience and Biobehavioral Reviews*, 35(4): 1067-1074.

Lievens, F., Chasteen, C. S., Day, E. A., & Christiansen, N. D. (2006). "Large-scale investigation of the role of trait activation theory for understanding assessment center convergent and discriminant validity." *Journal of Applied Psychology*, 91(2): 247-258.

Livesley, W. J., Jackson, D. N., & Schroeder, M. L. (1989). "A study of the factorial structure of personality pathology." *Journal of Personality Disorders*, 3(4): 292-306.

Lorenz, K. (1982). *The Foundations of Ethology: The Principal Ideas and Discoveries in Animal Behavior*. Touchstone.

Lukaszewski, A. W., Larson, C. M., Gildersleeve, K. A., Roney, J. R., & Haselton, M. G. (2014). "Condition-dependent calibration of men's uncommitted mating orientation: Evidence from multiple samples." *Evolution and Human Behavior*, 35(4): 319-326.

Lykken, D. T., & Tellegen, A. (1993). "Is human mating adventitious or the result of lawful choice? A twin study of mate selection." *Journal of Personality and Social Psychology*, 65(1): 56-68.

Macal, C. M., & North, M. J. (2010). "Tutorial on agent-based modeling and simulation." *Journal of Simulation*, 4: 151-162.

MacDonald, K. (1995). "Evolution, the five-factor model, and levels of personality." *Journal of Personality*, 63(3): 525-567.

MacDonald, K. (1998). "Evolution, culture, and the five-factor model." *Journal of Cross-Cultural Psychology*, 29(1): 119-149.

Malécot, G. (1969). "Consanguinité panmictique et consanguinité systématique (coefficients de Wright et de Malécot)." *Annales de Génétique et de Sélection Animale*, 1(3): 237-242.

Marazziti, D., Dell'Osso, B., Baroni, S., Mungai, F., Catena, M., Rucci, P., et al. (2006). "A relationship between oxytocin and anxiety of romantic attachment." *Clinical Practice and Epidemiology in Mental Health*, 2(1): 1-6.

Mathews, A., Mackintosh, B., & Fulcher, E. P. (1997). "Cognitive biases in anxiety and attention to threat." *Trends in Cognitive Sciences*, 1(9): 340-345.

Maynard Smith, J. (1982). *Evolution and the Theory of Games*. Cambridge University Press.

McCrae, R. R. (1987). "Creativity, divergent thinking, and openness to experience." *Journal of Personality and Social Psychology*, 52(6): 1258-1265.

McCrae, R. R., & Costa Jr., P. T. (2008). "The five-factor theory of personality." In O. P. John, R. W. Robins, & L. A. Pervin (eds.), *Handbook of personality: Theory and research* (pp. 159-181). Guilford Press.

McCrae, R. R., Yamagata, S., Jang, K. L., Riemann, R., Ando, J., Ono, Y., et al. (2008). "Substance and artifact in the higher-order factors of the Big Five." *Journal of Personality and Social Psychology*, 95(2): 442-455.

McCreery, C., & Claridge, G. (2002). "Healthy schizotypy: The case of out-of-the-body experiences." *Personality and Individual Differences*, 32(1): 141-154.

McFeeters, D., Boyda, D., & Siobhan, O. (2015). "Patterns of stressful life events: Distinguishing suicide ideators from suicide attempters." *Journal of Affective Disorders*, 175: 192-198.

McGuffin, P., Katz, R., Watkins, S., & Rutherford, J. (1996). "A hospital-based twin register of the heritability of DSM-IV unipolar depression." *Archives of General Psychiatry*, 53(2): 129-136.

McGuire, M. T., & Troisi, A. (1998). *Darwinian Psychiatry*. Oxford University Press.

McKenzie, J., Taghavi-Khonsary, M., & Tindell, G. (2000). "Neuroticism and academic achievement: The Furneaux Factor as a measure of academic rigour." *Personality and Individual Differences*, 29(1): 3-11.

Medawar, P. B. (1982). *Pluto's Republic Incorporating the Art of the Soluble and Induction and Intuition in Scientific Thought*. Oxford University Press.

Merilä, J., & Sheldon, B. C. (1999). "Genetic architecture of fitness and nonfitness traits: Empirical patterns and development of ideas." *Heredity*, 83(2): 103-109.

Michel, W., Shoda, Y., & Smith, R. (2004). *Introduction to Personality: Toward an Integration*.Wiley.

Miller, G. F., & Tal, I. R. (2007). "Schizotypy versus openness and intelligence as predictors of creativity." *Schizophrenia Research*, 93(1-3): 317-324.

Mischel, W. (2013). *Personality and Assessment*. Psychology Press.

Mischel, W., & Shoda, Y. (1995). "A cognitive-affective system theory of personality: Reconceptualizing situations, dispositions, dynamics, and invariance in personality structure." *Psychological Review*, 102(2): 246-268.

Moczek, A. P. (2007). "Developmental capacitance, genetic accommodation, and

adaptive evolution." *Evolution & Development*, 9(3): 299-305.
Moreno, A. L., Osório, F. d. L., Martín-Santos, R., & Crippa, J. A. S. (2016). "Heritability of social anxiety disorder: A systematic review of methodological designs." *Archives of Clinical Psychiatry* (São Paulo), 43(4): 83-92.
Mulder, R. T., & Joyce, P. R. (1997). "Temperament and the structure of personality disorder symptoms." *Psychological Medicine*, 27(1): 99-106.
Musek, J. (2007). "A general factor of personality: Evidence for the Big One in the five-factor model." *Journal of Research in Personality*, 41(6): 1213-1233.
Nachman, M. W., & Crowell, S. L. (2000). "Estimate of the mutation rate per nucleotide in humans." *Genetics*, 156(1): 297-304.
Neeleman, J., Sytema, S., & Wadsworth, M. (2002). "Propensity to psychiatric and somatic ill-health: Evidence from a birth cohort." *Psychological Medicine*, 32(5): 793-803.
Nettle, D. (2005). "An evolutionary approach to the extraversion continuum." *Evolution and Human Behavior*, 26(4): 363-373.
Nettle, D. (2006). "The evolution of personality variation in humans and other animals." *American Psychologist*, 61(6): 622-631.
Nettle, D. (2007). "Individual differences." In R. Dumbar & L. Barrett (eds.), *Oxford Handbook of Evolutionary Psychology* (pp. 479-490). Oxford University Press.
Nettle, D., & Clegg, H. (2006). "Schizotypy, creativity and mating success in humans." *Proceedings of the Royal Society B: Biological Sciences*, 273(1586): 611-615.
Niemelä, P. T., & Dingemanse, N. J. (2014). "Artificial environments and the study of 'adaptive' personalities." *Trends in Ecology & Evolution*, 29(5): 245-247.
NIMH. (2009). "Research Domain Criteria (RDoC)."
O'Steen, S., Cullum, A. J., & Bennett, A. F. (2002). "Rapid evolution of escape ability in Trinidadian guppies (Poecilia reticulata)." *Evolution*, 56(4): 776-784.
Odling-Smee, F. J., Laland, K. N., & Feldman, M. W. (2013). "Niche construction and Ecology." In *Niche Construction* (pp. 144-238). Princeton University Press.
Ozer, D. J., & Benet-Martinez, V. (2006). "Personality and the prediction of consequential outcomes." *Annual Reviews of Psychology*, 57: 401-421.
Park, C., & Kang, U. (2018a). "Evolutionary psychiatry I-Concept of evolutionary psychology and evolutionary psychopathology." *Journal of Korean Neuropsychiatric Association*, 57(2): 157-172.
Park, C., & Kang, U. (2018b). "Evolutionary psychiatry II-Mental functions and diseases from the evolutionary perspective." *Journal of Korean Neuropsychiatric Association*, 57(2): 173-189.

Park, H. (2014). "Evolutionary approaches toward psychiatry." *Journal of Korean Neuropsychiatric Association*, 53(6): 347-357.

Park, H. (2019a). "Considerations about evolutionary ecological study of psychiatry." *Korean Journal of Cognitive Science*, 30(4): 199-217.

Park, H. (2019b). "Evolutionary anthropological analysis of dysfunctional behavioural patterns: Focusing on defence activation disorders." Doctoral dissertation. Seoul National University.

Park, H. (2019c). "Evolutionary genetic models of mental disorders." *Korean Journal of Biological Psychiatry*, 26(2): 33-38.

Park, H. (2019d). "Evolutionary hypotheses of mental disorder and their limitations." *Journal of the Korean Society of Biolofical Therapies in Psychiatry*, 25(3): 162-182.

Park, H. (2019e). "Evolutionary model of individual behavioural variations." *Korean Journal of Psychosomatic Medicine*, 27(1): 1-12.

Park, H. (2020). "Evolutionary ecological model of defence activation disorders via the marginal value theorem." *Psychiatry Investigation*, 17(6): 556-578.

Park, H., & Pak, S. (2015). "Research methodologies of evolutionary psychiatry." *Journal of Korean Neuropsychiatric Association*, 54(1): 49-61.

Park, H., & Pak, S. (2022). "Evolutionary model of depression as an adaptation for blocked social mobility." *Korean Journal of Biological Psychiatry*, 29(1): 1-8.

Penke, L., Denissen, J. J., & Miller, G. F. (2007). "The evolutionary genetics of personality." *European Journal of Personality*, 21(5): 549-587.

Penke, L., Maniega, S. M., Murray, C., Gow, A. J., Hernández, M. C. V., Clayden, J. D., et al. (2010). "A general factor of brain white matter integrity predicts information processing speed in healthy older people." *Journal of Neuroscience*, 30(22): 7569-7574.

Perilloux, C., Cloud, J. M., & Buss, D. M. (2013). "Women's physical attractiveness and short-term mating strategies." *Personality and Individual Differences*, 54(4): 490-495.

Pervin, L. A., & John, O. (2008). *Handbook of Personality*. Guilford Press.

Plomin, R., DeFries, J. C., McClearn, G. E., & McGuffin, P. (2008). *Behavioral Genetics*. Worth Publishers.

Popielarz, P. A., & McPherson, J. M. (1995). "On the edge or in between: Niche position, niche overlap, and the duration of voluntary association memberships." *American Journal of Sociology*, 101(3): 698-720.

Powers, S. T., & Lehmann, L. (2014). "An evolutionary model explaining the Neolithic transition from egalitarianism to leadership and despotism." *Proceedings of the*

Royal Society B: Biological Sciences, 281(1791): 20141349.

Prout, T. (2000). "How well does opposing selection maintain variation?" In R. S. Singh & C. B. Krimbas (eds.), *Evolutionary Genetics from Molecules to Morphology* (pp. 157-203). Cambridge University Press.

Quintana, D. S., & Guastella, A. J. (2020). "An allostatic theory of oxytocin." *Trends in Cognitive Sciences*, 24(7): 515-528.

Railsback, S. F. (2012). *Agent-Based and Individual-Based Modeling: A Practical Introduction*. Oxford University Press.

Rauthmann, J. F. (2011). "You say the party is dull, I say it is lively: A componential approach to how situations are perceived to disentangle perceiver, situation, and perceiver×situation variance." *Social Psychological and Personality Science*, 3(5): 519-528.

Réale, D., Reader, S. M., Sol, D., McDougall, P. T., & Dingemanse, N. J. (2007). "Integrating animal temperament within ecology and evolution." *Biological Reviews*, 82(2): 291-318.

Reis, H. T. (2008). "Reinvigorating the concept of situation in social psychology." *Personality and Social Psychology Review*, 12(4): 311-329.

Rice, W. R., & Holland, B. (1997). "The enemies within: Intergenomic conflict, interlocus contest evolution (ICE), and the intraspecific Red Queen." *Behavioral Ecology and Sociobiology*, 41(1): 1-10.

Ricklefs, R. E., & Wikelski, M. (2002). "The physiology/life-history nexus." *Trends in Ecology & Evolution*, 17(10): 462-468.

Rödel, H. G., Monclús, R., & von Holst, D. (2006). "Behavioral styles in European rabbits: Social interactions and responses to experimental stressors." *Physiology & Behavior*, 89(2): 180-188.

Roff, D. A. (2012). *Evolutionary Quantitative Genetics*. Springer.

Roff, D. A., & Fairbairn, D. (2007). "The evolution of trade-offs: Where are we?" *Journal of Evolutionary Biology*, 20(2): 433-447.

Roff, D. A., Mostowy, S., & Fairbairn, D. J. (2002). "The evolution of trade-offs: Testing predictions on response to selection and environmental variation." *Evolution*, 56(1): 84-95.

Ross, S. R., Stewart, J., Mugge, M., & Fultz, B. (2001). "The imposter phenomenon, achievement dispositions, and the five factor model." *Personality and Individual Differences*, 31(8): 1347-1355.

Salmon, C. (2003). "Birth order and relationships." *Human Nature*, 14(1): 73-88.

Samuels, J., Bienvenu, O. J., Cullen, B., Costa, P. T., Eaton, W. W., & Nestadt, G. (2004).

"Personality dimensions and criminal arrest." *Comprehensive Psychiatry*, 45(4): 275–280.

Saucier, G. (2009). "Recurrent personality dimensions in inclusive lexical studies: Indications for a Big Six structure." *Journal of Personality*, 77(5): 1577–1614.

Schelling, T. C. (1971). "Dynamic models of segregation." *Journal of Mathematical Sociology*, 1(2): 143–186.

Schizophrenia Working Group of the Psychiatric Genomics Consorsium. (2014). "Biological insights from 108 schizophrenia-associated genetic loci." *Nature*, 511(7510): 421–427.

Schmitt, D. P. (2004). "The Big Five related to risky sexual behaviour across 10 world regions: Differential personality associations of sexual promiscuity and relationship infidelity." *European Journal of Personality*, 18(4): 301–319.

Schmitt, D. P., Allik, J., McCrae, R. R., & Benet-Martínez, V. (2007). "The geographic distribution of Big Five personality traits: Patterns and profiles of human self-description across 56 nations." *Journal of Cross-Cultural Psychology*, 38(2): 173–212.

Schmitt, D. P., Realo, A., Voracek, M., & Allik, J. (2008). "Why can't a man be more like a woman? Sex differences in Big Five personality traits across 55 cultures." *Journal of Personality and Social Psychology*, 94(1): 168–182.

Schneider, K. A. (2006). "A multilocus-multiallele analysis of frequency-dependent selection induced by intraspecific competition." *Journal of Mathematical Biology*, 52(4): 483–523.

Sheets, E., & Craighead, W. E. (2007). "Toward an empirically based classification of personality pathology." *Clinical Psychology: Science and Practice*, 14(2): 77–93.

Simon, J. L. (1969). *Basic Research Methods in Social Science*. Random House.

Slade, T., & Watson, D. (2006). "The structure of common DSM-IV and ICD-10 mental disorders in the Australian general population." *Psychological Medicine*, 36(11): 1593–1600.

Sloman, L., & Gilbert, P. (2000). *Subordination and Defeat: An Evolutionary Approach to Mood Disorders and Their Therapy*. Routledge.

Spikins, P. (2009). "Autism, the integrations of 'difference' and the origins of modern human behaviour." *Cambridge Archaeological Journal*, 19(2): 179–201.

Stamps, J. A. (2007). "Growth-mortality tradeoffs and 'personality traits' in animals." *Ecology Letters*, 10(5): 355–363.

Starfield, A. M., & Bleloch, A. L. (1986). *Building Models for Conservation and Wildlife Management*. Macmillan.

Starfield, A. M., Smith, K. A., & Bleloch, A. L. (1994). *How to Model It: Problem Solving for the Computer Age*. Interaction Book Company.

Stearns, S. C. (1992). *The Evolution of Life Histories*. Oxford University Press.

Stirling, D., Réale, D., & Roff, D. (2002). "Selection, structure and the heritability of behaviour." *Journal of Evolutionary Biology*, 15(2): 277-289.

Stutz, A. J. (2020). "A niche of their own: Population dynamics, niche diversification, and biopolitics in the recent biocultural evolution of hunter-gatherers." *Journal of Anthropological Archaeology*, 57: 101120.

Sugiyama, L. S., & Sugiyama, M. S. (2003). "Social roles, prestige, and health risk." *Human Nature*, 14(2): 165-190.

Sullivan, P. F., Daly, M. J., & O'donovan, M. (2012). "Genetic architectures of psychiatric disorders: the emerging picture and its implications." *Nature Reviews Genetics*, 13(8): 537-551.

Sullivan, P. F., Kendler, K. S., & Neale, M. C. (2003). "Schizophrenia as a complex trait: Evidence from a meta-analysis of twin studies." *Archives of General Psychiatry*, 60(12): 1187-1192.

Sulloway, F. J. (1996). *Born to Rebel: Birth Order, Family Dynamics, and Creative Lives*. Pantheon Books.

Suls, J., Martin, R., & David, J. P. (1998). "Person-environment fit and its limits: Agreeableness, neuroticism, and emotional reactivity to interpersonal conflict." *Personality and Social Psychology Bulletin*, 24(1): 88-98.

Summers, K., & Summers, V. (2022). "Concordant evidence for positive selection on genes related to self-domestication in bonobos and early humans." *Evolutionary Behavioral Sciences*. Advance online publication.

Sunyaev, S., Ramensky, V., Koch, I., Lathe III, W., Kondrashov, A. S., & Bork, P. (2001). "Prediction of deleterious human alleles." *Human Molecular Genetics*, 10(6): 591-597.

Suzuki, D. T., Griffiths, A. J., Miller, J. H., & Lewontin, R. C. (1986). *An Introduction to Genetic Analysis*. WH Freeman and Company.

Tarka, M., Guenther, A., Niemelä, P. T., Nakagawa, S., & Noble, D. W. A. (2018). "Sex differences in life history, behavior, and physiology along a slow-fast continuum: A meta-analysis." *Behavioral Ecology and Sociobiology*, 72(8): 132.

Ten Berge, M. A., & De Raad, B. (1999). "Taxonomies of situations from a trait psychological perspective: A review." *European Journal of Personality*, 13(5): 337-360.

Tett, R. P., & Burnett, D. D. (2003). "A personality trait-based interactionist model of job performance." *Journal of Applied Psychology*, 88(3): 500-517.

Thornhill, R., & Møller, A. P. (1997). "Developmental stability, disease and medicine." *Biological Reviews*, 72(4): 497-548.

Tooby, J., & Cosmides, L. (1990). "On the universality of human nature and the uniqueness of the individual: The role of genetics and adaptation." *Journal of Personality*, 58(1): 17-67.

Tooby, J., & Cosmides, L. (2005). "Evolutionary psychology: Conceptual foundations." In D. M. Buss (ed.), *The Handbook of Evolutionary Psychology* (pp. 5-67). John Wiley & Sons.

Tooby, J., Cosmides, L., & Barrett, H. C. (2005). "Resolving the debate on innate ideas." In P. Carruthers, S. Laurance, & S. Stich (eds.), *The Innate Mind: Structure and Content* (pp. 305-337). Oxford University Press.

Trull, T. J., & Durrett, C. A. (2005). "Categorical and dimensional models of personality disorder." *Annual Review of Clinical Psychology*, 1: 355-380.

Turelli, M., & Barton, N. (2004). "Polygenic variation maintained by balancing selection: Pleiotropy, sex-dependent allelic effects and G×E interactions." *Genetics*, 166(2): 1053-1079.

Uher, R. (2009). "The role of genetic variation in the causation of mental illness: An evolution-informed framework." *Molecular Psychiatry*, 14: 1072-1082.

Underhill, P. A., Shen, P., Lin, A. A., Jin, L., Passarino, G., Yang, W. H., et al. (2000). "Y chromosome sequence variation and the history of human populations." *Nature Genetics*, 26(3): 358-361.

Vaidyanathan, U., & Pacheco, J. (2017). "Research domain criteria constructs: Integrative reviews and empirical perspectives." *Journal of Affective Disorders*, 216: 1-2.

Van Oers, K., De Jong, G., Van Noordwijk, A. J., Kempenaers, B., & Drent, P. J. (2005). "Contribution of genetics to the study of animal personalities: A review of case studies." *Behaviour*, 142(9): 1185-1206.

von Cramon-Taubadel, N., & Lycett, S. J. (2008). "Brief communication: human cranial variation fits iterative founder effect model with African origin." *American Journal of Physical Anthropology*, 136(1): 108-113.

Vries, R. E. d., Vries, A. d., & Feij, J. A. (2009). "Sensation seeking, risk-taking, and the HEXACO model of personality." *Personality and Individual Differences*, 47(6): 536-540.

Waddington, C. H. (1953). "Genetic assimilation of an acquired character." *Evolution*, 7(2): 118-126.

Wang, J., Smailes, E., Sareen, J., Fick, G. H., Schmitz, N., & Patten, S. B. (2010). "The prevalence of mental disorders in the working population over the period of global economic crisis." *The Canadian Journal of Psychiatry*, 55(9): 598-605.

Weber, B. H., & Depew, D. J. (2003). *Evolution and Learning: The Baldwin Effect Reconsidered*. Mit Press.

Webster, M. M., & Ward, A. J. (2011). "Personality and social context." *Biological Reviews*, 86(4): 759-773.

Weisman, O., Zagoory-Sharon, O., Schneiderman, I., Gordon, I., & Feldman, R. (2013). "Plasma oxytocin distributions in a large cohort of women and men and their gender-specific associations with anxiety." *Psychoneuroendocrinology*, 38(5): 694-701.

Weiss, A., Bates, T. C., & Luciano, M. (2008). "Happiness is a personal(ity) thing: The genetics of personality and well-being in a representative sample." *Psychological Science*, 19(3): 205-210.

West-Eberhard, M. J. (1979). "Sexual selection, social competition, and evolution." *Proceedings of the American Philosophical Society*, 123(4): 222-234.

West-Eberhard, M. J. (2003). *Developmental Plasticity and Evolution*. Oxford University Press.

Widiger, T. A., Simonsen, E., Krueger, R., Livesley, W. J., & Verheul, R. (2005). "Personality disorder research agenda for the DSM-V." *Journal of Personality Disorders*, 19(3): 315-338.

Wilensky, U., & Rand, W. (2015). *An Introduction to Agent-Based Modeling: Modeling Natural, Social, and Engineered Complex Systems with NetLogo*. MIT Press.

Wilson, A. D., & Stevens, E. (2005). "Consistency in context-specific measures of shyness and boldness in rainbow trout, Oncorhynchus mykiss." *Ethology*, 111(9): 849-862.

Wright, S. (1943). "Isolation by distance." *Genetics*, 28(2): 114-138.

찾아보기

ㅅ

ㅈ

ㅊ